U0162966

2014 年国家社科基金青年项目资助
（项目编号：14CZS037）

刘炳涛 著

明清小冰期：气候重建与影响

基于长江中下游地区的研究

中西书局

图书在版编目（CIP）数据

明清小冰期：气候重建与影响：基于长江中下游地
区的研究 / 刘炳涛著 .—上海：中西书局， 2020.8
ISBN 978-7-5475-1682-9

Ⅰ.①明… Ⅱ.①刘… Ⅲ.①长江中下游－气候变化
－研究－明清时代 Ⅳ.① P467

中国版本图书馆 CIP 数据核字（2020）第 159538 号

明清小冰期：气候重建与影响
——基于长江中下游地区的研究

刘炳涛　著

责任编辑	王宇海	
装帧设计	王轶颀	
出版发行	上海世纪出版集团	
	中西书局（www.zxpress.com.cn）	
地　　址	上海市陕西北路 457 号（邮编 200040）	
印　　刷	上海天地海设计印刷有限公司	
开　　本	700×1000毫米　1/16	
印　　张	24.25	
字　　数	397 000	
版　　次	2020年 8 月第 1 版　2020年 8 月第 1 次印刷	
书　　号	ISBN 978－7－5475－1682－9/P·007	
定　　价	88.00 元	

本书如有质量问题，请与承印厂联系。电话:021－64366274

序

　　刘炳涛的专著要出版,请我写个序言,作为他的博士导师,我很是乐意。2008年炳涛跟随我攻读博士学位,基于对他当时学业的了解和未来学术的发展,我建议他做明代长江中下游地区的气候变化研究。经过认真考虑后,他接受了这一选题,开始涉及历史气候变化研究。炳涛入手很快,很有想法,对历史文献的把握和理解也很到位,经常把习作拿给我看,根据我的意见反复修改,直至发表。经过三年的努力学习,顺利完成博士论文。毕业后他留在上海工作,每年都会到我这里来坐坐,聊聊他的工作和研究进展,这本书就是他这十年来的研究成果,在这里谈谈我的一些看法。

　　利用文献研究历史气候变化最重要的就是资料的搜集和处理,炳涛在这方面做了大量的工作。博士论文写作时他就对明代长江中下游地区的农书、地方志、文集、日记资料进行了系统搜集,尤其是查阅了1400余部明人文集和20余种日记资料,提取到大量的气候信息。其后,又对清代的"晴雨录""雨雪分寸"档案进行了整理,并对其可靠性进行了评估。在此基础上对各种气候信息的分辨率以及在重建温度、降水中的运用进行了详细分析,这些对于推动历史气候变化研究都很有意义。

　　追求更高分辨率的气候重建序列一直是中国历史气候研究的重点,炳涛在这一方面下了不少功夫,重建高分辨率的温度序列是本书的重点内容。他利用从文集和日记中提取的春季物候信息,重建了明代后期长江中下游地区温度序列,达到逐年的分辨率,是明代分辨率最高的温度序列。他又整合"晴雨录"、"雨雪分寸"、日记资料中的降水信息,重建了上海地区1724年以来逐年的冬季平均气温变化序列,该序列虽然只有292年,但却是根据精度最高的文献资料,提取单个气候指标（降雪日数），利用回归方法重建长江下游地区时间序列最长、分辨率最高的温度序列。并且，利用多种证据（柑橘种植北界、冬麦收获期、初终雪日期、河流初冰日期等）对几个暖期进行了识别，提出了一些新的学术观点。

围于资料和时间所限，很难在明代的降水序列重建方面取得突破，所以炳涛在博士论文的写作中对降水序列的重建并没有投入过多精力，转而投向了雨泽奏报制度的研究上。从事历史气候变化研究的学者都知道，目前重建清代的高分辨降水、温度序列主要利用"晴雨录"和"雨雪分寸"档案，而这两种档案都源自雨泽奏报系统。雨泽奏报制度的运行对于提取降水信息至关重要，因此很有必要对其进行研究。在攻读博士学位期间，炳涛就在明人文集中发现了几则雨泽奏报资料，并开始了研究，认为明代的雨泽奏疏就是以"雨雪分寸"的形式存在，使得对我国"雨雪分寸"记录的历史有了新的认识。毕业后，他一直关注中国古代的雨泽奏报制度，本书第三章"清代的雨泽奏报制度"一节就是他这几年的研究成果之一，对于清代雨泽奏报的程序、格式、内容都进行了讨论，加深了我们对古代雨泽奏报制度的认识，也有利于对"晴雨录"和"雨雪分寸"档案中的降水信息进行可靠性评估。所以，对明清时期雨泽奏报制度的探讨也是本书的一个亮点。

历史气候变化与人类社会的关系一直是研究的热点，诸如气候变化对于王朝更迭、战争动乱、人口变迁等的影响，但气候变化与人类社会并不是单纯的线性关系，两者之间有复杂的影响机制。我以前就说过，"气候变化影响的直接对象并不是社会整体，而是与气候条件直接关联的某一侧面，如寒冷和干旱对于庄稼，洪水对于房屋和生命等，这是气候条件及其变化直接接触的'界面'。这些'界面'要素的损失和影响，会在社会结构和不同的结构层次中转移，其中众多的条件会影响和改变损失的转移过程和大小。而了解这个'界面'对于气候变化的脆弱性和影响的程度，是解开气候变化对社会影响的关键"。炳涛着手于小区域（县域）、短尺度（月际、年际、年代际），通过三例个案从微观上来具体展示气候变化对社会的影响，如清康熙三十五年特大风暴潮发生后上海县不同阶层的人（百姓、知县、高级官吏、皇帝）对于灾害的反应和应对，17 世纪后期上海县降水、温度变化对于农作物生长的影响以及农人的应对措施，道光二十一年严寒对于京杭大运河不同河段运作影响的差异性。通过这些微观分析，可以更好地理解历史气候变化与人类社会之间的复杂关系。

此外,本书还对明清时期长江下游地区的极端严寒事件进行了整理、考证和重建,请各位有兴趣的读者仔细阅读,我就不再一一评述了。

本书尚有一些有待进一步研究的空间,如通过1636—1642年间绍兴地区梅雨特征的重建,炳涛认为这些年东南季风明显偏弱,致使季风雨带的推进过程和降水特征发生变异,可能是造成崇祯年间全国大旱的气候背景。这是一个很有趣的课题,希望他以后能够对两者之间的关系进行详细讨论。另外,虽然本书勾勒出明清时期雨泽奏报制度的轮廓,但雨泽奏报制度如何在各地运行,有没有一套体制来维系它的运行,等等,都需要进一步的研究和探索。

炳涛勤奋好学,沉稳踏实,期待他能做出更好的研究。

满志敏

2019年9月25日

目 录

图表目录

绪　论

第一节　研究对象及意义

　　自 1979 年日内瓦大会首次把气候变化提上国际日程后,全球气候变化一直是国际社会和政府关注的议题。从《联合国气候变化框架公约》、《京都议定书》、"巴厘路线图"、《哥本哈根协议》、《坎昆协议》、"德班平台"等一系列全球应对气候变化的合作中,可以看出国际社会和各国政府给予气候变化高度的关注和重视,为应对未来气候变化作出了不懈的努力。

　　气候变化问题不仅是 21 世纪人类生存和发展面临的严峻挑战,也是当前国际政治、经济、外交博弈中的重大全球性问题。积极应对气候变化,加快推进低碳发展,已成为国际社会的普遍共识和不可逆转的时代潮流。发展低碳经济和低碳技术日益成为各国抢占经济、科技竞争制高点的战略选择。气候变化事关我国经济社会发展全局,事关我国经济安全、能源安全、生态安全和粮食安全,在经济社会发展转型关键期,积极应对气候变化是我国当前发展的内在需求。[①]为此,专门应对气候变化的议事协调机构——国家应对气候变化领导小组,于 2007 年 6 月成立,由温家宝总理担任组长;2013 年 7 月,由李克强总理担任新一届领导小组组长。国家应对气候变化领导小组的主要职责是:研究制

[①]　《第三次气候变化国家评估报告》编写委员会编著:《第三次气候变化国家评估报告》,科学出版社,2015 年,第 1 页。

定国家应对气候变化的重大战略、方针和对策，统一部署应对气候变化工作，研究审议国际合作和谈判对象，协调解决应对气候变化工作中的重大问题。

当然，气候变化绝不仅仅是政府面临或要解决的问题，它与我们每一个人都密切相关。2008年南方遭遇50年罕见暴雪；2009年中国有22个省451个气象站点达到极端高温事件标准，17个省110个站点日降水量达到极端强降水事件；2010年新年伊始，京津冀等地大雪突破历史极值；2011年西南地区夏秋两季降水异常偏少，"水贵如油"，干旱严重；2012年一个月内6个台风连续登陆我国……

客观科学地分析过去的温度、降水和极端天气事件的变化特征以及气候变化对社会发展产生的影响，对于全面认识当今气候变化的特征、应对未来气候变化可以提供借鉴，于是历史气候变化研究也就凸显其重要的学术和应用价值。国际地圈—生物圈计划（International Geosphere-Biosphere Programe，简称IGBP）的核心计划就是"过去的全球变化计划"（Past Global Changes，简称PAGES），重点目标就是重建2000年以来的全球气候变化和环境演变，这样的研究尺度正是中国历史发展的主要时期。我国的历史文献浩如烟海，其中包含大量的气候信息，通过历史记载与自然信息的结合进行过去2000年中国环境变化的综合研究，是我国独具特色的研究领域之一，也是我国对全球气候变化研究的独特贡献。

我国利用文献资料对历史时期气候变化的研究已经取得较大成就，但仍然存在许多不确定因素。例如，相较于清代而言，明代气候变化的研究相对薄弱，表现在：重建温度的分辨率、极端天气事件的重建等方面无法与清代相媲美，而降水的重建方面更是无从谈起，与之相对应的气候变化与人类社会影响的研究也大大不足。清代高分辨率的温度与降水重建也主要集中于清代中后期，对于前期的研究也略显不足。之所以会出现这种格局主要是受限于文献资料和研究方法。因此，深入挖掘文献资料，运用合理的研究方法，加强这一时段气候变化研究仍大有可为。而选择长江中下游地区的主要原因之一则是因为该区域内气候性质具有明显的一致性。长江中下游的地域划分，通常是以出长江三峡，自湖北省宜昌至江西省湖口为中游，湖口以下为下游。但在气候研究中，长江中下游地区的范围要广泛得多，除长江中下游干流以外，还包括其支流所能集水的区域及其流域邻近属省界行政管辖范围内的若干区域，计有湖北、湖南、安徽、江西、江苏、浙江六省及上海市。①本区大部分地区地势比较平坦开阔，没

① 蒋德隆主编：《长江中下游气候》，气象出版社，1991年，第1页。

有东—西走向的高大山脉横贯阻挡,在一定的大气环流条件下,冷暖空气均能长驱直入,气候具有明显的一致性。此外,该区域地处东亚季风的盛行区,最为明显的气候特点主要有二:一是水热同季,湿润多雨,但变率稍大。水热资源能充分为各种作物利用,这对发展农业生产极为有利;但由于每年的冬夏季风强弱、进退有很大不同,因此本区的雨量变率较大,一旦季风进退的规律失常,就会出现大范围的旱涝。其二是冬冷夏热,四季分明。春、秋、冬三季常有冷空气侵袭,不但会带来猛烈降温或冰雪天气,还会对水稻、棉花、柑橘、蔬菜等喜温作物造成伤害。因此,加强该区域历史气候的研究还可以了解东亚季风活动规律,为当前经济发展提供借鉴。

我国明清时期气候总体呈现出寒冷的特征已是不争的事实,故又称为"明清小冰期"。但是在这500多年的时间中气候并非一成不变,而是出现了多次冷暖波动的格局,至于其变化的诸多细节与特征则尚未明了,而这也是本书要讨论的问题。

所以,本书希望通过对明清时期文献资料中长江中下游地区相关的气候信息进行搜集、整理和提取,对明清时期长江中下游地区的温度、降水(梅雨)及极端天气事件进行重建,分析气候变化的特点。此外,分析气候变化对长江中下游地区社会的影响及应对措施。本研究希望对客观分析当前气候变化的特征,认识气候变化对于人类社会的影响,以及人类未来如何应对气候变化等诸多问题能够提供一定的参考和借鉴。

本书虽选择长江中下游作为研究区域,但因历史文献资料分布的不均衡性,在论证时则主要侧重于文献资料丰富的长江下游地区,这是首先要说明的一点。

第二节　学术史回顾

经过几十年的发展,我国历史气候变化研究已经取得了长足的发展,代用资料、研究方法和研究手段也更加多样化。对此,周书灿曾以时间为线索,把20世纪中国历史气候研究划分为三个不同的发展阶段,进行了系统总结。[①]但因历

[①]　周书灿:《20世纪中国历史气候研究述论》,《史学理论研究》,2007年第4期。

史气候变化研究涉及不同的研究领域、包含不同学科背景的学者、采用不同的技术手段，要想进行全面概述着实不易。杨煜达等意识到历史气候研究每次重要的进展都伴随着资料的开拓和方法的创新，于是对近三十年来历史气候研究中文献资料的收集整理、资料中存在问题的甄别和处理，温度序列、干湿序列的重建以及其他相关历史气候研究领域中研究方法的进展作了回顾总结。①

　　长江中下游地区文献资料丰富，是历史气候研究的重要区域，本研究的选题即是基于此。为了不割裂整个历史气候的研究，学术史回顾时不仅仅限于明清时期长江中下游地区，必要时会对相关内容进行整体回顾。总体思路以时间为经，以历史气候变化研究的内容为纬，对这一领域内的学术史作简要概述。

1. 文献资料的拓展

　　资料的收集、整理和运用是利用历史文献进行历史气候研究的基础和重要内容之一。中国拥有丰富的历史文献记录，这是我国的特色。文献记载大体可分为四类：一、按经、史、子、集四大部划分的传统中国古代文献；二、由总志、通志、郡志、府志、厅志、州志、县志、合志和乡镇志等组成的地方志；三、以"晴雨录"和"雨雪分寸"等为代表的档案记载；四、以天气日记为代表的私人笔记、日记等。

　　自 20 世纪 20 年代开始，一些学者陆续利用历史文献记载研究中国的历史气候变化，着手整编文献中的历史气候记载，但限于人力，这类资料收集工作一直进展较慢。进入 70 年代，资料收集与整编工作受到了充分重视，一系列资料收集与整编工作在全国范围内展开。其中最主要的有：(1)在中央气象局的主持下，气候工作者全国协作，系统地整编了以地方志为主要来源的近 500 多年的中国旱涝记载。(2)各省气象局在 500 年旱涝记载的基础上，对有关资料进行了补充，整理了各省的历史气候记载。(3)系统地整编了我国 4 个地区的《晴雨录》。(4)系统地整理和摘录了中国古代文献。(5)整理了我国 100 个地区近500 年的受灾县次记录。(6)系统整理和摘录了清代档案(雨雪分寸、农业收成、粮价等)和民国档案、报纸。(7)整理了一系列的明清日记。(8)摘录了我国历史时期降尘记载等。②对历史文献资料进行收集、整理的最新一项工作是张德

---

① 杨煜达：《近三十年来中国历史气候研究方法的进展》，《中国历史地理论丛》，2009 年第 2 期。
② 中国科学院资源环境科学与技术局、国际地圈生物圈计划中国全国委员会：《过去 2 000 年中国环境变化综合研究预研究报告》，1999 年，第 39—40 页。

二主编的《中国三千年气象记录总集》，以地方志资料为主，收集到有关气象记录 22 万条，并考订出处、时间和地点。①数十年的整理，已开发出大量历史时期的气候信息。

伴随着文献资料的收集和整理，对其资料价值的研究也随之展开。王绍武等通过中国东部地区 500 年旱涝情况的分析，认为利用历史文献资料重建的集中旱涝分布类型，和现代利用器测资料分析出来的旱涝分布类型高度一致，完全可以衔接，从而证明了方志资料中相关记载的可靠性。②张瑾瑢、简慰民等分别对清代和民国档案中气候资料的价值作过专门研究，认为其资料价值基本上翔实可靠。③而龚高法等则在《历史时期气候变化研究方法》一书中，专门就历史气候资料的可靠性和使用方法作过讨论。④

历史文献中气候资料的价值是毋庸置疑的，但其中也存在许多问题，如资料的来源不同，可靠程度不同，分辨率的不同，在传抄过程中出现的错记、漏记等偏差，资料在时空分布的不均匀，等等。如果这些问题不能够得到正确处理，那么就不可能得出科学的结论。因此，对资料本身存在的问题、处理和运用的研究也随之进行。葛全胜、张丕远根据历史信息的特点，设定了一套公式：史料精确度 $Q = P(Y) = P(Y_1) \cdot P(Y_2) \cdot P(Y_3) = P_1 \cdot P_2 \cdot P_3$，其中，$P_1$ 为实时性指数，P_2 为邻域性指数，P_3 为语言贴近性指数。由此公式得出，就史料的准确性而言，官方记载 > 私人笔札 > 地方志。⑤邹逸麟、张修桂针对历史资料整理中存在的问题，提出了整理资料要收集第一手资料，摘抄资料信息要完整，对历史地名要考订后才可使用。⑥满志敏师、葛全胜等针对历史记载出现的错误进行分类，进而提出资料使用的四个原则：原始优先、校勘优先、价值优先和互相参照。⑦满志敏师则对历史旱涝灾害资料的分布问题作专门研究，认为历史上的旱涝资料有其自身的分布特征，不仅在时间上、在空间分布和频率分布上均表现出特定的特征，并且在不同的资料系统中也有系统之间的差异。重要的是这种

① 张德二主编：《中国三千年气象记录总集》，凤凰出版社，2004 年。
② 王绍武、赵宗慈：《近五百年我国旱涝史料的分析》，《地理学报》，1979 年第 4 期。
③ 张瑾瑢：《清代档案中的气象资料》，《历史档案》，1982 年第 2 期；简慰民、袁凤华、郑景云：《中国第二历史档案馆藏有关民国时期气候史料》，《历史档案》，1993 年第 2 期。
④ 龚高法、张丕远、吴祥定等：《历史时期气候变化研究方法》，科学出版社，1983 年。
⑤ 葛全胜、张丕远：《历史文献中气候信息的评价》，《地理学报》，1990 年第 1 期。
⑥ 邹逸麟、张修桂：《关于历史气候文献资料的收集利用和辨析问题》，《历史自然地理研究》，1995 年，第 1—5 页。
⑦ 张丕远主编：《中国历史气候变化》，山东科技出版社，1996 年，第 222—224 页。

特征与旱涝在时间和空间上是叠加在一起的，即构成现有资料时空分布的原因有两个：旱涝差异和资料差异。因此在利用这些资料讨论旱涝演变和空间变化中需要考虑到这种资料的分布特征，并设法消除这种影响。[1]其后，满志敏师又对官私文献、地方志、档案和日记中的气候资料和存在的问题进行了详细说明。[2]最近，诸多历史气候研究学者共同分析了中国历史文献中气象记录的特点及主要内容，梳理了利用各类记录定量重建气候变化序列的基本方法，[3]使得利用文献重建历史气候变化更加规范化、科学化。

以上对文献资料的收集、整理，以及对资料存在问题的处理和运用等工作，使得运用文献进行历史气候变化研究的工作不仅更加方便，而且更加精确和科学，大大提高了历史气候变化研究的水平。

2. 温度变化研究

温度的变化，是我国历史气候变化研究开展较早且研究成果最为显著的一个内容，直到目前仍然是学者较为关注的课题。从 20 世纪 20 年代开始，地理学家、历史学家就开始研究我国历史时期的气温变化，[4]虽然这一时期的资料和研究方法等都存在不同程度的问题，但是这为以后我国历史气候研究的发展提供了不少帮助。70 年代初，竺可桢先生积数十年的研究，发表了《中国近五千年来气候变迁的初步研究》[5]这一经典论文。该文根据资料特点，将五千年划分为考古时期、物候时期、方志时期和器测时期四个时期，主要运用物候学的方法重建了我国近五千年来温度的变化，从而奠定了历史气候研究的基础，而物候学方法也成为历史气候研究中最基本的方法之一。继竺可桢先生之后，学者们

① 满志敏：《历史旱涝灾害资料分布问题的研究》，《历史地理》第 16 辑，上海人民出版社，2000 年，第 280—294 页。

② 满志敏：《传世文献中的气候资料与问题》，《面向新世纪的中国历史地理学——2000 年国际中国历史地理学术讨论会论文集》，齐鲁书社，2001 年，第 56—75 页；《中国历史时期气候变化研究》，山东教育出版社，2009 年，第 21—71 页。

③ 郑景云、葛全胜、郝志新等：《历史文献中的气象记录与气候变化定量重建方法》，《第四纪研究》，2014 年第 6 期。

④ 竺可桢：《南宋时代中国气候之揣测》，《科学》，1925 年第 2 期；《中国历史上气候之变迁》，《东方杂志》，1925 年第 3 期；蒙文通：《中国古代北方气候考略》，《史学杂志》，1930 年第 2、3 期；胡厚宣：《卜辞中所见之殷代农业》，《史学论丛》，1934 年；文焕然：《秦汉时代黄河中下游气候研究》，商务印书馆，1959 年。

⑤ 竺可桢：《中国近五千年来气候变迁的初步研究》，《考古学报》，1972 年第 1 期。

不断研究和拓展物候学方法。如于希贤较早利用文献中苍山雪的记载来反映历史时期的气候变化;①张福春等从柑桔冻死南界和河流封冻南界探讨近500年来的气候变化;②文焕然等主要根据动植物的分布来研究长江、黄河中下游气候的冷暖;③龚高法等专门探讨植物物候期的地理分布规律,从影响生物物候期的气候因子、物候现象的统计特征、历史物候记载的审核、物候序列的建立和物候异常与气候变化等五个方面进行了详细论述。④

伴随着研究的不断深入,对资料本身的可靠性也提出了新的挑战。90年代初,一个以深入考证和分析气候史料为特征的新阶段也随之出现。尤其是对竺可桢先生的工作陆续发表评论性文章,其中最有代表性的就是牟重行在《中国近五千年气候变迁的再考证》中认为竺文"由于时代条件限制,在分析使用历史文献中还存在不少缺陷和问题,主要问题有:(1)对文献误解或疏忽;(2)所据史料缺乏普遍指示意义;(3)推论勉强等。由于选择的气候证据本身存在不确定性,以致勾勒的中国5 000年温度变化轮廓大体上难以成立"⑤。结论虽言过其实,但提出的问题使得历史气候研究在资料运用上更加谨慎和科学。在前人研究的基础上,满志敏师通过对史料的再发掘和科学运用,对隋唐温暖期提出了质疑,认为唐中后期气候转向寒冷,⑥同时还提出中国存在中世纪温暖期,⑦并进一步总结了物候学方法,阐述了利用物候方法研究历史气候的均一性原理、限制因子原理、气候影响的同步性原理、人类影响的差异性原理和模式以及生

① 于希贤:《苍山雪与历史时期气候冷期变迁研究》,《中国历史地理论丛》,1996年第2期。该文首发于1978年《昆明师范学院学报》,后略有修订。

② 张福春、龚高法、张丕远等:《近500年来柑桔冻死南界及河流封冻南界》,中央气象局研究所编《气候变迁和超长期预报文集》,科学出版社,1977年。

③ 文焕然、徐俊传:《距今约8 000—2 500年前长江、黄河中下游气候冷暖变迁初探》,《地理集刊》第18号,科学出版社,1987年。作者在1978年8月中国科学院地理所油印的"近六、七千年来中国气候冷暖变迁初探(提纲)"一文中初步提出过这方面的问题。

④ 龚高法、简慰民:《我国植物物候期的地理分布》,《地理学报》,1983年第1期;龚高法、张丕远、吴祥定:《历史时期气候变化研究方法》,科学出版社,1983年。

⑤ 牟重行:《中国近五千年气候变迁的再考证》,气象出版社,1996年,第5页。作者曾在1992年《贵州气象》的1—5期连续以《中国气候变迁与史实——对竺可桢〈中国近五千年来气候变迁的初步研究〉的甄议》为题发表本书的初稿。

⑥ 满志敏:《唐代气候冷暖分期及各期气候冷暖特征的研究》,《历史地理》,上海人民出版社,1990年,第1—15页;《关于唐代气候冷暖问题的讨论》,《第四纪研究》,1998年第1期。

⑦ 满志敏:《中国东部中世纪暖期(MWP)的历史证据和基本特征的初步分析》,载张兰生主编《中国生存环境历史演变规律研究(一)》,海洋出版社,1993年,第95—104页;《黄淮海平原北宋至元中叶的气候冷暖状况》,《历史地理》第11辑,上海人民出版社,1993年,第75—88页。

物相应气候冷暖变化的不对称原理。①

　　物候方法分辨率虽不高,但是物理机制明确,在资料考订明确的基础上,可靠性较高。因此,该方法成为考察长时间尺度气候变化的主要手段。而随着清代大批日记和档案资料中物候现象的整理、整合,则可以建立较长的物候序列,反映气候的长期变化特征。但因文献数量太多,且散落各地,系统收集此类资料难度较大,此前利用日记资料只建立了北京 1850 年以来春季物候的逐年变化序列②和长江中下游春季物候序列③,而后者的分辨率只有 10 年,且只有1580s—1730s、1760s—1810s 及 1830s—1910s 等时段。近来,郑景云等对清代日记中查阅的春季物候记录以及档案中的雨雪日数等物候证据进行整合,建立了长三角地区和华中地区 19 世纪以来逐年的春季物候序列,④大大提高了利用物候重建温度变化序列的分辨率,在利用文献重建温度变化方面具有重要意义。在国际气候变化研究中,物候学也是重要的研究方法之一。如 Chuine 等利用法国勃艮第地区的葡萄收获期重建了 1370—2003 年 4—8 月温度变化序列;⑤Možný 等利用捷克谷类作物收获期重建 1501—2008 年 3—6 月的温度序列;⑥Aono 等利用日本京都 9 世纪以来的日本樱花开花期重建了春季温度变化序列。⑦这些研究在全球气候变化研究中均具有重要的意义。

　　但是随着明清时期大量地方志资料和档案资料的出现,气候资料的数量也

---

① 满志敏:《用历史文献物候资料研究气候冷暖变化的一个基本原理》,《历史地理》第 12 辑,上海人民出版社,1995 年。

② 龚高法、张丕远、张瑾瑢:《北京地区自然物候期的变迁》,《科学通报》,1983 年第 24 期。

③ Hameed S, Gong Gaofa. Variation of spring climate in lower-middle Yangtse River valley and its relation with solar-cycle length. *Geophysical Research Letters*. 1994,21(24):2693—2696.

④ 郑景云、葛全胜、郝志新等:《过去 150 年长三角地区的春季物候变化》,《地理学报》,2012 年第 1 期;郑景云、刘洋、葛全胜等:《华中地区历史物候记录与 1850—2008 年的气温变化重建》,《地理学报》,2015 年第 5 期。

⑤ Chuine I, Yiou P, Viovy N et al. Grape ripening as a past climate indicator. *Nature*. 2004,432:289—290.

⑥ Možný M, Brázdil R, Dobrovolný P et al. Cereal harvest dates in the Czech Republic between 1501 and 2008 as a proxy for March-June temperature reconstruction. *Climatic Change*. 2011. doi: 10.1007/s10584-011-0075-z.

⑦ Aono Y, Kazui K. Phenological data series of cherry tree flowering in Kyoto, Japan, and its application to reconstruction of springtime temperatures since the 9th century. *International Journal of Climatology*. 2008,28:905—914. Aono Y, Saito S. Clarifying springtime temperature reconstructions of the medieval period by gap-filling the cherry blossom phenological data series at Kyoto, Japan. *International Journal of Biometeorology*. 2010,54:211—219.

明显增加,庞大的气候资料如何处理,这就对资料处理的方法提出新的要求。学者们不断探索,针对长江中下游地区提出了三种比较成熟的处理方法。

其一,比值法,即统计给定时段的冷、暖时间发生次数或频率,然后根据冷、暖事件发生频率的高低来指示温度变化。如张丕远等根据 1500 年以来的寒冬次数统计了每十年寒冬出现的次数,以此建立 1500 年以来的冷暖变化。①如果说每十年寒冬次数构成的序列代表了偏冷的一个方面,那么历史记载中还存在一些偏暖方面的记载,此外还应存在一定的缺失现象。如果综合考虑这两个因素所建立的冷暖序列可能会更接近历史的事实,张德二等做的工作正是这样,首先定义寒冬年和冷冬年,然后拟定一个冬温指数的计算公式,从而建立我国南部 10 年分辨率的温度序列。②用寒冷指数和冬温指数建立的温度序列虽然已经固定到以 10 年为单位,并且可以较准确地比较各个十年之间的冷暖差异;但它们毕竟是一种代用指数,尽管它和气温的高低有一定关系,但还没有说明指数与气温的直接联系,因此,下一步的问题就是寻找文献记载资料如何复原成气温的方法。

其二,等级法,即根据文献中的冷暖程度描述进行判定、分等、定级或确定指数,并通过与现代资料的对比,进一步将等级、指数转换为相应的温度距平。王绍武据此建立了华东地区的四季气温距平序列,首先对各种寒冷指数进行定义,然后确定历史记载中冷暖事件相应的寒冷指数,进而订正到 1880—1979 年的平均值上,就可以得到该地区冬季气温距平序列。③该序列虽然将文献记载资料直接与气温发生联系,但是由于文献资料本身的缺陷,在复原温度的过程中精度只能达到 10 年的尺度,要提高温度序列的分辨率就只能依靠更详细的档案资料。

其三,线性回归法,根据一些天气气候现象(如冬季降雪日数)与温度要素的物理机制联系及统计关系,利用现代气象观测记录建立两者之间的关系方程,然后利用该关系方程将历史时期某些特定的天气气候现象反演为温度记录。如周清波等利用清代档案中的"雨雪分寸"资料,对合肥地区的降雪情况和冬季平均气温间的关系进行了研究,据此建立了降雪日数和冬季温度的单因子

① 张丕远、龚高法:《十六世纪以来中国气候变化的若干特征》,《地理学报》,1979 年第 3 期。
② 张德二、朱淑兰:《近五百年我国南部冬季温度状况的初步分析》,《全国气候变化学术讨论会文集:一九七八》,科学出版社,1981 年,第 64—70 页;郑景云、郑斯中:《山东历史时期冷暖旱涝分析》,《地理学报》,1993 年第 4 期。
③ 王绍武、王日昇:《1470 年以来我国华东四季与年平均气温变化的研究》,《气象学报》,1990 年第 1 期。

回归方程,重建了合肥地区 1736—1991 年年冬季平均气温序列;①郑景云等用同样的方法重建了清代陕西西安和汉中两地的冬季平均气温序列。②伍国凤等重建了南昌 1736 年以来的降雪及冬季气温序列。③杨煜达利用冬季降雪和干季降水的双因子回归方法重建了昆明地区 1721 年以来冬季年平均气温。④这样的研究使得温度变化的时间分辨率精确到年,而且可以和现代器测资料直接衔接,对于近 300 年以来气温变化研究具有重要意义。

最近温度序列重建方法的新动向则是集成研究,即在现有研究的基础上,发展集成方法,重建有更好空间代表性和时间分辨率的温度序列。葛全胜、郑景云等人对此进行了大量探索,将研究区域划分为若干个点,以物候方法为基础,将古今同种物候的地区差异和日期差异转算为站点的温度差异,根据计算出的各个站点的温度变化对区域温度变化的贡献率,再换算出整个区域较现代气温的距平值,由此建立整个研究区域内有更加确定性的温度序列。如葛全胜等人重建了过去 2 000 年中国东部冬半年温度变化序列,时间分辨率为 30 年,部分时间精确到了 10 年;⑤其后,又重建了中国过去 5 000 年的温度序列。⑥这两个温度序列的建立,标志着经过 30 年的努力,在温度重建方面,较之竺可桢先生的研究,分辨率和确定性都得到了很大的提高。并且,葛全胜等人对这一方法的理论基础与科学思想及在研究中的应用作了进一步总结。⑦目前,国内有些历史气候变化研究团队正在进行过去 2 000 年亚洲气候变化集成研究。⑧

3. 干湿变化研究

干湿变化的研究,主要体现在两方面:旱涝状况研究和降水状况研究。

---

① 周清波、张丕远、王铮:《合肥地区 1736—1991 年年冬季平均气温序列的重建》,《地理学报》,1994 第 4 期。

② 郑景云、葛全胜、郝志新等:《1736—1999 年西安和汉中地区冬季平均气温序列重建》,《地理研究》,2003 年第 3 期。

③ 伍国凤、郝志新、郑景云:《南昌 1736 年以来的降雪与冬季气温变化》,《第四纪研究》,2011 年第 6 期。

④ 杨煜达:《清代昆明地区(1721—1900 年)冬季平均气温序列的重建与初步分析》,《中国历史地理论丛》,2007 年第 1 期。

⑤ 葛全胜、郑景云、满志敏等:《过去 2 000a 中国东部冬半年温度变化序列重建及初步分析》,《地学前缘》,2002 年第 1 期。

⑥ 葛全胜、王顺兵、郑景云:《过去 5 000 年中国气温变化序列重建》,《自然科学进展》,2006 年第 6 期。

⑦ 葛全胜、何凡能、郑景云:《中国历史地理学与集成研究》,《陕西师范大学学报》,2007 年第 5 期。

⑧ 葛全胜、郑景云、郝志新:《过去 2 000 年亚洲气候变化(PAGES-Asia2k)集成研究进展及展望》,《地理学报》,2015 年第 3 期。

运用文献进行旱涝变化研究首先遇到的问题是如何将文字描述转化为可供参考比较的数值。到目前为止,历史旱涝资料参数法主要有三种:旱涝等级法、湿润指数法和差值法。

20 世纪 70 年代,汤仲鑫通过对河北保定地区历史旱涝情况的研究,探索出将历史旱涝灾情和现代降水资料对比分析从而分级的办法——旱涝等级法。他主要利用空间分布较好的地方志资料,以器测资料中历年降水量的统计为基础,将地方志中旱和涝的记载根据语言描述的轻重分为 20 余类,并为 7 个等级,建立起逐年的旱涝等级,对 500 年以来的旱涝状况进行探讨。[①]这一方法的提出立即得到很多学者的肯定,国家气象局等部门利用地方志等文献资料,对我国 120 个站点的旱涝情况进行了分级,得出了这些站点 500 年来的旱涝等级序列并绘制成图集,[②]张德二等又将这一序列进一步延长至 2000 年。[③]

与此同时,郑斯中等在探讨我国东南地区 2000 年的湿润状况时提出湿润指数法。这种方法是从概率统计观点出发,把所研究地区在某时期内的若干府州(县)所发生的水旱次数看作水旱事件的整体,而把收集到的水旱记录次数看作是总体的样本。历史资料本身存在的漏记、短缺、散失等情况看作是随机的,现存的水旱灾害记载看作是历史上发生的水旱灾中的一个随机样本,由此统计而得的水旱灾害的比值可视作总体水旱比值的统计值。得出公式:$I=(F×2)/(F+D)$,I 为湿润指数,F 为某地区某时间段的水灾记载次数,D 为相应的旱灾次数。[④]这一方法的优点在于可以在一定程度上消除资料的时间分布不均匀的问题而得到经常性的应用。

第三种方法是差值法,即以某一区域内受涝县次和受旱县次的差作为指标来建立参数体系的方法。[⑤]其后,郑景云等也采用某年次旱涝县份和研究时段内旱涝县次平均值的距平百分率来重建旱涝指数,建立了北京地区近 500 年的七

① 汤仲鑫:《保定地区近五百年旱涝相对集中期分析》,《气候变迁与超长期预报文集》,科学出版社,1977 年,第 45—49 页。
② 中央气象局气象科学院主编:《中国近五百年旱涝分布图集》,地图出版社,1981 年。
③ 张德二、刘传志:《〈中国近 500 年旱涝图集〉续补(1980—1992 年)》,《气象》,1993 年第 11 期;张德二、李小泉、梁有叶:《〈中国近 500 年旱涝图集〉的再续补(1993—2000 年)》,《应用气象学报》,2003 年第 3 期。
④ 郑斯中等:《我国东南地区近 2 000 年来气候湿润状况的变化》,《气候变迁与超长期预报文集》,科学出版社,1977 年,第 29—32 页。
⑤ 南京大学气象系气候组:《关于我国东部地区公元 1401—1900 年 500 年内的旱涝概况》,《气候变迁与超长期预报文集》,科学出版社,1977 年,第 53—58 页。

级旱涝指数序列。①但这种方法受历史文献资料中水旱记载的影响较大，不易消除其中的误差。

以上无论是旱涝等级法、湿润指数法还是差值法，仅仅反映的是旱涝状况，并非实际的降水情况，要研究降水变化则需要分辨率更高的资料。20 世纪 70 年代中央气象局研究所的研究人员最早利用清代逐日记载的"晴雨录"资料，用逐步回归的方法重建了 1724—1904 年的北京降水。②随后有学者利用同样的资料却得出不一样的降水序列。③直到 2002 年，张德二再次利用故宫"晴雨录"资料对 1724—1911 年的北京降水情况进行了多因子回归，重建了北京降水量序列，④使得重建结果更加科学和完善。其后张德二等又利用该方法对 18 世纪南京、苏州、杭州的年、季降水量序列进行了复原，⑤这是目前利用清代档案中的降水资料进行的降水量反演中精度最高的研究。新近，又有学者利用"晴雨录"重建了 1724 年以来北京地区雨季逐月降水序列，提出一些与张德二不一样的看法。⑥

但"晴雨录"资料仅有北京、南京、苏州和杭州四个区域保存较为完整，为扩大研究范围，学者们把目光又转向分布较为广泛的"雨雪分寸"记录。因"雨雪分寸"记录使用的是"入土几分"的表述方式，所以很难直接反演为降水量，对此，郑景云等在石家庄利用土壤物理学与水量平衡模型反演，并组织进行了人工模拟降雨的田间入渗试验，反复试验后得出降水入渗公式，将土壤物理模型与田间试验法得出的结果比较，说明二者可以较好地将清代"雨雪分寸"反演为降水量。⑦随后，对清代"雨雪分寸"资料保存较好的华北地区的降水量重建工作

① 郑景云、张丕远、周玉孚：《利用旱涝县次建立历史时期旱涝指数序列的试验》，《地理研究》，1991 年第 3 期。
② 中央气象局研究所：《北京 250 年降水》，1975 年印行。
③ 张时煌、张丕远：《北京 1724 年以来降水量的恢复》，施雅风等著《中国气候与海平面变化研究进展（一）》，海洋出版社，1990 年，第 44—45 页。
④ 张德二、刘月巍：《北京清代"晴雨录"降水记录的再研究——应用多因子回归方法重建北京（1724—1904 年）降水序列》，《第四纪研究》，2002 年第 3 期。
⑤ 张德二、刘月巍、梁有叶等：《18 世纪南京、苏州和杭州年、季降水量序列的复原研究》，《第四纪研究》，2005 年第 2 期。
⑥ 兰宇、郝志新、郑景云：《1724 年以来北京地区雨季逐月降水序列的重建与分析》，《中国历史地理论丛》，2015 年第 4 期。
⑦ 郑景云、郝志新、葛全胜：《重建清代逐年降水的方法与可靠性——以石家庄为例》，《自然科学进展》，2004 年第 4 期。

获得很大进展,取得了一系列研究成果。①杨煜达则利用清代档案资料,采用分段标定的办法,重建了分为9级的1711年以来的昆明雨季降水序列。②

在降水方面的研究上,梅雨气候又是一个重要的研究方向,它同样需要资料具有较高分辨率。张德二和王宝贯最早通过清代的"晴雨录"记录重建了18世纪长江下游地区的梅雨气候序列,证明了当时梅雨活动仍然是长江下游地区重要的天气气候特征,其特点和现代梅雨近似。③其后,葛全胜等利用清代档案中的"雨雪分寸"资料重建了长江中下游地区1736年以来的梅雨序列,并讨论了梅雨活动的年—年代际变化特征及与东亚夏季风强弱变化和中国东部季风雨带位置移动的对应关系,取得重大突破。④满志敏师则发掘日记资料中的天气记载,分析了19世纪中叶两湖东部地区的梅雨特征,进一步开拓了研究梅雨特征的资料和方法;⑤萧凌波等的研究同样利用日记资料,讨论了19世纪末期至20世纪初两湖东部地区梅雨雨带的变动;⑥郑微微则深入挖掘多部日记资料并进行整合,对清代后期以来梅雨雨带南缘的变化和降水事件进行了研究,将梅雨研究推向另一个高度。⑦

4. 极端天气事件

极端天气事件往往给人类造成灾难性的后果,因此在历史气候变化中受到特别关注,郑景云等曾对中国过去2 000年极端气候事件(包括冷冬、炎夏、东北夏季低温和极端干旱与大涝)变化特征进行了梳理和总结。⑧

极端天气事件又以水旱灾害的影响最为明显。在水灾方面,王涌泉曾对清

① 郑景云、郝志新、葛全胜:《山东1736年以来诸季降水重建及其初步分析》,《气候与环境研究》,2004年第4期;《黄河中下游地区过去300年降水量变化》,《中国科学》(D辑),2005年第8期。
② 杨煜达、满志敏、郑景云:《1711—1911昆明雨季降水的分级重建与初步分析》,《地理研究》,2006年第6期;《清代云南雨季早晚序列的重建与夏季风变迁》,《地理学报》,2006年第7期。
③ 张德二、王宝贯:《18世纪长江下游梅雨活动的复原研究》,《中国科学》(B辑),1990年第12期。
④ 葛全胜、郭熙凤、郑景云等:《1736年以来长江中下游梅雨变化》,《科学通报》,2007年第23期。
⑤ 满志敏、李卓仑、杨煜达:《〈王文韶日记〉记载的1867—1872年武汉和长沙地区梅雨特征》,《古地理学报》,2007年第4期。
⑥ 萧凌波、方修琦、张学珍:《19世纪后半叶至20世纪初叶梅雨带位置的初步推断》,《地理科学》,2008年第3期。
⑦ 郑微微:《清后期以来梅雨雨带南缘变化和降水事件研究》,复旦大学博士学位论文,2011年。
⑧ 郑景云、郝志新、方修琦等:《中国过去2 000年极端气候事件变化的若干特征》,《地理科学进展》,2014年第1期。

康熙元年(1662)黄河大水的气候背景和水情进行过分析；①赵会霞、郑景云等对清代苏皖地区重大洪涝事件进行了复原；②杨煜达等对 1849 年长江中下游大水灾的时空分布及天气气候特征进行了分析；③潘威等对 1823 年太湖以东地区大涝形成的环境因素进行重建和分析；④张德二等又对 1823 年我国东部大范围雨涝进行了研究。⑤在旱灾方面，张德二对相对温暖气候背景下的旱灾(1784—1787 年)进行了相关探讨，重建了旱灾的时空过程，并据此推断事件的气候极值，分析旱灾发生的气候背景；⑥满志敏师则利用记载详细的赈灾档案，以每县的受灾村庄数和各村庄的成灾分数加权后得出各县旱灾指数，以此重建了清光绪三年(1877)北方大旱，并在此基础上分析了其区域差异性，探讨了其气候背景。⑦

相对来说，冷暖极端事件造成的灾难要远远低于水旱灾害事件，但并非没有，尤其是极度寒冷事件往往也给社会带来严重灾难。龚高法等就针对 1892—1893 年的寒冬及其影响作了深刻分析；⑧后来，张德二等又对这一极端严寒事件的过程、气候特点以及气候背景作了更为详细的论述。⑨闫军辉等根据历史文献分析了长江中下游地区 1620 年冬季积雪特征与严寒程度，估算了 1620 年长江中下游地区及 9 个地点相对于 1961—1990 年的冬季气温距平；⑩张德二等利用文献复原了 1670/1671 年冬季严寒实况，并绘制了雪、冰、冻雨和动植物冻害

---

① 王涌泉：《康熙元年(1662 年)黄河特大洪水的气候背景与水情分析》，《历史地理》第 2 辑，上海人民出版社，1982 年，第 118—126 页。

② 赵会霞、郑景云、葛全胜：《1755、1849 年苏皖地区重大洪涝事件复原分析》，《气象科学》，2004 年第 4 期；郑景云、赵会霞：《清代中后期江苏四季降水变化与极端降水异常事件》，《地理研究》，2005 年第 5 期。

③ 杨煜达、郑微微：《1849 年长江中下游大水灾的时空分布及天气气候特征》，《古地理学报》，2008 年第 6 期。

④ 潘威、王美苏、杨煜达：《1823 年(清道光三年)太湖以东地区大涝的环境因素》，《古地理学报》，2010 年第 3 期。

⑤ 张德二、陆龙骅：《历史极端雨涝事件研究——1823 年我国东部大范围雨涝》，《第四纪研究》，2011 年第 1 期。

⑥ 张德二：《相对温暖气候背景下的历史旱灾——1784—1787 典型灾例》，《地理学报》，2000 年增刊。

⑦ 满志敏：《光绪三年北方大旱的气候背景》，《复旦大学学报》，2000 年第 5 期。

⑧ 龚高法、张丕远、张瑾瑢：《1892—1893 年的寒冬及其影响》，中国科学院地理研究所编《地理集刊》第 18 号，科学出版社，1987 年，第 45—60 页。

⑨ 张德二、梁有叶：《历史极端寒冬事件研究——1892/93 年中国的寒冬》，《第四纪研究》，2014 年第 6 期。

⑩ 闫军辉、刘浩龙、郑景云等：《长江中下游地区 1620 年的极端冷冬研究》，《地理科学进展》，2014 年第 6 期。

的地域分布图,降雪日数分布图和最大积雪深度分布图。[1]张德二等利用在欧洲新发现的传教士留下的观测记录和历史文献记录结合使用,重建了1743年华北的极端高温天气。[2]火山活动是驱动十年至百年尺度全球变化的一个重要因素之一,所以也属极端气候事件的研究范畴,费杰曾对过去两千年全球三次大规模火山喷发对中国的可能气候效应作过分析。[3]

5. 气候变化的影响和社会响应

气候作为自然环境中最重要和最活跃的一个因素,其变化必然会带来重要的影响,主要表现在对自然界和人类社会两个方面。前者包括气候变化对水文条件的影响(如河流的流量、洪水水位、河湖变迁、海平面升降等)、动植物分布的影响等;后者有气候变化对农业种植的影响(如耕作制度、作物的分布、收成等)、土地利用的影响,乃至人口分布的影响、城镇和政区设置的影响等。

业师满志敏先生在1988年就意识到气候变化与海平面上升的关系,专门就两宋时期的海平面上升作过深入研究,[4]其后又对中世纪温暖期我国东南沿海海平面与气候变化的关系、华北降水与黄河泛滥的关系等作了进一步探讨。[5]龚高法等人就历史时期我国气候带的变迁及生物分布界限的推移作了专门的研究,[6]而探讨气候变化与动、植物分布关系用功最多、取得成就最大的莫过于文焕然了,其两部专著均就许多动植物的分布变迁与气候变化的关系作了探讨。[7]此外,

---

[1] 张德二、梁有叶:《历史寒冬极端气候事件的复原研究——1670/1671年冬季严寒事件》,《气候变化研究进展》,2017年第1期。

[2] 张德二、G.Demaree:《1743年华北夏季极端高温:相对温暖气候背景下的历史炎夏事件研究》,《科学通报》,2004年第21期。

[3] 费杰:《过去两千年全球三次大规模火山喷发对中国的可能气候效应》,中国科学院研究生院博士学位论文,2008年。

[4] 满志敏:《两宋时期海平面上升及其环境影响》,《灾害学》,1988年第2期。

[5] 满志敏:《中世纪温暖期我国华东沿海海平面上升与气候变化的关系》,《第四纪研究》,1999年第1期;满志敏、杨煜达:《中世纪温暖期升温影响中国东部地区自然环境的文献证据》,《第四纪研究》,2014年第6期;满志敏:《中世纪温暖期华北降水与黄河泛滥》,《中国历史地理论丛》,2014年第1期。

[6] 龚高法、张丕远、张瑾瑢:《历史时期我国气候带的变迁及生物分布界限的推移》,《历史地理》第5辑,上海人民出版社,1987年,第1—10页。

[7] 文焕然:《中国历史时期植物与动物变迁研究》,重庆出版社,1995年;文焕然、文榕生:《中国历史时期冬半年气候冷暖研究》,科学出版社,1996年。

何业恒对珍稀动物的变迁与气候之间关系的研究工作也非常卓越。[①]李玉尚等又探讨气候变化与黄渤海鲱鱼资源数量变动的关系。[②]

气候变化对人类社会影响的表现要广泛得多，学者们从农业、人口、战争、王朝的更迭乃至疾病、医学、日常生活等方面都进行过相关探讨。

陈志一曾就气候变化对双季稻种植的影响作过大量研究工作。[③]沈小英、陈家其等就明清时期的气候变化对太湖流域地区的粮食生产和农业经济进行了分析。[④]马立博也探讨了帝制后期（1650—1860）中国南方的气候与收成。[⑤]近来，郝志新等又对1736年以来西安气候变化与农业收成进行了相关分析，认为气候变化对农业收成的影响极为明显，虽然温度的年际变化与收成没有显著关系，但温度的年代际变化，即气候的冷暖阶段变化与收成的阶段性变化关系密切。[⑥]李伯重则以松江地区为例，具体地观察了19世纪经济衰退、气候变化和社会危机之间的关系，认为"道光萧条"的原因之一就是19世纪初全球气候变化所引起的农业生产条件恶化。[⑦]杨煜达则讨论了清嘉庆二十年至二十二年（1815—1817）的云南大饥荒，认为饥荒并非由旱灾造成，而是由典型的低温冷害导致水稻、荞麦等主要农作物的大幅歉收引起，这次低温则主要是坦博拉火山喷发引起。[⑧]曹树基、王保宁、李玉尚等也分别就坦博拉火山喷发所引起的社会效用进行了研究。[⑨]王业键等则对清代中国的气候变迁、自然灾害与粮价三者

① 何业恒：《中国珍稀兽类的历史变迁》，湖南科技出版社，1993年。
② 李玉尚、陈亮：《清代黄渤海鲱鱼资源数量的变动——兼论气候变迁与海洋渔业的关系》，《中国农史》，2007年第1期；《明代黄渤海和朝鲜东部沿海鲱鱼资源数量的变动和原因》，《中国农史》，2009年第2期。
③ 陈志一：《江苏双季稻历史初探》，《中国农史》，1983年第1期；《康熙皇帝与江苏双季稻》，《农史研究》第5辑，农业出版社，1983年，第68—73页；《江苏双季稻历史再探》，《农史研究》第6辑，农业出版社，1985年，第77—83页。
④ 沈小英、陈家其：《太湖流域的粮食生产与气候变化》，《地理科学》，1991年第3期；陈家其：《明清时期气候变化对太湖流域农业经济的影响》，《中国农史》，1991年第3期。
⑤ 马立博：《南方向来无雪——帝制后期中国南方的气候与收成（1650—1860）》，刘翠溶、伊懋可主编《中国环境史论文集》，台湾"中研院"经济研究所，1995年，第579—631页。
⑥ 郝志新、郑景云、葛全胜：《1736年以来西安气候变化与农业收成的相关分析》，《地理学报》，2003年第5期。
⑦ 李伯重：《"道光萧条"与"癸未大水"——经济衰退、气候剧变及19世纪的危机在松江》，《社会科学》，2007年第6期。
⑧ 杨煜达：《嘉庆云南大饥荒（1815—1817）与坦博拉火山喷发》，《复旦学报》（社会科学版），2004年第3期。
⑨ 曹树基：《坦博拉火山爆发与中国社会历史》，《学术界》，2009年第5期；王保宁：《胶东半岛农作物结构变动与1816年之后的气候突变》，《学术界》，2009年第5期；李玉尚：《黄海鲆的丰歉与1816年之后的气候突变——兼论印尼坦博拉火山爆发的影响》，《学术界》，2009年第5期。

之间的关系进行了深入探讨。①

气候变化的影响在各地区的表现是有差异的,在气候敏感地带表现尤为明显。如冬季寒冷对我国亚热带地区的作物会有较大影响,龚高法等从长江中下游地区明清时期那些足以造成柑橘冻害的寒冬年数分布来看,十年冻害频数的分布制约着北亚热带地区的柑橘栽种演变。②满志敏师也曾就历史时期柑橘种植北界与气候变化的关系作过研究,认为造成亚热带果木柑橘种植北界大幅度迁移的主要原因与气候的冷暖变化有关。③而我国的农牧交错地带也是一个对气候变化较为敏感的区域,邹逸麟探讨了明清时期我国北部农牧过渡带的推移与气候冷暖变化之间的关系,④业师满志敏先生则从北魏平城迁都、元朝中叶岭北地区移民、12世纪初科尔沁沙地演变、明初兀良哈三卫南迁等四个历史实例出发,讨论了气候变冷变干时,农牧过渡带变化以及相应的社会变化现象,认为气候变化对历史上农牧过渡带变迁的影响是存在的,并通过人类社会系统起作用,而且不同的社会状态和组合会产生不同的农牧过渡带实况和相应的社会问题。⑤

关于气候变化与人口变化的关系,早在20世纪初就有相关论述,尤其以北方游牧民族南下为著,以美国地理学家亨廷顿为首倡,而后以英国史学大师汤因比为后劲。我国学者对此也有不少论述,如王会昌就对2 000年来我国北方游牧民族南迁与气候的关系进行探讨,⑥李伯重则探讨了气候变化与我国历史上人口的几次大起大落的关系。⑦但气候变化与人口迁移之间的关系决不是简单的对应关系(即气候变冷导致北方人口南迁),而是有着一套复杂的机制,部分学者通过典型的个案研究对其中的机制进行了探索。如方修琦等根据1661—1680年东北地区逐年人丁增长和起科耕地面积、相关政策与气候变化

① 王业键、黄莹珏:《清代中国气候变迁、自然灾害与粮价的初步考察》,《中国经济史研究》,1999年第1期。
② 龚高法、张丕远:《我国历史上柑桔冻害考证分析》,载《中国柑桔冻害研究》,农业出版社,1983年,第11—17页。
③ 满志敏:《历史时期柑橘种植北界与气候变化的关系》,《复旦学报》(社会科学版),1999年第5期。
④ 邹逸麟:《明清时期我国北部农牧过渡带的推移和气候寒暖变化》,《复旦学报》(社会科学版),1995年第1期。
⑤ 满志敏、葛全胜、张丕远:《气候变化对历史上农牧过渡带影响的个例研究》,《地理研究》,2000年第2期。
⑥ 王会昌:《2 000年来中国北方游牧民族南迁与气候》,《地理科学》,1995年第3期。
⑦ 李伯重:《气候变化与中国历史上人口的几次大起大落》,《人口研究》,1999年第1期。

信息，分析了东北地区的移民开垦与华北水旱灾害事件的互动关系，认为气候灾害——移民开垦——政策构成了一个有机的联系响应链，体现出气候变化影响与政策响应的互动性。①

气候变化还会对政治产生重要的作用，曾雄生通过对北宋熙宁七年（1074）干旱的分析认为，原本来自自然的雨水，通过人的解读，以及随之采取的措施，放大了社会生活的实际影响，某种程度上导致了王安石变法的失败。②萧凌波等对清代木兰秋狝与承德避暑这一皇家典礼兴衰过程中的气候因素进行了分析，是比较典型的微观个案研究。③章典等则通过气候变化与中国的战争、社会动乱和朝代变迁的对比后认为，中国历史的朝代循环、以及大乱和大治的交替，气候的波动变化是决定性因素之一。④葛全胜、王维强就人口压力、气候变化和太平天国运动之间的关系进行了分析，认为人地矛盾激化，加上气候异常造成全国农业大范围连年歉收，对太平天国运动的爆发起着特别的激发作用。⑤近年，在国际学术界中也不乏类似的研究，例如 G. Yancheva 等在《自然》上发表文章认为由于冬季风强大，引起赤道辐合带南移而发生的干旱是造成唐朝衰落的原因；⑥其后，有学者在《科学》上也发表文章认为东亚季风演变对中国历史朝代兴衰起关键作用。⑦针对其中所讨论的气候变化是否具有可靠性、与朝代更替是否具有关联性，张德二曾撰文提出质疑并展开激烈争论。⑧

现代医学研究指出，传染性疾病的发生除受到人群、生物与生态因素的影

① 方修琦、叶瑜、曾早早：《极端气候事件——移民开垦——政策管理的互动》，《中国科学》（D 辑），2006 年第 7 期。
② 曾雄生：《北宋熙宁七年的天人之际——社会生态史的一个案例》，《南开学报》（哲学社会科学版），2008 年第 2 期。
③ Xiao L B, Fang X Q, Zang Y J. Climatic impacts on rise and decline of "Mulan Qiuxian" and "Chengde Bishu" in North China, 1683—1820. *Journal of Historical Geography*. 2013, 39：19—28.
④ 章典、詹志勇、林初升等：《气候变化与中国的战争、社会动乱和朝代变迁》，《科学通报》，2004 年第 23 期。
⑤ 葛全胜、王维强：《人口压力、气候变化和太平天国运动》，《地理研究》，1995 年第 4 期。
⑥ Yancheva G, Nowaczyk N R, Mingram J, et al. Influence of the intertropical convergence zone on the East-Asian monsoon. *Nature*. 2007, 445：74—77.
⑦ Zhang P Z, Cheng H, Edwards R L, et al. A test of climate, sun and culture relationships from an 1810-year Chinese cave record. *Science*. 2008, 322：940—942.
⑧ Zhang D E, Lu L H. Anti-correlation of summer and winter monsoons? *Nature*. 2007, 450：E7—E8, doi：10.1038/nature06338. Yancheva G, Nowaczyk N R, Mingram J, et al. Replying to De'er Zhang & Longhua Lu. *Nature*. 2007, 450：E8—E9, doi：10.1038/nature06339. 张德二、李红春、顾德隆等：《从降水的时空特征检验季风与中国朝代更替之关联》，《科学通报》，2010 年第 1 期。

响外,也受到气候因子的影响。龚胜生、梅莉等人的研究表明,较为寒冷的气候是明清小冰期疫病高发的重要诱发因素之一,冷期伴生的旱灾经常引起饥荒并诱发疫病。①王飞也以 3—6 世纪北方的疫病与气候之间的关系作过探讨,认为大疫与天气异常有密切关系,基本上是由天气异常所触动发生,或是由于天气异常推动了疫情的发展与蔓延。②

人们的日常生活中也随处可见气候变化在其中所起到的作用,明代以来江浙的冰鲜渔业有了较大的发展,与冰窖的扩展密不可分,邱仲麟在推求明清时期浙东冰窖的增长时认为这很可能与气候转冷有关。③在论及明代珍贵毛皮的文化史时,邱仲麟也分析了由于南北之间的不同气候造成皮毛地域分布的差异。④同样,气候的干湿变化也会对人们的生产、生活产生重要影响。曾雄生通过对《告乡里文》的解读,分析了徐光启在 1608—1610 年江南大水后在农业技术选择方面作出的一系列改革尝试。⑤其他学者在讨论日常生活中也多多少少涉及气候变化的作用,在此不一一赘述。

第三节　研究展望

通过以上对我国历史气候研究的回顾中发现,长江中下游地区因所存资料丰富,所处地带气候敏感,且气候变化较具一致性,所以在历史气候研究中较多显著性成果。但是,真正涉及明代及清代前期的气候研究却屈指可数,现有研究大多是对清代中后期的研究,除去资料整理和温度变化研究之外,在降水变化的研究、极端天气事件的建立和气候变化的影响等方面几乎没有涉及该时期的研究。之所以会出现这种情形,究其原因主要是资料匮乏和方法受限。因此,深入挖掘明代及清代前

① 龚胜生:《2 000 年来中国瘴病分布变迁的初步研究》,《地理学报》,1993 年第 4 期;《中国疫灾的时空分布变迁规律》,《地理学报》,2003 年第 6 期。梅莉、晏昌贵:《明代传染病的初步考察》,《湖北大学学报》(社科版),1996 年第 5 期。
② 王飞:《3—6 世纪北方气候异常对疫病的影响》,《社会科学战线》,2010 年第 9 期。
③ 邱仲麟:《冰窖、冰船与冰鲜:明代以降江浙的冰鲜渔业与海鲜消费》,《中国饮食文化》,2005 年第 2 期。
④ 邱仲麟:《保暖、炫耀与权势——明代珍贵毛皮的文化史》,《"中研院"历史语言所集刊》80:4,2009 年。
⑤ 曾雄生:《〈告乡里文〉:一则新发现的徐光启遗文及其解读》,《自然科学史研究》,2010 年第 1 期。

期的文献资料,推进该时段气候变化的研究仍有很大空间。

第一,在对文献资料中气候信息的挖掘和整理上仍有大量工作要做。

据笔者所知,私人文集中还蕴含有大量的气候信息,这部分资料尚未进行仔细挖掘和整理。以明人文集为例,有研究认为:"现存明人所著诗文集,经近年来编纂的《中国古籍善本》《中国古籍总目》调查统计,总数在三千种以上。其中诗文兼收及纯为文集者,总数在二千种左右。"[1]至于清人文集的数量则更为庞大,近年来出版的大型文献丛书《清代诗文集汇编》(800 册)收录了约 4 000 余种诗文集,[2]这只是其总数的冰山一角,《清人诗文集总目提要》和《清人别集总目》则分别收录近两万名作家所撰约四万部诗文。[3]如此众多的文献资料尚无人涉及其中的气候信息。

除文集以外,还有一种需要认真挖掘的资料——日记。明清时期遗留下众多的日记资料,学界曾利用业已出版的几部日记资料进行过相关历史气候研究,但出版的日记只是沧海一粟,更多的日记深藏在国内外各大图书馆中。以上海图书馆为例,通过目录查询就检索到馆藏日记 200 多部,绝大部分为稿本、钞本。目前,已经出版《上海图书馆藏稿钞本日记丛刊》[4](共 86 册),但仅有 70 多部日记。因日记中往往含有大量的物候信息和天气信息,是目前重建历史气候分辨率最高的文献资料。仔细发掘和整理其中的气候信息,对于开展历史气候研究具有开创性的意义。

清代遗留大量的档案资料,其中的气候信息主要分两种:一是"晴雨录",二是"雨雪分寸"。学界已经利用这两种资料中的降水日数、降水量作了大量气候重建工作,取得很大成绩。但这些档案中还蕴含收成奏报,即地方官员每年于春收和秋收时要向皇帝奏报收成情况,通过作物收获日记同样可以重建高分辨率的温度序列,尚有诸多气象要素,如初雪、终雪、初霜等,也可以利用来建立长时段高分辨率的序列。

无论是文集、日记还是档案资料,其共同特点是文献数量多,分布散落各地,系统收集其中的气候信息难度较大。

---

① 吴格:《〈明人文集篇目索引数据库〉编制刍议》,收入明代研究学会主编《明人文集与明代研究》,乐学书局,2001 年。

② 《清代诗文集汇编》编纂委员会编:《清代诗文集汇编》,上海古籍出版社,2010 年。

③ 柯愈春编著:《清人诗文集总目提要》,北京古籍出版社,2002 年;李灵年、杨忠主编:《清人别集总目》,安徽教育出版社,2008 年。

④ 周德明、黄显功主编:《上海图书馆藏稿钞本日记丛刊》,国家图书馆出版社,2017 年。

第二,在历史气温的重建研究中,比值法和等级法很难再有更大突破,需要在物候方法和线性回归法上着力,推进历史气温的重建。

前两种研究方法都是以地方志中的灾异资料为基础,进行量化处理后拟合成冷暖指数,进而指示气候冷暖变化情况。这种方法经过多方检验,已经比较成熟,使我们对历史气候的冷暖变化有了更深刻的认识和理解。但如果沿着这一方法和思路继续走下去,重复使用这些资料(虽然会有增补,但整体效果不会很明显),则对历史气候的研究很难再有更大的突破。而且,地方志中灾异资料"记异不记常"的特点决定了其资料本身在冷暖记载方面的不平衡,如果继续利用此类资料将永远无法摆脱这种资料本身固有的缺陷。所以,在进行气候冷暖分析时,可以利用一些能够反映气候变化的正常记载资料而不是一味地依靠灾害资料,比如物候资料。因为地方志中的这些物候现象大都是生产或生活习惯,它必须按气候的周期性变化进行适当调整,而临时性的天气变化不足以引起整个种植制度和农事活动的彻底改变。因此,地方志中的物候资料反映了历史时期正常的气候变化情况。

如果把从文集、日记和档案中搜集到的物候证据进行整合,则可以重建连续的逐年的高分辨率温度序列,郑景云等已经作过类似的尝试;[①]而日记和档案中的天气记录具有连续、定量化程度高等特点,因而可以直接提取其中可与器测时期对应的要素进行记录和分类统计,也可以重建高分辨率的气温序列。

第三,历史时期降水的研究仍需要高分辨率的文献。日记资料就是一种,但目前还主要是停留在单部日记的研究上,下一步需要运用集成方法,使用多种不同精度、不同分辨率和不同来源的资料相互校核,进一步消除重建过程中的不确定性,建立多源日记数据库,这项工作已经有初步成果。[②]

第四,极端天气事件则是目前研究中的薄弱环节,是需要加强研究的内容。

极端天气事件因其破坏性大往往成为人们所关注的对象。在历史气候事件的复原和研究方面,中国历史文献记录因其记述的气候要素明确、地点清楚、时间分辨率高等特点而别具优势。至今,利用历史文献记录复原中国历史干旱、雨涝、寒冬、炎夏高温等均有涉及。但相较于整个历史气候研究来说,尚处

---

① 郑景云、葛全胜、郝志新等:《过去150年长三角地区的春季物候变化》,《地理学报》,2012年第1期;郑景云、刘洋、葛全胜等:《华中地区历史物候记录与1850—2008年的气温变化重建》,《地理学报》,2015年第5期。

② 郑微微:《清代以来梅雨雨带推移与降水事件研究》,复旦大学博士学位论文,2011年。

于薄弱环节，有待加强。

第五，资料的整理与温度、降水和极端天气事件的重建是进行历史气候研究的基础，最终回归于气候变化对人类社会影响上的分析，为当今社会提供借鉴，这样方能体现历史气候变化研究的当代意义。

诸多学者对我国历史时期的气候变化与人口分布迁移、社会经济、政治疆界、战争动乱、朝代更替等之间的关系进行了探讨，这些研究几乎都侧重于大区域（国家乃至全球范围）、长尺度（世纪乃至千年尺度），强调历史气候变化对人类社会带来的重要影响。但社会变化的原因往往是诸多因素综合作用的结果，在讨论气候变化对社会的影响时需要谨慎。因为气候变化与人类社会之间的关系决不是简单的对应关系，而是有着一套复杂的机制，简单的利用气候冷暖、干湿阶段与人类社会进行简单的对比、分析，并没有揭示出气候变化与人类社会发生作用的机制。所以，在讨论二者之间关系时诚如业师满志敏所说："气候变化影响的直接对象并不是社会整体，而是与气候条件直接关联的某一侧面，如寒冷和干旱对于庄稼，洪水对于房屋和生命等，这是气候条件及其变化直接接触的'界面'。这些'界面'要素的损失和影响，会在社会结构和不同的结构层次中转移，其中众多的条件会影响和改变损失的转移过程和大小。而了解这个'界面'对于气候变化的脆弱性和影响的程度，是解开气候变化对社会影响的关键。"[①]所以，以后的研究更应该关注这些"界面"，在此基础上再深入分析气候变化对整个社会的影响。

第四节　研究资料

利用文献资料进行历史气候变化研究，首先就是要搜集和提取气候信息，这是进行科学论证的前提。因此，本研究的第一步就是尽可能搜集现存文献中遗留下来的相关气候信息。本研究主要涉及五种类型的资料，即农书、地方志、文集、日记和档案资料，需对它们进行逐一查询、整理。

农书中的记载往往是劳动人民对日常生活和生产经验的总结，能够反映很

---

① 满志敏：《中国历史时期气候变化研究》，山东教育出版社，2009年，第20页。

长一段时间内的农业情况,其中就包含许多作物种植、播种、收获等物候信息,而这些物候信息能够反映较长一段时间内的气候情况,适合于进行气候冷暖变化的研究。本研究利用的综合性农书主要有《种树书》《便民图纂》《沈氏农书》和《补农书》,分别代表明代初期、中期、后期和清代初期,以便在时间上能够形成一个序列,再辅以诸如《群芳谱》《田家五行》《汝南圃史》等其他性质的农书进行相关论证。

地方志资料中的气候记录目前的整理已经较为完备,各省都已陆续整理出版,基本上汇集了明清以来的特殊气候资料。但是,这些气候资料侧重于异常天气、灾害记录,对于作物种植、物产分布、农时安排等物候记录则没有收集,这一部分对于气候研究来说具有重要意义,所以需要重新查阅明清时代的方志。笔者根据《中国地方志联合目录》和中华人民共和国成立以来出版的多部地方志丛刊,如《中国方志丛书》、《中国地方志集成》、《故宫珍本丛刊》、《日本藏中国罕见地方志丛刊》及其《续编》、《天一阁藏明代方志选刊》及其《续编》《补刊》、《复旦大学图书馆藏稀见方志丛刊》、《福建师范大学图书馆藏稀见方志丛刊》、《华东师范大学图书馆藏稀见方志丛刊》、《陕西省图书馆藏稀见方志丛刊》、《稀见中国方志汇刊》等,以及上海市图书馆、复旦大学图书馆所藏古籍,重新查阅明代方志300余部。此外,还查阅相关清代方志200多部,搜集到许多新的具有重要价值的物候资料和灾害资料。

从蕴含气候资料的数量来说,私人文集是较少且零散的,但是其价值却相当重要,搜集的难度也要困难得多。正因为如此,明人文集中的气候信息到目前为止还未见大批整理。所以,笔者决定从这一文献资料入手,试图找到新的突破点。方法是根据已经出版的《景印文渊阁四库全书》《续四库全书》《四库全书存目丛书》《四库全书存目丛书补编》《四库禁毁书丛刊》《四库未收书辑刊》等大型丛书的集部中,收集整理明人文集共1 400余种,此外还在史部、子部整理多部私人著述,然后再进行逐一查阅。对其中所蕴含的大量物候信息和天气信息进行初步整理和提取。至于清代文集,目前有两种出版物:一是《清代诗文集汇编》①,汇集清代诗人文集约四千余种;二是新近出版的《清代诗文集珍本丛刊》②,收录清代诗人文集一千三百余种。二者收录的诗文集基本上不重复,总计多达五千余种。

---

① 《清代诗文集汇编》编纂委员会:《清代诗文集汇编》,上海古籍出版社,2010年。
② 陈红彦、谢冬荣、萨仁高娃编著:《清代诗文集珍本丛刊》,国家图书馆出版社,2017年。

限于时间和精力,尚无力完成对清代文集的查阅,这是本研究较大的遗憾,只能留待日后再进行查阅。

日记资料中蕴含大量物候、天气和感应记录,且因其分辨率较高,所以在历史气候研究中具有重要意义。目前对我国历代日记进行整理和介绍的主要有两部著作:《历代日记丛抄提要》和《历代日记丛谈》。前者收录历代文人日记五百余种,后者从一千多种日记中遴选出五百种进行介绍。但主要以清代后期日记居多,且两部著作均没有给出所收录日记的标准,许多收录均没有气候信息。所以,笔者对明末清初的日记资料重新进行搜集、整理,按照以下三个标准:一、必须有逐日的记载,二、要含有天气或物候信息,三、记录时间持续一月以上。搜集、整理和利用有关长江中下游地区的日记28部,并运用ACCESS建立初步的数据库,对其天气、物候、感应信息进行提取,进行气候变化研究。

清代档案资料要丰富得多,其中的气象资料大致可以分为两类:一类是逐日的天气记载"晴雨录";一类是逢雨、逢雪时记录的奏报"雨雪分寸"。这些气候资料大多以朱批奏折或录副奏折的形式得以保存,已出版的朱批奏折就成为获取气候信息的途径之一。目前已经出版的有《康熙朝满文朱批奏折全译》《康熙朝汉文朱批奏折汇编》《宫中档康熙朝奏折》《雍正朝汉文朱批奏折汇编》《雍正朝满文朱批奏折全译》《宫中档雍正朝奏折》《宫中档乾隆朝奏折》《光绪朝朱批奏折》《宫中档光绪朝奏折》等。除此之外,中国第一历史档案馆藏有大量未公开出版的朱批奏折和录副奏折,尚待深入挖掘。"晴雨录"档案逐日记录每天的阴晴雨雪,与日记资料一样属高分辨率资料,可以用于重建气温、降水长时段序列;"雨雪分寸"档案虽不是逐日记录,但所蕴含的降雪日期、收成日期等物候信息,均能反映年际间的气候变化,可以用于建立连续的长时段物候序列。

第五节 研究内容

本书主要从历史文献的角度出发,研究明清时期长江中下游地区的气候变化。概括来说就是:广泛搜集文献资料中的气候信息,建立相应的数据库,力图在此基础上复原明清时期长江中下游地区气候的动态变化过程,进而探讨气候变化与人类社会的关系。具体来说包括以下五个方面:

第一，利用文献资料进行历史气候变化研究，最重要的就是资料的搜集和信息的提取，这是进行科学论证的前提。本文首先论述了本研究中查阅的农书、地方志、文集、日记和档案等五大类文献资料的数量及其分布情况。各类文献资料所充当的角色也不尽相同，有些资料仅仅反映当年的天气状况（日记、文集、档案中的天气记录），有些资料能够反映较长时段的气候状况（地方志、农书中的物候记录），所以在重建气候事件时应根据不同的分辨率而选用适合的资料。本研究首先将不同资料蕴含的气候信息及其指示意义进行说明，以提高研究的可靠性和科学性。

诗歌虽为文集中的一种，但因诗歌中的气候信息存在诸多问题，诸如分布零散琐碎，时间和地点的判读较为模糊，再加上诗歌写作的整体背景、诗歌中的文学成分以及诗歌本身存在的谬误等，都会影响到诗歌在历史气候变化研究中的运用。另外，此前学界很少关注这一资料来源，对其特点和价值尚未展开具体研究。基于此，本书对诗歌中的气候信息及其运用作专门讨论。

以上是本研究第一章的内容，即通过对五类资料中所蕴含的气候信息及其特点、分辨率、运用等的分析，为全书的论述提供一个基础。

第二，温度重建是历史气候研究最基本的内容之一，也是本研究的重点，本书第二章就是对明清时期长江中下游地区气候冷暖变化的复原。

本研究广泛搜集以往学者所忽视的物候信息，利用柑橘种植北界、冬麦收获期重建了明清时期长江中下游地区的气候变化，尤其是从明人文集和日记中搜集和提取春季物候证据，建立逐年的春季物候序列，反映明代中后期的气候变化。又通过对高分辨率资料《味水轩日记》中降雪率、初终雪日期、河流初冰日期、红梅始花日期、初雷日期以及一些感应记录等证据进行分析，展示了1609—1616年间长江下游地区的冬半年温度变化。

清代留有海量的档案资料，通过查阅中国第一历史档案馆所藏朱批、录副奏折，主要对"晴雨录""雨雪分寸"档案中降雪日期的搜集整理，再结合清代日记资料，提取其中的降雨和降雪两个要素，利用降雪率与温度之间的相关关系，结合现代器测气象数据，重建了上海地区1724年以来逐年的冬季平均气温变化序列并对其特征进行了分析。

第三，降水研究是历史气候研究的另一重要内容，本研究尚无力完成对整个明清时期长江中下游降水序列的复原，但可以运用高分辨率的日记资料对长江中下游地区降水有重要影响的梅雨天气进行部分重建。本研究第三章利用

《味水轩日记》《祁忠敏公日记》复原了长江下游地区 1609—1615 年间和 1636—1642 年间两个时段的梅雨活动特征,将我国梅雨气候的研究提前至明代。尤其是 1636—1642 年梅雨特征的重建,为崇祯年间的大旱提供气候背景支撑。两个梅雨时段的重建,对认识小冰期盛期东亚季风雨带的活动规律,并延长天气系统演变的序列有重要意义。

目前重建清代的高分辨降水、温度序列主要源自"晴雨录"和"雨雪分寸"的记录,而这两者都属于雨泽奏报系统,雨泽奏报制度的运行情况对于提取降水信息具有至关重要的作用,因此有必要对雨泽奏报制度进行全面研究,这样才能确保重建降水、温度序列的可靠性。

第四,气候研究不仅仅指的是区域内各气候要素的平均状况,也包括区域内一些气候要素的极端状况。第四章的内容就专门对明清时期长江中下游地区的极端天气事件进行研究。

长江中下游地区属温度敏感区域,寒冷事件成为指示该区域气候冷暖变化的最佳选择。因此,在对该区域历史气温重建的过程中,都是以寒冷事件为基础。但是,诸多寒冷事件往往没有经过严格考订,致使严寒事件出现许多错误。显然,这样的错误会对温度序列的重建带来一定影响。本章首先就明清时期长江下游地区的极端严寒事件进行简要介绍、整理、考证,借此可以了解明清时期气候的特征并对以往部分研究成果进行修正。然后再对明景泰四年(1453)冬的严寒、万历三十六年(1608)的特大水灾以及清康熙三十五年(1696)的特大风暴潮进行复原,尽可能地分析它们的地理分布、时间过程、强度、重现率以及形成这些现象的天气和气候背景。这对于了解我国目前发生的极端天气事件具有参考价值。

第五,气候作为自然环境中最重要和最活跃的一个因素,其变化必然会带来重要的影响。本书第五章首先从气候冷暖变化和梅雨变化入手,讨论人类社会受到的影响以及人类社会对此的适应。为避免泛泛而谈,本章透过大量证据分析气候冷暖变化对明人收入来源、食物、物价、薪炭以及出行等日常生活造成的影响,并就梅雨异常对长江中下游地区农人和士绅生产、生活的影响分别进行论述。在长期的生活和生产中,古人也对气候变化和梅雨有了一个清晰的认识,并积累下一套应对机制。

当前对于气候变化与人类社会的关系研究主要侧重于大区域(国家乃至全球范围)、长尺度(世纪乃至千年尺度),本研究则着手于小区域(县域)、短尺度

（月际、年际、年代际），通过三例个案从微观上来具体展示气候变化与人类社会之间的复杂关系：一个呈现的是在特大风暴潮（康熙三十五年）影响下上海县不同阶层的人群（百姓、知县、高级官吏、皇帝）对于灾害的反应和应对；一个呈现的是降水、温度变化对于上海县农作物生长的影响以及农人的应对措施；还有一个呈现的是极端严寒（道光二十一年）对于京杭大运河运作状态的影响。由此展现气候变化在具体历史事件中所扮演的角色。

　　总之，笔者希望对明清时期长江中下游地区的气候变化作一全面的研究，以推进学界对历史气候变化的认识，并就如何应对当前全球气候变化提供些许参考和借鉴。

第一章
文献资料的分析和运用

历史气候研究中，文献记载是最基本的资料之一。中国历史悠久，文献丰富，将其中的气候信息用于历史气候研究是我们的优势。对于历史文献中气候资料的特点、价值和运用等，经过诸多学者的详细论述，[①]利用文献资料进行历史气候研究的可信度大为提高。尤其是满志敏师根据文献中所涉及的气候资料的特点，分官私文献类、地方志类、档案类和日记类等四大类别进行说明，并对各类文献中所蕴含气候资料的问题进行深刻论述。[②]但因每个时代的文献资料又有其本身固有的特点，且在论述中所充当的角色也不尽相同；尤为重要的是，资料本身的可靠性问题直接关系到文章的论述和结论，所以，在进行论证前，有必要对资料本身进行分析。

---

① 王绍武、赵宗慈:《近五百年我国旱涝史料的分析》,《地理学报》,1979 年第 4 期;张瑾瑢:《清代档案中的气象资料》,《历史档案》,1982 年第 2 期;龚高法、张丕远、吴祥定等:《历史时期气候变化研究方法》,科学出版社,1983 年;葛全胜、张丕远:《历史文献中气候信息的评介》,《地理学报》,1990 年第 1 期;简慰民、袁凤华、郑景云:《中国第二历史档案馆藏有关民国时期气候史料》,《历史档案》,1993 年第 2 期;邹逸麟、张修桂:《关于历史气候文献资料的收集和辨析问题》,《历史自然地理研究》,1995 年第 2 辑;满志敏:《历史旱涝灾害资料分布问题的研究》,《历史地理》第 16 辑,上海人民出版社,2000 年,第 280—294 页;满志敏:《关于历史时期气候研究的问题答赵志乐先生》,《中国历史地理论丛》,2004 年第 3 期;杨煜达:《清代档案中气象资料的系统偏差及检验方法研究——以云南为中心》,《历史地理》第 22 辑,上海人民出版社,2007 年,第 172—188 页。
② 满志敏:《传世文献中的气候资料与问题》,《面向新世纪的中国历史地理学:2000 年国际中国历史地理学术讨论会论文集》,齐鲁书社,2001 年,第 56—75 页。

　　本研究所依据的资料主要为五种,即农书、地方志、文集、日记和档案。因其性质不同,其中蕴含的气候信息及具有的气候指示意义也就各异。现根据不同的运用方式(清代主要运用日记和档案资料,明代因档案遗留不多故主要依靠农书、地方志、文集和日记资料)对其资料的数量、分布、所蕴含的气候信息及其特点和运用等作逐一分析。

第一节　农　书

　　农书中的记载往往是劳动人民日常生活和生产经验的总结,能够反映很长一段时间内的农业情形,其中就包含许多作物种植、播种、收获等物候信息,而这些物候信息能够反映较长一段时间内的气候情况。以元代官撰农书《农桑辑要》为例,有橙、柑、橘等作物种植分布的记载,如"西川、唐、邓多有栽种成就"。又如,记载苎麻的栽种方法,"此麻,一岁三割,每亩得麻三十斤,少不下二十斤。目今陈、蔡间,每斤价钞三百文,已过常麻数倍"。①对唐、邓(今河南唐河和邓县)柑橘种植的记载以及陈、蔡间(今河南淮阳与汝南)苎麻年收三次的记载,成为论证我国中世纪温暖期的重要证据之一。②

　　明代长江中下游地区目前遗留下来的综合类农书主要有三部,即《种树书》《便民图纂》和《沈氏农书》。三部农书分别成书于明初、明中期和明末,在时间上构成一个完整的序列,利用其中的气候信息,可以反映整个明代早、中、晚期大致的气候状况。另外,还有一些全国性、区域性,或专门性的农书,其中也含有大量气候信息,如《群芳谱》《田家五行》《汝南圃史》等。

　　清代的农书则更多,除综合性农书《授时通考》外,尚有大量地方性农书如张履祥的《补农书》、何德刚的《抚郡农产考略》、刘应棠的《梭山农谱》、包世臣的《齐民四术》、胡炜的《胡氏治家略》、姜皋的《浦泖农咨》、李彦章的《江南催耕课

① 石声汉校注:《农桑辑要校注》,农业出版社,1982年。
② 满志敏:《中国东部中世纪暖期(MWP)的历史证据和基本特征的初步分析》,载张兰生主编《中国生存环境历史演变规律研究(一)》,海洋出版社,1993年,第95—104页;《黄淮海平原北宋至元中叶的气候冷暖状况》,《历史地理》第11辑,上海人民出版社,1993年,第75—88页。张德二:《我国中世纪温暖期气候的初步研究》,《第四纪研究》,1993年第1期。

稻编》，等等。由于农书中的物候信息分辨率偏低，对于缺乏高分辨率的明代来说，利用农书重建其气候变迁是合适的。但对于拥有大量档案、日记资料的清代就显得不合时宜，仅有张履祥的《补农书》因成书于明末清初，对明清鼎革之际的农业状况进行了记录，其中有诸多物候信息可以提取，恰好该时段档案、日记都比较稀少，所以可以用来重建清初气候变迁的概况。而清代中后期的气候重建，则要依靠分辨率更高的日记、档案资料。因此，本书对于清代农书中的物候信息不再深入展开分析。

农书中蕴含大量可资利用的物候信息，但也存在不可避免的缺陷，需要一一甄别方可利用：一是有很多资料是辑录自其他书籍，造成内容庞杂，很难分辨其中气候信息的可靠性；二是很难确定其中的气候资料应该具备的两个基本要素——时间和地点。

以元末明初人俞宗本的《种树书》为例，《种树书·果》记载："南方柑橘虽多，然亦畏霜不甚收。惟洞庭霜虽多无所损，橘最佳，岁收不耗，正谓此焉。"但是在另一个版本中却在"无所损"句下面增加了"询彼云：洞庭四面背水，水气上腾能合霜，所以洞庭柑橘最佳"。①仔细查阅文献资料就会发现，后面这段文字实际上是抄录北宋人庞元英《文昌杂录》中的内容。②以上这个例子可以很容易分辨，但还有许多类似问题无法一时辨识，运用起来会比较棘手。

而在运用该书资料前必须要对其所反映的时间和地点进行分析。一般认为此书成书于洪武中期，③也有研究认为成书于 1379 年。④在时间上，基本可以确定的是它的部分内容反映了元末明初的农业状况。但是在地点的确定上就困难得多，著者俞宗本是江苏吴县（今苏州）人，先后在乐昌（今广东乐昌）、都昌（今江西都昌）任知县，后罢官归隐故里，《种树书》就是作者归隐时所著。按照常理推论，该书记录的应该是吴县的农业状况，但是笔者发现书中的许多农业知识并非完全反映吴县的农业事实，很可能是作者自己对各地农业知识的总结。为了验证这个推论，不妨先假设《种树书》描写的全部是今苏州地区的农业状况，《种树书·正月》："五月收桑葚"，一般意义上的农历五月当为阳历的 6

① 俞宗本撰，康城懿校注，辛树帜校阅：《种树书》，农业出版社，1962 年，第 55—60 页。
② 庞元英：《文昌杂录》卷 4。
③ 康城懿：《关于种树书的作者、成书年代及其版本》，俞宗本撰，康城懿校注，辛树帜校阅《种树书》，农业出版社，1962 年，第 80—85 页。
④ 王永厚：《俞贞木及其〈种树书〉》，《农业图书情报学刊》，1984 年第 2 期。

月,而现代苏州地区桑葚成熟的平均日期为 5 月 21 日之前,[1]可以推测当时要比现代推迟至少 10 天,说明当时气候要比现代寒冷。然而,《种树书》中还多次提到"种甘蔗""浇甘蔗"等劳作,根据物候资料和农业气候区划资料分析,现代苏州、上海一线已经是我国甘蔗种植的北界。[2]据此,则当时的气候又和现代相仿。桑葚收获期和甘蔗种植所反映的物候现象违背气候变化的同步性原理,即在一定时期和一定地区,气候应该具有同一个性质,如果与另一个时期我们认为是基准的气候比较,要么是偏暖要么是偏冷,两者不能同时存在。对此的解释只能是二者反映的是不同地区的农业情况。再结合作者的经历,笔者认为,《种树书》反映的农业生产情况并不仅限于苏州地区,而是苏州及以南(如都昌、乐昌)的农业生产状况。所以,在运用时首先要明确《种树书》本身的这种特点。

瑬邝的《便民图纂》有许多内容也是抄录其他农书,如关于栽花的技术大部分是根据《种树书》和《多能鄙事》;其余各方面,小部分是对元代的《农桑辑要》和《王祯农书》的间接征引。[3]因此,在利用时要首先分清楚哪些是抄录的内容,哪些是作者新增加的内容,这样才能真实反映当时的实际情况。《沈氏农书》中似乎也存在类似的问题,有学者曾对《沈氏农书》中的《运田地法》与李乐修《乌青志》中的内容一一对照,认为《沈氏农书》的撰写曾以《乌青志》为蓝本,并加以充实。[4]

再如园艺类农书《汝南圃史》,作者周文华,吴县通安桥人,全书十二卷,分为《月令》《栽种十二法》《花果部》《木果部》《水果部》等,其中蕴含不少天气信息和物候信息。书前有陈元素序及自序,成书于万历四十八年(1620),所以此书反映的应当是万历后期的园艺情况。但书名中含有的"汝南"一名,学界对其代表的地区却始终没有一个说法。[5]仔细深究作者周文华的背景会发现:吴县通安桥周氏自称为周氏"汝南"支。调查认为,"汝南"为吴县通安桥周氏之族的家谱堂名,今吴县通安桥周氏仍谓"汝南"支。[6]所以,《汝南圃史》可释为《周氏圃

---

① 张福春:《中国农业物候图集》,科学出版社,1987 年,第 130 页。
② 李世奎等:《中国农业气候资源和农业气候区划》,科学出版社,1988 年。
③ 石声汉:《介绍〈便民图纂〉》,《西北农林学院》,1958 年第 1 期。
④ 游修龄:《〈沈氏农书〉和〈乌青志〉》,《中国科技史料》,1989 年第 1 期。
⑤ 中国农业百科全书编辑部编:《中国农业百科全书·农业历史卷》,农业出版社,1995 年,第 282 页。
⑥ 《通安镇志》编纂委员会编:《通安镇志》,上海辞书出版社,2007 年,第 353 页。

史》;再结合书中描述的内容和叙述的手法,其反映的就是苏州地区的园艺种植情况,如作者在文章中多次提及他处诸花果"传至吴中",或由人"载至吴中",很明显就是以吴中为参照地来书写的,甚至还直接提到"金柑,出广东、浙江,今吾郡最多","今吾郡"当是苏州无疑了。但是该书也跟大多数农书一样,很多内容是抄录其他农书,综合性农书上至《齐民要术》,下至《农桑辑要》,还有一些专门性的农书如《允斋花谱》《灌园史》《稼圃奇书》,均在作者的参考之类,在利用时也需要仔细辨识。

农书中的气候信息大多是物候资料,主要用于气候冷暖的论证。

第二节　地方志

地方志是明清史研究中不可或缺的一种资料,在历史气候研究中(尤其是500年以来)其价值更是不言而喻,诸多杰出成果都是以此为基础。[①]明代是我国地方志发展的重要时期,其修志的过程大体经历了四个阶段:第一阶段是洪武至天顺间的起步阶段,第二阶段是成化至正德年间的蓬勃发展阶段,数量达到460种,是前一阶段的3倍;第三阶段是嘉靖至万历年间的修志鼎盛时期,这一阶段共修地方志1 622种,占到明代总数的56%;第四阶段是万历以后至明末的沉寂阶段,二十余年只修了66种。[②]尤其是弘治年间以后,地方志中逐步加入了灾害记载,作为一类专门的内容进行叙述,使得地方志中的气候信息逐渐增多。据巴兆祥研究,目前国内外所藏明代长江中下游地区遗留下的地方志共有431部。[③]清代是我国古代修志的大盛时期,以往各代志书修辑多只有一次热潮,而清代却有康、雍、乾朝与同、光、宣朝两次。[④]

[①]　中央气象局气象科学院主编:《中国近五百年旱涝分布图集》,地图出版社,1981年;张德二、朱淑兰:《近五百年我国南部冬季温度状况的初步分析》,《全国气候变化学术讨论会文集(1978)》,科学出版社,1981年,第64—70页;王绍武、王日昇:《1470年以来我国华东四季与年平均气温变化的研究》,《气象学报》1990年第1期;王绍武:《公元1380年以来我国华北气温序列的重建》,《中国科学》(B辑),1990年第5期。

[②]　黄苇、巴兆祥、孙平等:《方志学》,复旦大学出版社,1993年,第176—184页。

[③]　巴兆祥:《方志学新论》,学林出版社,2004年,第78页。

[④]　黄苇、巴兆祥、孙平等:《方志学》,复旦大学出版社,1993年,第212—220页。

表 1.1　明代长江中下游地区遗留地方志各省市、年代分布情况

	上海	江苏	浙江	安徽	江西	湖北	湖南	总计
洪武		4					2	6
建文								
永乐			4					4
洪熙								
宣德								
正统		1	1	1		1		4
景泰								
天顺			1	1		1		3
成化		1	5	1		1		8
弘治	1	9	6	5	1	2	3	27
正德	5	6	5	4	6	4		30
嘉靖	2	21	27	24	26	17	9	126
隆庆		8	2	1	2		3	16
万历	4	34	37	25	11	10	9	130
泰昌								
天启		2	7	2	1			12
崇祯	2	8	6		3		1	20
总计	14	94	101	64	50	36	27	386

　　注:还有 22 部不能确定具体纂修年代,江苏省 10 部,浙江省 11 部,江西省 1 部。所以,本研究共整理明代长江中下游地区地方志 408 部。

　　地方志资料(尤其是其中的物候资料)是重建明代气候序列的主要依据之一,虽然张德二整理的《中国三千年气象记录总集》中收录了大量地方志资料,但主要是灾异资料,且以清代方志为主,故笔者重新整理明代长江中下游地区地方志共计 408 部,其各省市、年代分布情况如表 1.1,查阅了其中的 300 余部。因清代气候重建有分辨率更高的日记、档案资料,不以地方志资料为主,且《中国三千年气象记录总集》中收录了大量清代地方志灾异资料,所以不再单独整理列出,但出于原始资料查核及物候资料搜集的需要,仍然查阅了 200 余部清代方志。从表 1.1 中不难看出这样一个特点:地方志在时间和空间分布上的不平衡。首先,时间上以嘉靖、万历年间所修方志最多,这与全国修志情况是一致

的；其次，空间上江苏、浙江等省要远多于湖北、湖南等省。这种不平衡性是资料本身存在的问题，因此，在分析时要充分考虑资料分布的时空不平衡性。

按其内容来说，地方志中的记载主要分为两大类，即灾害记载和物候记载。前者体现在《灾异志》《祥异志》等中，后者体现在《物产志》《风俗志》等中。灾害资料主要记载了当时的异常天气和气候事件，如水、旱、霜、雪、冰、寒等，往往是对社会造成了一定的负面影响。如崇祯《吴县志》记载了景泰五年（1454）当地春季的严寒、夏季的水灾、秋季的旱灾，及对当时社会造成的影响，"五年甲戌正月大雪经二旬不止，凝积深丈余，行人陷沟壑中，太湖诸港连底结冰，舟楫不通，禽兽草木皆死。夏大水，田庐漂没殆半。至秋亢旱，高乡苗槁。斗米百钱，大饥大疫，饿莩相枕"①。虽然也有一些诸如冬暖、夏凉的记载，但因对社会不会造成很大影响，其数量很少。因此，这方面资料的主要特点就是"记异不记常"。这样的资料对于研究我国的灾害气候具有非常重要的意义，如历史上一些极端天气事件的复原、旱涝灾害的分布等，基本上要靠地方志中的灾害资料才能完成。但是用来研究正常状态下的气候状况时还存在一些问题。

相对于灾害资料来说，物候记载就显得可靠得多。地方志中一般都有风俗和物产的记载，其中包含众多物候方面的信息。风俗代表了当地相当长一段时间内人们的生活、生产习惯，其中就包括农业种植习惯，如万历《秀水县志》记载："杭秫皆谓之稻，正月酿土窖粪条桑，二月治春岸，三月选种，立夏莳秧，四月刈麦，遂垦田或牛犁，已而插青，用桔槔灌田，旱入涝出。"②地方志中的物产记载则是有一定规模的种植，是经过一系列种植试验和推广后的结果，在记录作物本身时往往也对其生长特性进行描述，如《浦江志略》记载："麦类：曰大麦，四月初熟；曰小麦，四月终熟；曰荞麦，九月终熟。"③所以，将这些描述与现代的物候期进行对比，足以反映当时的气候状况。由于志书修纂的特点，地方志中的资料清楚地表明了时间和地点。以万历《丹徒县志》为例，其中记载了丹徒（今镇江）一带已有"橙"，④由于镇江一带正位于现代柑橘可种植的北界以外，这一带是否有柑橘种植是个很敏感的气候指标。万历《丹徒县志》的修纂时间是万历初年，既然是当地物产，当然是明代万历初年镇江这一带存在的实际情况，地

---

① 崇祯《吴县志》卷11《祥异》。
② 万历《秀水县志》卷1《风俗》。
③ 嘉靖《浦江志略》卷2《土产》。
④ 万历《丹徒县志》卷1《物产》。

点则无须再解释。此外,地方志中的物产资料还有一个重要的特征,诚如满志敏师所说:"地方志中记载的物产资料有很好的空间分布特征。搜寻同时期不同地点的物产资料可以探索当时物产的分布状况,这点对研究历史气候是很重要的。"①不仅如此,搜寻相同地点不同时期的物产资料则可以探索当时物产分布的变化情况,这一点对于历史气候研究亦十分重要。如后文中笔者就通过对南京、上海两地柑橘在明、清不同时期的分析来反映气候冷暖的变化。

　　总之,地方志中无论是风俗还是物产中的记载,其特点是:二者均代表了某一地区一定时期内相对稳定的种植条件,反映的气候状况也当为一段时期内的稳定状态。如同农书一样,较长一段时间是多长? 有没有一个具体的时间概念? 目前恐怕还不能给出一个准确的答案。据葛全胜等研究认为"方志中所述事件大多存在一个时间间隔,据统计约为 50—100 年"②,而业师满志敏先生认为"60—80 年的时间已经是其上限了"③。所以,笔者认为其所能指示气候意义的时间尺度在 30—50 年应该是不成问题的。

　　目前学界在研究近五百年历史气候变化时主要就是以地方志中的灾害资料为主,但基于以上对灾害资料和物候资料的分析,本研究在探讨气候冷暖的时候不再以灾害类资料为主要依据,而是以物候类资料为主。之所以这样是基于以下几个方面的考虑。

　　其一,目前利用地方志中灾异资料进行量化处理研究气候冷暖的方法已经臻于成熟,继续沿用这样的方法很难再有新的突破。不管是比值法(即统计给定时段的冷、暖时间发生次数或频率,然后根据冷、暖事件发生频率的高低来指示温度变化,并根据冷、暖事件频率的对比生成冷暖指数序列④)还是等级法(即根据文献中的冷暖程度描述进行判定、分等、定级或确定指数,并通过与现代资料的对比,进一步将等级、指数转换为相应的温度距平⑤)都是以地方志中的灾异资

---

① 满志敏:《传世文献中的气候资料与问题》,《面向新世纪的中国历史地理学:2000 年国际中国历史地理学术讨论会论文集》,齐鲁书社,2001 年,第 56—75 页。
② 葛全胜、张丕远:《历史文献中气候信息的评介》,《地理学报》,1990 年第 1 期。
③ 满志敏:《传世文献中的气候资料与问题》,《面向新世纪的中国历史地理学:2000 年国际中国历史地理学术讨论会论文集》,齐鲁书社,2001 年,第 56—75 页。
④ 张丕远、龚高法:《十六世纪以来中国气候变化的若干特征》,《地理学报》,1979 年第 3 期;张德二、朱淑兰:《近五百年我国南部冬季温度状况的初步分析》,《全国气候变化学术讨论会文集:一九七八》,科学出版社,1981 年,第 64—70 页;郑景云、郑斯中:《山东历史时期冷暖旱涝分析》,《地理学报》,1993 年第 4 期。
⑤ 王绍武、王日昇:《1470 年以来我国华东四季与年平均气温变化的研究》,《气象学报》,1990 年第 1 期;王绍武:《公元 1380 年以来我国华北气温序列的重建》,《中国科学》(B辑),1990 年第 5 期;王日昇、王绍武:《近 500 年我国东部气温的重建》,《气象学报》,1990 年第 2 期。

料为基础,进行量化处理后拟合成冷暖指数,进而指示气候变化情况。这种方法经过多方检验,已经比较成熟,使我们对历史气候的冷暖变化有了更深刻的认识和理解。但如果沿着这一方法和思路继续走下去,重复使用这些资料(虽然会有增补,但整体效果不会很明显)对历史气候变化的研究很难再有更大的突破和发展。

其二,地方志中灾异资料"记异不记常"的特点决定了资料本身在冷暖记载方面的不平衡,如果继续利用此类资料将永远无法摆脱资料本身固有的缺陷。所以,在进行气候冷暖分析时,尽量利用一些能够反映气候变化的正常记载资料而不是一味地依靠灾害资料。正如气象学家王鹏飞所说:"我们可以改用'气候抽样法',从'气候样本'来解决气候演变问题。尽力避免史志、笔记、杂录等书籍中天气性反常的例子,这样做,就是在正确区别'气候变迁'的'变'与'一般天气性变化'的'变'的思想指导下抽样,从而可以摆脱史志、笔记、杂录等的作者因追求反常气象给后人留下的障目性混乱。"①如可以通过冬麦的播种期和收获期与气温之间的关系,探知历史气候冷暖的变化;通过亚热带经济作物柑橘的种植北界来推断历史上气候的波动;也可以通过其他动植物的物候期来反演当时的气候条件。因为地方志中的这些物候现象大都是生产或生活习惯,它必须按气候的周期性变化进行适当调整,而临时性的天气变化不足以引起整个种植制度和农事活动的彻底改变。因此,地方志中的物候资料反映了历史时期正常的气候变化情况。

其三,笔者在搜集明清时期长江中下游地区文献资料时,发现了大量新的物候信息资料,而这部分资料恰恰是以往学者所忽略的。物候学的方法就是根据不同时期的物候和作物分布界限等差异推断温度变化,并通过与现代同类物候或作物分布的对比,得到不同阶段的温度状况。其分辨率虽不高,但是物理机制明确,在资料考订明确的基础上,可靠性较高。故我国历史气候研究中许多重大的突破都是运用这一方法实现的,如满志敏师对隋唐温暖期提出了质疑,认为唐中后期气候转向寒冷;②同时据此提出中国存在中世纪温暖期,③并得到了张德二运用物候方法进一步研究的支持。④本研究主要拟用物候学方法,

---

① 王鹏飞:《史料抽样与边界层气候变迁理论(二)》,《贵州气象》,1993 年第 3 期。

② 满志敏:《唐代气候冷暖分期及各期气候冷暖特征的研究》,《历史地理》第 8 辑,上海人民出版社,1990 年,第 1—15 页;《关于唐代气候冷暖问题的讨论》,《第四纪研究》,1998 年第 1 期。

③ 满志敏:《中国东部中世纪暖期(MWP)的历史证据和基本特征的初步分析》,载张兰生主编《中国生存环境历史演变规律研究(一)》,海洋出版社,1993 年,第 95—104 页;《黄淮海平原北宋至元中叶的气候冷暖状况》,《历史地理》第 11 辑,上海人民出版社,1993 年,第 75—88 页。

④ 张德二:《我国中世纪温暖期气候的初步研究》,《第四纪研究》,1993 年第 1 期。

同时参考作物栽培学和农业气象学的相关知识，根据不同资料来源的物候期所能指示的气候意义，建立该要素某一时段内连续的气候序列，以此反映明清时期长江中下游地区的气候冷暖变化情况。

据此，地方志中的物候资料主要用于气候冷暖的论证，而灾害资料则主要用于极端天气事件的重建。

第三节　文　集

从蕴含气候资料的数量来说，私人文集是较少而零散的，如明人吴与弼，临川人，曾多次受荐举作官，不就职，于家乡讲学，其文集中所收录诗歌七卷，自永乐庚寅至正统辛酉年(1410—1441)，皆按年收录。按常理来说应该具有较大价值，但查阅整部诗集，竟然没有一处与物候信息相关。[①]这样的情况在整个明人文集中占了多数，薛应旗的《方山薛先生全集》共六十卷、王维桢的《槐野先生存稿》共三十八卷并附录一卷、沈一贯的《喙鸣文集》二十一卷、诗集十八卷，等等均没有一则气候资料。翻阅整部文集能够得到一两则气候资料已属不易，三十卷的《天一阁集》、十二卷的《檀园集》、九十八卷的《石门四十集》、三十九卷的《顾璘诗文全集》均只含有一条物候信息。像魏骥的《南斋先生魏文靖公摘稿》、邵经济的《两浙泉厓邵先生文集》、赵伊的《序芳园稿》、徐学谟的《归有园稿》等一部文集中含有多条气候信息的情况实属稀少。尽管如此，文集的价值却相当重要。首先，这些是私人的著作，没有理由为各种发生的灾害以及后果作粉饰，因此可靠程度高；其次，这些记载下来的气候灾害大部分是作者亲身经历的事件，描述较为详细；第三，一些细微的物候现象在史书中一般不会记载，全赖文人在著作中得以保存。[②]

目前明代到底存有多少文集，一直未有定数。有学者言"留存至今的可能有1000部以上"[③]，也有学者说"明人文集约2000种"[④]，还有研究认为："现存

---

①　吴与弼：《康斋集》。

②　满志敏：《传世文献中的气候资料与问题》，《面向新世纪的中国历史地理学：2000年国际中国历史地理学术讨论会论文集》，齐鲁书社，2001年，第56—75页。

③　安作璋：《中国古代史史料学》，福建人民出版社，1994年。

④　吴枫：《中国古典文献学》，齐鲁书社，1982年。

明人所著诗文集，经近年来编纂的《中国古籍善本》《中国古籍总目》调查统计，总数在 3 000 种以上。其中诗文兼收及纯为文集者，总数在 2 000 种左右。"①而《明别集版本志》则根据报送《中国古籍善本书目》的 11 000 余张报表并审校后认为有 3 500 余种。②明人文集数量既多，又多归入善本，查检已经不易，借阅几无可能。所以本书主要根据已经出版的《景印文渊阁四库全书》《续四库全书》《四库全书存目丛书》《四库全书存目丛书补编》《四库禁毁书丛刊》《四库未收书辑刊》等大型丛书来查阅和整理明人文集 1 400 余种（表 1.2），已接近明人诗文集总数的二分之一，并从中提取有关的气候信息进行论证。③

表 1.2 "四库"系列所藏明人文集数量分布

丛书名称	明人文集数量（种）
文渊阁四库全书	238
续四库全书	160
四库全书存目丛书	634
四库全书存目丛书补编	31
四库禁毁书丛刊	235
四库未收书辑刊	109

　　清代文集的数量和所包含的内容，都大大超过前代。据《清史稿·艺文志》的载录，共收有别集类书目 1 685 部，总集类书目 503 部。此后《清史稿·艺文志补编》又续收别集类书目 2 890 部，总集类书目 354 部。上述书目，包括了一部分清人辑佚前代诗文的集子，若将其剔除在外，总计约 5 000 部以上。曾有学者检索中国各大图书馆收藏的有关书目卡片，共得清人诗文别集目录约 13 000 余种。而这还不是最后的数字，因为流散在各地的抄本、稿本，甚至一部分刻本，都无法收集在内。近年来出版的大型文献丛书《清代诗文集汇编》（800 册）收录了约 4 000 余种诗文，④这只是其总数量的冰山一角。《清人诗文集总目提要》和《清人别集总目》则分别收录近两万名作家所撰约四万部诗文，⑤可见

① 吴格：《〈明人文集篇目索引数据库〉编制刍议》，明代研究学会主编《明人文集与明代研究》，乐学书局，2001 年。

② 崔建英辑订、贾卫民、李晓亚参订：《明别集版本志》，中华书局，2006 年。

③ 2013—2015 年黄山书社出版由沈乃文主编《明别集丛刊》收录了 1 900 人约 2 200 余种诗文，较之笔者收录的文集要多。本书资料的收集是笔者在读博期间进行的，由于工作量较大，故未及时进行补充。

④ 《清代诗文集汇编》编纂委员会编：《清代诗文集汇编》，上海古籍出版社，2010 年。

⑤ 柯愈春编著：《清人诗文集总目提要》，北京古籍出版社，2002 年；李灵年、杨忠主编：《清人别集总目》，安徽教育出版社，2008 年。

清人文集数量的庞大。因本研究没有广泛搜集清人文集,再加上明清文集在蕴含气候资料方面并无太大差异,故以明人文集为主体进行分析。

明人文集中的内容体裁各异,大致有疏(表)、议、记、序、书(札)、诗、墓志铭等类,因文体的不同所蕴含的气候信息和信息量也就不同。

首先,诗歌类所含的气候信息最为丰富,其信息量也最多,无论是冷暖资料还是旱涝资料都相当齐全,这里可暂举两例:其一,郑文康在《甲戌岁》中记载了景泰五年(1454)昆山地区的大雪严寒天气,诗云:"陇头一夜雪平城,海口潮来水就冰。百岁老人都解说,眼中从小不曾经。"①这条资料不仅描绘了该年的严寒天气,而且识别和补充了我国历史上黄浦江冰冻的记录。其二,梅雨是长江中下游地区的重要气候现象,在诗歌中也屡有体现。龚诩在天顺四年(1460)作诗二首描写当年昆山连续降水的情形,其一云:"今日雷明日雷,雷声未绝雨即随。五月初旬作雨始,六月中旬犹未止。田中水增五尺高,南风吹作如山涛。更堪海潮挟湖水,冲尽岸塍无可抵。嘉禾万顷烂根苗,百姓寸心如火烧。昼夜踏车敢辞苦,不忧擂破牛皮鼓。"②据此可知,当年昆山地区的梅雨期可长达40余天。其实,文人童轩在《久雨一百韵》中也描写了该年南京地区的降水,云:"庚辰六月淫雨四十余日,大水弥望坏人屋。"③通过这两首诗,或许可以推测该年整个长江中下游地区的梅雨状况。

总体来看,诗歌中蕴含的气候信息可以占到整个文集中气候信息量的80%以上,本研究就主要依靠文集中的诗歌资料建立了明代长江中下游地区春季物候的冷暖序列。但是此类气候信息也存在诸多问题,诸如分布零散琐碎,时间和地点的判读较为模糊,再加上诗歌写作的整体背景、诗歌中的文学成分以及诗歌本身存在的谬误,等等,都会影响到诗歌在历史气候变化研究中的运用。基于此,笔者在下一节中会对诗歌中的气候信息及其运用作专门讨论。

其次,记类和序类文体,这部分文体在整个文集中所占的比重较大,其所蕴含的气候信息量也仅次于诗歌类文体。记类文体中以游记(或行程记)中所蕴含的气候信息为最可观,王世懋就记载了1577年和1578年到江西任职时所经历的气候状况:

---

① 郑文康:《平桥集》卷3《甲戌岁》。
② 龚诩:《野古集》卷中《续赋苦雨谣》。
③ 童轩:《清风亭稿》卷5。

余以丁丑冬十二月十二日入江西境，即停玉山，为乞求休计。是日大雨，夜坐忽闻雷三四声，若所谓天鼓鸣者，自是雨数日不止。玉山程生孟孺入见，为余言，吉赣二郡九十月间作大暑，民无所避，至逃窟间，桃李复花，笋拔地数尺，人死疫者亡算。余闻而异之，雨霁。十九日，立春，日出杲杲，燠不能御袂，梅柳尽放。除夕之五鼓，雷忽从床下起，卧者皆惊，电光射人，雨如注下，起视邻舍，桃花隐隐出红态矣。戊寅岁朝隐晦，越五日余为上官所迫，不得请，遂行，于时墙外桃花则已烂熳若相送……行至广信，雨甚，渐作春寒……道中雨雪间作……次日将抵安仁，寒益甚，大雪漫空，须臾冰澌压舟。①

从行文的描述中不难看出，1577 年秋冬异常温暖，以致发生"桃李复花"的异常现象，而 1578 年初春也极为温暖，该年毛桃开花盛期提前了一月有余，但是随后却发生了一次强冷空气，致使大雪弥漫，异常寒冷。对比其他资料可以发现，1578 年春天的这次强冷空气是全国性的，而且异常强大，一直影响到江南地区，如该年苏州地区"玄冥凝结沍寒深，冰雪连天酿大阴"②。

其他内容的记类文体所蕴含的气候信息寥寥无几，但是许多信息对于了解整部文集中的气候信息具有说明作用。如贝琼有一首《壬子春二月既望，桑君子材招余重游殳山……》诗："老夫一月不见山，山癖无医殊未疗。野桃作花已烂漫，故人约我山中游。"③该诗包含毛桃开花盛期这一物候现象，如果确定时间和地点，就可以进行古今对比，推知当年的春季气候状况。根据作者生长年代和题目可以断定其时间是 1372 年 3 月 20 日；地点是"殳山"，但"殳山"又为何地？仔细查阅文集笔者发现有一篇《游殳山记》提供了信息，"御儿地四平无山，其东北六十里有小山曰殳山"④。文中的"御儿"即指作者的家乡崇德县，通过古今物候期的对比，可以发现，该年毛桃盛花期要比现代提前了 5 天。

序类文体的气候信息以诗序中蕴含最多，其他序类则较少。如朱元璋的《夏日雨晴诗序》载："洪武八年八月无雨，至九年夏四月初尚未沾辱，民虽未恐，朕心惶惶，虑失民人种植。至当月二十有七日申漏，山气上升，江蒸海涌，阴云四布，天雨下降，宵昼淋淋，尽天地足，滂沱抵五月二十一日，三旬不止。"⑤据此

① 王世懋：《王奉常集》卷 14《江右述异记》。
② 严果：《天隐子遗稿》卷 5《戊寅严寒》。
③ 贝琼：《清江诗集》卷 5。
④ 贝琼：《清江文集》卷 1。
⑤ 朱元璋：《明太祖文集》卷 15。

可以知道,1374 年南京地区发生干旱,一直持续到 1375 年梅雨季节的到来,而 1375 年南京地区梅雨期长达 25 天。王鏊在《瑞柑诗序》中记述了弘治末正德初江南的寒冷气候,道:"洞庭柑橘名天下,弘治、正德之交,江东频岁大寒,其树尽槁,民间复种又槁,包贡则市诸江西、福建,谓柑橘自此绝矣。"①

再次,是疏(表)和书(札)类,这类文体在整个文集中所占的比重并不是很大,所蕴含的气候信息和信息量也就不是特别可观。疏(表)类主要是官员上奏皇帝或朝廷的奏折,多议朝廷或地方行政事务,属档案性质资料。清代类似的档案中含有大量的"晴雨录"和"雨雪分寸"等气候信息,然而明代奏疏类却很少涉及。不过一旦有发现就会具有重大价值。例如,笔者在李中的奏疏中发现一份《雨泽疏》:"题为雨泽事,卷查先该臣见得山东地方自去岁以及今春冬雪未降,春雨全无,麦苗槁枯,五谷难播,兼以狂风若飓,赤地无根,乡市萧条,民不堪命。于是臣于嘉靖二十年三月十八日案行山东都、布、按三司,转行所属府州县卫等衙门……本月二十二日,据兖州府申称:本年五月十六日寅时降微雨至卯时,入土五分;十七日未时降雨至申时止,入土一寸八分。……缘系雨泽事,理为此具本,谨具题知。"②据此笔者才得以复原明代的雨泽奏报制度,了解明代雨泽奏报的形式,并对认识"雨雪分寸"的历史以及当年的气候状况都有重大意义。还有大量奏疏也涉及气候信息,但因为无法断定其时间,所以无法利用,如沈良才的《异常水灾疏》:"据湖广布、按使司巡下荆南道副使陈绍儒、右参议雷贺会呈,奉本院案验,据郧阳府申准,通判梁承华牒覆堪过,郧县、郧西、竹溪三县并郧阳卫灾伤,除无灾并灾伤三分以下不免外,郧县地名云州武阳等处灾伤五分,例免二分;郧西地名香口等处灾伤八分,例免五分;竹溪县名进峪河等处灾伤六分,例免三分……"③

而书(札)类则主要是友人之间或上下级官员之间的通信记录。这类记录很少涉及气候信息,即便有也大都缺乏明确的时间概念,只能通过上下文的记述来确认时间。如严讷曾有《水灾与师相太岳书》,描写了苏松地区的水灾:"入春雨雪浃旬,菜麦黄槁。自闰四月既望至五月上旬大雨连绵,昼夜倾盆,兼之潦积潮涨,洪水横溢。小暑前后大风霪雨骤至加甚,往岁之水可谓大矣,而今岁水痕更增尺许,一望巨浸,遍野行舟,圩岸坍塌而川原莫辨,屋庐飘荡而依栖无所,

---

① 王鏊:《震泽集》卷 7《瑞柑诗序》。
② 李中:《谷平先生文集》卷 1《雨泽疏》。
③ 沈良才:《大司马凤冈沈先生文集》卷 2《异常水灾疏》。

禾苗之已莳者尽入波涛中，而未莳者将何所措乎？"①作者生活的年代在1511至1584年之间，期间共有两次闰四月，一次是1523年，该年作者不过是十几岁的少年，故可排除；所以只能是另一次，即1580年。而且在另一则《水灾与师相凤磬书》中明确说是"庚辰之岁"。可见，此次水灾发生在万历八年（1580）无疑。再如朱国桢在《荒政议上甘中丞》中记述了江南发生的一次大水灾，道："四月初十以后无日不雨，麦已无秋。及至芒种，贫民贷本插秧，而淫潦异常，经旬不止。山水骤涨，东北风乘之卷浪翻空，湖流内啮，高田水深数尺，低乡几至丈余。沉灶产蛙，墙倾屋倒，百姓携老扶幼，迁徙无家。由安吉、长兴抵归乌，七邑尽成巨壑。自端阳至小暑，新苗浸久糜烂，幸今水退，业已无望，况未退乎？即使有秧，尚难再莳，况绝根乎？野无突烟，道多聚哭，诚二百年未有之灾也。"②但行文中对水灾发生的时间只字未提，只能通过其整部文集中的论述来推断，获知这次大水灾发生的时间是万历三十六年，即1608年。但更多的情况是，许多内容无法进行时间和地点的判读，故也无法利用。

最后是议、墓志、行状等类文体，基本上不含气候信息，但能够提供作者的一些背景资料，不再详细介绍。

无论是何种形式的文体，也无论其中所蕴含的是物候信息还是天气信息，它们有一个共同的特点，那就是气候指示意义较短，时间尺度一般为单年或单季，反映年际间的气候变化。魏骥曾有《南园问梅》道："屈指阳生两月过，南枝犹未著疏花。"按当年梅花开花始期来看，当年的物候期晚了至少6天，然而第二年即1456年魏骥再作诗《乙亥除夕》道："花吐白春回渐，烛影摇红雪霁初。"③当年的梅花开花始期又提前了5天左右。这就意味着单独的此类气候信息仅仅反映当年的季或年温度（干湿）状况，还无法直接与气候的平均状态相联系。当然，诸如对一些日常风俗和种植习惯的描述，就反映相当长一段时间内的气候状况。如唐时升曾作诗："立夏已过十日强，徐州二麦半苞茵。吴人四月食新惯，处处村原饼饵香。"④诗中的"吴人四月食新惯"就是一种风俗习惯。再如，嘉靖中期的万表对南北方冬麦的种植差异有深刻的认识，并以自己的家乡为例，记录了当时江南农业种植的实际情况。他说："按《四时纂要》及诸家种艺

---

① 严讷：《严文靖公集》卷11《水灾与师相太岳书》。
② 朱国桢：《朱文肃公集》之《荒政议上甘中丞》。
③ 魏骥：《南斋先生魏文靖公摘稿》卷9。
④ 唐时升：《三易集》卷6。

书云：八月三卯日种麦全收。但江南地暖，八月种麦，麦芽初抽，为地蚕所食，至立冬后方无此患。吾乡近来种麦不为不广，但妨早禾，纵有早麦，亦至四月终方可收获，只及中禾，若六七月旱，中禾多受伤，不若径种晚禾。"①"纵有早麦，亦至四月终方可收获"也是一种风俗和习惯。但是这样的气候信息在整个明人文集中所占的比重很小。

如果想利用文集中的物候和天气信息来反映气候的平均状态，唯一的方法就是建立一个长时段的物候或天气序列，这个问题将在后文中详细论述。

第四节　日　记

我国日记文学起源很早，一般认为我国现存最早的日记是唐代李翱的《来南录》。②但1979年在江苏省扬州邗江胡5号汉墓中出土了一片日记牍，根据这座汉墓出土文物的综合考证，该日记牍记录了汉宣帝本始三年（前71）十一、十二月间日记主人在12天内发生的事情。据此，有学者认为它是我国现在存世最早的日记。③而从日记发展角度来看，萌芽于唐，而发展于宋；衰落于元，而盛于明清。④

目前对我国历代日记进行整理和介绍的主要有两部著作：《历代日记丛抄提要》和《历代日记丛谈》。前者收录历代文人日记五百余种，⑤后者从一千多种日记中遴选出五百种进行介绍。⑥但两部著作均没有给出所收录日记的标准，导致收录内容略显混乱。以明代为例，主要表现在：其一，有些著作虽有"日记"之名，却无日记之实。如《历代日记丛抄提要》收录叶盛的《水东日记》，基本上不书年月日，而多记军政粮储、墩台设备、赋役官制、边陲地理、道路远近等事；诸如此类的还有《沂阳日记》《复斋日记》《宝颜堂订正西堂日记》《西山日记》等。《历代日记丛谈》收录高攀龙的《螺江日记》等也均未系年月日。相反，明代还有

---

①　万表：《灼艾余集》卷2《郊外农谈》。

②　陈左高：《中国日记史略》，上海翻译出版公司，1990年，第1—4页。

③　王大德：《日记档案》，《档案》，1992年第2期。

④⑥　陈左高：《历代日记丛谈》，上海画报出版社，2004年。

⑤　俞冰：《历代日记丛抄提要》，学苑出版社，2006年。

诸多著作虽无"日记"之名，却有日记之实。如郑真的《计偕录》："昔卢骧作西征记，陆游作行蜀记，凡山川道路、风土人物、远近同异，历历备载，而其年月时日亦所不遗，后之人有考焉。真忝以乡贡待选京师，足之所经，目之所见，耳之所闻，略记其一二，至于情思所不自已者率而见之咏歌，言辞浅陋不足以贻同志，始集以示儿侄，名曰计偕录云。洪武五年十二月二十日……（洪武六年二月）十一日入吏部，值雪而归。十二日，大雪，笔砚成冻。十三日，雪后寒甚。十四日，雪霰交作，寒气益甚。十五日，……十六日，雪……二十一日，阴晴。题梅一首：山人岁暮雪中归，折得春红第一枝。莫作寻常桃杏看，调羹正在太平时。"①该记录始于洪武五年十二月二十日（1373 年 1 月 14 日），终于洪武六年三月二十七日（1373 年 4 月 20 日），逐日记载，共 96 天。这应该是笔者目前发现明代最早的日记。徐学谟的《南还记》，始于万历十一年十一月十七日（1583 年 12 月 30 日），止于万历十二年正月初三日（1584 年 2 月 14 日），也是逐日天气记载，共计 46 天。②诸如此类在明人文集中还保留许多，不一一列举。其二，许多短时的游记性文章也予以收录，如《历代日记丛谈》中收录宋濂的《游钟山记》，此仅系作者游览钟山三日的记载；马元调的《横山游记》也仅有七天的记载。如果这样，要收录的游记不知要有几何？作者也意识到这一点，说："明清文学家之短期日记，附于全集者，更仆难数。笔者编入丛谈者，仅明初之宋濂，清阳湖派恽敬等数家，旨在聊备一格。"③如果按照这样的收录标准，尚有许多遗漏的著作，如金幼孜的《北征录》《北征后录》，杨荣的《北征记》，采九德的《倭寇事略》，戴笠的《行在阳秋》，柏起宗的《东江始末》，彭时的《彭文宪公笔记》，彭孙贻的《湖西遗事》，高斗枢的《守郧纪略》，等等，虽不都是逐日书写，但却都属日记体。

明代虽然已有不少日记性质的著作，但含有气候信息记载的却不多，尚有不少佚失，如周沈"尝阴记为册，记阴晴风雨"④，但其现存文集中却没有收录。有关明代日记的整体情况，陈左高有过详细论述。⑤在此笔者仅整理有关长江中下游地区的日记共 21 部（以明代后期为主），见表 1.3。必须同时具备以下三个标准：其一，必须有逐日的记载，可以不连续；其二，要含有天气或物候信息；其

① 郑真：《荥阳外史集》卷 97《计偕录》。
② 徐学谟：《归有园稿》卷 4。
③ 陈左高：《历代日记丛谈》，上海画报出版社，2004 年，第 11 页。
④ 周沈：《双崖文集》卷首。
⑤ 陈左高：《中国日记史略》，上海翻译出版公司，1990 年，第 31—50 页。

三,记录时间持续一月以上。

　　除此之外,还有一些虽没有冠以日记之名,亦非逐日记载,但依然记录了许多重要的气候信息者,如明末清初人曾羽王撰写的《乙酉笔记》记录了崇祯末年松江地区大旱和蝗灾的场景:"至崇祯十四年,我地大旱,飞蝗蔽天。余家后墙,蝗高尺许。佃户叶某,种稻田六亩,食之不留寸草,惟见之坠泪而已。余时馆于新市王与卿家,每归,以扇蔽面,而蝗之集于扇上及衣帽间,重不可举。"①

表1.3　明代长江中下游地区含有气候信息的日记

作　者	日记名称	记录年代	涉及区域(今地名)
郑　真	《计偕录》	1373 年	南京
崔　溥	《漂海录》	1488 年	浙江、江苏等地
王穉登	《荆溪疏》	1538 年	宜兴
王穉登	《客越志》	1566 年	浙北
徐学谟	《南还记》	1584 年	苏州
范守已	《北上纪行》	1578 年	苏州、宜兴等地
冯梦祯	《快雪堂日记》	1586—1605 年	南京、杭州等地
潘允端	《玉华堂日记稿》	1586—1601 年	上海
徐宏祖	《徐霞客游记》	1607—1639 年	江苏、安徽、浙江等地
袁小修	《游居柿录》	1608—1618 年	公安、沙市等地
李日华	《味水轩日记》	1609—1616 年	嘉兴
项鼎铉	《呼桓日记》	1612 年	嘉兴
龚立本	《北征日记》	1622 年	徐州、瓜洲等地
文震孟	《文文肃公日记》	1622、1625 年	苏州
浦　祊	《游明圣湖日记》	1623 年	杭州
萧士玮	《南归日录》	1627 年	杭州等地
萧士玮	《春浮园偶录》	1630—1631 年	泰和
萧士玮	《深牧庵日涉录》	1633—1634 年	泰和
萧士玮	《萧斋日记》	1635—1636 年	泰和
余绍祉	《访道日录》	1640 年	杭州等地
祁彪佳	《祁忠敏公日记》	1635—1645 年	绍兴

　　尽管如此,有逐日天气记载而又能连续持续较长时间(一年以上)的还是很稀少,如袁中道的《袁小修日记》,原名《游居柿录》,但并不是连续的逐日书写,相反,其中的大多数物候信息没有明确的日期。冯梦祯的《快雪堂日记》虽有18

---

① 曾羽王撰、吴桂芳标点:《乙酉笔记》,《清代日记汇抄》,上海人民出版社,1982年,第7页。

年的天气记载，但是并非连续的逐日记载，因此其中诸如初雪、终雪期等物候期就不能利用。当然，这并不意味着这些没有连续逐日记载的日记没有价值，它们虽不能建立连续的时间序列，但记录的气候事件同样具有重大意义。如徐宏祖的《徐霞客游记》记录了万历四十四年(1616)正月底"冒雪蹑冰"游白岳山，及至二月游览黄山时，"山顶诸静室，径为雪封者两月。今早遣人送粮，山半雪没腰而返"①。记录了一次严寒大雪过程，该年的记录在《味水轩日记》中也有体现，"(二月六日)慧麓僧解如从径山来……云：径山自腊月廿七日雨雪，迄正月尽，平地雪高六尺，路皆冻断，今稍能通步耳"②。姚廷麟的《历年记》记录了上海明末清初的许多气候信息，如崇祯十四年(1641)"三月至九月无雨，江南大旱，草木皆枯死。我地向来无蝗，其年甚多，飞则蔽天，止则盈野，所到之处无物不光，亦大异事也"。十五年(1642)"是年春，民死道路，填沟者无算。大家小户俱吃豆麦，面皆菜色"③。同样的记录也体现在其他文献中，曾羽王在《乙酉笔记》中载"至崇祯十四年，我地大旱，飞蝗蔽天。余家后墙，蝗高尺许"④。可见记载的可靠性。能建立连续的长时段序列的仅有李日华的《味水轩日记》、祁彪佳的《祁忠敏公日记》，另有《呼桓日记》《春浮园偶录》《萧斋日记》可以建立短时段序列。

清代文人写日记已经蔚然成风，较明代尤盛，且体例更为成熟，从《历代日记丛抄》和《历代日记丛谈》中辑录的日记数量就能看出。明代日记前者收录仅有 18 部，后者收录仅有 26 部，剩余的大都为清代日记。在如此数量庞大的日记资料中，蕴含的气候信息也是十分丰富的，但也存在诸多问题：第一，日记写作时段分布不均衡，主要集中在清代后期，前期的日记很少，以《历代日记丛谈》为例，其中收录清代前期(乾隆以前)的仅有 60 余部，比明代略多，无法与清代后期近千部相媲美。仅以上海为例，清代前期仅有《历年记》1 部，而陈左高仅辑录晚清上海的日记就多达 25 种。⑤第二，日记记述内容不平衡，前期日记多为短篇，仅有《历年记》和《吴兔床日记》是长篇日记，但非逐日记载；与后期动辄几十万言甚至百万言的日记(如《翁同龢日记》《湘绮楼日记》《翁心存日记》等)不

① 徐宏祖著，朱惠荣校注：《徐霞客游记校注》，云南人民出版社，1999 年，第 13—23 页。
② 李日华著，屠友祥校注：《味水轩日记》，上海远东出版社，1996 年，第 515 页。
③ 姚廷麟：《历年记》，《清代日记汇抄》，上海人民出版社，1982 年，第 50—51 页。
④ 曾羽王：《乙酉笔记》，《清代日记汇抄》，上海人民出版社，1982 年，第 7 页。
⑤ 上海人民出版社编：《清代日记汇抄》，上海人民出版社，1982 年。

可同日而语。按照上文的标准,整理清代前期日记 7 部(见表 1.4)。以上两点进而导致清代日记中气候信息蕴含量分布不均衡,即清代前期无法依靠日记资料建立连续的温度和降水序列。故雍正至乾隆前期的气候重建主要依靠"晴雨录"资料,乾隆后期至器测之前的气候重建则需要日记资料,如《管庭芬日记》《查山学人日记》《鸥雪舫日记》《杏西篠榭耳日记》等(内容和利用方式下文详述)。清初日记资料主要用于物候、感应证据的提取,如《历年记》中有关黄浦江结冰的记录,《观梅日记》中有关梅花、杏花、玉兰花、桃花等花期的记录,《畏斋日记》中有关对冬天描绘的感应记录等。通过这些气候信息的提取和分析,可以弄清清代初期气候变化的大致情形。

表 1.4 清代前期长江中下游地区含有气候信息的日记

作 者	日记名称	记录年代	涉及区域(今地名)
姚廷麟	《历年记》	1628—1687 年	上海
叶绍袁	《甲行日注》	1645—1648 年	苏州
佚 名	《吴城日记》	1645—1653 年	苏州
侯歧曾	《侯歧曾日记》	1646—1647 年	上海
归 庄	《观梅日记》	1666 年	苏州
詹元相	《畏斋日记》	1699—1706 年	婺源
吴 骞	《吴兔床日记》	1780—1812 年	杭州等地

对于如此众多的日记资料,可以运用 ACCESS 数据库平台建立气候信息数据库,以便处理这些气候信息。为此,笔者对每一部日记都设计了 9 个字段,其意义是:

YEAR_NH、YEAR_GZ、MONTH_NL、DAY_NL 代表年号纪年、干支纪年、农历月份、农历日期;

YEAR_AD、MONTH_AD、DAY_AD 代表公历年、月、日;

PLACE 代表日记作者当时活动的地点;

RECORD 代表气候信息记录,包括天气记录、物候记录和感应记录。

以《祁忠敏公日记》[①]中崇祯十年二月的记载为例,了解数据库的内容和形式(表 1.5)。由于数据库中包含每部日记每天相关的全部气候信息,研究者通过数据查询就可以方便地进行提取、利用。

---

① 祁彪佳:《祁忠敏公日记》,《北京图书馆古籍珍本丛刊 20 史部·传记类》,书目文献出版社,1998 年。

表 1.5 《祁忠敏公日记》ACCESS 数据库中崇祯十年二月的气候信息

《祁忠敏公日记》

编号	字段 1	字段 2	字段 3	字段 4	字段 5	字段 6	字段 7	字段 8	字段 9
	YEAR_NH	YEAR_GZ	YEAR_AD	MONTH_NL	MONTH_AD	DAY_NL	DAY_AD	PLACE	RECORD
1326	崇祯十年	丁丑	1637 年	二月	2	一日	25	山阴	大雾四塞。
1327	崇祯十年	丁丑	1637 年	二月	2	二日	26	山阴	大风,雪得许。至午后雪霁。
1328	崇祯十年	丁丑	1637 年	二月	2	三日	27	山阴	
1329	崇祯十年	丁丑	1637 年	二月	2	四日	28	山阴	雨。
1330	崇祯十年	丁丑	1637 年	二月	3	五日	1	山阴	霁。
1331	崇祯十年	丁丑	1637 年	二月	3	六日	2	山阴	微雨。
1332	崇祯十年	丁丑	1637 年	二月	3	七日	3	山阴	
1333	崇祯十年	丁丑	1637 年	二月	3	八日	4	山阴	
1334	崇祯十年	丁丑	1637 年	二月	3	九日	5	山阴	
1335	崇祯十年	丁丑	1637 年	二月	3	十日	6	山阴	微雨。

　　明清时期还存在一种特殊的日记形式。朝鲜王朝时代的中朝关系是一种典型的朝贡关系,作为藩属国,朝鲜王朝每年都要派遣使臣到明(清)都城朝贡。赴京使臣回国后受到国王的召见,呈报有关出使情况。所以,这些使臣还担负着沿途记事的职责,因为朝鲜王朝视明王朝为"天朝",故这些记录被冠以"朝天录"的名称(在清朝则被称之为"燕行录")。这些"朝天录"("燕行录")中就有许多以私人日记形式记录沿途的所见所闻所感。

　　关于"朝天录"的出版和研究情况,杨雨蕾曾作过论述。[1]2001 年韩国东国大学林基中教授编成《燕行录全集》收录了明代的"朝天录"96 种,清代的"燕行录"199 种,另有"漂海录"3 种,编者在序言中称该全集共收录有"燕行录"材料380 余种。[2]经笔者统计,其中"朝天录"中有 47 部是以日记体的形式书写,如苏世让(1486—1562)于嘉靖十二年(1533)出使北京,逐日记载沿途所经历的事

① 杨雨蕾:《十六至十九世纪初中韩文化交流研究——以朝鲜赴京使臣为中心》,复旦大学博士学位论文,2005 年,第 26—27 页。

② 林基中:《燕行录全集》,首尔东国大学校出版部,2001 年。

情。嘉靖十三年(1534)二月"初十日,阴。舍车骑马,午饭于十三山,渡大凌河。河边二里许,有千户所城。过紫金铺,渡小凌河而宿。半冰半水。车辆皆宿河边。自吕阳至此六十里。十一日,阴。蓐食将发,衣册盛车,陷冰沈水,不得已得火燎干。午后发行,历松山千户所,到宿杏山馆。十二日,晴,日寒风乱,黄尘涨起……十三日,晴……十四日,晴……十五日,晴。行及十余里,北望长城,横截山腰,随高低起伏,宛若白龙蜿蜒之状。南邻大海,浩漫无际。过镇远铺、东里铺,日午到山海关城外,就歇人家,炊饭而食……"[①]裴三益(1534—1588)则描述了万历十五年(1587)赴京时的情景。"(六月)初八丙寅,晴。四更赴东长安门,移时专侯门开。入午门外,行五拜三叩头毕,往光禄寺……初九日丁卯,阴雨。将往礼部书状,以病落后,既往则以雨免见拜礼。初十日戊辰,晴。验方物纳贡马于礼部,晚乃乍雨。十一日己巳,晴。受针。十二日庚午,晴。"[②]另外,日本也藏有"朝天录"和"燕行录",其中就有一部日记体形式的"朝天录"——《沈阳日录》[③]。越南也存有这样的"朝天录",但是笔者查阅了最近出版的《越南汉文燕行文献集成》[④],其中虽有冠以《使程日录》《如清日记》《燕轺日程》等书名,但均非逐日书写。这些"朝天录"主要是对北方地区的记述,鲜及长江中下游地区。至于"燕行录"的情况大致与"朝天录"相近,[⑤]故不作专门论述。

日记资料的气候价值,满志敏师曾作过详细论述,主要表现在两方面:其一,物候和气候事件记载;其二,天气和天气过程记载。[⑥]此外,还有作者的感应记录。如明末人侯歧曾的《侯歧曾日记》记录了明末清初嘉定的逐日天气信息,清顺治三年(1646)三月:"初一,早有晴色,复雷雨,午复晴。初二……初三,是日始大晴,而炎热似黄梅时,至不能御袂矣。初四,是日乃晴,至晚复雨,竟夕听

① 苏世让:《阳谷赴京日记》,弘华文主编《燕行录全编》,广西师范大学出版社,2010年第1辑第3册,第278—279页。
② 裴三益:《裴三益日记》,弘华文主编《燕行录全编》,广西师范大学出版社,2010年第1辑第5册,第14—15页。
③ 杨雨蕾:《十六至十九世纪初中韩文化交流研究——以朝鲜赴京使臣为中心》,复旦大学博士学位论文,2005年,第28页。
④ 复旦大学文史研究院、汉喃研究院合编:《越南汉文燕行文献集成》,复旦大学出版社,2010年。
⑤ 黄普基:《明清时期辽宁、冀东地区历史地理研究——以〈燕行录〉资料为中心》,复旦大学出版社,2014年。
⑥ 满志敏:《传世文献中的气候资料与问题》,《面向新世纪的中国历史地理学:2000年国际中国历史地理学术讨论会论文集》,齐鲁书社,2001年,第56—75页。

檐溜声。初五,晨尚微雨,而蒸湿已收。初六……初七,两日方谓积阴已开,陡然青天霹雳,雨复游沱也。初八,是日晴,惟辰刻微雨。"①萧士玮的《春浮园偶录》不但有天气记录,也有物候、感应记录,如崇祯四年(1631)正月:"初十,晴。十一,晚雨。十二,烈风终日,夜颇寒,围炉读书。十三,晴,夜月甚佳。十四,阴雨。十五,微雨。十六,雨。十七,晴。十八……十九,晴,玉兰初放,月下对之,清寒不可言。二十,晴。廿一,晴。廿二,晴。同次公郊游甚快,和风扇物柳叶渐舒矣。入春才几日气候之早如此。廿三,晴,湖头玉兰竟放。"②总之,明清时期的许多日记基本上也包含这三类气候信息记载,尤其是像《味水轩日记》《祁忠敏公日记》《管庭芬日记》等长篇日记,记载较为完备。以《味水轩日记》为例,它记录了今嘉兴地区 1609—1616 年间的逐日天气、物候现象和感应记录。这些物候现象种类繁多,如初、终雪日期,河流初冰日期,红梅始花期,初雷日期,玉兰、牡丹、樱桃、海棠、蔷薇、木芙蓉、桂花等十几种植物的开花期。③《管庭芬日记》记录了今海宁地区 1820—1865 年间逐日的天气,亦蕴含大量气候信息,如初、终雪日期,初雷日期,蝉始鸣日期,梅花、毛桃及牡丹等开花期。④

　　日记资料中含有大量的气候信息,而且作为作者亲历事件的记载,在气候资料的真实性、可靠性和分辨率上具有其他资料无法比拟的优势,但是它也有自身的缺陷。

　　首先,作为一种个人著述,日记具有较强的主观性,因个人关注度和敏感的不同对冷暖、降水的感知和记录也就迥异。而作者生活的环境、身份地位、心态情绪等都会对关注度和敏感度产生影响。以对降水的感知为例,生活在北方的人对南方降水的感知肯定与南方当地人的感知不同;以田产、庄稼维持生计的地主阶层与靠俸禄为生的官员对降水的关注度也肯定不同;而同样的降水,心情低落与心情兴奋时的感知肯定也会有差异。这些因素都会影响到天气记录,即便同样是降水记录,也会有降水类别上(如大雨、小雨、雷雨等)的差异。从两个具体的实例中就可以看到这种差异。《味水轩日记》和《呼桓日记》⑤共同记录了今浙江嘉兴地区从 1612 年 5 月 30 日至 8 月 15 日的逐日天气情况,《夏曾佑

① 侯歧曾:《侯歧曾日记》,《明清上海稀见文献五种》,人民文学出版社,2006 年。
② 萧士玮《春浮园偶录》,《四库禁毁丛刊》,北京出版社,1997 年。
③ 李日华著,屠友祥校注:《味水轩日记》,上海远东出版社,1996 年。
④ 管庭芬著、张廷银整理:《管庭芬日记》,中华书局,2013 年。
⑤ 项鼎铉:《呼桓日记》,《北京图书馆古籍珍本丛刊 20 史部·传记类》,书目文献出版社,1998 年。

日记》①和《詹岱轩日记》②共同记录了今浙江杭州地区光绪七年(1881)的逐日天气记录,分别选取其中 10 天的天气记录进行对比(表 1.6、表 1.7)。不难看出,由于作者关注度和敏感度的不同在记录上出现明显的差异。这是作为单部日记资料本身所固有的局限,除了不同日记的比较勘对外,尚未有更好的解决办法。

表 1.6　《味水轩日记》和《呼桓日记》中 1612 年 6 月 20—29 日天气记录

《味水轩日记》天气记录	日　　　期	《呼桓日记》天气记录
雨	6 月 20 日	雨甚
雷雨	6 月 21 日	雨
雨未止	6 月 22 日	阴
早大雾俄雨晴闪忽	6 月 23 日	
	6 月 24 日	密云四布
雨	6 月 25 日	
	6 月 26 日	晴暖
	6 月 27 日	雨
入暮雨不止	6 月 28 日	阴,午余作雨
	6 月 29 日	晴

表 1.7　《夏曾佑日记》和《詹岱轩日记》中 1881 年 4 月 1—10 日天气记录

《夏曾佑日记》天气记录	日　　　期	《詹岱轩日记》天气记录
雨	4 月 1 日	阴,雨,夜大雨
晨雨	4 月 2 日	霁,早雨午阳
晴	4 月 3 日	晴
晴明	4 月 4 日	阴,申刻大雨
晴	4 月 5 日	云晴,申刻大风
晴	4 月 6 日	晴
晴	4 月 7 日	晴
晴	4 月 8 日	晴
阴,午后微雨	4 月 9 日	微阴,疏雨
	4 月 10 日	晴暖

---

①　杨琥编:《夏曾佑集》(下),上海古籍出版社,2011 年,第 520 页。
②　范道生:《詹岱轩日记》,上海图书馆藏稿本。

其次，日记中存在脱记、漏记和补记的情况，这也是单部日记本身所固有的局限。即便是逐日记载的日记也有脱记、漏记等缺失的情况存在，如《呼桓日记》，起于明万历四十年五月朔日，止于九月十二日，共130天，其中有天气记录的共118天，资料完整程度达91%。再如《夏曾佑日记》在清光绪七年三月记录了两次十四日的天气，一次记录为"雨"，一次记录为"晴"，两种截然相反的天气状况令人十分费解，通过《詹岱轩日记》的比勘可以确知该天的天气状况为"雨"。解决此问题最好的办法莫过于采取表1.6和表1.7的方法，对记录同一时间同一地点天气情况的不同日记进行比勘、插补，但问题在于存在记录同一地点和同一时间的不同日记的几率渺茫，整个明代仅此一例，清代大量日记的涌现，使得这种比勘和插补成为可能。日记一般是作者当天记录当日之事，如祁彪佳就是每天晚上"书日所行事"①。所谓补记，是指当日内作者并未进行记录，待日后回忆后进行补记，如在《祁忠敏公日记》中就存在这样的情况，②只不过这样的情况在整部日记中并不多见，所以基本上不会影响资料的分析。以上种种问题，目前可行的办法只能通过作者的关注度和敏感度以及日记本身的记录方式对缺失记录进行插补。在本书第三章的论述中将会根据不同的日记详细分析插补依据和方法。

再次，大量日记资料仍收藏在各大图书馆、博物馆，需要深入挖掘、整理。以明人潘允端的《玉华堂日记稿》为例，该日记有长达十几年的逐日天气记录，所以具有极高的气候研究价值，如万历十六年正月："十六日，晴。午后有风……十七日，五鼓雨，天明霁，辰时大晴，嗣定……十八日，早阴，午后微雨，晚大风……十九日，早大雨，午后少霁，晚大风……二十日，晴。"③稿本藏于上海博物馆，不对外展示，目前处于整理中，故学人无以睹其庐山真面目，笔者仅根据整理者在网上公布的信息整理了一年的记录。虽然近年来，各地馆藏日记的整理出版工作取得很大进展，如温州市图书馆出版了大量日记资料，其中就有多部清代日记资料；④之前上海图书馆也整理出版了《上海图书馆藏稿钞本日记丛刊》，收录70多种稿钞本日记。⑤然而根据上海图书馆提供的索引目录，该馆总计有200余部未刊日记，也就是说出版数量不及总馆藏量的三分之一。未刊者如《日记偶存》《听泉居日记》《恬吟庵日记》《荫梧居日记》《淑纪轩日记》《强恕

①② 祁彪佳：《祁忠敏公日记》，《北京图书馆古籍珍本丛刊20史部·传记类》，书目文献出版社，1998年。

③ 潘允端著，柳向春整理：《玉华堂日记稿》（未出版）。

④ 温州图书馆编：《温州市图书馆藏日记稿钞本丛刊》，中华书局，2017年。

⑤ 周德明、黄显功主编：《上海图书馆藏稿钞本日记丛刊》，国家图书馆出版社，2017年。

轩日记》《访剡日记》《返考镜日斋日记》等均有逐日天气记录,[①]对于清朝后期气候重建具有重要价值。

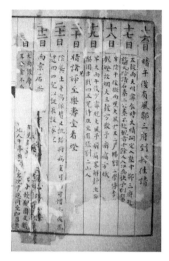

图 1.1　《玉华堂日记》部分内容

(资料来源:上海博物馆馆藏珍品百选展览)

第五节　档　案

　　相比于明代,清代在档案资料方面要丰富得多,清代档案中的气象资料大致可以分为两类:一类是逐日的晴雨记载,称作"晴雨录";一类是逢雨、逢雪时的记录,称作"雨雪分寸"。[②]这些气候资料大多以朱批奏折的形式得以保存,已出版的朱批奏折就成为获取气候信息的主要途径之一。目前已经出版的有《康熙朝满文朱批奏折全译》[③]《康熙朝汉文朱批奏折汇编》[④]《宫中档康熙朝奏折》[⑤]

①　涂庆澜:《日记偶存》,佚名:《听泉居日记》,意琴氏:《恬吟庵日记》《荫梧居日记》《淑纪轩日记》,申祜:《强恕轩日记》,钱醒盦:《访剡日记》,佚名:《返考镜日斋日记》,均为上海图书馆藏。
②　张瑾瑢:《清代档案中的气象资料》,《历史档案》,1982 年第 2 期。
③　中国第一历史档案馆编译:《康熙朝满文朱批奏折全译》,中国社会科学出版社,1996 年。
④　中国第一历史档案馆编:《康熙朝汉文朱批奏折汇编》,档案出版社,1984～1985 年。
⑤　台北故宫博物院:《宫中档康熙朝奏折》,台北故宫博物院出版,1976 年。

《雍正朝汉文朱批奏折汇编》①《雍正朝满文朱批奏折全译》②《宫中档雍正朝奏折》③《宫中档乾隆朝奏折》④《光绪朝朱批奏折》⑤《宫中档光绪朝奏折》⑥，张瑾瑢曾经对这部分档案中的气候信息进行过介绍，⑦但限于篇幅，很多问题没有深入展开，所以针对本研究档案资料的运用再详作说明。

　　一般认为，现存最早的"晴雨录"是中国第一历史档案馆所藏康熙十一年（1672）北京的"晴雨录"，⑧但从最近披露的宫廷旧藏秘籍来看，最早的"晴雨录"应该是康熙六年（1667）的。⑨从现存的各类档案来看，这些"晴雨录"是由钦天监负责观测、记录和上报，地点也仅限于京城。直到康熙二十四年（1685）十月，这种观测和奏报才在各行省进行推广。安徽巡抚薛柱斗的奏文，较详细地说明了"晴雨录"奏报在全国推行的过程：

> 巡抚安、徽、宁、池、太、庐、凤、滁、和、广等处地方，提督军务、督察员右副都御史，臣薛柱斗谨奏：为钦奉上谕事，准礼部咨开，奉旨，钦天监将京都壹年内晴雨日期年终奏闻。各省奏闻晴明风雨日期并不增添事件。着督抚等亦于年终将壹年内晴明风雨日期奏闻。交与该部。钦此。等因。移咨到臣，遵即檄令安徽布政司造报去后，今据安徽布政司造送安徽等拾府州晴明风雨日期，于文到之日为始，至康熙二十四年十二月二十九日止，造册呈送前来。⑩

也就是说康熙皇帝让各行省仿钦天监奏报京城晴雨事，于年终奏报各省的晴雨日期情况，安徽巡抚薛柱斗接到上谕后立马开始执行，将所辖区域晴雨日期进行奏报。与此同时，山西、福建、浙江等省巡抚也奉上谕奏报该年十月至十二月份晴明风雨日期文册。⑪至此，"晴雨录"奏报成为一项制度在清代各行省确立起来。

---

① 中国第一历史档案馆编：《雍正朝汉文朱批奏折汇编》，江苏古籍出版社，1989～1991年。

② 中国第一历史档案馆编：《雍正朝满文朱批奏折全译》，黄山书社，1998年。

③ 台北故宫博物院：《宫中档雍正朝奏折》，台北故宫博物院出版，1977年。

④ 台北故宫博物院：《宫中档乾隆朝奏折》，台北故宫博物院出版，1982年。

⑤ 中国第一历史档案馆编：《光绪朝朱批奏折》，中华书局，1996年。

⑥ 台北故宫博物院：《宫中档光绪朝奏折》，台北故宫博物院出版，1975年。

⑦ 张瑾瑢：《清代档案中的气象资料》，《历史档案》，1982年第2期。

⑧ 张瑾瑢：《清代档案中的气象资料》，《历史档案》，1982年第2期；曹冀鲁：《北京明清"奏雨泽"与"晴雨录"》，《北京档案》，1991年第3期。

⑨ 卢山主编：《明清宫藏术数秘籍汇编》（下编），香港蝠池书院出版有限公司，2013年。

⑩ 转引自龚高法、张丕远、吴祥定等《历史时期气候变化研究》，科学出版社，1983年，第26页。

⑪ 单士魁、王梅庄：《清内阁汉文黄册联合目录叙录》，载国立北平故宫博物院文献馆、国立北京大学文科研究所、国立中央研究院历史语言研究所编《清内阁旧藏汉文黄册联合目录》，国立北平故宫博物院文献馆，1947年，第24—25页。

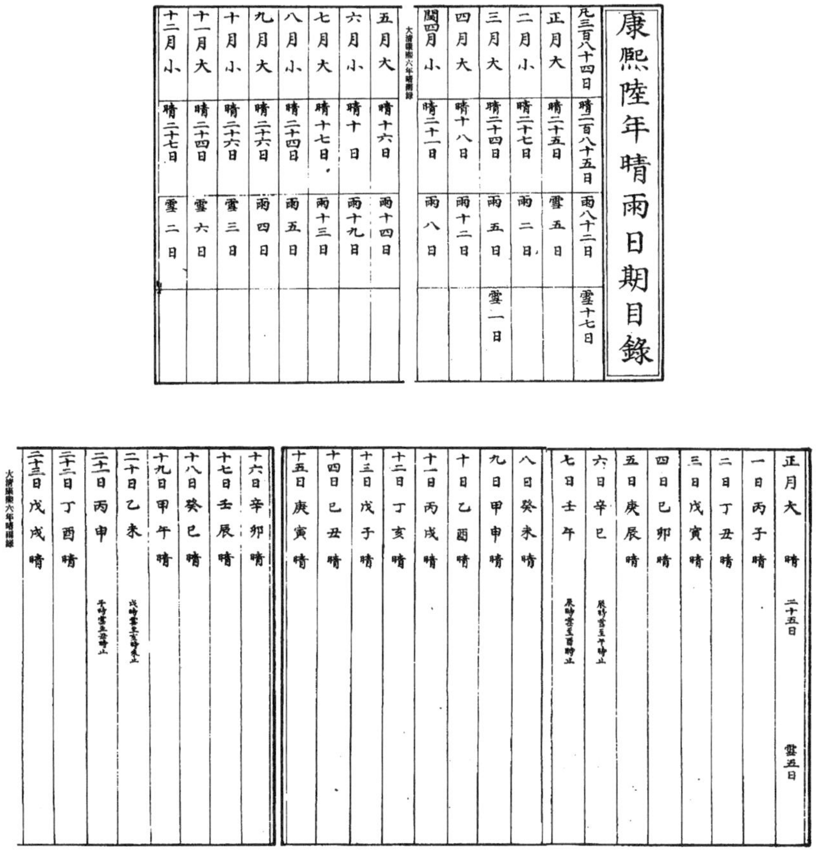

康熙陸年晴雨日期目錄

（大清康熙六年晴雨錄）

凡三百五十四日　晴二百八十五日　雨八十二日　雪十七日

正月大　晴二十五日　雪五日
二月小　晴二十七日　雨二日
三月大　晴二十四日　雨五日　雪一日
四月大　晴十八日　雨十二日
閏四月小　晴二十一日　雨八日
五月大　晴十六日　雨十四日
六月小　晴十日　雨十九日
七月大　晴十七日　雨十三日
八月小　晴二十四日　雨五日
九月大　晴二十六日　兩四日
十月小　晴二十六日　雨三日
十一月大　晴二十四日　雪六日
十二月小　晴二十七日　雪二日

（大清康熙六年晴雨錄）

正月大　晴　二十五日　雪五日
一日丙子　晴
二日丁丑　晴
三日戊寅　晴
四日己卯　晴
五日庚辰　晴
六日辛巳　晴
七日壬午　晴　辰時雪至酉時雪止
八日癸未　晴
九日甲申　晴
十日乙酉　晴
十一日丙戌　晴
十二日丁亥　晴
十三日戊子　晴
十四日己丑　晴
十五日庚寅　晴
十六日辛卯　晴
十七日壬辰　晴
十八日癸巳　晴
十九日甲午　晴　戌時雪至亥時止
二十日乙未　晴　午時雪至酉止
二十一日丙申　晴
二十二日丁酉　晴
二十三日戊戌　晴

图 1.2　康熙六年晴雨录（部分）

（卢山主编：《明清宫藏术数秘籍汇编》[下编]，香港蝠池书院出版有限公司，2013 年）

　　然而，好景不长，这一制度并未维系多久便陆续中断了。各行省的"晴雨录"刚开始是采用黄册呈报上奏，康熙二十五年(1686)三月，康熙皇帝令"各省晴雨，不必缮写黄册，特本具奏"，而是"可乘奏事之便，细字折子，附于疏内以闻"。①学者们大都认为这就导致大量"晴雨录"资料散失，所以中国第一历史档案馆保存的"晴雨录"资料除北京、南京、苏州、杭州四地外，仅有福建九府一州、山西一百零八县、安徽五十九县、浙江三十四县的康熙二十四年十月至十二月的记录。②经过仔细分析，笔者并不认为是这条新的上谕导致大量资料的散失，

① 《大清圣祖仁皇帝实录》卷一百二十五，康熙二十五年三月丁巳。
② 张瑾瑢：《清代档案中的气象资料》，《历史档案》，1982 年第 2 期。

而是康熙二十四年在全国推广"晴雨录"奏报的上谕下达后各省并没有真正执行，可能只有安徽、福建、山西和浙江四个行省上报。而且，这四个行省上报的时间都是在康熙二十五年二月中下旬，最晚的为浙江省，上报时间为二月三十日。①等到三月份的上谕出来后，由黄册奏报逐渐演变为奏折上报，各行省也就不再逐日按十二个时辰进行观测和记录，奏报内容慢慢简化为以"雨雪分寸"的形式。及至康熙后期"雨雪分寸"奏报制度完全成型后，各行省"晴雨录"的奏报也就徒有其表，仅有江宁（今南京）、苏州和杭州三地织造勉强进行奏报。再到道光元年（1821），最后一个坚持"晴雨录"奏报的苏州织造也被皇帝叫停，"向来苏州织造每月具奏晴雨录及粮价单一次，各处盐关、织造均无此奏。且江苏巡抚驻留苏州，业将各属雨水粮价情形按月具奏。该织造夏行陈奏，实属重复。嗣后着即停止，以省繁文。将此传谕嘉录知之"②。至此，只有北京地区的晴雨观测和记录仍在进行，一直持续到清末。也可以说，"晴雨录"奏报在全国的推广实际上是以失败而告终。

关于"晴雨录"奏报在各行省的中断，学者有不同的看法：张瑾瑢从气象档案资料保存角度来看，认为"晴雨录"奏报的终止是出于统治者的无知。③杨煜达则从地方"晴雨录"奏报的行政负担及统治者的态度出发，认为"这种制度客观上也存在'供过于求'的矛盾。这些原因致使推广失败"④。穆崟臣在认同地方运作繁琐的同时，又从奏报"晴雨录"的动机考虑，认为各属奏报的雨雪粮价情形完全可以替代"晴雨录"的作用，谕令停止奏报"晴雨录"实属出于避免重复的考虑。⑤

笔者认同杨煜达与穆崟臣的说法，康熙之所以推广"晴雨录"奏报是因为天气所影响的收成和粮价。⑥除此之外，通过"晴雨录"奏报还可以核校各地督抚，这一点乾隆皇帝说得很清楚。乾隆三十八年（1773）寅著奏报杭州五月至九月的晴雨录，乾隆皇帝批评道："逐日开列晴雨，琐屑无当，其事俱成已往，无可查

---

① 单士魁、王梅庄：《清内阁汉文黄册联合目录叙录》，载国立北平故宫博物院文献馆、国立北京大学文科研究所、国立中央研究院历史语言研究所编《清内阁旧藏汉文黄册联合目录》，国立北平故宫博物院文献馆，1947年，第1240页。

② 《清宣宗实录》卷二十六，道光元年十一月癸酉。

③ 张瑾瑢：《清代档案中的气象资料》，《历史档案》，1982年第2期。

④ 杨煜达：《清代档案中气象资料的系统偏差及检验方法研究——以云南为中心》，《历史地理》第22辑，上海人民出版社，2007年，第176页。

⑤ 穆崟臣：《制度、粮价与决策：清代山东"雨雪粮价"研究》，吉林大学出版社，2012年，第8页。

⑥ 王家范：《晴雨录·米价·康熙帝》，《探索与争鸣》，1993年第5期。

办,虽细何益?"①可见,乾隆皇帝并不是真心关注各地天气情况,而是关注天气奏报所能起到的作用,即"以备核校督抚等所报是否相符",以及"周知民隐"。②"雨雪分寸"奏报制度确立后完全达到以上效果,"晴雨录"奏报就显得多余了。道光皇帝之所以叫停苏州织造的"晴雨录"奏报亦是如此。因此,从根本上讲,"晴雨录"奏报之所以陆续中断是因为"雨雪分寸"奏报制度确立后取代了"晴雨录"奏报的作用。

学界习惯上把北京、南京、苏州、杭州四地的"晴雨录"放在一起进行介绍和讨论,虽然四者都是逐日记录天气状况,但实际上这四地的"晴雨录"无论是在记录内容、格式、奏报时间等方面均存在差异。所以,笔者根据奏报主体的身份,把以上四地的"晴雨录"分为三种形式:钦天监"晴雨录"、织造"晴雨录"和太监"晴雨录"。本研究主要涉及织造"晴雨录",故重点介绍。

笔者能够查阅到织造最早进行奏报的是康熙四十七年(1708)三月江宁织造曹寅奏报江宁正月、二月、三月的"晴雨录",③同年七月苏州织造李煦也奏报苏州、扬州地区六月份的"晴雨录"。④因此,很有可能是康熙皇帝在全国推广"晴雨录"奏报失败后,鉴于江宁、苏州和杭州的特殊性而赋予三地织造的一种特权。可惜的是,康熙朝的织造"晴雨录"大都没有保存下来,目前中国第一历史档案馆藏最早的是康熙六十一年(1722)江宁织造上报的"晴雨录"。⑤

在奏报内容上,三地"晴雨录"大致相仿,均为逐日阴、晴、雨、雪、雷电、风向的记录,其中降水类别要比钦天监"晴雨录"丰富,按其强度大致分为略雨(略雪)、微雨(微雪)、细雨(小雪)、雨(雪)、大雨(大雪)五个层次。虽三者大致内容相同,但在具体内容和书写上又有所差异(表1.8)。

第一,在风向记录上,杭州按北、东北、东、东南、南、西南、西、西北八个方位记载;苏州和江宁只记东北、西北、东南、西南四个方位。

第二,除基本的天气记录外,苏州和杭州专门记录晚间的天气状况,如夜阴、夜晴、夜有月、夜有星等;江宁则没有。

第三,苏州还有霜、雾气象要素的记录;杭州和江宁则没有。

————————

①②　《清高宗实录》卷九百四十六,乾隆三十八年十一月丙辰。

③　易管:《江宁织造曹家档案史料补遗(上)》,《红楼梦学刊》,1979年第2辑。

④　故宫博物院明清档案部编:《李煦奏折》,中华书局,1976年,第61页。

⑤　张瑾瑢:《清代档案中的气象资料》,《历史档案》,1982年第2期。

第四,江宁"晴雨录"中降水起止时刻较苏州、杭州模糊。表现之一是用"夜""晚""晨""午"等指示意义模糊的用词,如"乾隆元年正月初十日,晴,西南风,夜微雨"[①];表现之二是许多记录没有明确的起止时刻,经常以"数次"来表示,如"乾隆二年二月十九日,阴,东北风,微雨数次,夜雷雨"[②]。

表1.8　今南京、苏州、杭州地区乾隆元年十一月初一至初十日"晴雨录"记录[③]

日　期	南京"晴雨录"	苏州"晴雨录"	杭州"晴雨录"
初一日	晴,西北风	晴,西北风,夜有星	晴,西北风,夜有星
初二日	晴,东南风	晴,西北风,夜有星	晴,西北风,夜有星
初三日	晴,西北风	晴,东南风,夜有星	晴,东北风,夜有星
初四日	晴,东北风	霜,晴,西北风,夜有星月	晴,东北风,夜有星
初五日	晴,东南风	霜,晴,西北风,夜有星月	晴,西北风,夜有星月
初六日	晴,东南风	晴,东北风,夜有星	晴,北风,夜有星
初七日	晴,西北风	阴,东南风,亥时微雨即止	晴,北风,夜阴
初八日	阴,西北风,晨微雪至巳刻	阴,西南风,夜阴	阴,东北风,辰时细雨起巳时止,阴,夜阴
初九日	阴,东北风	卯时雾,阴,西南风,戌时微雨亥时未止	阴,东北风,戌时细雨起亥时止
初十日	晴,东北风	辰时雨止,东北风,夜阴	西北风,子时微雨起巳时止,阴,申时细雨起至亥时未止

每逢雨雪,或是缺少雨雪,地方官吏都要向皇帝报告雨水入土深度和积雪厚度及起讫日期,这一类奏折被称为"雨雪分寸"。这是除"晴雨录"外另一种档案资料,其中包含有降水、收成、粮价等诸多信息,对于研究清代的气候变化、农业收成、粮价波动以及三者之间的关系均具有重要价值("雨雪分寸"奏报制度下文将会详述)。这部分档案资料的可靠性,张瑾瑢曾就奏报渠道的多样性和皇帝的亲自校核两个方面进行了分析,肯定了其可靠性。本书中温度序列的重建主要就依靠"晴雨录"和"雨雪分寸"档案,所以有必要再对其中

① 《呈乾隆元年正月份江宁晴雨录单》,中国第一历史档案馆藏,朱批奏折,档案号:04-01-40-0009-033。

② 《呈乾隆二年二月份江宁晴雨录单》,中国第一历史档案馆藏,朱批奏折,档案号:04-01-40-0009-047。

③ 《呈乾隆元年十一月份江宁晴雨录单》,中国第一历史档案馆藏,朱批奏折,档案号:04-01-40-0009-050;《呈乾隆元年十一月份苏州晴雨录单》,中国第一历史档案馆藏,朱批奏折,档案号:04-01-40-0009-010;《呈乾隆元年十一月份杭州晴雨录单》,中国第一历史档案馆藏,朱批奏折,档案号:04-01-40-0004-074。

涉及档案资料的可靠性进行论证,张瑾瑢是通过制度本身的运行来分析,而下文则通过资料记录本身的可靠性来切入,即通过资料的比勘来检验数据的可靠性。

笔者通过两种渠道进行验证,即不同资料来源的比勘、同种资料来源不同渠道的比勘,来具体分析其雨泽信息的可靠性。

(一) 不同资料来源的比勘

"晴雨录"逐日书写天气状况,能够与之进行比勘的资料也应该是逐日书写且蕴含天气信息的资料,所以日记资料就成为首选。"雨雪分寸"档案则可就某一气象要素进行比勘。但需要说明的是,如果要对现存所有"晴雨录""雨雪分寸"资料进行比勘似乎是一个短时内无法完成的任务:首先,资料的搜集整理工作十分庞大,不仅要对"晴雨录""雨雪分寸"资料进行搜集整理,而且还要搜集与之相重合的所有日记等其他文献;其次,中国第一历史档案馆藏钦天监"晴雨录"正进行数字化,并不对外开放,因此暂时也不具备可行性。故笔者只能随机选取手头上的"晴雨录"档案、"雨雪分寸"档案与相关的文献进行比勘,对其中数据的可靠性作初步评估。

"燕行录"中有许多以私人日记形式记录沿途的所见所闻所感,李喆辅的《丁巳燕行日记》就是其中的一种。乾隆二年(1737)李喆辅作为"陈奏兼奏请行"的书状官,与正使徐命均、副使柳俨共同出使清朝,该年为农历丁巳年,故本次出使的见闻名之为《丁巳燕行日记》,记载始于七月二十五日,终于十二月十一日,逐日记载天气、行程、见闻情况,其中闰九月初八日至十一月十五日共68天待在北京智化寺,有两天缺记,实际天气记录为66天。对比太监"晴雨录"与《丁巳燕行日记》可以发现(表1.9),逐日天气状况还是有所差异。这种差异大致可以分为两种类别:一种是非降水天气(阴、晴)之间的差异,这种情况对于气候的重建不会产生影响。如十一月初八日"晴雨录"记录为晴天,日记记录为阴天,此种类型的差异共计有6天;一种是降水与非降水天气之间的差异,这种情况会对气候重建产生影响。如十一月初六日,"晴雨录"记载显示当天有降雪,而日记却仅仅记录为阴天,这种类型的差异共3天。

也就是说,如果单纯从天气信息的记录来讲,两种资料的相似度为86.4%,但如果从重建气候序列的研究来讲,太监"晴雨录"资料的可靠性高达95.5%。

表 1.9　太监"晴雨录"与《丁巳燕行日记》关于乾隆二年今北京地区天气记录的比勘（部分）①

时　间	日　　期	太监"晴雨录"记录	《丁巳燕行日记》记录
乾隆二年	十一月初一日	黎明天晴至起更	晴而风,极寒
	十一月初二日	黎明天晴至起更	晴而寒
	十一月初三日	黎明天晴至起更	晴而寒
	十一月初四日	黎明天晴至起更	晴而寒
	十一月初五日	黎明天晴至起更	（缺记）
	十一月初六日	黎明天阴至午初二刻下雪,随下随止,天阴至起更	阴
	十一月初七日	黎明天晴至起更	晴而寒
	十一月初八日	黎明天晴至起更	阴
	十一月初九日	黎明天晴至起更	晴
	十一月初十日	黎明天晴至起更	晴
	十一月初一日	黎明天晴至起更	晴

　　《翁心存日记》是迄今发现的记录天气现象最为详细的历史天气日记,保留了19世纪中叶北京地区逐日天气记录,日记记录从道光五年(1825)始至同治元年(1862)止,所记间有缺失,在北京比较稳定的日记记录从1849年开始,期间记录并不完整,直到1852年以后的日记才比较完整,其中咸丰元年(1851)仅有24天记录。可以用《翁心存日记》与钦天监"晴雨录"进行比勘(表1.10)。

表 1.10　钦天监"晴雨录"与《翁心存日记》关于咸丰元年(1851)记录的比勘（部分）②

时　间	日　　期	钦天监"晴雨录"记录	《翁心存日记》记录
咸丰元年	正月廿四日	晴	晴暖,午后风
	正月廿五日	晴	清晨渐阴,午后晴暖,大风
	正月廿六日	晴	晴暖
	正月廿七日	晴	五更渐阴,天明后晴朗
	正月廿八日	晴	晴,午后渐阴
	正月廿九日	晴	晴朗,风,午后渐阴

① 《钦天监题本专题史料》,中国第一历史档案馆藏,缩微号:7-002228;李喆辅:《丁巳燕行日记》,林基中编《燕行录全集》第37册,首尔东国大学校出版部,2001年。

② 卢山主编:《明清宫藏术数秘籍汇编》(下编),香港蝠池书院出版有限公司,2013年;翁心存著、张剑整理:《翁心存日记》,中华书局,2011年。

时 间	日 期	钦天监"晴雨录"记录	《翁心存日记》记录
咸丰元年	正月三十日	晴	晴暖
	二月朔日	晴	晴,暖甚。夜,渐阴
	二月二日	未时至申时雪,酉时微雪	清晨阴,渐露日光,午后阴,申刻小雪,旋止,暮,大风作,怒号彻夜,星斗满天
	二月三日	晴	晴,骤寒,冰复凝结矣,竟日大风,雨沙集衣盈寸。夜,晴,风仍不息

在这 24 天中,非降水天气(阴、晴)之间的差异有 1 天,并不存在降水与非降水天气之间的差异,但在降雪时刻记录上有所不同。所以,无论是从天气信息的记录还是重建降水序列的研究上来讲,钦天监"晴雨录"的可靠性都高达 95.8%。

"晴雨录"和"雨雪分寸"是清代雨泽奏报制度的两种形式,二者之间最大的不同在于:"晴雨录"逐日书写天气情况进行奏报,而"雨雪分寸"则是凡地方遇有雨雪随时奏报。虽然二者不能进行逐日的天气比勘,但可以选择某一天气要素进行比勘。因降雪是祥瑞、丰收之兆,尤其是初次降雪,地方官员会立即上报朝廷,且在"雨雪分寸"档案中连续性较好,故整理江宁、苏州、杭州三地织造"晴雨录"与地方督抚"雨雪分寸"奏报中的初雪日期进行比勘,也可以对"晴雨录"的可靠性进行评估。(见表 1.11)

表 1.11 杭州"晴雨录"与"雨雪分寸"初雪日期的比勘(部分)①

"晴雨录"		时间	"雨雪分寸"	
资料来源	记录		记录	资料来源
《呈雍正十年十二月份杭州晴雨录单》档号:04-01-40-0003-057	十二月初二日,北风,辰时下雪起至亥时未止	雍正十年	于十二月初二至初三日大雪,各处积厚五六寸至尺许不等	《浙江总督程元章奏报地方得雨雪情形折》,《宫中档雍正朝奏折》第21辑
《呈乾隆二年十一月份杭州晴雨录单》档号:04-01-40-0004-060	十一月初二日,西北风,子时下雪未止,阴,夜有星	乾隆二年	十一月初二日瑞雪缤纷,至一昼夜积有尺许	《浙江总督稽曾筠奏报浙省本年十一月得雪情事》档号:04-01-24-0006-024

① 限于篇幅,这里只列出杭州地区晴雨录与"雨雪分寸"记录之间的部分比勘,江宁和苏州部分略。

"晴雨录"		时间	"雨雪分寸"	
资料来源	记录		记录	资料来源
《呈乾隆四年十月份杭州晴雨录单》档号:04-01-40-0004-035	十月二十三日,西北风,寅时微雨起酉时止,戌时下雪起至亥时未止	乾隆四年	杭嘉湖等处亦于(十月)二十二、三等日得雪,积深虽止寸余	《闽浙总督德沛乾隆四年十一月二回二日奏为据报自浙赴闽途中各属晚禾丰收并得雪情形事》档号:04-01-12-0017-025
《呈乾隆五年十一月份杭州晴雨录单》档号:04-01-40-0004-023	十一月初三日,西北风,子时雨止,丑时下雪起辰时止。已时微雨起至亥时未止	乾隆五年	今于十一月初三日省城自子时得雪起至卯时积雪一寸五分	《浙江布政使张若震奏报浙省本年十一月得雪日期情形事》档号:04-01-024-0012-038

  杭州"晴雨录"与"雨雪分寸"档案中同时有初雪记录的共 16 个年份,日期完全相同(分辨率为"日")有 13 个年份,日期差距 1 天的有 1 个年份,日期差距 2 天的有 1 个年份,日期差距 4 天的有 1 个年份。考虑到资料性质的不同,在理论上可以允许有 1 天误差,[①]那么,在降雪时间上二者的相似度能达到 87.5%。

  按照以上方法,江宁"晴雨录"与"雨雪分寸"档案中同时有初雪记录的共 25 个年份,完全相同的有 20 个年份,日期差距 1 天的有 4 个年份,日期差距 2 天的有 1 个年份,在降雪时间上二者的相似度能达到 96%。苏州"晴雨录"与"雨雪分寸"档案中同时有初雪记录的共 27 个年份,完全相同的有 22 个年份,日期差距 1 天的有 2 个年份,日期差距 9 天以上的有 3 个年份,在降雪时间上二者的相似度能达到88.9%。

  吴骞的《吴兔床日记》记录了乾隆四十五年至嘉庆十七年(1780—1812)藏书、读书、著述、交游等一些列活动(缺乾隆四十六、四十七年),其中含有大量的天气信息,地点主要是在杭州地区,但比较遗憾的是,该日记并非逐日书写天气情况。可以选择其中的某一气象要素如初雪日期与"雨雪分寸"档案中有关杭州的初雪日期进行比勘,对"雨雪分寸"资料的可靠性进行初步评估。(见表 1.12)

---

① "晴雨录"是逐日记录某固定地点的降水起止时刻,而"雨雪分寸"是书写全省或几个府州的降水情况,在地点、时间的准确性上不如"晴雨录"。如乾隆四年,"晴雨录"记录得雪日期为十月二十三日,而"雨雪分寸"记录得雪日期为十月二十二、三等日,因后者奏报的对象并非杭州一处,而是"杭嘉湖等处",可以认为杭州得雪日期是二十二日,但也可以是二十三日,所以允许有 1 天的误差。

表 1.12 "雨雪分寸"档案与《吴兔床日记》关于杭州地区初雪日期的比勘

"雨雪分寸"		时间	《吴兔床日记》	
资料来源	记录		记录	资料来源
《浙江巡抚吉庆奏报瑞雪应时及二麦情形事》档号:04-01-25-0309-016	兹于十一月二十九日正值长至令节,杭州省城自申时起瑞雪缤纷至戌时止,除融化外高山积厚二三寸,平地处积厚一二寸有余	乾隆五十九年	十一月二十九日冬至,小雨,夜雪	《吴兔床日记》,第 105 页
《浙江盐政苏楞额奏报浙江省嘉庆元年十月二十八日至二十九日得雪二麦情形事》档号:03-1896-025	兹省城于十月二十八、九等日同云密布,雨霰兼施,旋复瑞雪缤纷,除随时融化外,积厚二三寸不等	嘉庆元年	十月二十八日,大风,晚雨霰交下,二十九日雨雪	《吴兔床日记》,第 118 页
《浙江巡抚阮元奏报本省十一月中旬得雪分寸事》档号:04-01-24-0084-037	兹十一月十五日丑时至午时,杭州省城初得有瑞雪一寸有余,深山旷野积厚二三寸不等	嘉庆五年	十一月十五日,雪竟日	《吴兔床日记》,第 151 页
《浙江巡抚阮元奏报浙江省嘉庆六年十二月份降瑞雪麦苗情形事》档号:03-1905-053	兹杭州省城于十二月初一日,得有瑞雪,积厚三寸,旷野深山积厚四五寸不等,现当缤纷未止	嘉庆六年	十二月朔日,侵晨微雪	《吴兔床日记》,第 158 页
《浙江巡抚蒋攸铦奏报浙省普得瑞雪情形事》档号:04-01-24-0094-086	兹省城于十月二十八日寅时起,同云密布,瑞雪缤纷	嘉庆十四年	十月二十一日,五更微雪	《吴兔床日记》,第 214 页
《浙江巡抚高杞奏为嘉湖等府得雪情形事》档号:04-01-25-0435-023	兹于十月十四日辰刻起至未刻止,省城得有瑞雪,平原随落随融,高阜之处积厚一二寸不等	嘉庆十七年	十月十四日,微雪	《吴兔床日记》,第 252 页

在重建日期内杭州共有 6 个年份的《吴兔床日记》记录和"雨雪分寸"档案是重合的,仅有嘉庆十四年二者在初雪日期上存在差异,"雨雪分寸"记录初雪日期为十月二十八日,《吴兔床日记》的记录却是十月二十一日,提前了 7 天,相似度达 83.3%。

除日记资料外,其他蕴含天气信息的文献也可以与"晴雨录"进行比勘,如《海昌丛载》中记录了海宁地区乾隆八年(1743)正月"十七至二十三日,大雪七昼夜,平地约盈八尺,水路不通,鸟兽相食,饿死过半"①。查阅该年正月十七至二十三日杭州"晴雨录",②除"二十一日,阴,北风,夜阴"外,其他六日均有降雪。两份天气记录的相似度能也达到85.7%,但这样的文献资料一方面太过零散,不易搜集,另一方面天气记录的分辨率较低,与逐日记载的"晴雨录""雨雪分寸"资料难以匹配。

(二)同种资料来源不同奏报渠道的比勘

"晴雨录"只有一种奏报渠道(北京的奏报是由钦天监负责,苏州、江宁、杭州则是由各地的织造负责),但"雨雪分寸"却有多种渠道,各地总督、巡抚、布政使、提督、学政、总兵等都可以进行奏报。那么,可以通过同一次降水各种不同奏报渠道的报告来分析一下雨泽信息的可靠性。同样,笔者也会选择典型区域来展示。

第一,苏州地区。乾隆五十五年(1790)十二月初旬苏州降雪,有四种渠道同时奏报,即江南提督、江苏巡抚、两江总督、漕运总督。

首先奏报的是江南提督陈大用:"入冬以来先于十一月初三日松江沿海及上江安庆、徽州、广德各营俱禀报得有瑞雪,兹奴才巡阅营伍途次苏州府于十二月初四日子时得雪起至初五日丑时止,除融化外积厚八寸。"③紧接着进行奏报的是两江总督孙士毅:"窃查本年江苏省所种二麦广普,入冬以来于十一月初二初三等日得雪后迄今晴霁兼旬,必须再得雪泽滋培麦根,庶足以资深固。兹于十二月初三日臣等在太仓州地方阴云密布,瑞雪缤纷,自戌刻起至初四日亥刻止,计积厚四寸有余,并据苏州、常州、镇江、江宁、扬州各府州属陆续禀报同日得雪自三四寸至七八寸不等。"④然后是署理江苏巡抚长麟:"窃查江宁、苏州、常州、镇江、扬州、太仓各府州属于十二月初三、初四等日得有瑞雪,业经臣恭折具奏,又据江宁、苏州等府报称初三、初四两日得雪之后又于初九、初十等日续得瑞雪,自三四寸至八九寸不等。"⑤最后漕运总督管幹珍也进行了奏报:"窃照

① 管庭芬:《海昌丛载》卷4《纪荒》。
② 《呈乾隆八年正月份杭州晴雨录单》,中国第一历史档案馆藏,朱批奏折,档案号:04-01-40-0005-006。
③ 乾隆五十五年十二月初五日,江南提督陈大用奏报江苏安徽两省本年十一、十二月得雪日期分寸事,中国第一历史档案馆藏,朱批奏折,档案号:04-01-30-0311-017。
④ 乾隆五十五年十二月初八日,两江总督孙士毅江苏巡抚长麟奏报江苏省本年十一、十二月得雪日期分寸事,中国第一历史档案馆藏,朱批奏折,档案号:04 01-30-0311-020。
⑤ 乾隆五十五年十二月十四日,署理江苏巡抚长麟奏报江苏苏州等府属本年十二月初得雪日期分寸事,中国第一历史档案馆藏,朱批奏折,档案号:04-01-30-0311-021。

本年冬月雨雪应时自十二月初三、初四、初九等日据苏松常镇等府叠次据报均得大雪。"①

通过这四种奏报渠道来看,本次降雪时间大致是在初三初四日,但在具体的奏报时辰上还是存在差异的,有初四日"子时得雪起至初五日丑时止"、初三日"戌刻起至初四日亥刻止",还有笼统的"初三、初四日",其原因则是奏报范围造成的差距。陈大用的奏报对象就是苏州府,所以具体到起止时辰;孙士毅奏报的则是太仓,其位置较苏州偏北,所以自初三日"戌刻起至初四日亥刻止",至于苏州的奏报则概而言之;而长麟和管幹珍的奏报对象则是江苏全省,有苏州北部的扬州、南京等府,所以"初三、初四日",比较笼统。至于本次降雪量的奏报则无法进行详细比较,其原因与降水时刻的差异相同。

第二,扬州地区。乾隆五十五年十二月初旬扬州降雪则有三种渠道:除前面提及的两江总督孙士毅、江苏巡抚长麟外,还有两淮盐政使全德,奏:"窃照扬州一带入冬以来兼旬晴霁,田间二麦久经播种齐全,翠苗出土已二三寸不等,惟因晴霁日久望泽颇殷。兹于本月初三日卯时起至辰时止小雨沾濡,土膏滋润,旋自亥时起瑞雪缤纷,疏密相间,至初四日戌刻方止,除融化外积地计有五寸。"②三者在奏报时间上也大致相仿,初三日开始降雪至初四日止。

第三,江宁地区。乾隆三十五年(1770)十月下旬江宁降雪有三种奏报渠道:江宁织造、江苏巡抚和苏州布政使。

江宁织造奏报:"十月二十三日,阴,东北风,卯时微雨至辰时得雪未时止。"③江苏巡抚萨载奏报:"兹于二十三、四等日苏州省城密雨间作,雨中带有雪花,查看云气凝重,远近自必得雪。旋据江宁、常州、镇江、扬州、淮安、徐州、通州各府州属陆续具报二十二、三等日均得有瑞雪,积厚自一二寸至三四五寸不等。"④苏州布政使李湖奏报:"臣按府州汇核二十一日江宁、苏州、松江、镇江、太仓五府州属各得微雨,二十二日常州、镇江、徐州三府州属或得小雨或得

① 乾隆五十五年十二月十七日,漕运总督管幹珍奏报江苏各属本年十二月得雪日期分寸苗情粮价事,中国第一历史档案馆藏,朱批奏折,档案号:04-01-30-0311-018。
② 乾隆五十五年十二月初五日,两淮盐政使全德奏报江苏扬州等地得雪日期分寸事,中国第一历史档案馆藏,朱批奏折,档案号:04-01-30-0311-022。
③ 江宁织造奏报乾隆三十五年十月份江宁晴雨录单,中国第一历史档案馆藏,朱批奏折,档案号:04-01-40-0018-023。
④ 乾隆三十五年十一月初二日,署理江苏巡抚萨载奏报苏州省城等府本年十月下旬雨雪苗情事,中国第一历史档案馆藏,朱批奏折,档案号:04-01-25-0154-006。

雪二三寸不等，二十三日则江苏等八府三州普降雨雪，江以南天气和暖，各府州雨中带雪，旋降旋消，积雪虽止寸许而入土深透，江以北各府州积雪至三四寸不等，此次最为普遍。"①

江宁织造和苏州布政使李湖的奏报得雪日期都是在十月二十三日，江苏巡抚萨载的奏报是二十二或二十三，至于出现误差的原因则是由于奏报对象范围的不同，上文分析过。至于降水量，以上奏报都是一个概数，所以无法确定，大致在二至三寸。总之，对于这次降水记录，三种奏报渠道都大致相同。

第四，杭州地区。乾隆二十八年（1763）十一月杭州降有三次瑞雪，有三种奏报渠道：杭州织造、赫达赛（具体官职不清）和浙江布政使。

杭州织造先称："十一月十一日，西北风，子时雨止，丑时微雪起辰时止，晴，夜有星月……二十四日，晴，西北风，未时微雪，戌时略雪。二十五日，晴，西北风，酉戌时略雪。二十六日，北风，丑时微雪起至亥时未止。二十七日，东北风，辰时雪止，未时微雨起酉时止，夜阴。"②其后再次奏报"十二月初一日，西风，寅时微雪起未时止，夜阴"③。赫达赛奏称："杭州一带地方自入冬以来雨水略稀，民间望雪正殷，兹于本年十一月初十、十一得有微雪，二十五日至十二月初一日节次又得大雪，积地约有五六寸，融透入土约计尺余。"④浙江布政使索琳奏报："十一月十一日又得有瑞雪，然随飘随化，未积分寸，今于二十五日戌时起至二十七日申时止得雪更大，六出缤纷，积厚五六寸，入土七八寸不等。十二月初一日复又得雪盈寸。"⑤

杭州的三次降雪奏报最详细的当属逐日奏报的杭州织造，浙江布政使索琳的奏报在时间上大致与杭州织造相同，分别是十一月十一日、二十五至二十七日和十二月初一日，只有赫达赛的第二次降雪表述不是很明确。在降水量上，后二者均进行了奏报，大致在五六寸至七八寸。整体上讲，三种渠道均对十一

① 乾隆三十五年十一月十五日，护理江苏巡抚苏州布政使李湖奏报苏省各属本年十月下旬以来雨雪禾苗等情事，中国第一历史档案馆藏，朱批奏折，档案号：04-01-25-0154-008。
② 杭州织造奏报乾隆二十八年十一月份杭州晴雨录单，中国第一历史档案馆藏，朱批奏折，档案号：04-01-40-0007-069。
③ 杭州织造奏报乾隆二十八年十二月份杭州晴雨录单，中国第一历史档案馆藏，朱批奏折，档案号：04-01-40-0007-070。
④ 乾隆二十八年十二月初三日，赫达赛奏报杭州一带本年十一月份得雪情形事，中国第一历史档案馆藏，朱批奏折，档案号：04-01-25-0116—026。
⑤ 乾隆二十八年十二月初八日，浙江布政使索琳奏报浙省近日得雪情形事，中国第一历史档案馆藏，朱批奏折，档案号：04-01-23-0054-010。

月、十二月的降雪进行了奏报,且奏报雨泽信息大致相仿。

总之,通过异源资料的比勘发现,由于观察者对天气的敏感度、记录内容的详略,乃至记录的空间等方面存在差异,各种文献资料的天气信息不可能完全相同,但"晴雨录""雨雪分寸"档案与其他资料的相似度均高于80%,具有较高的可信度。需要指出的是,异源资料的比勘仅能对阴晴雨雪等天气状况进行验证,对于降水量的多寡(如降水级别、持续时间等)则无法校验,这也就意味着在降水量重建方面需要更加谨慎。诚如钞晓鸿在对这部分降水档案资料利用时曾指出的:"此类文献需要对比分析,明晰原委,找出异同,减少误差,然后才能据以进行统计分析。"①

第六节　诗歌中的气候信息及其运用

诗歌作为文集中的一类,在上一节中有简单介绍。但因诗歌中的气候信息存在诸多问题,诸如分布零散琐碎,时间和地点的判读较为模糊,再加上诗歌写作的整体背景、诗歌中的文学成分以及诗歌本身存在的谬误,等等,都会影响到诗歌在历史气候变化研究中的运用。此前学界很少关注这一资料来源,对其特点和价值尚未展开研究。基于此,本节专门对诗歌中的气候信息及其运用进行讨论。因是把诗歌作为一个整体来研究,所以其时限并不仅限于明清时期。

在我国,运用诗歌中的资料来证史由来已久,虽有学者提出异议,但就现阶段所取得的研究成果来看,"以诗证史"不失为一种研究方法。在历史气候研究中也早有所运用,如竺可桢先生在《中国近五千年以来气候变迁的初步研究》一文中,就曾多次引用诗歌资料作为气候冷暖的证据,此后许多有关历史气候的研究也都引用诗歌资料作为论据,②尤以于希贤的《苍山雪与历史气候冷暖变迁

---

① 钞晓鸿:《文献与环境史研究》,《历史研究》,2011年第1期。
② 龚高法、张丕远、张瑾瑢:《十八世纪我国长江下游等地区的气候》,《地理研究》,1983年第2期;李江风:《唐代轮台气候》,《干旱区地理》,1986年第2期;郭声波:《成都荔枝与十二世纪寒冷气候》,《中国历史地理论丛》,1989年第3期;满志敏:《唐代气候冷暖分期及各期气候冷暖特征的研究》,《历史地理》第8辑,上海人民出版社,1990年,第1—15页;满志敏:《关于唐代气候冷暖问题的研究》,《第四纪研究》,1998年第1期。

研究》①一文最为明显，诗歌构成其文章论述的主要资料来源，其文通过诗歌中对云南苍山雪的描述，勾画出云南历史时期的气候变迁。近年来，又有学者尝试运用"以诗证史"的方法对历史时期气候变迁进行探讨。②

在运用文献资料进行历史气候研究时最重要的一步就是气候信息的提取，诗歌当然也不例外。从提取气候信息的角度出发，任何一条气候信息必须同时具备三个基本要素，即时间、空间和气候事件。③接下来笔者先分析一下诗歌在历史气候研究中所具有的特点。

一、诗歌在历史气候研究中的特点

我国诗歌源远流长，绵延数千年。时间上完全可以构成一个完整的序列，可谓历时性完整。虽然诗歌在发展过程中有不同的脉络和特点，但无论是楚辞汉赋还是唐诗宋词以至明清诗歌，其中都不乏大量的气候信息。我国最早的诗歌总集《诗经》中就包含有诸多物候信息，利用这些信息可以进行气候研究，如《豳风·七月》有"十月蟋蟀，入我床下"的诗句，有学者据此与《吕氏春秋·季秋纪》中九月"蛰虫咸俯在穴"的记载作比较，从而得出《诗经》时代秋季的节令较之战国延后一个月，气候温暖的结论。④诗歌中还含有诸如对生物分布界限的描述，如东汉张衡在《南都赋》中提到"穰橙邓橘"，其中"穰"指穰县，在今河南邓县；"邓"是当时的邓县，在今湖北襄阳附近。这个地区已经贴近现代柑橘分布的北界，尽管没有资料证明当时再往北是否有柑橘的种植，但至少此时的柑橘分布北界与现代是相差不大的，⑤以此便可以进行古今气候的比较。同样，晋代左思的《蜀都赋》中也含有大量的气候信息。唐宋时期，是我国诗歌的鼎盛时期，其诗歌中蕴含的气候信息也更为丰富，成为该时期气候研究必不可少的资料。以梅雨期为例，竺可桢先生就曾说过："梅雨的时期，在我国各地先后不一，

---

① 于希贤：《苍山雪与历史气候冷暖变迁研究》，《中国历史地理论丛》，1996年第2期。

② 马强：《唐宋时期西部气候变迁的再考察——基于唐宋地志诗文的分析》，《人文杂志》，2007年第3期。

③ 一般来讲，时间、地点、事件、强度或时间、地点、事件、效果构成一条完整的气候信息（葛全胜、张丕远：《历史文献中气候信息的评介》，《地理学报》，1990年第1期）。但从提取气候信息的角度来说，时间、地点和气候事件则是最基本的要素。

④ 陈良佐：《从春秋到两汉我国古代的气候变迁——兼论〈管子·轻重〉著作的年代》，陈国栋、罗彤华主编《经济脉动》，中国大百科全书出版社，2005年，第3页。

⑤ 满志敏：《历史时期柑橘种植北界与气候变化的关系》，《复旦学报》（社会科学版），1995年第5期。

这在唐、宋诗人的吟咏中,早已有记载。柳宗元诗:'梅熟迎时雨,苍茫值小春。'柳州梅雨在小春,即农历三月。杜甫《梅雨》诗:'南京犀浦道,四月熟黄梅。'即成都(唐时曾作为'南京')梅雨是在农历四月。苏轼《舶棹风》诗:'三时已断黄梅雨,万里初来舶棹风。'苏轼作此诗时在今浙江湖州一带,三时是夏至节后的15天,即江浙一带梅雨时在农历五月。"①明清时期历史文献较为丰富,大量的地方志、档案、日记等资料就成为气候研究的主要来源,但是诗歌仍是不可缺少的重要资料之一,在很大程度上能弥补上述资料的不足。一个典型的例子就是杨煜达对清嘉庆二十年至二十二年(1815—1817)云南大饥荒的研究,"由于当时的云南地方官府匿情不报,所以档案中记载几乎全缺,而地方志的资料详细程度又不够,全赖当时人留下的大量诗文,才使恢复这次大饥荒的天气背景成为可能"②。

在空间上,诗歌涉及的地域亦十分广泛,可以这样说,凡是有文人到过的地方几乎都会留有描写当地的诗歌。范围涉及我国现在的每个省区,其中也就不乏诸多该地区的气候信息了,可谓广达性全面。诸如黄河流域、长江流域等古代经济文化较为发达的地区就不必说了,众多学者在进行历史气候研究中已经有所征引和论述;③即便是在一些偏远的西北、西南地区,也有许多研究者援用诗歌进行论证,并取得一定成果。④

龚高法等把我国历史气候资料的来源分为四个方面:系统的观测资料,水、旱、霜、雪、雹等异常气象记载,各种自然地理因子的记载,物候、生物分布和农事等记载。⑤除系统的观测资料外,其余三种资料均能在诗歌中找到相关信息。其实也可以说,上述三种历史资料从内容上讲,完全可以看作是气候事件的记载,涉及内容较为广泛。

如异常气象的记载在诗歌中会经常出现,清人庞垲就曾作诗描写了康熙三

①　竺可桢、宛敏渭:《物候学》,科学出版社,1980年,第29—30页。
②　杨煜达:《清代云南季风气候与天气灾害研究》,复旦大学出版社,2006年,第19—20页。
③　竺可桢:《中国近五千年来气候变迁的初步研究》,《考古学报》,1972年第1期;龚高法、张丕远、吴祥定等:《历史时期气候变化研究方法》,科学出版社,1983年;满志敏:《唐代气候冷暖分期及各期气候冷暖特征的研究》,《历史地理》第8辑,上海人民出版社,1990年,第1—15页;满志敏:《关于唐代气候冷暖问题的研究》,《第四纪研究》,1998年第1期。
④　李江风:《唐代轮台气候》,《干旱区地理》,1986年第2期;郭声波:《成都荔枝与十二世纪寒冷气候》,《中国历史地理论丛》,1989年第3期;于希贤:《苍山雪与历史气候冷暖变迁研究》,《中国历史地理论丛》,1996年第2期;蓝勇:《中国西南历史气候初步研究》,《中国历史地理论丛》,1993年第2期。
⑤　龚高法、张丕远、吴祥定等:《历史时期气候变化研究方法》,科学出版社,1983年,第20页。

十三、三十四年（1694、1695）北京地区的异常气候状况。①《二月十六日大雪》："节序春过半，凝寒雨雪骄。漫空飞不尽，着地冻难消。草甲何由坼，花期转自遥。愁心云共结，把酒亦无聊。"《春寒》："严吹乘风起，千家昼掩门。都将连日冷，还补一冬温（酉冬暖，河不冰）。天道通消息，人情见覆翻。儿童畏龟手，巷鼓亦停喧。"这两首诗均描述了 1694 年北京地区春季的寒冷，由后一首诗还可以窥知 1693—1694 年冬季气候是异常温暖。《见市有卖菊者偶成口号》："今年节气异前年，八月忽如九月天。庙市丛丛争卖菊，无钱即买插篱边。"表明 1694 年的秋天来临较早。《六月初九日大雨口号》："何年无暑雨，今雨太惊人。气似钱塘潮，声传瀊涵真。茵褥浮出户，壁挂倒过邻。上漏无干处，漂摇叹此身。"此诗则记载了 1695 年夏季的特大暴雨。还有一些诗歌不仅记录了异常气候状况，而且还描述了异常气候变化对当时社会的影响，如明弘治十六年（1503）冬江苏吴县大雪，使得洞庭诸山柑橘尽毙无遗种，时人王鏊作《橘荒叹》："我行洞庭野，万木皆葳蕤。就中柑与橘，立死无孑遗。借问何以然，野老为予说。前年与今年，山中天大雪。自冬徂新春，冰冻太湖彻。洞庭苦无田，种橘充田租。霜余树树金，寄此万木奴。悠悠彼苍天，三白望为瑞。如何为橘灾，斩伐如剑利。饾饤索宾筵，贡筐缺王事。会闻后皇树，不过淮之郊。地处岂独无，洞庭号珍苞。衢州徒菌蠢，湘潭亦寥梢。地气信有偏，天灾曷乃遭。物贵固难成，难成复亦槁。遂令洞庭人，为计恨不早。从今原隰间，只种桑与枣。"②描绘了这次大雪的寒冷程度及其对洞庭诸山柑橘的灾难性后果。自然地理因子的描述也在诗歌中屡有体现，如清人王樾曾写过一诗描写了光绪十八年（1892）苏北沿海结冰与钱塘江冻结的境况，"大地气不温，重衾疑浸水。曾闻钱塘潮，冻结平如砥。又闻淮海滨，弥望坚冰履。古老多未经，我生乃值此"③。上述王鏊的《橘荒叹》中对太湖结冰的记载也是一例。至于物候、生物分布和农事等记载更是不胜枚举，这里暂举两例：唐元和二年（807）白居易在任盩厔县尉时，曾作《观刈麦》一诗："田家少闲月，五月人倍忙。夜来南风起，小麦伏陇黄。"④清康熙四十一年

① 庞垲：《丛碧山房诗》三集，卷 5、7、10。龚高法等所著《历史时期气候变化研究方法》（科学出版社，1983 年，第 30 页）中引用该条资料时出现两处错误：其一，《丛碧山房诗》的作者是庞垲，字霁公，号学崖，任丘人。龚著却作"任丘庞、垲雪崖著"，误；其二，《六月初九日大雨口号》诗写于康熙乙亥年，即 1695 年，龚著作 1694 年，亦误。
② 王鏊：《震泽集》卷 4。
③ 王樾：《双清书屋吟草》卷 1《苦寒》。
④ 《全唐诗》卷 424，中华书局，1960 年。

(1702)陈允泰于阴历二月二十九日骑马经过北京永定门时,赋诗一首:"京城二月山桃发,染得园林一片朱。走马来看花更好,眼明恰似到元都。"①比较现在西安小麦的收获日期和北京山桃盛花平均日期就可以看出古今气候的变化。

尤为重要的是,从资料的来源看,诗歌资料又明显不同于正史、档案等其他文献,这一点十分明显,无须多论,完全可以作为一种独立的资料来源。

总之,诗歌具有时间上历时性完整,空间上广达性全面,气候事件的内容广泛、来源独立的特点,而这些特点也决定了其在历史气候研究中的可能性。但是运用诗歌进行历史气候研究要达到理想效果,也殊非易事,正如满志敏师指出:"最麻烦的是那些在诗词中包含的气候资料,通常一方面缺少时间的记载,另一方面在地点上常常含混不清,利用的难度较大。"但并不是说不可以利用,只不过要花费一些功夫,"文集中大量的诗词中包含许多有关物候的记载,仔细开发其中的气候信息,还有许多工作要做"。②

二、诗歌在历史气候研究中的运用

上文已经说过,在运用文献资料进行历史气候研究时最重要的步骤就是对气候信息的正确提取和运用。先看一则有关诗歌在气候运用中的例子,刘诜的《秧老歌》因被收录在李彦章编撰的《江南催耕课稻编》中而常常被用来作历史气候研究。此诗写道:"三月四月江南村,村村插秧无朝昏。红妆少妇荷饭出,白头老人驱犊奔。"很明显,这是一个物候事件的描述。从时间上来说,《中国自然地理·历史自然地理》引用此诗作为 13 世纪气候温暖的证据;③从空间上来说,有学者据此认为这是苏南在历史上清明插秧的最早记载。④但是据后来的研究表明,在引用这首诗时无论是在时间还是空间上,均是错误的。在时间上,此诗写的应该是 14 世纪的事;在空间上,此诗与苏南没有任何关系,而是今天的江西省境内。⑤因此,要想运用诗歌进行历史气候研究,就必须准确提取时间、空间和气候事件这三个

① 陈允恭:《二月二十九日出永定门看桃花二绝》,《北园诗集》(上)。
② 满志敏:《传世文献中的气候资料与问题》,《面向新世纪的中国历史地理学:2000 年国际中国历史地理学术讨论会论文集》,齐鲁书社,2001 年,第 65 页。
③ 中国科学院《中国地理》编辑委员会:《中国自然地理·历史自然地理》,科学出版社,1982 年,第 11 页。
④ 陈志一:《江苏双季稻历史初探》,《中国农史》,1983 年第 1 期。
⑤ 文每:《一则气候资料误用的补正》,《历史地理》第 6 辑,上海人民出版社,1988 年,第 220 页;满志敏:《中国历史时期气候变化研究》,山东教育出版社,2009 年,第 435—436 页。

基本要素，如此，才能达到理想的效果。下文将对这三个基本要素进行逐一分析。

1. 时间要素

诗歌中时间的获取主要有两种方式，一种是诗歌本身已经含有具体的时间信息，如韩愈的《辛卯年雪》描绘了一场大雪过程："元和六年春，寒气不肯归。河南二月末，雪花一尺围。崩腾相排揍，龙凤交横飞。"①诗中有明确的时间，"元和六年"即公元811年。还有的诗歌则是在诗序中有所体现，如白居易有一首《放旅雁》："九江十年冬大雪，江水生冰树枝折。百鸟无食东西飞，中有旅雁声最饥。"②此诗有一个小序明确表明了该诗写作时间为"元和十年冬作"，即公元815年冬。另外一种则是诗歌中没有明确的时间，那么只能通过作者的生平及其活动进行合理的推理。对于比较著名的诗人，现代学者研究较多，也很深入，很容易得知其生平和活动。还是以白居易为例，其诗《夏旱》描写当时大旱的情景："太阴不离毕，太岁仍在午。旱日与炎风，枯焦我田亩。金石欲销铄，况兹禾与黍。嗷嗷万族中，唯农最辛苦。悯然望岁者，出门何所睹。但见棘与茨，罗生遍场圃。恶苗承沴气，欣然得其所。感此因问天，可能长不雨。"③根据现代学者对白居易及其诗歌的研究可以很容易得知，此诗的写作当是在元和九年（814）。④但是对于一些不知名的诗人则需要花费一些功夫，如在《明诗纪事》中有一首顾清的《十二月十八日大雪登楼作寄进之天锡时诸君方修府志》诗："酸风割耳须作虬，闻雪强起开西楼。西楼一望几十里，玉田瑶圃烂不收。两年粳稻化鱼鳖，穷计每日占来牟。眼前富贵已如此，何苦更作明年愁。书生耐冷自常事，北窗清坐端谁留？神游不到党家帐，意行屡上山阴舟。淮南山海诞莫考，吴中沟浍须精求。映雪著书堪一笑，却似五月披羊裘。"⑤描绘了一次较大的降雪过程，但是该诗只有日期却没有年份，对此需要一步步求证其具体年份。据《明史》可知：顾清字士廉，松江华亭人，弘治五年（1492）举乡试第一；弘治六年，中进士；嘉靖六年（1527）后不久去世。著有正德《松江府志》三十二卷。⑥而其自编《东江家藏集》卷十一《北游稿》也收录此诗，诗题目中所指"时诸君方修

① 《全唐诗》卷340，中华书局，1960年。
② 《全唐诗》卷435，中华书局，1960年。
③ 《全唐诗》卷424，中华书局，1960年。
④ 朱金城：《白居易集笺校》，上海古籍出版社，2003年，第62页。
⑤ 陈田：《明诗纪事》，上海古籍出版社，1991年，第947页。
⑥ 《明史》卷97《艺文志》、卷184《顾清列传》。

府志"当为修正德《松江府志》，可知该诗写于正德年间。又因为收录在《东江家藏集·北游稿》内的诗歌基本上是按年代先后顺序编排，其前面的诗写于（正德）庚午年间，后面有一首诗为《辛未元旦试笔》，[①]故此诗的写作年代只能是正德庚午年间，即公元 1510 年。

此外，地方志中也保留有大量的当地文人诗歌。如正德《琼台志》中"正德丙寅冬万州雨雪"条下记有《举人王世亨歌》，描述了当时万州降雪的过程及其影响。"撒盐飞絮随风度，纷纷着树应无数。严威寒透黑貂裘，霎时白遍东山路。老人终日看不足，尽道天家雨珠玉。世间忽见为祥瑞，斯言非诞还非俗。越中自古元无雪，万州更在天南绝。岩花开发四时春，葛衫穿过三冬月。昨夜家家人索衣，槟榔落尽山头枝。小儿向火围炉坐，百年此事真稀奇。沧海茫茫何恨界，双眸一望无遮碍。风冽天寒水更寒，死鱼人拾市中卖。优渥战足闻之经，遗蝗入地麦苗生。疾厉不降无夭扎，来朝犹得藏春冰。地气自北天下治，挥毫我为将来记。作成一本长篇歌，他年留与观风使"，[②]这一记录说明正德元年（1506）中国南方曾出现过一次大寒潮，今海南岛的万宁竟然出现降雪天气，这是目前所见到的降雪最南记录，对于了解我国气候变化的极值有重要价值。然而，地方志中还有许多含有气候信息的诗歌是没有提供时间的，对于这一部分利用难度较大，甚至无法利用，对于这样的资料只能忍痛割爱。

上文中对于时间的判定仅仅精确到"年"的分辨率，然而在进行历史气候研究中对于时间尺度的判定是一个复杂的问题，"不同时间尺度的气候变化对生物体、各种自然地理因子和人类活动的影响是不同的，因而不同的证据所能反映的气候变化尺度也不同"[③]。所以，往往因气候事件和空间的差异会对时间尺度提出不同的要求。气候事件按照内容来看可以分为两类：一类是天气事件，一类是物候事件。理想的状况是对两者都要精确到具体的年、月、日（即便如此，如果是单年的天气事件和物候事件仅仅只能反映当年的季或年温度状况，还无法直接与气候的平均状态相联系），但是在实际操作中，由于资料的限制或者根据气候事件和地点的不同，需要对时间尺度作出不一样的判定。

物候事件相对来说要复杂一些，根据情况的不同对时间尺度的要求也就不同。一般来说，诸如植物的开花始、盛期，动物活动的始、终日期，都要精确到具

---

① 顾清：《东江家藏集》卷 11。
② 正德《琼台志》卷 41《纪异》。
③ 龚高法、张丕远、吴祥定等：《历史时期气候变化研究方法》，科学出版社，1983 年，第 5 页。

体的年、月、日，才能与现代的物候期有比较的意义。如元代著名道士丘处机曾在北京居住数年，于公元 1224 年寒食节作春游诗两首，其中有"清明时节杏花开，万户千门日往来"之句。①清明节一般在每年的 4 月 4 日或 5 日，日期相对固定，而寒食节在清明节前一天。所以，通过与现代北京杏花平均始花期比较可以推算出当年春季的气候状况。白居易于宝历二年在苏州作《六月三日夜闻蝉》一诗："荷香清雾坠，柳动好风声。微月初三夜，新蝉第一声。"②宝历二年六月初三即公历 826 年 7 月 11 日，而现代苏州地区蚱蝉始鸣日期基本上与上海地区的物候期相似，即在 6 月 30 日左右。③两者相较可知，白居易当年作诗时苏州蚱蝉始鸣物候期要比现代晚十天左右。以上两个动植物例子的物候期时间都要达到"日"的分辨率，但对于一些分辨率只能达到"月"的物候记载也可以根据具体情况进行推论。如前文中提到元和二年（807）白居易在任盩厔县尉时，曾作《观刈麦》一诗："田家少闲月，五月人倍忙。夜来南风起，小麦伏陇黄。"虽然诗歌中的时间尺度只能达到"月"，但是元和二年五月的朔日是在阳历的 6 月 4 日，该年小麦的收获日期不会早于该日。今天西安小麦的收获平均日期在 6 月 5 日，有记录的 13 年观察记录中，最早为 5 月 30 日，多年变幅达 12 天。④以此与唐代的小麦收获日期相比，当时关中地区的农作物生长期并不比现代更长。《观刈麦》中唐代小麦的收获期虽不是确切日期，只能达到"月"的分辨率，但可以利用其最早可能的日期进行古今对比。而对于一些古今差距较大的物候现象，其分辨率虽也只能达到"月"，但也可以利用同样的方法进行古今对比。

还有一些物候现象对时间的尺度则更宽泛一些。以长江流域出现河湖结冰的现象为例，许浑的《与裴三十秀才自越西归望亭阻冻登虎丘山寺精舍》诗："倚棹冰生浦，登楼雪满山。东风不可待，归鬓坐斑斑。"⑤记载了该年苏南地区河道出现封冻；李郢的《冬至后西湖泛舟看断冰偶成长句》诗中有"一阳生后阴飙竭，湖上层冰看折时"一句，⑥记载了该年西湖出现冰冻；崔道融的《镜湖雪霁贻方干》："天外晓岚和雪望，月中归棹带冰行。相逢半醉吟诗苦，应抵寒猿袅树

① 李志常：《长春真人西游记》卷下。
② 《全唐诗》卷 447，中华书局，1960 年。
③ 宛敏渭主编：《中国自然历续编》，科学出版社，1987 年，第 184 页。
④ 宛敏渭主编：《中国自然历选编》，科学出版社，1986 年，第 377 页。
⑤ 《全唐诗》卷 530，中华书局，1960 年。
⑥ 《全唐诗》卷 590，中华书局，1960 年。

声。"①则记载了越州(今绍兴)镜湖的冰情。以上几首诗具体的写作时间均不详,只知道作者的大致生活年代,但这并不妨碍其物候指示的意义。因为据现代气候研究表明:我国河流冻结的现象主要出现在北方,受冬季气温影响,我国有一条河流稳定封冻的南界,东起连云港,沿山东丘陵南侧拐向太行山南麓,并向西延伸至关中平原以北的山地。在此界以北地区,每年的冬季河流均出现封冻的现象。同时,在长江一线存在另一条界线,即河流结冰的南界。②但通过上述几个例子可以看到当时长江流域一带冬天河湖经常结冰,足见气候的寒冷,再结合其他寒冷事件,则完全可以为唐代该时期气候寒冷提供证据。相反,如果是在黄河流域,那么这样的物候事件就没有任何指示意义了。

至于天气事件,对时间尺度的要求比物候事件要精确得多,其分辨率最低要达到"年",否则就没有任何意义了。明代万历二十八年(1600)袁宏道于公安(今湖北省公安县)作《入春屡作雪,不见梅花,仍用雪中韵作古诗悲之》一诗。③大体上说,我国南方的降雪天气都是受冷空气南下而引起,所以"入春屡作雪"说明该年春天冷空气活动较为频繁。对于一些旱涝、冷暖等异常事件的研究,分辨率达到"年"或"月"就可进行复原,但对于梅雨气候的研究,其分辨率则必须精确到"日",否则无法确定入梅、出梅日期。

所以,无论是对诗歌中时间的提取还是对时间尺度的要求,尽可能做到精确。不过,诚如上文所述,针对不同的情况也可以作灵活处理。

2. 空间要素

空间的确定则和时间的确定方法是一致的,不再赘述。这里仅强调一点,就是进行历史气候研究时在空间上要明确把握"点"与"面"的关系。有学者曾引用白居易的《和刘郎中望终南山秋雪》一诗,认为"该诗记述了这一年(828)长安地区秋天即开始降雪,使诗人甚感惊讶,并意识到这是古往今来十分罕见的事,特地以诗记之:'遍览古今集,都无秋雪诗。阳春先唱后,阴岭未消时。草讶霜凝重,松疑鹤散迟。'"对于这一说法有两点值得商榷:其一,诗名虽为《和刘郎中望终南山秋雪》,但并没有说该年秋天终南山降雪,此秋作者看到的或许只是

---

① 《全唐诗》卷714,中华书局,1960年。
② 《中国自然地理》编委会:《中国自然地理·地表水》,科学出版社,1984年,第64页。
③ 袁宏道:《袁中郎全集》卷28。

终南山历年的积雪。唐代诗人贾岛曾有《冬月长安雨中见终南雪》一诗："秋节新已尽，雨疏露山雪。西峰稍觉明，残滴犹未绝。气侵瀑布水，冻著白云穴。今朝灞浐雁，何夕潇湘月。想彼石房人，对雪扉不闭。"[①]即写秋末冬初终南山之积雪。其二，即使终南山该年秋天真的降雪，能否代表整个长安地区下雪呢？我们知道，秦岭山体高大，平均海拔约 2 500 米，南北宽 120～180 千米，东西长 400～500 千米，故秦岭山地的各种天气具有明显的垂直变化。据现代秋季对秦岭的调查显示，"秦岭山区降雪日数在 2 000 米左右的山区最早出现在 9 月下旬"[②]，而终南山海拔 2 604 米，其天气的垂直变化则更为明显，在秋季降雪也在情理之中。因此，由终南山秋雪并不能得出该年长安地区秋天即开始降雪的结论，也不能作为气候寒冷的证据，这明显是混淆了"点"与"面"的关系。我国地理形势复杂多样，区域差异明显，尤其是在垂直地带性明显的地区，在进行气候研究时要格外谨慎。

3. 气候事件要素

上文谈到诗歌中历史气候资料的三个来源，即水、旱、霜、雪、雹等异常气象记载，各种自然地理因子的记载，物候、生物分布和农事等记载。如果从内容上说，完全也可以看作是气候事件的记载，概括起来就是天气事件和物候事件两种，在运用时应该注意两个问题。

其一，气候事件的真实性问题，这是其能否被运用的首要条件。

诗歌作为一种文学创作，虽不乏像李白这样的浪漫主义诗人吟出"燕山雪花大如席，片片吹落轩辕台"的诗句，但只要仔细辨别，就能提取其中的有用信息。据研究认为，此诗当是写实，天宝十一载（752）严冬太白于幽州作。[③]透过李白夸张的描写，提取的只是燕山地区该年下雪这一事实即可。再如另一首顾清的诗《和进之壬戌雪中作》："冰柱谁家长万尺，世人未见神仙宅。昆仑五城楼十二，一一银山半天白。天河倒挂楹栋间，下视蓬婆等卷石。"[④]亦充满了极度的夸张和浪漫手法，但是不能否认的一点就是该年（1510）松江（今上海）地区极度寒冷的事实，以致人家屋檐上都有长长的冰凌。明人卓发之有一首诗《早春雨

---

① 《全唐诗》卷 571，中华书局，1960 年。
② 李兆元、刘芳：《气象科学技术报告：秦岭太白山秋季的小气候特点》，油印本，1981 年，第 31 页。
③ 詹锳：《李白诗文系年》，人民文学出版社，1984 年，第 85 页。
④ 顾清：《东江家藏集》卷 11。

后晓过燕子矶》,诗中有"荻笋碧如眉,柳丝黄若袄。桃蕊绽似姑,杏花放如嫂"句,[1]用拟人的手法描绘燕子矶的春色,但是其中桃花、杏花的绽放确实是不争的事实。关于诗歌中气候事件的真实性问题下文中还将作详细论述。

其二,气候事件的属性问题,这在物候事件的运用上体现得尤为明显。

王安石的咏红梅诗:"北人初未识,浑作杏花看",以前被看作是华北地区梅树当时不存在的证据。但是在历史上红梅有一个从南向北的传播过程,所以在尚未普及前,北方人将其与相似的杏花混淆是自然的,这不等于开封一代就一定没有其他品种的梅花,也不能据此说明北宋时华北梅树就不存在。[2]还有许多诗歌中没有明确说明植物的种属,因此在利用物候进行气候研究时要格外细心。文人吴自牧曾在《梦粱录》中写道:"仲春十五为花朝节,浙间风俗以为春序正中,百花争放之时,最堪游赏……最是包家山桃开浑如绵障,极为可爱。"[3]但是现代杭州有两种桃树,一是山桃,另一是毛桃,两种桃花的盛花期并不相同。南宋末年的杭州究竟有几种桃花,而吴自牧所说的桃花究竟为何种,史文中没有交代,故在比较古今物候之前需要作探讨,以确定桃花的种属。这则资料虽不是诗歌,但是诗歌中会经常出现这样的情况,完全可以以此作为个案分析。据现代植物的区系分布,毛桃主要分布在江淮及以南一带,而山桃主要分布在北方,由于近 2 000 年以来历史时期植物区系与现代没有多大差别,因此,可以利用这个区系的分布关系。从物候的顺序来看,今天杭州的毛桃平均盛花期在3 月 25 日,杏花平均盛花期在 3 月 21 日,物候的序列是先杏后桃,而山桃的平均盛花期在 3 月 5 日,先于杏花。[4]据宋人张约斋所记,当时杭州杏花庄赏杏花早于花院观桃花,[5]与毛桃的情况相同。另外从沪杭等地百花盛开的时节来看,毛桃与之同期,而山桃则先期盛开,故"百花争放之时"的桃花应是毛桃。根据上述理由可以认为南宋末杭州包家山的桃花应是毛桃。[6]还有上文提到的"桃蕊绽似姑,杏花放如嫂"诗句,从对桃花和杏花的"姑"与"嫂"的拟人化描述,也可

① 卓发之:《漉篱集》卷 1。
② 满志敏:《黄淮海平原北宋至元中叶的气候冷暖状况》,《历史地理》第 11 辑,上海人民出版社,1993年,第 80 页。
③ 吴自牧:《梦粱录》卷 1。
④ 张福春、王德辉、丘宝剑:《中国农业物候图集》,科学出版社,1987 年。
⑤ 张约斋:《赏心乐事》。
⑥ 满志敏:《黄淮海平原北宋至元中叶的气候冷暖状况》,《历史地理》第 11 辑,上海人民出版社,1993年,第 78—79 页。

以知道其物候的序列是杏花开放先于桃花，所以诗中的"桃蕊绽似姑"应该指的是毛桃。

总之，要想运用诗歌进行历史气候研究，必须准确地提取时间、空间和气候事件，如此方能达到理想效果。

三、其他相关问题

除去对诗歌内容中时间、空间及气候事件的提取以外，诗歌本身的写作背景、写作手法以及诗人本身的写作水平等同样会影响到气候信息的提取，也需要认真对待。而诗歌在不同的历史气候研究中的作用也要明确。

1. 了解诗歌写作的整体背景

有些诗歌的写作背景可以从题目或字里行间中得知，如上文提到清人陈允恭的《二月二十九日出永定门看桃花二绝》，时间、地点、气候事件情景等均十分明了。但是也有很多诗歌的写作背景是十分隐讳的，这些背景包括作者写作时的社会背景、写作时的境遇、写作的意图以及写作时的心情，等等，因为这些因素都会影响其诗歌对现实反映的真实性和可靠性。明人曾棨有一首赠别诗《陈员外奉使西域周寺副席中道别长句》中云："草上风沙乱骚屑，边头日暮悲茄咽。行尽天尽始回辕，坐对雪深还仗节。"①诗中看似描写了当时西域的气候状况，但是这种描述的可信度有待进一步证实。因为作者并未到过西域，此诗写作的意图仅仅是为送别陈员外（陈诚）出使西域而作，并非作者本人的亲身经验，其可信度很低。在诗歌的写作上很关键的一点就是强调诗人的亲历性和诗歌的写实性，金代元好问在《论诗三十首》中就曾强调过亲身经历的重要性："眼处心生句自神，暗中摸索总非真。画图临出秦川景，亲到长安有几人？"②而王夫之在《姜斋诗话》中也明确说明亲身经历的重要性："身之所历，目之所见，是铁门限。即极写大景，如'阴晴众壑殊''乾坤日夜浮'亦必不逾此限。非按舆地图便可云'平野入青徐'也，抑登楼所得见者耳。隔垣听演杂剧，可闻其歌，不见其舞；更远则但闻鼓声，而可云所演何出乎？"③所以，首先要了解诗歌写作的整体背景，这样才能确定某首诗歌的写作是否为作者亲历的、内容是否为真实的，这是"以

① 陈田：《明诗纪事》，上海古籍出版社，1991年，第717页。
② 元好问：《遗山集》之《遗山先生文集》卷11。
③ 王夫之：《姜斋诗话》卷2。

诗证史"在历史气候研究中运用的前提条件。

有些诗歌虽然是诗人的真实体验,但现代学者因不明白其写作的整体背景,也往往会导致结论的可靠性出问题。如有学者曾引用岑参诗句证明唐代汉中地区冬春气候温暖时说"边塞诗人晚年入蜀滞留梁州(汉中)间,对汉中的天气也颇为敏感,在诗中不止一次地提及'暖冬'现象:'汉水行人少,巴山客舍稀。向南风候暖,腊月见春晖';'腊月江上暖,南桥新柳枝。春风触处到,忆得故园时'"。首先,据今人对岑参的研究,前一首诗《送蒲秀才擢第归蜀》的写作时间当在开元末天宝初,时作者在长安,[①]并不是后来入蜀时所作,且当时岑参不过三十岁,何来"晚年入蜀滞留梁州(汉中)"? 其次,后者《江上春叹》一诗当在大历二年(767)作于成都,这里的江当为岷江,当时作者还在此地作了《早春陪崔中丞泛浣花溪宴》《送崔员外入奏因访故园》两诗,[②]又何来"汉中"之有? 作者在引用这两首诗歌时其写作时间和地点均不甚明了,诗歌本身内容的可靠性就无从说起,更无从进行论证了。

2. 准确区分诗歌中的文学成分

诗歌往往字字推敲,句句斟酌,具有简洁、凝练的特点,从如此简短的文字中提取准确而有效的信息是"以诗证史"的关键。而且诗歌本身就是一种文学创作,诗人会采用多种手法对人、事等进行表达,诸如排比、对偶、夸张、拟人、借代、引用典故、移情手法等,需要仔细梳理、理解,从而准确掌握诗歌内容反映的信息。

明人卓发之的《早春雨后晓过燕子矶》虽然运用拟人的手法,但是仔细分析会发现这样几个事实。其一,桃、杏开花的事实;其二,根据先杏后桃的物候序列,确定诗中的桃应该是毛桃;其三,根据其描述可以作古今比较。作者卓发之生活的年代是1587—1638年,而古代的早春一般是指正月,即便是在月末,转化为格里高利历最晚是在3月20日左右(1608—1637年间),而今南京地区毛桃始花日期是在3月25日,物候期最少相差5天。

但是如果不明诗歌中的文学成分,则会造成论证的失误。还是以元人刘诜的《秧老歌》为例,《历史自然地理》中以其头两句"三月四日江南村,村村插秧无

---

①　岑参著,陈铁民、侯忠义校注:《岑参集校注》,上海古籍出版社,2004年,第37页;刘开扬:《岑参诗集编年笺注》,巴蜀书社,1995年,第38页。

②　刘开扬:《岑参诗集编年笺注》,巴蜀书社,1995年。

朝昏"作为 13 世纪气候温暖的证据。前面已经分析了《历史自然地理》运用此诗在时间上的错误,其实这里还存在另一个问题,就是涉及文学中修辞的手法。据研究,这首诗在作者刘诜的《桂隐诗集》中的记载是"三月四月江南村,村村插秧无朝昏",这里的"三月四月"使用的是叠字修辞手法,表示江南村野春季插秧的繁忙农时,而且这种修辞手法在《桂隐诗集》中很是常见,如"二月三月蒸红霞"、"六月七月旱魃恣"、"江南二月三月,野水一村二村",等等,而《历史自然地理》中所引用作"三月四日江南村",点名的是具体的日子,与插秧农忙的阶段概念不相合,同时又不符合作诗习惯,"日"当为"月"字之误,因《历史自然地理》引文转引自清人辑录的《江南催耕课稻编》,可能当时已误。①之所以会出现这样的错误,就是因为没有很好地把握文学中叠字的修辞手法。

唐人张籍的《春别曲》:"长江春水绿堪染,莲叶出水大如钱。江头橘树君自种,那不长系木兰船?"具体写作时间和地点均不明了,只知道作者的生活年代约在 766 至 830 年间,地点是在长江流域。而乍看之下,其中似乎又蕴含着物候信息,即柑橘的分布区域。我们知道,现代柑橘的分布北界就在长江流域附近,尤其是东段大体位于长江两岸,②那么是否可以根据上文提到过的方法判读其物候指示意义呢?答案是否定的。因为诗中所谓的物候信息是不存在的,即"江头橘树君自种"描绘的并不是一种真实的情况,在这里只是一种用典的手法,即引用东汉末年李衡在武陵龙阳氾洲种橘的典故。③

3. 辨识诗歌本身存在的谬误

受时代、个人学识、经历等诸多条件的限制,也有许多诗歌本身就存在着谬误,需要仔细辨识。关于这一点,竺可桢先生曾经作过一些说明,主要表现在五个方面:诗人从古代遗留下来的错误观念出发,不加选择地予以沿用;盲从古书中的传说;诗人为了诗句的方便,不求数据的精密;诗人全凭主观的想法,完全不顾客观事实;原来并不错的诗句,被后人改错的。并对每一种情况作了举例

---

① 文每:《一则气候资料误用的补正》,《历史地理》第 6 辑,上海人民出版社,1988 年,第 220 页。

② 张丕远:《历史时期气候变化对农业影响的讨论》,竺可桢逝世十周年纪念会筹备组编《竺可桢逝世十周年纪念会论文报告集》,科学出版社,1985 年,第 260 页。

③ 《襄阳记》载,东汉末年丹阳太守李衡密遣客十人于武陵龙阳氾洲上作宅,种甘橘千株。临死,敕儿曰:"汝母恶我治家,故穷如是。然吾州里有千头木奴,不责汝衣食,岁上一匹绢,亦可足用耳。"吴末,衡甘橘成,岁得绢数千匹,家道殷足。(此则记载出自《三国志·吴志》卷 48《孙休传》裴松之注)

说明,①在此不再一一罗列。

4.区分诗歌在不同气候研究内容中的作用

诚如文中所讨论的那样,诗歌中具有大量的气候信息有待于发掘和利用,尤其是对于特殊气候事件的恢复具有重要意义。但是在进行某一时期内气候冷暖(干湿)研究时,诗歌的作用就未必如此重要。因为诗歌中的天气事件和物候事件大多数记述的是单年、单季甚至是单天的情况,仅仅反映当年的季或年温度(干湿)状况,还无法直接与气候的平均状态相联系。而能够反映气候平均状态的诗歌只占少数,所以,在进行历史气候的平均状态研究时笔者的一个倾向是:如不能对诗歌中某一指示气候冷暖(干湿)的气候事件建立足够长的时间序列,那么诗歌在历史气候研究中更多时候仅是一种佐证。

四、结论

综上所述,因诗歌具有时间上历时性完整,空间上广达性全面,气候事件的内容广泛、来源独立的特点,而这些特点也决定了其在历史气候研究中的可能性。但是运用诗歌进行历史气候研究要达到理想效果,也殊非易事。在运用文献资料进行历史气候研究时最重要的一步就是气候资料的提取,诗歌也不例外。正确提取诗歌中的时间、空间和气候事件这三个要素就成为诗歌在历史气候研究运用中的关键。另外,诗歌写作的整体背景、诗歌中的文学成分以及诗歌本身存在的谬误等,都会影响到诗歌在历史气候变化研究中的运用,需要认真研究。而诗歌在不同气候研究内容中的作用也不相同,诗歌对于特殊气候事件的恢复具有非常重要的意义,但在进行历史气候的平均状态研究时更多时候只能作为一种佐证。一旦能够形成足够长的时间序列,那么对历史气候的平均状态研究就具有重要价值。

---

① 竺可桢、宛敏渭:《物候学》,科学出版社,1980年,第43—44页。

第二章
温度序列的重建

　　历史时期温度变化序列的重建是全球变化核心研究计划 PAGES(Past Global Changes)的重要内容,对于全面认识当今全球温度变暖具有重要意义。在历史温度序列的重建中,历史文献是重要的代用资料,其空间覆盖度、时间分辨率、定年准确性与气候指示意义的精确性是其他气候变化代用证据难以企及的,对于定量重建过去数千年的气候变化序列具有独特价值。[①]我国在利用历史文献重建历史时期温度变化序列方面已经取得很大成就,[②]目前根据文献资料的性质所采用的重建气候变化的方法,葛全胜等曾作过详细总结,主要有以下四种:(1)物候学方法,即根据不同时期的物候和作物分布界限等差异推断温度变化,并通过与现代同类物候或作物分布的对比,得到不同阶段的温度。(2)等级法,即根据文献中的冷暖程度描述进行判定、分等、定级或确定指数,并通过与现代资料的对比,进一步将等级、指数转换为相应的温度距平。(3)比值法,即统计给定时段的冷、暖时间发生次数或频率,然后根据冷、暖事件发生频率的

①　Pfister C, Wanner H. Editorial: Documentary data. *Pages News*. 2002, 10(3):2.
②　竺可桢:《中国近 5000 年来气候变迁的初步研究》,《中国科学》,1973 年第 1 期,第 168—189 页;张丕远、龚高法:《16 世纪以来中国气候变化的若干特征》,《地理学报》,1979 年第 3 期,第 238—247 页;ZHANG De'er. Winter temperature changes during the last 500 years in South China. *Chinese Science Bulletin*. 1980, 25(6):497—500;王绍武、王日昇:《1470 年以来我国华东四季与年平均温度变化的研究》,《气象学报》,1990 年第 1 期,第 26—35 页;葛全胜、郑景云、方修琦等:《过去 2000 年中国东部冬半年温度变化》,《第四纪研究》,2002 年第 2 期,第 166—173 页。

高低来指示温度变化,并根据冷、暖事件频率的对比生成冷暖指数序列。(4)线性回归法,根据一些天气气候现象(如冬季降雪日数)与温度要素的物理机制联系及同级关系,利用现代气象观测记录建立两者之间的关系方程,然后利用该关系方程将历史时期某些特定的天气气候现象反演为温度记录。[①]

后三种方法都是针对资料较为丰富的明清时期展开的研究,使得对我国"小冰期"的认识也更加明朗、清晰,尤其是线性回归法对于气候资料的分辨率有较高的要求,目前只适用于清代。已有多位学者利用清代"雨雪分寸"资料中的降雪日数与冬季平均气温之间的回归方程,重建了合肥、西安、汉中和南昌等地1736年以来的年冬季平均气温序列。但"雨雪分寸"资料毕竟不是逐日天气记录,在天气记录的完整性方面还有缺失,远不如逐日记录天气的"晴雨录"资料。如何利用同样高分辨率的天气资料来重建18世纪以后的温度序列,是历史气候研究要解决的主要问题。所幸清代还留有大批的日记资料,这些日记资料在天气记录方面与"晴雨录"类似,为逐日的阴、晴、雨、雪等天气记录,可以弥补"晴雨录"的缺憾,利用特定的方法可以重建18至19世纪的冬季温度序列,再与器测气象数据衔接,重建近300年来的冬季平均温度序列。本章第五节中上海地区1724年以来逐年冬季平均气温变化序列的重建就是利用线性回归法,用高分辨率的"晴雨录"档案、日记资料和器测气象数据,重建上海地区近300年来的冬季平均气温序列。

在历史气候研究中方法固然重要,但新资料的开拓也是必不可少的。物候学是研究历史气候变化重要的方法,其原理就是根据不同时期的物候和作物分布界限等差异推断温度变化,并通过与现代同类物候或作物分布的对比,得到不同阶段的温度状况。竺可桢先生发表《中国近五千年来气候变迁的初步研究》一文,[②]标志着利用历史文献资料进行历史气候的研究完全进入了一个科学化的范畴。[③]其分辨率虽不高,但是物理机制明确,在资料考订明白的基础上,可靠性较高。故我国历史气候研究中许多重大的突破都是运用这一方法实现的,如满志敏师就利用这一方法对隋唐温暖期提出了质疑,认为唐中后期气候转向寒冷;[④]并

①　葛全胜、郑景云、满志敏等:《过去2000年中国温度变化研究的几个问题》,《自然科学进展》,2004年第4期。

②　竺可桢:《中国近五千年来气候变迁的初步研究》,《考古学报》,1972年第1期,第15—38页。

③　杨煜达、王美苏、满志敏:《近三十年来中国历史气候研究方法的进展——以文献资料为中心》,《中国历史地理论丛》,2009年第2期。

④　满志敏:《唐代气候冷暖分期及各期气候冷暖特征的研究》,《历史地理》第8辑,上海人民出版社,1990年,第1—15页;《关于唐代气候冷暖问题的讨论》,《第四纪研究》,1998年第1期,第20—30页。

据此提出中国存在中世纪温暖期。①与此同时,张德二也运用物候方法证实了中世纪温暖期在中国的存在。②在国际气候变化研究中,物候学也是重要的研究方法之一。如 Chuine 等利用法国勃艮第的葡萄收获期重建了 1370—2003 年 4—8 月的温度变化序列;③Možný 等利用捷克谷类作物收获期重建了 1501—2008 年 3—6 月的温度序列;④Aono 等利用日本京都 9 世纪以来的日本樱花开花期重建了春季温度变化序列。⑤这些在全球气候变化研究中均具有重要的意义。

笔者在搜集明清时期长江中下游地区文献资料时,发现了大量新的物候信息资料,如柑橘种植北界、冬麦的生育期以及大量的春季物候证据,利用它们与温度之间的关系,建立该要素长时段的序列,以此来反映明清时期的温度变化。

第一节　柑橘种植北界与气候变化

北亚热带地区的柑橘种植对气候冷暖变化十分敏感,同时也是指示气候冷暖变化很好的一个物候指标。因此,在进行历史气候重建过程中许多优秀成果都是以柑橘种植北界来完成的。⑥正因为柑橘对温度的变化敏感,尤其是在种植

---

① 满志敏:《中国东部中世纪暖期(MWP)的历史证据和基本特征的初步分析》,载张兰生主编《中国生存环境历史演变规律研究(一)》,海洋出版社,1993 年,第 95—104 页;《黄淮海平原北宋至元中叶的气候冷暖状况》,《历史地理》第 11 辑,上海人民出版社,1993 年,第 75—88 页。

② 张德二:《我国中世纪温暖期气候的初步研究》,《第四纪研究》,1993 年第 1 期,第 7—15 页。

③ Chuine I, Yiou P, Viovy N et al. Grape ripening as a past climate indicator. *Nature*. 2004, 432:289—290.

④ Možný M, Brázdil R, Dobrovolný P et al. Cereal harvest dates in the Czech Republic between 1501 and 2008 as a proxy for March-June temperature reconstruction. *Climatic Change*. 2011. doi: 10.1007/s10584-011-0075-z.

⑤ Aono Y, Kazui K. Phenological data series of cherry tree flowering in Kyoto, Japan, and its application to reconstruction of springtime temperatures since the 9th century. *International Journal of Climatology*. 2008, 28:905—914. Aono Y, Saito S. Clarifying springtime temperature reconstructions of the medieval period by gap-filling the cherry blossom phenological data series at Kyoto, Japan. *International Journal of Biometeorology*. 2010, 54:211—219.

⑥ 龚高法、张丕远:《我国历史上柑桔冻害考证分析》,载章文才、江爱良等编《中国柑桔冻害研究》,农业出版社,1983 年,第 11—17 页;满志敏、张修桂:《中国东部十三世纪温暖期自然带的推移》,《复旦学报》(社会科学版),1990 年第 5 期;张德二:《我国"中世纪温暖期"气候的初步推断》,《第四纪研究》,1993 年第 1 期;满志敏:《历史时期柑橘种植北界与气候变化的关系》,《复旦学报》(社会科学版),1999 年第 5 期。

北缘地区,冬季低温的程度和频率就成为造成柑橘冻害、限制柑橘种植范围的主要气候因子。因此,就可以根据历史上柑橘种植的北界来探求当时气候的冷暖。

一、柑橘种植与气温的关系

柑橘,是典型的多年生亚热带果树,在植物分类学上属芸香科,供栽培和砧木用的主要有柑橘、枳、金柑三属,数百种。我国不但是主要的柑橘种类和栽培品种的原产地,而且也是世界上柑橘栽培历史最为久远的国家,在历史上出现了繁多的种类和品种,诸如黄柑、橘、橙、柚、枳、橙。虽然那时还没有所谓植物分类学和科、属、种等概念,但是早就从形态的观察研究,知道它们间的亲缘关系很近,因而将它们并列在一起,把它们叫做柚属、橘类、橘属或橘柚类,等等。最著名的莫过于南宋韩彦直的《橘录》[1],全面科学地叙述了当时栽培的柑橘种类和品种。从现代植物分类学的角度来看,古籍中记载的柑、橙、橘、柚大抵属于今植物分类学上的柑橘属,枳相当于今植物分类学上的枳属,橙相当于今植物分类学上的金柑属。[2]本书中的柑橘主要是柑橘属,其他两类不作论述。

柑橘性喜温暖潮湿,其生长受温度、降水、光照、土壤和地势等多种生态因子限制。一般而言,凡年平均气温15℃以上,1月平均气温在5℃以上,冬季绝对低温不低于−5℃,年降水量在1 000 mm左右,分布比较均匀,无明显干湿季节的地区,均适宜柑橘栽培。我国亚热带地区的大部分区域具备这些条件,是柑橘的重要产区。但是,我国亚热带气候上的一个特点是冬季受强烈寒潮侵袭,不但降温猛烈、低温持续时间长,有时还会出现长期阴雪和冰冻天气,是世界上同纬度其他地区所少见的。这些寒潮天气可以在北亚热带和中亚热带的大部分地点对柑桔造成冻害甚至大量死亡。因此,冬季低温是造成柑橘冻害、限制柑橘种植范围的主要限制因子。现代研究认为:如果最冷月平均气温降到3℃以下,极端最低气温降到−7℃～−9℃,抗寒的柑桔品种(例如温州蜜柑)有可能遭受轻度或中度冻害;如果最低气温降到−9℃～−10℃或−11℃时便有遭受中度至严重冻害的可能;如果最冷月平均气温降至1.5℃下,极端气温降到−10℃～−11℃或−11℃以下便有遭受严重冻害(大量死亡)的可能。[3]但关于

[1]　韩彦直:《橘录》,中华书局,1985年。
[2]　文焕然等著,文榕生选编整理:《中国历史时期植物与动物变迁研究》,重庆出版社,2006年,第137页;周开隆、叶荫民主编:《中国果树志·柑橘卷》,中国林业出版社,2010年。
[3]　江爱良:《我国柑桔冻害的天气型》,载章文才、江爱良等编《中国柑桔冻害研究》,农业出版社,1983年,第34页。

柑橘的低温冻害指标,因柑橘的种类品种、器官、树体强弱、休眠程度以及低温强度和持续时间、生态环境、栽培管理措施不同而异,据我国现有各柑橘主要种类及其品种、品系,经历的历次大冻所反映出来的耐寒性的强弱,依次为金柑、宽皮柑类、酸橙、甜橙、柚类以及柠檬之类。[1]尤其是北亚热带地区的柑橘种植对气候冷暖变化很敏感,同时也是指示气候冷暖变化很好的一个物候指标。因此,在进行历史气候重建过程中很多优秀成果是以柑橘种植北界来作研究的。[2]

冬季低温只是限制柑橘能够在一个地区种植的前提条件,而能否在该地区稳定的发展下去还要看冬季低温的频率是否对柑橘的稳定生长带来危害。因为从影响我国北亚热带地区柑桔种植分布的冻害频率来看,造成种植北界南退的原因并不是单一的寒冷事件,而是冻害事件的发生频率。因为从一次冻害的影响来看,最多是造成柑橘树的毁灭性冻害,而人类对柑橘园管理和对柑橘栽种仍可以使柑橘树在冻害后得到恢复,维持分布地区的稳定。[3]冻害频率的增高,也就是气候的变冷,是造成柑橘分布地区真正南退的原因。从长江中下游地区明清时期那些足以造成柑橘冻害的寒冬年数分布来看,十年冻害频数的分布制约着北亚热带地区的柑橘栽种演变,有学者曾专门对此作过研究。[4]

因此,冬季低温的程度和频率就成为造成柑橘冻害、限制柑橘种植范围的主要限制因子,据现代我国亚热带地区柑橘冻害气候规律的研究,从上海经宜兴、安庆、嘉鱼、宜城、郧县、石泉一线以北冻害较严重,实现经济栽培比较困难。而从东台经南京、兴安、房县向西北伸展一线以北已是亚热带北缘,冻害严重而频繁,基本不宜栽培柑橘。[5]由此,就可以根据历史上柑橘种植的北界来探求当时气候的冷暖。

二、柑橘种植北界与明代气候变化

1. 洪武中期气候转暖期

根据下文冬麦的收获期判定,洪武初年气候仍处于一个寒冷期,但是这种

---

① 张力田:《柑桔耐寒品种、品系及砧木的选择》,载章文才、江爱良等编《中国柑桔冻害研究》,农业出版社,1983 年,第 88 页。
② 满志敏、张修桂:《中国东部十三世纪温暖期自然带的推移》,《复旦学报》(社会科学版),1990 年第 5 期;张德二:《我国"中世纪温暖期"气候的初步推断》,《第四纪研究》,1993 年第 1 期;满志敏:《历史时期柑橘种植北界与气候变化的关系》,《复旦学报》(社会科学版),1999 年第 5 期。
③ 满志敏、张修桂:《中国东部十三世纪温暖期自然带的推移》,《复旦学报》(社会科学版),1990 年第 5 期。
④ 龚高法、张丕远:《我国历史上柑桔冻害考证分析》,载《中国柑桔冻害研究》,农业出版社,1983 年,第 11—17 页。
⑤ 李世奎、侯光良、欧阳海等主编:《中国农业气候资源和农业气候区划》,科学出版社,1986 年,第 66 页。

寒冷的状况并没有持续多久,通过柑橘的种植可以看出开始转向温暖。洪武十二年(1379)纂修的《苏州府志》记载:"金柑,出崇明县,实小而累累,其高三二尺,殊为可爱。"[1]今上海已处于柑橘种植的北缘,其种植主要依靠局部小气候,按照上海地区柑橘生产区划的评述是:"崇明县在其东北部小气候情况较好的区域发展柑橘是有希望的。"[2]可见,洪武中期气候开始转暖,已经种植较为耐寒的金柑。其后继续增温,以致南京地区已经出现柑橘的种植,"据香橙园户葛川关等连名状告,内开各系应天府上元县北城等乡民,洪武年间编充本寺荐新香橙园户,递年九月分例该供荐,八月末旬本寺差官赍送"[3]。查阅现代南京地区的相关资料表明其地均没有柑橘的种植,这个位置已经超过了现代柑橘可能种植的北界,说明当时气候可能比现代还要温暖。

2. 天顺、成化年间的气候温暖期

洪武之后,因缺乏相关资料我们无法辨识长江中下游地区的气候冷暖情况,但业师满志敏根据北方的文献资料证明,在1400年左右气候开始转向寒冷,并在景泰年间达到寒冷的顶峰。[4]但随后气候可能又再度转向温暖,天顺年间纂修的《重刊襄阳郡志》记载当时所辖的襄阳县、枣阳县、宜城县、南漳县、谷城县、光化县、房县、竹山县、均州、郧县等十个县的物产中都有"橙、橘"。[5]房县、竹山县、均州、郧县等地区北有秦岭东段余脉阻拦寒潮侵袭,南有大巴山、武当山挟持,形成"秦巴河谷"地带,汉水、堵河从中穿越,它们受局地小气候的影响较为明显,其柑橘种植暂且不论。笔者只分析一下襄阳县、枣阳县、宜城县、南漳县、谷城县和光化县的柑橘种植和其指示的气候意义。从地理位置上说,这些地区北部处于河南与湖北两省之间的伏牛山与桐柏山交界处,东经112°附近的低洼盆地,即地理上的"襄樊走廊",正是我国冬季寒潮南下的主要通路。加之,在其南部又正好是宽阔低平的江汉平原和洞庭平原,因此受其影响冬季温度偏低。通过现代对这些地区温度的分析认为,历年绝对低温平均值都在-7.0℃以下,极端低温都在-13.0℃以下,-7.0℃出现频率都在40%以上,

---

① 洪武《苏州府志》卷42《土产》。
② 沈兆敏主编:《中国柑桔区划与柑桔良种》,中国农业科技出版社,1988年,第165页。
③ 罗玘:《圭峰集》卷23《奏议》。
④ 满志敏:《中国历史时期气候变化研究》,山东教育出版社,2009年,第286页。
⑤ 天顺《重刊襄阳郡志》卷1《土产》。

多者甚至达80％。①这就表明，这些区域在正常年份冬季绝对低温都可引起柑橘冻害，已经不适合种植柑橘。也就是说，天顺年间冬季冷空气南下，带来的低温并没有对这几个地区的柑橘生长带来危害，气候较现代温暖。

同样，在长江下游笔者也发现有资料可以证明该时期处于一个温暖期。弘治元年（1488）纂修的《吴江志》载："橘，有数种，有绿橘、匾橘、平橘及波斯橘，早红、糖楠、金柑之类，旧出洞庭山……三十年来，吴江盛植之，结实不减洞庭。"②这段文字中透露了两个信息：其一，在最近的三十年吴江地区的柑橘种植有一个发展的过程。由弘治元年向前推三十年，正好是天顺年间，这与上文中提到的襄阳地区柑橘种植不谋而合。其二，吴江所盛植的柑橘并不在洞庭两山。区分这一点很重要，因为洞庭两山地处太湖之中，由于湖水的冬季热源效应，使得此地的柑橘生产能够克服冻害，自唐宋以降一直长盛不衰。对此，北宋当地农人早就有所认识："南方柑橘虽多，然亦畏霜，每霜时亦不甚收。唯洞庭霜虽多即无所损。询彼人云：洞庭四面皆水也，水气上腾尤能辟霜，所以洞庭柑橘最佳，岁收不耗，正为此耳。"③但除此之外其他区域的柑橘则因受到冬季低温的影响而无法正常生长。因此，"三十年来，吴江盛植之，结实不减洞庭"之语恰恰反映了因为气候变暖而使得洞庭两山之外的吴江地区柑橘种植有所发展。不仅如此，柑橘种植还继续向东、向北发展，已经到达上海、靖江等地区。④

3. 弘治、正德年间的气候寒冷期

但从成化后期开始，寒冷事件发生的频率不断增加，对北界地区的柑橘种植造成严重灾害，即便是洞庭两山的柑橘也难免其灾，柑橘种植北界南退。

嘉靖《吴邑志》载："成化间（十九年），经大雪洞庭橘皆冻死，培种未复，今市肆所售者皆江西三衢产。"⑤这已经是嘉靖初年的事情了，之所以"培种未复"就是因为以后连续出现大冻严寒气候。弘治六年（1493）的寒冬，苏北沿海甚至海

---

① 王炳庭、孟斌：《湖北省柑橘避冻区划》，载章文才、江爱良等编《中国柑桔冻害研究》，农业出版社，1983年，第151—152页。
② 弘治《吴江志》卷6《土产》。
③ 庞元英：《文昌杂录》卷4。
④ 万历《上海县志》卷10《祥异》；嘉靖《靖江县志》卷4《编年》。
⑤ 嘉靖《吴邑志》卷14《物产上》。

水结冰的现象，"自十月至十二月，雨雪连绵，大寒凝海"①，可想其严寒程度，其必定会对柑橘造成毁灭性打击。而侥幸存活下来的柑橘就会被用以谋取厚利，如弘治十三年（1500）纂修的《太仓州志》记载："柑橘，出直塘、双凤等处，所种植以渔利。"②其后，弘治十四至十六年（1501—1503）"连岁大雪，山之橘尽毙，惟橙独存，难成易坏"，于是山人"多不肯复种橘，而衢州、江西之橘盛行于吴下矣!"致使时人发出"其亦气数之一变呼"的感慨。③时人王鏊作《橘荒叹》，描绘了这两年的寒冷程度及其对洞庭诸山柑橘的灾难性后果，"我行洞庭野，万木皆葳蕤。就中柑与橘，立死无孑遗。借问何以然，野老为予说。前年与今年，山中天大雪。自冬徂新春，冰冻太湖彻。洞庭苦无田，种橘充田租。霜余树树金，寄此万木奴。悠悠彼苍天，三白望为瑞。如何为橘灾，斩伐如剑利……地气信有偏，天灾曷乃遭。物贵固难成，难成复亦槁。遂令洞庭人，为计恨不早。从今原隰间，只种桑与枣"④。甚至该时期的严寒对其南部的徽州地区柑橘种植也带来影响。众所周知，徽州地区因处于黄山南麓，自西北方向南下的冷空气被黄山阻挡，东南又有高大的天目山山系作屏障，形成比较温暖的小气候区域，在现代柑橘区划中属于柑橘适宜区。但就是该时期的严寒使得不耐寒的橘柚类不得不采取防范措施才能正常生长，"大率山寒不宜橘柚，种者筑池，中为交午之道，列植其上，水气四面薄之，则不畏霜雪"⑤。这种防范措施在南宋时就曾使用过。正德元年（1506）中国南方曾出现过一次大寒潮，今海南岛的万宁县竟然出现降雪天气，⑥这是目前所见到的降雪最南记录，其寒潮的强度可见一斑。时人王鏊记道："洞庭柑橘名天下，弘治、正德之交，江东频岁大寒，其树尽槁，民间复种，又槁。包贡则市诸江西、福建，谓柑橘自此绝矣。"⑦正德四年（1509）上海地区"是冬大寒，竹柏多槁死，橙橘绝种，数年间市无鬻者。黄浦潮素汹涌，亦结冰，厚二三尺，经月不解，骑马负担者行冰上如平地"⑧。正德八年（1513）"十二月大寒，太湖冰，行人履冰往来"⑨。可见其寒冷事件发生的频率之高，使得柑橘种

---

① 正德《怀安府志》卷15《灾异》。
② 弘治《太仓州志》卷1《土产》。
③ 蔡昇：《震泽编》卷3《土产》。
④ 王鏊：《震泽集》卷4。
⑤ 弘治《徽州府志》卷2《土产》。
⑥ 正德《琼台志》卷41《纪异》。
⑦ 王鏊：《震泽集》卷7《瑞柑诗序》。
⑧ 万历《上海县志》卷10《祥异》。
⑨ 金友理：《太湖备考》卷14《灾异》。

植根本无力恢复。

但是，从上海地区柑橘冻害的现象中却也透露出这样一个事实，即在此（正德四年）之前上海地区已经有柑橘的种植了。笔者查阅文献发现，早在弘治和正德年间纂修的两部上海地方志的物产中就已经有柑橘的记载。①众所周知，现代上海地区已经处于柑橘种植的北缘，这是否与弘治至正德年间是一个寒冷期相矛盾呢？我们不妨再看一下以上两部方志纂修的时间，一部是在弘治十七年（1504），一部是在正德七年（1512），恰恰是连续严冬年对柑橘造成毁灭性冻害之后没有多久，即使是洞庭两山的柑橘种植都没有恢复，遑论上海地区了，如正德《松江府志》在记载柑橘之后还加了一句"近岁大寒，槁死略尽"②。所以，这种记载反映的并不一定是当时的事实，更多的是对前一段时期记载的一种追忆或延续，这种现象在地方志编纂过程中经常出现。当然，不排除在一次寒冬过程中得以幸免的可能性，如上文提到太仓地区直塘、双凤的柑橘就躲过了弘治六年的寒冬。上文中说过，造成种植北界南退的原因并不是单一的寒冷事件，而是冻害事件的发生频率，从寒冬的程度和频率来看，它们终究摆脱不了被冻害的命运。其后的弘治十四年（1501）、十六年（1503），正德元年（1506）、四年（1509）、八年（1513）对柑橘的毁灭性冻害就是最好的证明。类似的现象还见于正德《光化县志》和《襄阳府志》。③所以，这并不是说明弘治、正德年间柑橘种植有一个北进的过程，恰恰说明是受冻害频率太高而陆续南退的过程，而真正北进的过程可能要上溯到弘治之前的天顺、成化年间。

4. 嘉靖至顺治初期的气候温暖期

正德八年之后，气候开始逐渐回暖，上述受冻害严重的地区柑橘种植开始逐渐恢复。以上海为例，嘉靖三年（1524）纂修的《上海县志》载"江乡桃李颇多，湖乡多柑橘"④，其种植集中在有广阔水域的地区，利用水域的冬季热源效应防止柑橘的冻害，这与现代上海地区的柑橘种植情况相像。其后，随着气温逐渐增高，柑橘种植也开始向北发展，如在太仓地区，"近年吾城人家多种橘，种类不一，惟衢橘惟佳"⑤。在长洲地区也开始纷纷种植，"分寻邻家橘树根，居然小圃

---

① 弘治《上海志》卷 3《土产》；正德《松江府志》卷 5《土产》。
② 正德《松江府志》卷 5《土产》。
③ 正德《光化县志》卷 3《土产》；正德《襄阳府志》卷 2《土产》。
④ 嘉靖《上海县志》卷 1《物产》。
⑤ 嘉靖《太仓州志》卷 5《物产》。

绿成林。秋来多镶□头□,一醉相看万颗金"①。

上文提到洪武年间南京地区有香橙的种植,用来充荐,其虽称"自初及今,岁复一岁",但肯定是有一个盛衰过程的,只不过没有记载下来而已。例如弘治至正德年间的严寒必然会对香橙的生长带来毁灭性打击,当时的管理者就有所记录,"不期正德四年冬月以来,冰雪异常,香橙树株尽行冻枯,连根无存"②。但正德十四年(1519)纂修的《江宁县志》却载:"香橘,出各乡,岁充荐。"③这种记载究竟是一种对历史的追忆呢,还是因为是充荐之故所以加强其管理而使其恢复较快呢? 笔者不得而知。然而,可以肯定的一点是,到嘉靖中期南京地区的柑橘种植已经恢复,并成为当时南京地区著名的景色之一。时人许谷在《橘柚垂金》诗中写道:"江上生来磊落,霜前结处蕃敷。直比黄金作弹,未同火齐为珠。"④周思兼也写道:"木奴花下碧云间,石上弹基日暮还。谁散黄金洞庭北,风吹一夜满商山。"⑤

此后的万历、崇祯年间,一直都是柑橘种植的发展时期。万历末年成书的《汝南圃史》记录了当时衢州的衢橘、襄阳的襄橘被引进至苏州地区致使"福橘之价亦顿减矣",而橙类也在这时候得到了发展,"往时橙橘尚少,人皆贵重。今蜜橙盛行且有伐为薪者"。⑥直至崇祯末年苏州地区还不断从福建引进新品种,"香橼柑,于福建来,栽者多生"⑦。叶梦珠描写明末上海的柑橘种植情况是"江西橘柚,向为土产,不独山间广种以规利,即村落园圃,家户种之以供宾客"。但是到了顺治中期以后,频繁的寒冬致使上海地区的柑橘遭受毁灭性冻害,到康熙前期柑橘种植最终退出上海地区。"自顺治十一年甲午冬,严寒大冻。至春,橘、柚、橙、柑之类尽槁,自是人家罕种,间有复种者,每逢冬寒,辄见枯萎。至康熙十五年丙辰十二月朔,奇寒凛冽,境内秋果无有存者,而种植之家遂以为戒矣。"⑧嘉靖至崇祯年间柑橘种植的地点已经达到乃至部分越过现代柑橘种植的北界。如图 2.1 所示。

---

① 陈淳:《陈白阳集》之《种橘》。
② 罗玘:《圭峰集》卷 23《奏议》。
③ 正德《江宁县志》卷 3《物产》。
④ 许谷:《归田稿》卷 10《大野园十八景》。
⑤ 周思兼:《周叔夜集》卷 4《大野园十一景》。
⑥ 周文华:《汝南圃史》卷 4《木果部》。
⑦ 崇祯《吴县志》卷 29《物产》。
⑧ 叶梦珠:《阅世编》卷 7《种植》。

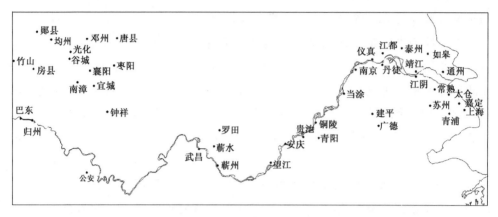

图 2.1　嘉靖至崇祯年间柑橘种植北界地区分布

（资料来源：均根据嘉靖、隆庆、万历、崇祯年间修纂的地方志记载）

　　下面笔者就分省来分析柑橘的种植情况。

　　江苏为我国现代柑橘北缘产区之一，其品种以耐寒的温州蜜柑为主，其产区主要分布在太湖沿岸地区。老区为吴县东、西洞庭山的东山、石公、堂里、金庭四个乡；新发展区有吴县的光福、太湖、胥口，无锡市大孚、马山，无锡县南泉、胡埭，武进县雪堰、潘家，宜兴县洑东，吴江县湖滨、苑平、横扇等乡。[①]此外，位于长江口南通市的启东，也有少量分布。[②]但通过图 2.1 所示，在此期间柑橘种植范围已经明显扩大，向东发展到太仓地区，[③]向北发展到常熟、江阴、靖江、丹徒等地区，[④]已经达到或越过现代江苏柑橘种植的北界。今江苏省长江北岸仅有南通地区有柑橘种植的分布，但在明代后期，通州甚至以北的如皋、泰州、仪真等地区均有柑橘的种植，[⑤]还有上文提到的南京地区，均已超过了现代柑橘种植的北界。

　　上海为我国现代柑橘北缘产区之一，也是一柑橘新区，20 世纪 60 年代才开始发展。柑橘种植的成功，全靠海洋江河大水体对气温的调节和小气候的利

---

①　沈兆敏主编：《中国柑桔区划与柑桔良种》，中国农业科技出版社，1988 年，第 149 页。

②　周开隆、叶荫民主编：《中国果树志·柑橘卷》，中国林业出版社，2010 年，第 51 页。

③　嘉靖《太仓州志》卷 5《物产》；崇祯《太仓州志》卷 5《物产》。

④　嘉靖《常熟县志》卷 4《物产志》；嘉靖《江阴县志》卷 4《土产》；隆庆《靖江县志》卷 3《物产》；万历《丹徒县志》卷 1《物产》。

⑤　嘉靖《通州志》卷 1《物产》；万历《通州志》卷 4《物土》；嘉靖《重修如皋县志》卷 3《土产》；隆庆《仪真县志》卷 7《食货》。

用。①以温州蜜柑为主要栽培品种,其生产区划主要分为三类。一类是适宜区,在长江出海口的长兴、横沙二岛;一类是次适宜区,包括近江沿海的宝山、川沙、崇明、南汇等县;最后一类是可能种植区(或不适宜区),包括嘉定、松江、青浦、上海和金山等县。②而图 2.1 所示地点均处于现代的可能种植区。

安徽也是我国现代柑橘北缘产区之一,主要栽培温州蜜柑等耐寒品种,栽培区主要有两个。一是分布在黄山市的歙县、休宁、黟县、祁门、屯溪;另一个分布在贵池、安庆市的望江、宿松等县市。前者因地处黄山南麓,自西北而南下的冷空气被黄山阻挡,东南又有高大的天目山山系作屏障,形成比较温暖的小气候区域,属柑橘种植适宜区;后者则是因为长江和众多湖泊等水体的调节,柑橘才得以成功种植,但已属宽皮柑橘的次适宜区。③但从图 2.1 中看,明代后期已经明显超越了现代柑橘种植的区域,发展到了北部的建平、广德;后者发展到了铜陵、当涂等地区。④

另一个处于柑橘种植北缘的就是湖北省了,柑橘种类以宽皮柑橘为主,局部地区有少量甜橙和柚类种植。全省柑橘分布大致分为三大片——鄂西、鄂西北和鄂东南。⑤而这三个区域基本上都是综合利用高山和水体产生的冬暖效应而发展柑橘生产的,如鄂西区主要是利用大巴山等高山对寒潮的阻挡以及长江从峡谷穿流使得水气受峡谷的挟持作用而产生的增温效应;鄂东南区主要利用大巴山对寒潮的阻挡,再加上区内有较大水面,长江的穿流,使得冬季较为温暖;鄂西北则利用秦岭东段余脉阻拦寒潮侵袭,南有大巴山、武当山挟持,形成"秦巴河谷"地带,汉水、堵河从中穿越,使得冬季温暖而湿润。⑥根据上述区划,襄阳地区不适宜种植柑橘,但是从图 2.1 中发现,该时期此地仍有柑橘的种植。襄阳地处我国冬季寒潮南下的主要通路,其地柑橘种植的气候指示意义非常明确。还有地处江汉平原的公安,现代冻害频繁已经不适宜种植柑橘,但在万历年间柑橘生长却很正常,时人袁中道曾在此"摘得家园黄柑两千枚"⑦,而且没有

① 周开隆、叶荫民主编:《中国果树志·柑橘卷》,中国林业出版社,2010 年,第 48 页。
② 沈兆敏主编:《中国柑桔区划与柑桔良种》,中国农业科技出版社,1988 年,第 164—165 页。
③ 周开隆、叶荫民主编:《中国果树志·柑橘卷》,中国林业出版社,2010 年,第 53 页;沈兆敏主编:《中国柑桔区划与柑桔良种》,中国农业科技出版社,1988 年,第 169 页。
④ 嘉靖《太平府志》卷 5《食货志》;嘉靖《建平县志》卷 2《物产》;嘉靖《广德州志》卷 6《物产》,万历《广德州志》卷 3《物产》;嘉靖《铜陵县志》卷 1《土产》。
⑤ 周开隆、叶荫民主编:《中国果树志·柑橘卷》,中国林业出版社,2010 年,第 44 页。
⑥ 沈兆敏主编:《中国柑桔区划与柑桔良种》,中国农业科技出版社,1988 年,第 130—132 页。
⑦ 袁中道:《游居柿录》卷 7。

出现严重冻害，可见其气候较为温暖。

在本书第一章中我们曾对资料进行过分析，地方志资料在时间分布上存在不平衡，即明代地方志的纂修在嘉靖至万历年间是一个鼎盛时期，该时期现存的地方志非常多。于是很自然会产生这样一个疑问，会不会是因为这一时期的资料增多而呈现出柑橘种植地区增多的现象？关于这一点，不妨把时段拉长，对比一下清代与明代的情况。以南京地区为例，上文提到嘉靖、万历初年南京地区已经有柑橘的种植。清代康熙、乾隆年间南京地区纂修地方志的频率和数量要远远大于嘉靖、万历年间，其中康熙年间3部、乾隆年间2部，除康熙《江宁县志》中有"橙"记载外，其他各志均无记载，包括其后纂修的方志，也都没有柑橘的记载。①这就说明南京地区柑橘的种植分布与资料的多少没有任何关系，嘉靖、万历年间南京地区柑橘的种植是因为气候温暖所致。同时，也说明柑橘种植有一个南退的过程，经过康熙年间的严寒打击，到乾隆年间乃至以后柑橘种植没有能力再恢复。

综合以上论述可以知道，嘉靖至明末整体上一直处于较为温暖的状态，甚至有些时候要比现代更为温暖。

尽管如此，在此期间气候仍有轻微的变化。嘉靖、万历间太仓人王世懋曾说道："柑橘产于洞庭，然终不如浙温之乳柑、闽漳之朱橘。有一种红而大者，云传种自闽，而香味径庭矣！余家东海上，又不如洞庭之宜橘，乃土产蜕花甜、蜜橘二种，却不啻胜之金橘、牛乳者。易生而品下，圆者甘香，然亦家园种者佳。第橘性畏寒，值冬霜雪稍盛辄死。植地须北蕃多竹，霜时以草裹之，又虞春枝不发。记儿时种橘不然，岂地气有变也？"②此段话虽然反映了太仓地区柑橘种植发展的过程，但同时也表明了气候冷暖有一个转变的过程，即在万历中期太仓地区柑橘的"植地须北蕃多竹霜，时以草裹之"，即需要人工防护才能正常生长。但在嘉靖年间却根本不需要，"记儿时种橘不然"，于是作者发出"岂地气有变也"之叹。但这种气候变化的幅度不是很大，且持续时间并不太长，所以对柑橘向北发展没有造成太大影响，这一点完全可以从柑橘种植的地点体现出来。当然，既然是经济栽培，就免不了人工的培育和防护，明后期的徐光启就说："此树（橘）极畏寒，宜于西北种竹，以蔽寒风，又须常年搭棚，以护霜雪。霜降搭棚，谷

① 康熙《江宁府志》、康熙《上元县志》、康熙《江宁县志》、乾隆《江宁新志》、乾隆《上元县志》、嘉庆《新修江宁府志》、道光《上元县志》、同治《续纂江宁府志》、宣统《上元、江宁乡土合志》。
② 王世懋：《学圃杂疏》之《果疏》。

雨卸却。树大不可搭棚，可用砻糠衬根，柴草裹其干，或用芦席宽裹根干，砻糠实之。"①或许，这就是柑橘能够在该时期大力发展的原因之一。但是现在即便是更加细心的培育也没有达到明代后期时的规模，可见，气候还是在起主要作用。

三、清代柑橘种植与气候变化

因上海地处柑橘种植的北缘地带，可以先通过清代上海地区柑橘的种植情况来反映该时期的气候变化情况。

1. 顺治中期以后气候寒冷

上文笔者论证嘉靖至明末气候总体偏暖，所以柑橘种植规模在长江中下游地区有所扩大，上海地区亦是如此。如万历年间上海县不仅有耐寒的"橙、蜜橘、金柑"的种植，还有不耐寒的"柚"；②嘉靖、万历年间嘉定县也有"橘、橙、柑、金橘"的记录；③到崇祯末年，松江府品种不断增多，说明当地种植已有一定规模，"橘似柑而小，吾乡俱移自洞庭，有绿橘……有黄橘……有红橘……有波斯橘……又吐花甜、早红橘，名品稍下"④。这种温暖的气候一直持续到清初，直到顺治十一年(1654)的严寒使得上海地区柑橘冻害严重，但并没有完全消失，因为这是一个渐退的过程。如成书于康熙二年(1663)的《松江府志》中依然有"柑、橘、柚、橙"的记录；⑤同样，成书于康熙十二年(1673)的《嘉定县志》中也有"乾柑，出高桥镇"的记录。⑥但随着康熙十五年、十六年、十七年、十九年、二十二年连续的寒冬，⑦最终使柑橘种植退出上海地区，这也许就是叶梦珠所说的"至康熙十五年丙辰十二月朔，奇寒凛冽，境内秋果无有存者，而种植之家遂以为戒矣"⑧。成书于康熙二十三年(1684)的《嘉定县续志》中就不再有柑橘的记录。⑨

遍查上海地区康熙年间纂修的方志，除以上三部反映康熙初年的气候状况

---

① 徐光启著，陈焕良、罗文华校注：《农政全书》卷30《树艺》，岳麓书社，2002年，第480页。
② 万历《上海县志》卷3《物产》。
③ 嘉靖《嘉定县志》卷3《物产》，万历《嘉定县志》卷6《田赋考中·物产》。
④ 崇祯《松江府志》卷6《物产》。
⑤ 康熙《松江府志》卷4《土产》。
⑥ 康熙《嘉定县志》卷4《物产》。
⑦ 姚廷遴：《历年记》。
⑧ 叶梦珠：《阅世编》卷7《种植》。
⑨ 康熙《嘉定县续志》。

外,尚有两部县志有柑橘种植的记载。一部是康熙《崇明县志》,一部是康熙《青浦县志》。因崇明地理位置独特,柑橘的种植靠海洋江河大水体对气温的调节和小气候的利用,明清时代一直有柑橘的种植,所以没有气候指示意义。而通过对比可以发现,康熙《青浦县志》中的记载完全抄录于万历《青浦县志》(表2.1),也并不代表当时的实际种植情况。

表 2.1 万历《青浦县志》与康熙《青浦县志》之土产部分比较

出　　处	文　献　记　录
万历《青浦县志》卷1《土产》	果实之属:樱桃、梅、杏、桃、李、橘、柑、香橼、枣、柿、枇杷、林檎(一名花红)、梨、石榴、银杏、藕、莲实、菱([唐]东屿诗:"交游萍[荇似]菰蒲,怀玉藏珍类隐儒。叶底只因头角露,此生不得老江湖。")芡实(俗名鸡头,有粳、糯二种。又一种出周家草者,甚佳。)地栗(一名荸脐,即凫茨也。)茨菇(《本草》名乌芋。)
康熙《青浦县志》卷1《土产》	果实之属:樱桃(一名含桃。)梅、杏、桃(忌与白术同食。)李(服白术者忌食。)橘、柑、香橼、枣、柿、枇杷、林檎(一名花红)、梨、石榴、银杏、藕、莲实、菱(唐东屿诗:"交游萍荇倡菰蒲,怀玉藏珍类隐儒。叶底只因头角露,此生不得老江湖。")芡实(俗名鸡头,有粳、糯二种。又一种出周家草者,甚佳。)地栗(一名荸脐,即凫茨也。)茨菇(《本草》名乌芋。)

2. 乾隆、嘉庆年间气候回暖期

康熙中期的持续严寒,给上海地区柑橘的种植带来毁灭性冻害,致使柑橘种植出现衰退。直到乾隆年间才有所恢复,如《宝山县志》《娄县志》中均有"橘、橙、柑"的记载,[①]重修的《青浦县志》也新加了"橙"的记录。[②]但此时的柑橘种植无论是种类还是规模都已经与明代后期无法相比了,甚至有些品种已经不堪食用。如上海县的记载是"橘……邑或偶植数十本,经霜悬颗朱实累累,偶值沍寒僵槁立尽,有金橘、蜜橘诸种。橙,瓤味酸不堪食,闺中用以面,可免龟手裂唇。柑,种者甚少"[③]。即便如此,到嘉庆年间依然有"橙、橘"的种植;[④]嘉定县记载"乾柑,产高桥,似香橼而小,纹细皮薄,秋时摘取,连蒂封裹,至次年正月启置盆

---

① 乾隆《宝山县志》卷4《物产》,乾隆《娄县志》卷11《食货志》。
② 乾隆《青浦县志》卷11《物产》。
③ 乾隆《上海县志》卷5《土产》。
④ 嘉庆《上海县志》卷1《志疆域·物产》。

中,金色莹然,清香满室"①。

3. 道光至清末的气候寒冷期

嘉庆之后,气候再度转冷并一直持续到清末,对气候比较敏感的嘉定县已经完全没有柑橘的种植,如嘉庆《嘉定县志》、光绪《嘉定县志》不再有"柑橘"的记录,直至民国时期气候转暖才再度恢复种植,"橘……种出福建,俗称福橘。邑产每因弃核而生,其结实者味带酸,不如原产。橙……种出广东,植之邑中亦易茂,惜无兴其利者。柑……金柑……"②有些地区虽然还有柑橘的种植,但品种大大减少,如光绪《松江府续志》中仅有"柑"的记载,③已经远远不如康熙、嘉庆时期"柑、橘、柚、橙"的记载。同治《上海县志》虽有"橙"的种植,④但相较于乾隆、嘉庆时期,不耐低温的"橘"已经退出了上海县。甚至是利用局地小气候发展柑橘的崇明地区也出现"橘,性畏霜,不甚收"的情形。⑤可知,经过清代频繁的严寒事件使得上海地区柑橘种植出现衰退的现象。

相比于明朝后期,江苏省其他地区的柑橘种植也出现全面萎缩,如成书于康熙二十六年(1687)的《常熟县志》载:"橘,名园多种之,终非地所宜。"⑥也就是说,受气候影响并不适合橘的种植,而名园种植仅为观赏所用。乾隆、嘉庆年间柑橘的种植似乎稍好,像《如皋县志》《太仓州志》《长洲县志》尚有柑橘的记载,⑦但这些记载到底是不是如实反映了当时的种植情况还不能贸然下判断,这个前文中曾涉及,就是在修志的过程中往往会进行历史的追忆,如嘉庆年间扬州物产中虽有"橙"的记载,但同时标注"隆庆仪征县志"⑧,说明当时并没有种植,而只是一种追忆。当然,还有一部分县志是不进行标注的,判读起来就比较困难。明代后期柑橘广泛种植的江都、丹徒、如皋、江阴、常熟等地在乾隆之后基本上没有柑橘种植的记载了。即便有也主要用以观赏、玩乐,如光绪《丹徒县志》载:"供玩则文橡。"⑨民国《续修江都县志》载:"橘,即枸橘……不以供果食,

---

① 乾隆《嘉定县志》卷12《杂类志·物产》。
② 民国《嘉定县续志》卷5《风土志·物产》。
③ 光绪《松江府续志》卷5《疆域志·物产》。
④ 同治《上海县志》卷8《物产》。
⑤ 光绪《崇明县志》卷4《物产》。
⑥ 康熙《常熟县志》卷9《物产》。
⑦ 嘉庆《如皋县志》卷6《物产》;嘉庆《太仓州志》卷17《物产志》;乾隆《长洲县志》卷17《物产》。
⑧ 嘉庆《扬州府志》卷61《物产》。
⑨ 光绪《丹徒县志》卷17《物产》。

乡人植之籍为藩篱,呼为臭橘。"①

再看一下长江中游地区,乾隆年间,今武汉地区"朱橘,向出,今惟好事家间有之,然亦不易得"②。由"向出"二字可知在此之前确实为土产,但到乾隆年间已经鲜有种植了,再到光绪年间襄阳地区已经没有柑橘的种植。③清末荆州地区虽然仍有"橘"和"柑"的记载,④但此时仅仅是一种追忆,忆及汉唐及宋代该地区柑橘种植的盛况,并未记录当时的情形,乃至整个湖北地区柑橘种植出现衰退,"今湖北多栽松竹,橘柚罕见矣"⑤。

四、结论

柑橘是一种对气温非常敏感的亚热带作物,具有较好的气候指示意义,所以完全可以利用柑橘的种植北界来探讨气候冷暖的变化过程。明清时期的气候经历了几个不同的冷暖波动,概括来说就是:明洪武初年的寒冷期,洪武中期以后的转暖期,永乐至景泰年间的寒冷期,天顺、成化间的温暖期,弘治、正德年间的寒冷期,嘉靖至清顺治前期的温暖期;顺治中期以后气候再度转冷,乾隆、嘉庆年间气候回暖,道光至清末的气候寒冷期。

传统上我们把明清时期称之为"小冰期",以表示其整体寒冷的特征,在这500余年的时间内气候仍有不同程度的波动,这已被众多学者所证实。但是因资料性质问题,对其研究侧重于对寒冷的论述,对于暖期的识别则不明显。本节则通过柑橘种植北界的变化,不仅对寒冷期作了研究,更主要地是对明代天顺、成化间,嘉靖至清初气候温暖进行了识别。此外,还对明代后期的整个暖期之中有一个近二十年的冷期(万历中期)进行了识别。

第二节 冬麦收获期与气候变化

冬麦的播种和收获期作为物候证据的一部分,因历史文献记载较多而经常

---

① 民国《续修江都县志》卷7上《物产》。
② 乾隆《汉阳府志》卷10《物产》。
③ 光绪《襄阳府志》卷4《物产》。
④ 光绪《荆州府志》卷6《物产》。
⑤ 光绪《荆州府志稿》卷1《疆域志》。

被运用于历史气候研究之中。①长江下游地区地势比较平坦开阔，没有东—西走向的高大山脉横贯阻挡，在一定的大气环流条件下，冷暖空气均能长驱直入，气候具有明显的一致性。所以，本节主要运用物候学方法，同时参考作物栽培学和农业气象学的相关知识，通过对冬麦生育期的分析来反映明清时期长江下游地区的气候冷暖变化情况。

一、气温与冬麦生育期的关系

作物学家认为，作物的生育期是指一年生或二年生作物从播种到子实成熟的总天数，部分作物如麻类、薯类、牧草、绿肥、甘蔗、甜菜等，则为从播种到主产品收获适期所需的总天数，又称为全生育期。

作物生育期的长短，主要由作物的遗传性和环境条件决定。同一作物的生育期长短因品种而异。在相同环境条件下，它们生育期的长短是相对稳定的，这是由作物本身的遗传性所决定的。影响作物生育期长短的环境条件，主要有气候条件和栽培条件。气候条件以当地的温度、光照条件影响最大。作物在不同的地区栽培，因温度、光照的差异，生育期也会相应的发生变化。例如水稻是喜温的短日照作物，对温度和每天昼夜长短的变化敏感，在中国自南向北引种，由于纬度增高，生长季节的日照时数长，温度降低，一般生育期延长；反之，从北向南引种，因纬度较低，日照减少，温度升高，生育期缩短。相同品种在不同地形种植时，因温度、光照的不同生育期也会发生变化。海拔高的山区温度低，成熟较迟，生育期延长；反之，海拔低的丘陵、平原地区温度较高，成熟较早，生育期缩短。栽培条件中对生育期长短影响条件最大的是肥、水。富含氮素、水分适宜的肥沃田地上，会引起茎、叶生长过旺，生长后期叶色浓绿不落黄，延迟成熟，生育期加长；当生长在贫瘠的田地上，土壤里缺少氮素，如遇到高温、干旱时，会引起作物早衰或逼熟，生长期缩短。②栽培条件虽然可以影响作物的生育期，但是最重要的还是气候条件，具体来说就是气温条件。

现代气象学研究认为："任何一种作物几乎都需要某一恒定或接近恒定数

---

① 竺可桢：《中国近五千年来气候变迁的初步研究》，《考古学报》，1972 年第 1 期；满志敏：《西周至两汉降温期黄淮海平原气候的基本特征》，邹逸麟主编《黄淮海平原历史地理》，安徽教育出版社，1993 年，第 15—19 页；陈良佐：《再探战国到两汉的气候变迁》，《"中研院"历史语言所集刊》（67：2），1996 年。

② 中国农业百科全书编辑部：《中国农业百科全书·农作物卷》（下），农业出版社，1991 年，第 476 页。

量的积温才能完成其生育期。即在气温较高的情况下生育期较短;反之,气温较低时生育期延长。"①所谓积温是指一定时期内,某一界限温度以上日平均气温的累积值。当其他环境条件基本得到满足的情况下,作物生长发育速度主要受温度的影响。②常用的积温有两种:有效积温和活动积温。而日平均气温≥10 ℃,棉花、水稻、玉米等喜热作物进入生长期,小麦等喜温作物进入一年中的活跃生长期。因此,≥10 ℃一般称为活动温度,是农业气象学上的一个重要指标。一年生或二年生的作物,全生育期需要恒定数量积温是作物自身遗传性所决定的。换言之,每一种作物生育期需要的积温,大体上接近一个固定的常数。如果丢开栽培条件,温度就成了作物生育期的决定因子。即有效温度或活动温度高,则生育期短;反之,生育期长。

根据上述论述,利用积温和作物生育期的关系,就可以用来探索历史上的气候变化。如果获得历史上某时期某种作物的作物播种期、收获期,即作物的全生育期,与现在同一品种作物生育期比较,就可以确定某历史时期的气候状况。但是受历史文献记载的限制,可以选择历史文献记载较多的作物——麦类的播种期和收获期进行分析。

在进行分析前,首先要对文献中的"麦"进行识别,长江中下游地区主要有三种麦:大麦、小麦和荞麦。荞麦并不属禾本科,只是一种双子叶植物,且文献中对其名称、播种、收获等记载明确,很容易区分。然而对同属冬麦的大麦和小麦的识别就困难得多,在现代生物学上,大麦和小麦虽是同科不同属的两类作物(大麦为大麦属,小麦为小麦属),但却同属禾本科,二者相似性明显。在形状上、特性上,大麦的根系、植株、果实等均与小麦相似;在生长条件上,大麦的适宜气候大体与小麦相同;而栽培方法也基本与小麦类似。③二者不同的只是大麦耐酸性、湿性与抗寒性比小麦弱,全生育期比小麦早了7—15 天。④所以,即便是现在,我们习惯上仍把二者统称为"麦之属",更何况是历史时期了。因此,很多历史文献记载对二者是不加区分的,在运用这些资料进行分析时一定要明确麦的品种,避免造成资料分析上的误差。

---

① 张家诚、林之光:《中国气候》,上海科学技术出版社,1985 年,第 71 页。

② 中国农业百科全书编辑部:《中国农业百科全书·农作物卷》(上),农业出版社,1991 年,第 267 页。

③ 南京农学院、江苏农学院主编:《作物栽培学(南方本)》上册,上海科学技术出版社,1979 年,第 239—245 页。

④ 中国农业百科全书编辑部:《中国农业百科全书·农作物卷》(上),农业出版社,1991 年,第 83 页。

　　冬麦播种期受作物的品种、土壤、地势、气候等多种因素制约,但影响冬麦播种期最重要的还是气候因素,"气温是决定播种期的主要因素,冬性品种的适宜播种期,平均温度约为16～18℃;半冬性品种约为14～16℃;春性品种约为12～14℃"①。尽管如此,在运用冬麦播种期进行气候变化研究时仍需格外谨慎,原因有二:其一,冬麦播种期本身时间跨度长。农谚"寒露到霜降,种麦莫慌张;霜降到立冬,种麦不放松(河南、湖北等地)"就是最好的说明,即便是在同一区域播种期也有近1个月的时间跨度,"寒露种麦,前十天不早,后十天不迟(上海宝山)"②。而现代作物栽培学证明,我国冬小麦播种适宜期从南到北逐渐提早,大体上北部麦区冬麦播种适宜期在9月中旬至10月上旬;黄淮平原麦区在9月下旬到10月中旬;长江中下游麦区在10月中旬至11月中旬;华南麦区在10月下旬到11月中旬。③过长的时间跨度加剧了气候指示意义的不确定性,对历史文献的分析不当就会造成不必要的误差。其二,适时播种的理论在实际农业操作中恐怕行不通。因适时播种是达到全苗、壮苗、夺高产的一个重要环节,所以就显得尤为重要,"播种期过早,苗期温度高,麦苗的生长发育快,往往造成幼苗徒长,不仅消耗大量养分,而且分蘖节累积的糖分少,抗寒力弱,易遭冻害,春性品种,甚至在冬前拔节,冬季死亡,严重减产。播种过晚,由于温度低,出苗缓慢,苗小、苗弱,易遭受冻害,而且晚苗分蘖少,幼穗分化时间短,以致穗少、穗小,产量不高"④。对此,古人虽然早就有充分认识,"白露早,寒露迟,秋分种麦正当时"(北京、上海、四川、江苏、河南等),⑤在《吕氏春秋·审时》《氾胜之书》等农书中均有记载,有学者也专门对此进行过论述并认为在黄淮冬麦区最适宜的播种期不超过15天;⑥但是只要有空地或土地肥力足够,不管产量如何,农民都会进行播种,而不会固守适宜播种期。农谚"大麦种到年,只愁没有田(原注:这里指二棱大麦而言,种植的时间幅度较大,早种早熟,只要有田就种)"(上海)、"种麦种到冬,耙得完全不透风(原注:意指麦子可以迟到立冬播种,但必须精细覆土)"(江苏)等就很好地说明了这个问题。⑦以上两个问题在文献记载中都很模糊,因此,在利用历史时期冬麦播种期进行分析时要采取比较谨慎的态度。

---

①③④　南京农学院、江苏农学院主编:《作物栽培学(南方本)》上册,上海科学技术出版社,1979年,第226页。

②　　农业出版社编辑部:《中国农谚》(上册),农业出版社,1980年,第245、246页。

⑤　　农业出版社编辑部:《中国农谚》(上册),农业出版社,1980年,第241页。

⑥　　陈良佐:《再探战国到两汉的气候变迁》,《"中研院"历史语言研究所集刊》(67:2),1996年。

⑦　　农业出版社编辑部:《中国农谚》(上册),农业出版社,1980年,第235、232页。

冬麦的收获期则不同，因收获期较短，记载明确，所以其气候指示意义非常明确。影响冬麦收获期的除了品种因素外，≥10 ℃和积温是决定性的因素。冬麦返青后，气温升至≥10 ℃时，生长很快。小麦拔节期最适宜温度是 12 ℃～14 ℃，孕穗期是 15 ℃～17 ℃，开花期是 18 ℃～20 ℃，灌浆期是 18 ℃～22 ℃，开花至成熟期约需 720 ℃～750 ℃的积温。①我国历史上冬麦的品种基本上没有什么较大差异，所以温度成为限制冬麦收获期的主要因子。冬麦的成熟度是确定收割时期的一项主要依据。不少实验证明，在籽粒含水率为 25％左右，即蜡熟期收获，不仅产量高，而且品质好，并可以减少落粒损失。如收获过迟（完熟期），千粒种已不再增加，反因水分继续散失，麦粒体积变小，容易造成落粒。并由于淋溶和呼吸作用粒重反而减轻。农谚："九成熟，十成收；十成熟，九成收"就是这个道理。②因为蜡熟期很短，所以造成冬麦的收获期很短，前后不超过十天，如山东、河北的农谚云："秋三月，麦十天。"③还有一个原因是由于大部分麦区收获时将临雨季，必须抢早收获，以免给收获带来困难，并避免造成穗上发芽和种子霉坏的损失。而在复种地区，收麦后还要紧跟着播种后茬作物，所以必须抢收、抢种。农谚"麦熟一响，龙口夺粮（食）"（陕西、甘肃、宁夏、浙江、四川、湖北、广西）、"麦收如救火"（湖北、广西、江苏、安徽、陕西、山东、河南、甘肃、山西、河北、浙江）、"栽苗要抢先，收麦要抢天"（浙江）就是最好的体现。④所以，根据≥10 ℃积温与冬麦收获期的关系就可以判断历史时期的气候，当历史上某一时期冬麦收获期比现代延后，就表示当时气候寒冷；反之，则表示气候温暖。

根据上述物候学、作物学和农业气象学的原理，搜集历史文献中冬麦的播种期、收获期，根据生长期、物候与气温之间的关系，就可以探求该时期内的气候变化。

二、冬麦收获期与明代气候变化

1. 洪武初年气候寒冷期

元末明初人俞宗本的《种树书》，总结了当时我国劳动人民在农业生产实践中有关种植、栽培、嫁接、施肥等各方面的诸多经验。书中蕴含丰富的物候信息

① 北京农业大学农业气象专业编：《农业气象学》，科学出版社，1991年，第169—171页。
② 北京农业机械化学院主编：《农学基础》，农业出版社，1980年，第171—172页。
③④ 农业出版社编辑部：《中国农谚》（上册），农业出版社，1980年，第322页。

可以反映当时的气候情况,但是和大多数农书一样,此书也存在一些固有的缺陷,即有相当多的资料是辑录自其他书籍,且不著录原书,不易辨识。在第一章第一节中已经对其作过分析,在时间上基本可以确定的是,它的部分内容反映了元末明初的农业状况。在地点上,其反映的农业生产情况并不仅限于苏州地区,而是苏州及以南(如都昌、乐昌)的农业生产状况。

因为我国春、夏季节动植物物候期随纬度的增高而推迟,我们可以根据冬麦收获的最晚期作保守分析,而《种树书》反映的物候期最晚的地点就是苏州。《种树书》"五月"条:"收菜子、大蒜、红花、槐花、小麦。"假定收菜子的时间就是在五月朔日,那么,洪武元年至洪武十一年农历五月的平均朔日换算成公历日期是 5 月 31 日,现代油菜收获日期是公历 5 月 25 日,[①]根据物候顺序是先油菜后小麦,那么小麦的收获期必定是在油菜收获之后,现代油菜收获期和小麦收获期的差额天数约为 5—6 天,那么当时小麦的收获期为 6 月 5 日或 6 日,所以当时小麦收获期至少比现代迟 4—5 天。需要说明的一点是,这里作了两次保守估计,实际上小麦的收获期要比现代推迟得更多。

当然,《种树书》中还有对冬麦播种期的记载,如在"十一月"条载"种小麦","种树方"条载"小麦不过冬,大麦不过年"。但因冬麦的播种期是自北向南依次推迟的,其地点可能是苏州,也可能是都昌或乐昌,所以这类资料笔者尚无法利用。但是在"八月"条中却载"种大麦",因《种树书》所反映的秋季物候最早是在苏州地区,所以可以据此作最保守估计。洪武元年(1368)至洪武十一年(1378)农历八月的平均晦日换算成公历日期是 9 月 27 日,而现代苏州地区的大麦播种期在 11 月 1 日左右,即便以播种期最早的苏州地区而言,当时大麦的播种期也较今提前了一个多月,意味着当时秋季气温降低,必须提前播种才能保证其生长期。这与笔者上文中对冬麦收获期分析的结果也是一致的。

2. 弘治、正德年间气候寒冷期

该时期的一部农书著作是邝璠的《便民图纂》。邝璠,河北任丘人,弘治六年(1493)进士,翌年任苏州府吴县(今江苏省吴县)知县。所以,他对于太湖区域的农村家庭情况颇为熟悉,所书内容明显反映江南农业的系统,但是大部分

---

① 宛敏渭:《中国自然历续编》,科学出版社,1987 年,第 183 页。

是抄录或节引已有各书，总结编纂而成。①此书大约是潘郎知吴县时所编印，首刻于弘治末年，后又多次翻刻，所以此书反映的是弘治以前太湖流域地区的农业状况。要想运用它来进行气候研究，首先要确定其中的物候信息是否代表了当时的实际情况。

《便民图纂》中有一条记载："收麦。麦黄熟时，趁天晴，着紧收割。盖五月农忙，无如蚕麦。谚云：'收麦如救火'，若迟慢，恐值雨灾伤。"校记说："此则本诸《韩氏直说》，见《农桑辑要》。"②查《农桑辑要》引《韩氏直说》云："五六月麦熟，带青收一半，合熟收一半……古谚云：'收麦如救火！'若少迟慢，一值阴雨，即为灾伤。"可见，《便民图纂》确实抄录了《韩氏直说》部分内容，但并非是不加分析的抄录，而是根据实际情况有选择地合理摘抄，尤其是在时间上很明显。因《韩氏直说》描写的主要是黄河流域的农业状况，③所以是"五六月麦熟"；《便民图纂》却作"五月农忙，无如蚕麦"，其实就是根据太湖流域的实际农业情况而书写。所以，这则资料完全可以认为是对当时农业生产的记载。冬麦的收获期仍然是农历的五月，这与明初时的气候并无太大差别。

而其他现象也表明该时期是一个极端寒冷期。在现代气候条件下，正常年份我国冬季的海冰主要出现在渤海的辽东湾，秦皇岛以南海域一般无严重的冰情，而位于黄海南部的海州湾 21 世纪则没有见到海水结冰的报道。所以，黄海南部出现冰情是异常寒冷的表现。但弘治六年（1493）苏北沿海出现海水结冰的现象，"冬大雪六十日，苇几绝，大寒凝海"④。苏州洞庭东西山盛产柑橘，由于太湖湖水的冬季热源效应，使此地的柑橘生产能克服冻害，一直长盛不衰。但弘治、正德年间经常出现冻害。"洞庭柑橘名天下，弘治、正德之交，江东频岁大寒，其树尽槁。"⑤这些物候现象完全符合气候冷暖及其影响的同步性原理。所以，弘治、正德初年气候寒冷是不容置疑的。

这种气候寒冷的特征在具体的年份中得以体现。弘治十七年（1504）南京发生饥荒，郑纪采取的救荒措施就是"将弘治十七年四月份俸粮暂与关支本色，

---

① 潘郎著，石声汉、康城懿校注：《便民图纂·序》，农业出版社，1959年，第 7 页。
② 潘郎著，石声汉、康城懿校注：《便民图纂》卷 3《耕获类》，农业出版社，1959年，第 33—40 页。
③ 王毓瑚：《中国农学书录》，中华书局，2006年，第 106 页。
④ 万历《淮安府志》卷 8《祥异志》。
⑤ 王鏊：《震泽集》卷 7《瑞柑诗》。

待五月二麦成熟,照旧折支"①。弘治十七年五月初一日为阳历 1504 年 6 月 12 日,当年二麦的收获日期最早也只能是在此日,比现代南京小麦平均收获期至少晚了 5 天以上。②

3. 嘉靖至崇祯年间气候温暖期

传统观点一般都认为该时期是一个寒冷期,③张德二等对长江下游的分析认为,1520—1620 年处于相对温暖期,而 1620 年后气候转向寒冷。④满志敏师则通过对柑橘的种植与相应的气候背景进行分析,认为明朝后期气候并不是非常寒冷,那时上海地区的冬季气候冷暖状况大体上可以用现代(1950—1979 年)的气候资料来描述,即年平均气温在 15.7 ℃左右,1 月的平均气温在 3.5 ℃左右。⑤下文将通过对冬麦生长期的分析,指出嘉靖直至崇祯末年长江中下游地区是一个温暖期,其温度要稍高于现代。

弘治、正德年间的寒冷期过后,气温逐渐开始回升,到嘉靖时期已经转暖。嘉靖中期的万表对南北方冬麦的种植差异有深刻的认识,并以自己的家乡为例,记录了当时江南农业种植的实际情况。他说:"按《四时纂要》及诸家种艺书云:八月三卯日种麦全收。但江南地暖,八月种麦,麦芽初抽,为地蚕所食,至立冬后方无此患。吾乡近来种麦不为不广,但妨早禾,纵有早麦,亦至四月终方可收获,只及中禾,若六七月旱,中禾多受伤,不若径种晚禾。"⑥在运用此则资料进行论证之前,首先确定两件事:一是此则资料的时间和地点。万表(1498—1556),字民望,一说为定远(今属安徽)人,⑦一说为鄞县(今属浙江)人。前者误,据嘉靖《宁波府志》载:"万表,字民望,世为宁波卫指挥佥事。表十七袭祖

---

① 郑纪:《东园文集》卷 4《便宜设法急救饥荒疏》。
② 宛敏渭:《中国自然历选编》,科学出版社,1986 年,第 152 页。
③ 竺可桢:《中国近五千年来气候变迁的初步研究》,《考古学报》,1972 年第 1 期;张丕远、龚高法:《十六世纪以来中国气候变化的若干特征》,《地理学报》,1979 年第 3 期;王绍武、王日昇:《1470 年以来我国华东四季与年平均气温变化的研究》,《气象学报》,1990 年第 1 期;王绍武:《公元 1380 年以来我国华北气温序列的重建》,《中国科学》(B 辑),1990 年第 5 期;郑景云、郑斯中:《山东历史时期冷暖旱涝分析》,《地理学报》,1993 年第 4 期。
④ 张德二、朱淑兰:《近五百年我国南部冬季温度状况的初步分析》,《全国气候变化学术讨论会文集(1978)》,科学出版社,1981 年,第 64—70 页。
⑤ 满志敏:《中国历史时期气候变化研究》,山东教育出版社,2009 年,第 267—269 页。
⑥ 万表:《灼艾馀集》卷 2《郊外农谈》。
⑦ 李根蟠:《长江下游稻麦复种制的形成和发展——以唐宋时代为中心的讨论》,《历史研究》,2002 年第 5 期,文中作者就沿用此说。

职,辄以读书学古为务,恂恂儒生也。"①《宁波府志》撰修于嘉靖三十九年
(1560),即万表去世后的第四年,以当时人记当地事,应该是准确的。而且这样
才能与资料中所指的"江南""吾乡"相符。也就是说,此则资料反映的时间是在
嘉靖三十五年(1556)以前,地点就是今浙江鄞县。其二是资料中所说的"早麦"
是指大麦还是小麦?因资料中没有明确说明,所以只能通过其他资料进行推
理。众所周知,一种作物的生长习性和栽培制度是人们在长时期内逐渐积累形
成的经验,不可能在短时间内迅速改变,所以,笔者通过前后时期内临近地区
(原则上是同一地区,但因资料的不连贯性只能通过临近地区进行插补)作物的
生长习性和种植制度就可以推断其特征。嘉靖五年(1526)纂修的《浦江志略》
明确记载大麦是"四月初熟",小麦是"四月终熟"。②由此可以推知此处的"早
麦"应是"小麦"无疑。据万表的记载,当时冬小麦的播种期是在立冬(11 月 7
或 8 日)以后,收获期是在四月终(1526—1555 年间农历五月的朔日为公历 5
月 28 日,四月终则为 5 月 26、27 日左右)。今鄞县小麦播种期为 11 月 2 日,大
麦播种期为 11 月 8 日;大麦收获期为 5 月 11 日。③据大麦与小麦收获期的间隔
为 15 天左右,那么现代鄞县小麦的收获日期为 5 月 26 日左右。这与嘉靖年间
的小麦收获期基本相同,但是,当时小麦的播种期却延迟了一周以上,整个作物
的生长期缩短,说明当时气温要高于现代。而由《浦江县志》的记载也可以看
出,当时大小麦的收获日期已经大致与今天相仿,意味着这种转暖的迹象在嘉
靖初期就已经有所体现了。

　　该时期诗人的描述也反映了冬麦的收获期是在农历四月份,如绩溪人胡松
作《刈麦歌》:"江南四月二麦黄,妇姑行饭丁男忙。上者阜积禾斯箱,下者落落
缠盈筐。"④当然,也有描写四月仍未收获的诗句,施峻在《沈惟远同年牡丹宴
集》中就写道:"四月江村麦未黄,牡丹庭院自芬芳。芳霞生粉靥凝春,思云叠香
罗开晓。"⑤这里就可能存在两个原因:其一,这里的四月很可能是月初,与我们
所说的月底还是有一段时间间隔;其二,此诗描写的可能是特定年份的情况,不
排除温暖期内有寒冷事件发生的可能。

---

① 嘉靖《宁波府志》卷 28《传》4。
② 嘉靖《浦江志略》卷 2《土产》。
③ 宛敏渭:《中国自然历续编》,科学出版社,1987 年,第 197—198 页。
④ 胡松:《胡庄肃公文集》卷 8。
⑤ 施峻:《㻏川诗集》卷 7。

　　笔者还从具体的年份中证实当时气候要暖于现代。嘉靖三十四年（1555）四月金山地区遭遇倭寇侵袭，于是"移文各县，备干粮及役夫往金山刈麦，以便擒贼。十七日发刈麦夫二百名及黏米二十石、面二百斤送金山"①。嘉靖三十四年四月十七日转换为格利高里历为 1555 年 5 月 7 日，今上海小麦收获期为 5 月 30 日。②考虑到记载中是"发刈麦夫"，当于麦子收获日期有一定间隔，但间隔肯定不会太长，2—3 天应该是合适的；因无法辨识资料中"麦"的种类，笔者只好作最保守估计，即假设此处收麦为大麦（因大麦收获期要早于小麦收获期），减去最多 15 天的间隔期，当时大麦的收获期要比现代至少提前 5 天。这虽然只是代表当年的冷暖情形，但是笔者认为这正是当时温暖环境下的反映。

　　以上笔者建立了嘉靖年间（初期、中期和后期）冬麦的播种期和收获期所反映的气候冷暖的时间序列，可以看出，嘉靖年间的气候要稍暖于现代气候，并且这种温暖的气候一直持续到明末。

　　万历元年（1573）夏四月初四（阳历 5 月 4 日）王世懋曾游京口，作《京口游山记》描述了当时的所见："嫩葭麦黄，错杂锦色，俄睹碧柳尽插波间……"③麦粒成熟的过程有三个时期，即乳熟期、蜡熟期和完熟期。蜡熟期又称为黄熟期，此时麦粒变成黄色，约需 5—10 天，上文提到冬麦的最佳收获期就是在蜡熟期。再考虑到小麦与大麦收获期的间隔，该年京口地区小麦的最迟收获期是在 5 月 30 日，比现代要提前一个星期。

　　万历十四年（1586）纂修的《绍兴府志》物产中记载，"大麦，秋种，立夏前熟"、"小麦，小满前熟"，并详列了大、小麦的品种。④资料中虽有大小麦完整的生长期，但是其播种期太过模糊（秋种），根本无法利用，故只能利用其收获期进行论证。今绍兴地区小麦收获日期为 5 月 21 日，⑤立夏在公历 5 月 5 日或 6 日，小满在公历 5 月 21 日或 22 日，其大小麦收获期的间隔也恰好是 15 天。因大小麦的收获分别是在立夏、小满前，所以，其指示的气候状况还是稍暖于现代。

　　万历二十四年（1596）纂修的《秀水县志》载："正月酿土窖，粪条桑。二月治

①　采九德：《倭变事略》卷 3。
②　宛敏渭：《中国自然历续编》，科学出版社，1987 年，第 183 页。
③　王世懋：《王奉常集》卷 10。
④　万历《绍兴府志》卷 11《物产志》。
⑤　张福春：《中国农业物候图集》，科学出版社，1987 年，第 24 页。

春岸。三月选种,立夏莳秧。四月刈麻麦,遂垦田或牛犁,已而插青,用桔槔灌田,旱入涝出。"①说明当时冬麦的收获期仍然是在农历四月份,与现代相差无几。

万历后期嘉定人唐时升(1551—1636)曾作《舟中即事十二首》,其一便是:"立夏已过十日强,徐州二麦半苞。吴人四月食新惯,处处村原饼饵香。"②此诗前半联虽是作者路过徐州所见有感而吟,但是后半联对吴人习俗的描述,反映了较长时期的一种情况。从中可以看出吴地冬麦的收获期依然是在农历的四月。而申时行(1535—1614)也有《麦浪》诗一首:"芃芃秀色挺来牟,片片黄云似水流。风作跳波时隐见,雨添新涨乍沉浮。晴畦锦漾千层谷,寒陇涛声四月秋。"③

万历三十六年(1608)江南大水,从时人对水灾发生的描述中也透漏出一些有用的信息。"姑不暇远举,即如嘉靖之四十年,隆庆之三年,万历之七年、十五年,皆号称稽天巨浸,与浙水比灾者也。然水之来也,胥在五月以后,民间麦秋已登,麻菽盈笤,韭菜既实,衰草又收,岁功已获其半矣……今年之水,起自四月初旬,延绵至五月下旬,淋漓者五十日,泛滥至一丈余,维时麦将黄而未刈,韭将实而未收,麻菽与苹藻俱浮,豆苏共漂蓬同腐,三农春熟扫地无余。"④从文中的描述可以看出,诸如万历七年、十五年等的水灾是发生在五月份以后,当时冬麦就已收获了,所以并未造成较大的损失,也可以证明当时冬麦的收获期是在四月份。

《沈氏农书》是清初张履祥校定,连同张氏自己编著的《补农书》合并刊行。《沈氏农书》的著者沈氏已失名,就连张履祥在介绍《沈氏农书》时也只称为涟川沈氏。目前只知道该书写成于崇祯末年,反映了明末太湖地区农业经济与农业技术的具体情况。⑤《沈氏农书》分为《逐月事宜》《运田地法》《蚕务》《家常日用》四个部分。其中《逐月事宜》记录的是每月的农事安排,《运田地法》则是介绍有关利用土地的方法。这两部分中有许多物候信息可以提取,以反映当时的气候状况。《逐月事宜》载:"四月,立夏,小满。天晴……收菜麦,种芋芳秧(带露),

---

① 万历《秀水县志》卷1《舆地·风俗》。
② 唐时升:《三易集》卷6。
③ 申时行:《赐闲堂集》卷4。
④ 道光《震泽镇志》卷3《灾祥·庄元臣上巡抚救荒议》。
⑤ 张履祥辑补,陈恒力校释,王达参校、增订:《补农书校释》(增订本),农业出版社,1983年,第1—3页。

做秧田,下谷种。"可见冬麦收获期依然是在四月,较《种树书》和《便民图纂》冬麦收获期在五月已经有较大提前。至于提前到何种程度,再结合下则资料一并分析。《运田地法》中有插秧的记载:"种田之法,不在乎早。本处土薄,早种每患生虫。若其年有水种田,则芒种前后插莳为上;若旱年,车水种田,便到夏至也无妨。"①可知当时插秧的时间是在芒种、夏至之间,而下种到插秧大约需要一个月的时间,也就是说,"下谷种"应该在立夏至小满节气前后。《逐月事宜》载"收菜麦"后"下谷种",可知冬麦的收获期在立夏至小满节气内。另外,据研究认为,《沈氏农书·运田地法》很可能摘引了万历年间李乐修的《乌青志》中的内容。至于从李乐编纂《乌青志》的过程来看,显然不同于沈氏本人之从事农业经营,因而李乐所记述的可能即是当地农民行之有素的经验。而沈氏所添加的都是他自己的实际经营心得,起到了注释和补充《乌青志》的作用。②如果真是这样的话,那么它同样反映了万历年间该地区的气候状况。这与上文对万历年间的分析结果是一致的。

明末嘉善人陈龙正曾说:"浙西八月禾稻正秀,非种麦之时。近王子房治河内有种冬谷法,冬至日以上好谷种置磁缸中,用稀布包口,倒埋地下约数尺,令得子半元阳之气,隔十四日取出,大寒日播种,春到而出,五月而熟,既得早食其利,又不忧水涝蝗蝻,真奇方也。但东南下麦种每在十一、十二月,至四月终。随下谷种,十月稻,一岁二熟,夏麦冬稻,率以为常。今若种冬谷,则不得复种麦,应于五月谷之后随种晚稻,一岁二熟,皆稻。"③今嘉善地区小麦收获日期大约在 5 月 28 日左右,④与陈龙正所说的"四月终"大致相仿。

以上运用冬麦的收获期与气温的关系对嘉靖至崇祯年间的气候冷暖进行了分析,因所用资料均能指示一段时间内的气候状况,所以,在时间上能够构成连续的序列,完全可以证明嘉靖以后直至明代末年,气温一直是比较温暖的。

三、清初至 18 世纪长三角地区的气候变化

清初人张履祥有《补农书》,成书于顺治十五年(1658),其中也含有冬麦收获期的信息。在《荐新蔬果》条目下有"六月,麦登"。所谓"荐新"是指每收获一

---

① 张履祥辑补,陈恒力校释,王达参校、增订:《补农书校释》(增订本),农业出版社,1983 年,第 29 页。
② 游修龄:《〈沈氏农书〉和〈乌青志〉》,《中国科技史料》,1989 年第 1 期。
③ 陈龙正:《救荒策会》卷 4。
④ 张福春:《中国农业物候图集》,科学出版社,1987 年,第 24 页。

种新产品时向祖先上供。陈恒力等认为此处的"六月,麦登"是指小麦在五月收,六月荐新。①即便如此,已经比《沈氏农书》四月收菜麦晚了一个月。联系到上文讲到的顺治十一年(1654)的大寒,"自顺治十一年甲午冬,严寒大冻。至春,橘、柚、橙、柑之类尽槁,自是人家罕种,间有复种者,每逢冬寒,辄见枯萎"②。柑橘种植的萎缩,说明顺治中期以后气候转冷,导致冬麦收获期推迟。

现存清代档案中有大量的"雨雪粮价折"(又称之为"粮价雨水折"),其中包含有降水、收成、粮价等诸多信息,对于研究清代的气候变化、农业收成、粮价波动以及三者之间的关系均具有重要价值,利用这部分资料进行粮价和气候研究已经取得了非常大的成就,相关学者已对此进行过评述,③但对其中的农业收成研究尚未引起足够的重视,其中蕴含大量的气候信息可以重建 18 世纪的气候变化序列。

1. 清代的农业收成分数奏报制度

康熙皇帝十分关心各地的农业生产及田禾情形,于是才有了后来的雨泽、粮价、收成奏报制度。目前所见清代文献中最早提及收成分数的记载出现在康熙十八年(1679),是年八月,刑部郎中索尔孙自江南恤刑回京,康熙问:"尔度稍熟地方,可收获几分? 被灾甚者,岂竟无一分耶,或仍有薄收否耶?"索尔孙回奏:"稍熟地方,约有四、五分收成;被灾甚者,幸或一、二分足矣。"④虽然康熙皇帝与索尔孙的问答提及了地方收成的分数,但显然此时尚未制度化,与后来的收成分数尚有较大差异,但显示出收成分数奏报制度的滥觞。

据穆崟臣研究认为,从康熙三十年(1691)起,各省收成分数的奏报逐渐制度化。其奏报的程序一般是按县—府—省—中央逐级奏报,在由直省呈报至中央的过程中,实际上又分为两种渠道:一是督抚(有时为布政使、按察使)把所属府州县约收分数缮折奏报,这种方式呈递的对象是皇帝;一是督抚(后来除不设巡抚的直省由总督或是将军,其余由巡抚)把所属实收分数题报,此种途径的上

---

① 张履祥辑补,陈恒力校释,王达参校、增订:《补农书校释》(增订本),农业出版社,1983 年,第 158 页。
② 叶梦珠:《阅世编》卷七《种植》,中华书局,2007 年,第 190 页。
③ 关于粮价的研究见朱琳《回顾与思考:清代粮价问题研究综述》,《农业考古》2013 年第 4 期;关于气候的研究见杨煜达、王美苏、满志敏《近三十年来中国历史气候研究方法的进展——以文献资料为中心》,《中国历史地理论丛》,2009 年第 2 期。
④ 《康熙起居注》,中华书局,1984 年,第 425 页。

报对象为户部,户部需在各省收成均题报上来之后,汇总奏报。①

直省题报夏秋收成分数的日期也有明确规定,乾隆元年(1736)议准:"督抚奏报年岁收成分数,除随时具折奏报外,例将通省夏收、秋收分数,分缮两本具题,下部科察核。据奉天题报,麦收分数于七月内,秋收分数于十月内;山东题报,麦收分数于七月内,秋收分数于九月十一月内;江南、安徽所属题报,夏收分数于六月内,秋收分数于十月内;浙江题报,夏收分数于五月内,秋收分数于十一月内;陕西、甘肃所属题报,夏收分数于八月内,秋收分数于十月内;西安所属题报,夏收分数于六月内,秋收分数于十月内;直隶题报,夏收分数于六月内,秋收分数于九月十月内;福建题报,夏收分数于五月内,秋收分数于八月九月内……"②但由于清代疆域广阔,各地气候不尽相同,作物种植结构也随地各异,这样的规定有些僵硬,后来根据实际情况作出一些调整。如湖广总督德沛奏报:"楚省早稻汇报于六月,晚稻汇报于八月,或有一二州县呈报稍迟,然总不出七九月之上旬,缘相沿既久,每岁定以为成规……臣请嗣后题报收成分数,总期确实,不必局定从前起限,则时日既得宽裕,颗粒俱属登场,视其多寡,定其收成,俾官免回护之愆,岁无欺隐之报矣。"③

总之,清代的收成奏报制度确保了大量收成信息的遗存,便于从中提取有用的气候信息来重建该时期的气候变化。

2. 奏折档案中的冬麦收获期的提取

作为一项奏报制度,康熙年间开始在全国逐渐实施,并一直持续到清末,可以从中提取有用的气候信息重建当时的气候变化。根据冬麦收获期与气温之间的关系,我们提取档案中的冬麦收获日期,建立冬麦收获期的物候序列来反映气候变化。按照气候信息提取的三要素即时间、地点和气候(物候)事件,对档案中的冬麦收获期进行了提取,主要集中在今杭州、苏州、南京等地,完全可以反映长三角地区的气候变化情况。

第一,时间上,优先选择有确切日期的信息,对于模糊的时间因其指示意义进行筛选。无论是朱批奏折还是录副奏折基本上都会标注上奏日期,可以根据

---

① 穆崟臣:《清代收成奏报制度考略》,《北京大学学报》(哲学社会科学版),2014 年第 5 期。
② 乾隆《大清会典则例》卷 37《户部·田赋四》。
③ 乾隆三年八月十四日,湖广总督德沛奏为题报收成分数总期不必定从前期限事,朱批奏折,档案号:04-01-22-0004-001。

奏折日期来确定奏折内容所描绘的冬麦收获期。但也有一些日期的确定需要从内容中提取，如康熙四十三年（1704）五月二十日曹寅的《奏报江南收成并请安折》中上报了江南小麦的收获："江南全省今年大麦已经全收，小麦江以北有九分、十分收成不等，江以南只因五月初九日大雨，至十三日方晴，不曾打晒上垛者，少为伤损，今合计收成共有七分。臣寅身往苏州会议，一路目及自常州以北皆如此。"但却不能就此判定冬麦的收获期为五月二十日，因为下文中明确说"自常州以南地洼下水已平岸，不曾入田，麦只割得一半，其余因雨淖不得割，尚在田中。"①也就是说五月初九日常州以南的地区已经进入小麦收获期。

对于一些没有确切日期的信息，笔者依然要进行提取。康熙四十一年（1702）五月，苏州织造李煦在给康熙皇帝的密折中就冬麦收获的奏报："苏州地方，菜麦已经收割，梅雨亦复沾足。现在插莳秧苗，百姓欢悦。"②本档案明确表示菜麦在苏州已经收获。康熙四十一年五月转化为公历日期为1702年5月27日至6月24日之间，由于该档案没有明确的日期，所以只好作估计，以五月二十日计当为1701年6月15日，再加上10天左右收获时间（"割麦如救火""麦老要抢"等农谚表明冬麦的收获期很短，江浙地区一般在10天左右，如两江总督噶礼在康熙四十九年（1710）四月二十日的奏折中称："可自四月二十七、八日始收割，麦子于五月初八、九日亦可收割。"③及至六月初一日的奏折中称："大麦于五月初七、八日割完，麦子亦于五月二十一、二日割完。"④再如康熙五十年［1711）曹寅在四月初二日的奏折中称"江南大麦收割，小麦垂熟，春田丰足"⑤，两江总督噶礼在五月初一的奏折中称"大麦于四月初十日以内俱已割完，麦子于五月初旬割完。"⑥无论大麦还是小麦的收获期均长达10天左右，而大麦与小麦收获期的间隔在12—20天），即向前推10天，为6月5日，今苏州小麦收获期为6月1日，推迟4天。

康熙四十四年五月，李煦奏报："苏州地方，二麦大收，现今梅雨沾足，插莳秧苗，预卜丰年景象，万民无不欢庆。"⑦康熙四十四年五月为公历1705年6月

① 康熙四十三年五月二十《曹寅奏报江南收成并请安折》，易管：《江宁织造曹家档案史料补遗（上）》，《红楼梦学刊》，1979年第2辑。
② 故宫博物院明清档案部编：《李煦奏折》，中华书局，1976年，第20页。
③ 中国第一历史档案馆编：《康熙朝满文朱批奏折全译》，中国社会科学出版社，1996年，第670页。
④ 中国第一历史档案馆编：《康熙朝满文朱批奏折全译》，中国社会科学出版社，1996年，第681页。
⑤ 易管：《江宁织造曹家档案史料补遗（上）》，《红楼梦学刊》，1979年第2辑。
⑥ 中国第一历史档案馆编：《康熙朝满文朱批奏折全译》，中国社会科学出版社，1996年，第718页。
⑦ 故宫博物院明清档案部编：《李煦奏折》，中华书局，1976年，第25页。

21 日至 7 月 20 日,在这个时间区域内苏州地区无论是大麦还是小麦早就过了收获期,所以根本没有物候指示意义。此年江宁巡抚宋荦奏报中称:"臣属地方今岁菜麦茂盛,业蒙圣鉴,今已收获,江宁、苏州、松江、淮安四府属有九、十收成,常州、镇江、扬州、徐州四府属有八九分收成。"[①]以地处长三角地区北缘的扬州在闰四月下旬也已经收获完成,以闰四月二十日计,为 6 月 10 日,向前推 7 天,为 6 月 3 日,扬州今收获日期为 6 月 7 日,提前 4 天。

第二,地点上,优先选择有明确地点的信息,对不明确的地点进行考证后提取。

康熙四十三年五月二十日,江宁织造曹寅奏折中称:"江南全省今年大麦已经全收,小麦江以北有九分、十分收成不等,江以南只因五月初九日大雨,至十三日方晴,不曾打晒上垛者,少为伤损,今合计收成共有七分。臣寅身往苏州会议,一路目及自常州以北皆如此。"因江南地域广阔,曹寅所指"不曾打晒上垛者,少为伤损"的小麦是南京、苏州还是其他地方,尚不得而知。但其后则说:"自常州以南地洼下水已平岸,不曾入田,麦只割得一半,其余因雨淖不得割,尚在田中。"[②]可知,常州在五月初九日小麦已经收割一半,只因阴雨阻滞了收获进程,所以其地点完全可以定在常州。

但也有一些地点是在档案内容中没有提及的,需要从其他方面进行判断。如乾隆五十八年(1793)五月四日浙江省的奏折称:"浙省本年春雨优沾,二麦畅茂,交四月后次第成熟,先后登场,统计约有八分有余。"[③]虽然内容描述的是整个浙江省小麦收获后的情形,但是奏报者为杭州织造,驻扎在杭州,其描述的当为杭州冬麦收获情况,况且杭州地处浙江省北缘,按照冬麦收获日期分布的规律,也基本上是最后收割的地点。所以此则档案中虽然没有明确的地点,但依然可以推论,在五月四日杭州冬麦已然收获完毕。

第三,物候事件上,优先选择描述冬麦收获状态的信息。

据穆崟臣研究认为:收成分数的奏报,先根据直省的雨雪情况及麦子(以山东省为例)的生长情况,奏报约收情形,等到二麦收获登场后再呈报收获确切分

---

① 中国第一历史档案馆编:《康熙朝汉文朱批奏折汇编》(第 1 册),档案出版社,1984 年,第 149 页。

② 康熙四十三年五月二十日,《曹寅奏报江南收成并请安折》,易管:《江宁织造曹家档案史料补遗(上)》,《红楼梦学刊》,1979 年第 2 辑。

③ 乾隆五十八年五月四日,杭州织造全德奏报二麦蚕丝收成分数事,录副奏折,档案号:03-0851-037。

数。①事实确实如此,档案中有大量的资料可予证明,如乾隆四十九年(1784)浙江巡抚福崧在奏折中称:"春花成熟例应将约收分数恭折奏报。"②嘉庆六年(1801)江苏巡抚岳起在奏折中也称:"每年二麦成熟则例应将通省约收分数恭折奏报。"③可见,在清朝的约收分数奏报是一项定例。

无论是约收分数还是确收分数的奏报,均与冬麦收获期相差一个阶段,前者相当于提前预报收成,所以在时间上有所提前,不能以约收分数奏报的时间认为是二麦收获完毕的时间。如康熙四十一年五月十七日(1702年6月12日),两江总督阿山称:"据各地续查报麦收分数:安庆、庐州、凤阳、滁州、和州等府州属地,皆收八九分不等;徽州、宁国、池州、太平、广德州等府州属地,皆收八九十分;江宁、苏州、松江、常州、镇江等各府属地,皆收八九分十分;淮安、扬州、徐州等府州属地,亦收七八九分。"不能据此认为此时上述各地的小麦已经收获,因为这只是在麦收之前的约收分数,而实际情况则是"今一面收麦,一面插秧"。④

后者相当于延后申报收成,所以时间上有所延迟。因此二者均要根据描述状态进行适当的推算。冬麦从黄熟期到收割期大约有一周时间,文献中也明确说明这一点,两江总督噶礼在康熙四十九年(1710)四月二十日的奏折中称:"现在大麦黄熟,有采食者,可自四月二十七、八日始收割。"⑤即从收割到登场大致需要7天时间。康熙四十七年(1708)江宁织造曹寅曾于四月初一日、四月十六日两次上报江宁地区的冬麦收成状况。在四月初一的奏折中称:"目下大麦已收成,小麦亦收成在即。"⑥四月十六日的奏报中称:"江宁大麦收成已久,小麦亦收成大半,连日因雨水略多,未能收割全完。"⑦比较两则资料,前者在小麦收获状态上并不确切,所谓"收成在即"到底还需要多久?而后者则明确表明小麦在收割状态中,比较明确。所以在资料的选取上选择后者更容易判别物候期。

---

① 穆崟臣:《清代收成奏报制度考略》,《北京大学学报》(哲学社会科学版),2014年第5期。

② 台北故宫博物院:《宫中档乾隆朝奏折》(第60辑),台北故宫博物院出版,1982年,第55页。

③ 嘉庆六年五月二十七日,江苏巡抚岳起奏报苏省二麦约收分数事,朱批奏折,档案号:04-01-25-0362-019。

④ 中国第一历史档案馆编:《康熙朝满文朱批奏折全译》,中国社会科学出版社,1996年,第265页。

⑤ 中国第一历史档案馆编:《康熙朝满文朱批奏折全译》,中国社会科学出版社,1996年,第670页。

⑥ 康熙四十七年四月初一日,《曹寅奏陈总督巡抚所籴时价折》,易管:《江宁织造曹家档案史料补遗(上)》,《红楼梦学刊》,1979年第2辑。

⑦ 康熙四十七年四月十六日,《曹寅奏报籴米已完恭进麦样折》,易管:《江宁织造曹家档案史料补遗(上)》,《红楼梦学刊》,1979年第2辑。

3. 18世纪长三角地区冬麦收获期序列的建立和分析

清代的农业收成奏报制度虽然一直持续到清末,但由于档案记录本身的问题,有确切连续收获日期的农业收成奏报档案只维持到乾隆末年,因此只能提取相关信息重建18世纪的冬麦收获期序列。

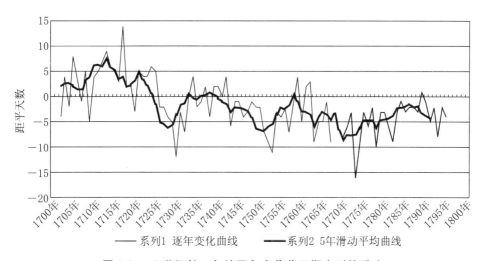

图 2.2 18世纪长三角地区冬麦收获日期序列的重建

现代气候研究认为18世纪整体虽然偏暖,但冬季气温依然要比现代低。[1]通过冬麦收获日期序列的重建可以看出(图2.2),18世纪的气候总体上比现代偏冷,冬麦收获日期比现代推迟2天左右,再次证实了这一观点。但如果再详细区分,重建冬麦收获日期序列可以明显地分为两个阶段:第一阶段为1702—1725年,整体偏暖,正距平天数在4天左右,也就是说这20余年冬麦的收获日期要比现代提早4天左右;第二阶段为1726—1795年,整体偏冷,负距平天数在3天左右,也就是说这70余年冬麦的收获日期要比现代推迟4天左右。

《畏斋日记》中记录了婺源地区1699年至1706年的天气状况,对了解该时期的气候变化提供了帮助,其中尚有大量感应记录均能反映当时的暖冬现象。康熙四十年(1701)"总计是年人安物阜,五谷如常,唯冬间少雪,未甚寒耳";康

① 龚高法、张丕远、张瑾瑢:《十八世纪我国长江下游等地区的气候》,《地理研究》,1983年第2期。

熙四十一年（1702）"冬间未雪，亦不甚寒，此则来岁之忧也"；康熙四十三年（1704）"冬间少雪不寒"。[①]朱晓禧通过《畏斋日记》的分析认为，1700—1703 年冬季气温相对高，有明显暖冬现象。[②]其实，不仅是 1700—1703 年，在经历了 17 世纪后期的严寒后，长江下游地区的温度开始回升，及至康熙后期，甚至超过了现代气温，持续了 20 余年。目前研究中尚未对此进行识别，本节通过冬麦收获期的提前证实了该温暖期的存在。除此之外，尚有其他证据证明康熙后期温度偏暖，康熙后期（如 1713 年）李英贵带着耐寒早熟的稻种"御稻米"到苏南试种双季稻，并取得了成功，[③]也说明该时期是比较温暖的。

总之，本节冬麦收获日期反映的 18 世纪 30 至 90 年代的偏冷期与龚高法等人研究有所不同。龚高法等研究认为杭州 18 世纪终雪期比现代早 13 天，苏州早 8 天，南京早 7 天，表明 18 世纪 20 至 70 年代长江下游春季来临比现在早 7—13 天。但本节研究显示，该时段冬麦收获日期比现代推迟，究竟是不同代用资料的气候指示意义的差异，还是其他原因尚不得而知，需要进一步研究。

四、结论

上文主要拟用物候学方法，同时参考作物栽培学和农业气象学的相关知识，根据不同资料来源的冬麦收获期所能指示的气候意义，建立了该要素在某一时段内的连续物候序列，以反映明代至清初长江中下游地区的气候冷暖变化情况：明洪武初期，弘治、正德年间均为寒冷期；而嘉靖至清顺治初年则一直处于温暖期，其温度状况稍高于现代。顺治中期以后气候转冷，一直持续到康熙中期。

利用清代档案中的收成记录，提取长三角地区的冬麦收获期，重建了 18 世纪长三角地区的冬麦收获日期序列，分析认为虽然整个 18 世纪整体偏冷，但可以分为两个阶段：1702—1725 年整体偏暖，这 20 余年冬麦的收获日期要比现代提前 4 天左右，并且，这一结论得到了其他物候证据的支持；1726—1795 年整体偏冷，这 70 余年冬麦的收获日期要比现代推迟 4 天左右。

---

① 詹元相：《畏斋日记》，中国社会科学院历史研究所清史研究室编：《清史资料》（第 4 辑），中华书局，1983 年。

② 朱晓禧：《清代〈畏斋日记〉中天气气候信息的初步分析》，《古地理学报》，2004 年第 1 期。

③ 满志敏：《中国历史时期气候变化研究》，山东教育出版社，2007 年，第 432—440 页。

第三节　明代中后期（1450—1649）春季物候序列与气候变化

我国历史文献中虽含有大量的物候信息,但因资料性质的差异,其物候记录指示的气候意义也就不一。农书、地方志、医书等文献中的物候记录多代表一地物候的多年平均状态,分辨率较低,反映年代际的气候变化;文集、日记等文献中的物候记录大都气候指示意义较短,时间尺度一般为单年或单季,多反映年际间的气候变化,连续的记录也仅能反映数十年的气候状况。[①]如果对文集、日记中的物候记录进行整合,则可以建立较长的物候序列,反映气候的长期变化特征。因文献数量太多,且散落各地,系统收集此类资料难度较大,此前利用日记资料只建立了北京 1850 年以来春季物候的逐年变化序列[②]和长江中下游春季物候序列[③],后者的分辨率只有 10 年,且只有 1580s—1730s、1760s—1810s 及 1830s—1910s 等时段。近来,郑景云等对清代日记中查阅的春季物候记录以及档案中的雨雪日数等物候证据进行整合,建立了长三角地区过去 150 年和华中地区 19 世纪以来逐年的春季物候序列,[④]大大提高了利用物候重建温度序列变化的分辨率,在利用文献重建温度变化方面具有重要意义。

明代文集和日记中含有大量的气候信息,而这部分资料尚未得到足够的关注。本节主要从明人文集和日记等资料中搜集和提取春季物候证据,建立 1450—1649 年长江中下游地区逐年的春季物候变化序列,尽可能对明代长江

---

① 朱晓禧:《清代〈畏斋日记〉中天气气候信息的初步分析》,《古地理学报》,2004 年第 1 期;方修琦、萧凌波、葛全胜等:《湖南长沙、衡阳地区 1888—1916 年的春季植物物候与气候变化》,《第四纪研究》,2005 年第 1 期;萧凌波、方修琦、张学珍:《〈湘绮楼日记〉记录湖南长沙 1877—1878 年寒冬》,《古地理学报》,2006 年第 2 期。

② 龚高法、张丕远、张瑾瑢:《北京地区自然物候期的变迁》,《科学通报》,1983 年第 24 期。

③ Hameed S, Gong Gaofa. Variation of spring climate in lower-middle Yangtse River valley and its relation with solar-cycle length. *Geophysical Research Letters*. 1994, 21(24):2693—2696.

④ 郑景云、葛全胜、郝志新等:《过去 150 年长三角地区的春季物候变化》,《地理学报》,2012 年第 1 期;郑景云、刘洋、葛全胜等:《华中地区历史物候记录与 1850—2008 年的气温变化重建》,《地理学报》,2015 年第 5 期。

中下游地区的气候冷暖变化有一个比较清晰、可靠的认识。为确保研究的科学性，在建立春季物候序列之前，对物候证据提取的原则、具体的考证和提取过程、建立物候序列的方法进行介绍，最后建立春季物候序列并进行分析。

一、春季物候信息的提取原则

由于春季物候资料是取自历史文献记载，如古代天气日记、笔记、诗文集、农书、县志等。显然，古代文人在记载当时各种物候现象时，在品种的鉴定、物候期记载标准、地形条件等方面，不像现代物候观测那样严格地按照统一标准进行观测和记录，因此在利用古代物候资料时必须要对资料进行仔细分析和审核，这是物候学研究方法中非常重要的工作。[1]此外，由于资料性质的差异，其物候资料如何进行取舍、整合等，也是需要探讨的问题。为确保本研究的科学性和可靠性，有必要首先对本节中春季物候信息提取的原则进行说明。

1. 植物生长地点的选取

同一种植物品种的物候期随地区而不同，在平原地区主要随纬度、经度和海拔高度而变化。最明显的莫过于白居易的《大林寺桃花》："人间四月芳菲尽，山寺桃花始盛开。长恨春归无觅处，不知转入此中来。"其中体现出来的因海拔高度而产生的物候差异竺可桢先生有详细分析，此处不再赘述。[2]在明代文献中也会经常出现类似的情况，如宋濂有《桃花涧修禊序》云："浦江县东行二十六里有峰耸然而葱茜者，玄麓山也。山之西桃花涧水出焉。乃至正丙申三月上巳郑君彦真将禊事于涧滨……夹岸皆桃花，山寒花开迟，及是始繁。"[3]另外，还有海陆性质不同造成物候期的差异，经度偏东，临近海洋，受海洋影响，沿海地区春季物候要比内陆偏迟。如吴维岳作《东莱署中酌杏花前》："海上花迟露气凉，一枝春色对芳殊。秦桥汉畴无消息，却道神仙托醉乡。"[4]正因为如此，现代物候观测规定："观测地点要有代表性，必须考虑到地形、土壤、植被等情况，尽可能选在平坦或者相当开阔的地方。"[5]这样观测到的植物物候才能够代表该地区大气

① 龚高法、张丕远、吴祥定等：《历史时期气候变化研究方法》，科学出版社，1983 年，第 150 页。

② 竺可桢、宛敏渭：《物候学》，科学出版社，1975 年，第 39—40 页。

③ 宋濂：《文宪集》卷 6。

④ 吴维岳：《天目山斋岁编》卷 20。

⑤ 宛敏渭、刘秀珍：《中国物候观测方法》，科学出版社，1979 年，第 42 页。

候的状况而较少受局地性中小气候的影响。如天顺三年(1459)魏骥在萧山家居,清明去山中扫墓,见到"夭桃红点点",此时物候期已然晚了 5—10 天,就是因为在山中,所以笔者不会选用这则资料。而实际上,同年作者还记述了红梅的始花期却提前了 8 天。①

在历史文献中的物候信息并不像现代植物观测般科学,笔者的原则是尽可能避免引用诸如因纬度、经度和海拔造成的物候期差异的资料;但如实在无法避免,就根据物候期地理分布规律,②推算出物候期的近似日期。

2. 植物品种的鉴定

属于同一属的不同品种,其物候期可能有一定的差别。以杭州地区为例,山桃和毛桃同为桃属,但其开花始期可相差 20 天左右;再以北京地区为例,同为柏属的侧柏和桧柏,开花始期相差 5 天左右。然而在历史文献中常常只记属名而不表明种名。例如,前文中引用的明人卓发之的一首诗《早春雨后晓过燕子矶》,诗中有"荻笋碧如眉,柳丝黄若袄。桃蕊绽似姑,杏花放如嫂"③,用拟人的手法描绘燕子矶的春色,但是其中桃花、杏花的绽放确是不争的事实。现代南京有两种桃树,一种是山桃,另一种为毛桃,两种桃花的始花期并不相同。卓发之诗中描述的"桃"究竟为何种,诗中没有明确交代,故在比较古今物候之前需要作探讨,以确定桃花的种属。前文已经根据植物的区系分布和物候的顺序性对"桃蕊绽似姑"作出判断,不再说明。

但也有一些是笔者暂时无法判定的,如贝琼有诗《洪武八年三月……为赋长谣以纪山川风景云》:"三月金陵别,匆匆催夜发。无处不伤春,杨花半江雪。"④今南京有两种杨树:一种为毛白杨,开花盛期为 3 月 31 日;另一种为枫杨,开花盛期为 4 月 5 日。但该诗没有具体日期,采取保守方法以三月初一日算应为 1375 年 4 月 2 日,仅仅根据此则资料尚不能确定诗中描述属何种杨树。所以,对于这样的物候信息我们只能根据其他资料再作判定。当实在无法确定时,只好不予采用。

---

① 魏骥:《南斋先生魏文靖公摘稿》卷 9。
② 龚高法、简慰民:《我国植物物候期的地理分布》,《地理学报》,1983 年第 1 期。
③ 卓发之:《漉篱集》卷 1。
④ 贝琼:《清江诗集》卷 5。

3. 植物物候期描述的选定

每种植物的一个发育期都不可能在一天内完成，而且各个品种同一发育期持续的时间也是不同的。因开花期在植物发育过程中最为明显，因此以植物开花期为例，加拿大杨、侧柏、桧柏等树种花期持续 3—5 天，山桃、榆树等花期持续可达一周以上。因此，必须规定植物开花始期、盛期、末期的标准。按照《中国物候观测方法》规定，木本植物开花期的标准是：在选定同种的几株树木上，看见一半以上的树有一朵或同时有几朵花的花瓣开始完全开放，即为开花始期；如只可观测一株，有一朵或同时有几朵花的花瓣开始完全开放，即为开花始期。在观测的树木上有一半以上的花蕾都展开花瓣，或一半以上的柔荑花序散出花粉，或一半以上的柔荑花序松散下垂，为开花盛期。在观测的树木上留有极少数的花，为开花末期。①而草本植物开花期的标准是：当植株上初次有个别的花瓣完全展开，为开花始期；有一半花的花瓣完全展开，为开花盛期；花瓣快要完全凋谢，植株上只留有极少数的花，为开花末期。②

显然，历史文献中不可能对此有如此科学的描述，但在气候变化研究过程中为了对比古今物候期的差别，必须对古代文献中的物候记录按现代观测进行审核。明人冯梦祯于万历三十一年二月（1603 年 3 月）在杭州游览，逐日记录下当时的天气和毛桃的物候期。"十一（3 月 23 日），早行，将至语溪而旦，晨雾，雾醒遂晴……风和日温，山水如画，间遇桃花参差略放，湖上可知已……十二（3 月 24 日），晴，西北风……历新、旧堤，岳祠，孤山，新堤桃花放者十三，旧堤数树而已……十三（3 月 25 日），晴，风……新堤桃花，视昨更放十之四，旧堤自二桥散步，过三桥而返，桃仅放十之一……十四（3 月 26 日），阴，雨……十五（3 月 27 日），阴，雨竟日……夜雨淋漓，彻明……十六（3 月 28 日），早至日中，细雨，下午雨止，渐有晴色而不果……两堤桃花亦烂熳矣。"③这段文字为逐日记载，较为详细，据此很容易就可以判定该年杭州毛桃始花期为 3 月 23 日，盛花期为 3 月 28 日。但文献中更多的是对物候期断断续续的记载，这就要通过不同词汇的表述来判定植物不同的物候期了。明代李日华的《味水轩日记》④记载

---

① 宛敏渭、刘秀珍：《中国物候观测方法》，科学出版社，1979 年，第 51—52 页。
② 宛敏渭、刘秀珍：《中国物候观测方法》，科学出版社，1979 年，第 57 页。
③ 冯梦祯：《快雪堂日记》卷 14 凤凰出版社，2010 年，第 194—195 页。
④ 李日华著，屠友祥校注：《味水轩日记》，上海远东出版社，1996 年。

了嘉兴 1609—1616 年间的天气和物候现象,以红梅为例,"放白""破萼""疏花点点"等词汇代表梅花处于开花始期;"盛开""开盛""烂然"等词汇可以代表正处于开花盛期;而"(花)狼藉""零落"等词汇则代表处于开花末期。其他文献中的各种植物物候期记载也可以按照这种方法对其开花期进行界定。

这里,笔者不妨再深入探讨一下各植物花期的特点。现代的物候观测是逐日的观测,始花期、盛花期和末花期是指刚刚开始的日期。始花期和末花期相对来说时间较短,文献中的描述也可以清晰分辨,但盛花期的辨识就要困难一些。文献中记载的往往是偶尔某一天植物开花时的状态,植物从步入盛花期开始到末花期要经历一个过程,在这个过程中都可以看作是盛花期,文献中对此的描述不会有明显的区别。如"盛开""烂然"等既可以指刚刚步入盛花期,也可以指即将步入末花期,期间的物候期差异较大。以毛桃为例,现代物候观测认为南京地区毛桃开花盛期是在 3 月 31 日,开花末期是在 4 月 8 日左右,[1]整个盛花期持续长达 8 天之久,所以不得不考虑因文献记载的判读而出现误差的情况。徐学谟曾作诗一首咏牡丹,《偕姚宋二山人过程园看牡丹》:"名尊宜争艳,邻家见早红。旋将花插鬓,谁解色为空。"其后又作两首诗,分别是《三月十五日四集伯隅园观牡丹》:"残春惜余景,衰发恋长林。树密溪堪染,花浓山更深。"和《立夏前一日李茂实进士邀赏牡丹集张唐诸文学》:"石栏沾雨后,芸阁看花时。色在心无染,香随酒更宜。"[2]通过诗中对牡丹的描述,不难发现第一首诗中的"邻家见早红"即指牡丹始花期,而后面两首诗中"花浓山更深"和"芸阁看花时"当指牡丹开花盛期,但是在三月十五日之前牡丹是否已经步入盛花期了呢?因文献中不是逐日记述,所以不能因为文献中没有记载就武断地否定这种可能性。

由此可见,植物盛花期的判定要比始花期的判定复杂得多。所以,在物候信息的提取过程中笔者优先考虑相对较容易判定的始花期而不是盛花期。如果是文献中记载的盛花期较现代盛花期提前,那么就不存在这种判定的困难,因为现代意义上的盛花期就是最早的一天;假如文献中记载的盛花期较现代盛花期延迟,那么还要考虑盛花期在时间上的间隔,综合其他物候记录进行识别。

4. 人为影响因素的分析

弘治末年,苏南地区有荔枝种植的记载,"弘治壬戌,沈石田有白垞顾氏种

---

① 宛敏渭、刘秀珍:《中国动植物物候图集》,气象出版社,1986 年,第 102、103 页。
② 徐学谟:《归有园稿》卷 2。

荔枝成树诗云：常熟顾氏自闽中移荔枝数本，经岁遂活。石田折枝验之，翠叶芃芃，然不敢信也。以示闽人，良是。因作新荔篇"①。其实顾氏移植的不仅有荔枝，还有龙眼，薛章宪记道："荔枝、龙眼远方之珍也，近出海虞尔。"②这些均为当时人的记载，资料的可靠性没有问题，但却不能据此推断当时荔枝已经向北推进至苏南地区，因为造成这种分布现象的限制因子并不是温度，而是人为因素的影响。对于人类影响的差异性原理和模式，满志敏师曾有专门论述。③所以，在提取时尽可能选取那些不受或少受人为影响的物候信息。

文献记载中较为典型的一种就是庭园或园林中梅树、毛桃、玉兰等植物的物候信息，诸如此类的情况肯定受到人类活动的影响，但是其程度有多大？是否还具备气候指示意义呢？明代士大夫致仕家居，多会购置园林别墅，其中广植树木、花卉，大建楼榭、池沼，以此想置身于闲旷之野，娱情于山水之间。这些园林别墅或在城市繁华之处，亦或在乡间空旷之野。时人何良俊曾描绘苏州地区的园林别墅道："凡家累千金，垣屋稍治，必欲营一园。若士大夫家，其力稍赢，尤以此相胜。大略三吴城中，园苑棋置，侵市肆民居大半。"④而在乡间营建园林的莫过于祁彪佳在绍兴的寓山别墅，所谓寓山只不过是祁彪佳家附近的一座小山丘，"予引疾南归，偶一过之，于二十年前旧情事若有感触焉，于是卜筑之兴"⑤。这些园林的面积大小不一，小者数亩，大者数十亩。如方凤在昆山的南园："惟南园之肇辟兮，广不愈乎数亩。"⑥后来再购置张氏园林却是"十亩芳园依古刹，四时好景供衰年。高峰特立云气绕，活水回抱天光连。入檐香雪讶梅落，遮户绿阴惊柳眠"⑦。山阴赵某有文园，"广袤二十余亩，田畴四绕"⑧。袁中道在公安的篔筜谷"周遭可三十亩"⑨。吴国伦在武昌的北园单是所植梅树就"花时如积雪数亩"⑩，可知其广袤。

① 谈迁：《枣林杂俎》中集。
② 薛章宪：《鸿泥堂小稿》卷3。
③ 满志敏：《用历史文献物候资料研究气候冷暖变化的几个基本原理》，《历史地理》第12辑，上海人民出版社，1995年，第22—31页。
④ 何良俊：《何翰林集》卷12。
⑤ 祁彪佳：《祁彪佳集》卷7。
⑥ 方凤：《改亭存稿》卷1。
⑦ 方凤：《改亭存稿》卷5。
⑧ 屠隆：《栖真馆集》卷20。
⑨ 袁中道：《珂雪斋集》卷12。
⑩ 吴国伦：《甔甀洞稿》卷46。

这些园林别墅中的梅树、毛桃、柳树、牡丹等植物虽然为观赏性花木,但园主对其的照料无非是浇水、除草之类,[1]一般没有特殊的照顾,它们均属于正常生长,所以完全可以根据其物候期推算温度状况。

5. 不同资料来源物候证据的提取

不同资料来源的物候信息,其指示意义也不同,本书第一章中笔者曾对农书、地方志、文集和日记中物候信息的分辨率等进行过相关分析。本节依据的主要资料是文集资料和日记资料,蕴含物候信息的气候指示意义较短,时间尺度一般为单年或单季,反映年际间的气候变化。所以,对二者的整合并不存在问题,但因性质的不同在其记录方面仍存在差异,进而也就影响到物候信息的提取。

整体来讲,日记资料中的物候信息要比文集资料中的物候信息更容易判读和提取,主要表现在三方面:

其一,地点相对固定。日记大多为著者长居某地后的日常生活记录,其地点相对固定,如冯梦祯的《快雪堂日记》大多记录作者在杭州生活的状况;李日华的《味水轩日记》则主要记录作者在嘉兴家居的状况;潘允端的《玉华堂日记》则是记录作者在上海时的状况;祁彪佳的《祁忠敏公日记》则主要记录作者在绍兴家居时的情况。而文集则不然,其作者大多为官员或文人,而这些文人或官员由于出游、仕途等多种原因不可能在一地长期滞留,常常是居无定所。吴县人徐有贞在《纪游》中写道:“我本江海人,生长在京国。少小远行游,年年走南北。”[2]钱薇在《行路难叹》中描写的出游情况更为频繁:“二月发蓟门,三月放淮槎,四月临江汉,五月驰湘车。”[3]这都道出了流动性的特点。

其二,时间相对明确。日记一般为逐日记载,有明确的日期记录,这对于植物物候期来说是至关重要的。如万历三十七年二月十日(1609 年 3 月 25 日)嘉兴“嘉树堂玉兰吐白”,万历三十七年十二月十三日(1610 年 1 月 17 日),杭州“溪路饶梅,时已着疏花点点。霜晓细香,暗扑人袖,风景良绝”。[4]顺治三年二月八日(1646 年 3 月 8 日)吴江县“桃花映陌,杨柳迎风”,顺治四年一月十五日

① 祁彪佳:《祁忠敏公日记》。
② 徐有贞:《武功集》卷 1。
③ 钱薇:《海石先生文集》之《承启堂稿》卷 1。
④ 李日华著,屠友祥校注:《味水轩日记》,上海远东出版社,1996 年。

(1647年2月17日)吴江县"景色如明丽，梅稍半已放白矣"。①而文集中一般没有明确的日期记载，需要通过相关的文本描述再进行转换，如孟月、仲月、季月，元日、人日、谷日、上元、花朝、上巳等。除此之外还有一部分是没有具体日期的，需要作保守估计。如袁华有《丁未纪事》诗一首描写1637年春昆山的风景，诗道："二月春城桃杏妍，黄花离落景萧然。"②该诗没有明确的日期，笔者只好作保守估计，即便是以二月末计（3月30日），其毛桃开花盛期才与现代相仿，所以当年物候期不会早于现代。再如沈周在《雨晴月下庆云庵观杏花赋此，明日老僧索作图连书之》（己亥）中写道："杏花初开红满城，我眠僧房闻雨声。"③该诗同样没有日期，但在其后却有一首《过长荡》诗，记雨晴后扫墓，《过长荡》作于己亥（1479）三月五日，所以《雨晴月下庆云庵观杏花赋此，明日老僧索作图连书之》一诗也应作于三月初五左右，以三月初一日（3月23日）计，当时杏花始花期比现代至少要晚6天以上。

其三，物候记录相对完整。日记资料因是连续的记录，能够对植物物候期有相对完整的过程记录。如上文提到过冯梦祯在《快雪堂日记》中有万历三十一年（1603）杭州毛桃始花期、盛花期的记录；再如李日华在《味水轩日记》中记录了万历三十七年一月六日（1609年2月9日）嘉兴"有梅大如拱柱者，蓓蕾千余，邀余往看"，等到二月四日又记载"梅盛开，纷如积雪，五六年来所仅见也"。不仅如此，日记中还有逐日的天气记载，记录了当时天气状况对物候的影响，使我们能更好地对物候期进行判读，如万历四十年十一月"前是煦暖，梅几吐白"，但到十二月朔日（1613年1月21日）突然"寒甚，始见坚冰"，使得将要开放的梅花"得寒又复葆固"，直到五日（1月25日）天气"晴暖如春"，红梅才又"破萼"。④在这一方面，文集中的物候记录要差一些，因为文集中的记录大多为著者一时兴起或偶尔所见时的记录，对植物物候期并没有一个完整的记录。

由于日记资料有以上三个特点，所以日记资料中的物候证据更容易判读和提取，但这并不意味着日记资料的价值就优于文集资料。首先，目前所存的日记数量远没有文集数量多，在没有日记资料的情况下笔者只能依靠文集资料，

---

① 叶袁绍：《甲行日注》，《中国野史集成》，巴蜀书社，1993年。
② 袁华：《耕雪斋诗集》卷11。
③ 沈周：《石田先生诗钞》卷2。
④ 李日华著，屠友祥校注：《味水轩日记》，上海远东出版社，1996年。

如明代日记中最早的物候记录就是冯梦祯的《快雪堂日记》,始于1588年,那么在此之前物候证据的提取只能依靠文集资料了。其次,文集资料中的物候信息在考证明确的前提下,价值并不比日记中的物候信息差。再次,文集中的资料可以修补日记资料中物候信息的误差。如万历十九年冯梦祯在《快雪堂日记》中记载:"(三月)初三,早至家……同王季常、李君实、金不佞、沈婿、仲孙、两儿出钱塘门,渡湖看六桥桃花。"①万历十九年三月初三是公元1591年3月27日,可知当时杭州毛桃的盛花期是3月27日,与现代相同。诚如上文所说,植物从步入盛花期开始到末花期要经历一个过程,如果不清楚此时盛花期处于何种状态,贸然下结论就会造成误差。因此,最好是寻找比较明显的物候现象如开花始期或末期,减少不必要的误差。程嘉燧在《余杭至临安山水记》中道:"辛卯二月丁亥夜发抵余杭城下,明日……桃柳始华。"②记录了杭州毛桃的开花始期。程嘉燧的生活年代是1565—1643年,那么"辛卯"只能是1591年,根据陈垣先生的《二十史朔闰表》可知,辛卯二月丁亥是公元1591年3月15日,③那么,该年杭州毛桃的开花始期则是3月16日,比现代早5天。

所以,对于不同来源的物候证据,需要对其进行综合比较,得出一个比较合理的结果。

6. 对同一资料来源物候证据的提取

上文讨论过,文集中的物候信息具有分散性的特点,有的文集长达上百卷却没有任何一条有用的物候信息,而有的文集虽只是短卷但同一年中却含有多种不同的物候信息。如茅元仪在《西湖看花记》中记录了万历四十七年(1619)杭州的多种物候信息。"(正月)十四日稍霁,即期僧客入西溪矣。行不十里,过秦庭山为佛慧寺,过寺四里许为方井梅圃,数百千分岰十余里傍,或外突或中匿或斜寄翠或连塍,积白如大堤……仲春之日,金季真期饮舟中,自片石居放船孤山,见杏树一枝半倚水傍,条枝盘郁,朵叶丽繁……(二月)十二日(3月27日)遂有人面映之,红益鲜润,白袷游人半是乞浆客也。逐人足遂至定香桥下,看玉兰树亭立古墓侧,花可万余朵……十六日(3月31日)稍霁,丁香骢三花骏蹀不已……朝日(十七日,即4月1日)益鲜回望南山,诸桃高低丛浅,各逞娇逸奔

---

① 冯梦祯:《快雪堂日记》卷5,凤凰出版社,2010年,第64页。
② 程嘉燧:《松圆偈庵集》卷上。
③ 陈垣:《二十史朔闰表》,中华书局,1997年。

情，亿态百类千殊。"①此段描述中有梅树、杏树、玉兰、丁香和桃树盛花期等共五种物候信息，其古今物候差也不一，从提前1天（杏花）、相同（丁香），到推迟2天（玉兰）、5天（毛桃）、8天（梅树）不等。对此，该如何选取呢？首先，根据物候整体情况判断该年物候偏晚；其次，为避免误差，尽可能采取保守估计，即采取古今物候差的最小值。所以，笔者以玉兰盛花期作为当年的物候标准。

在日记中，这种表现尤为明显。以《味水轩日记》为例，其中不仅包含植物物候信息，还有其他一些物候信息，如初雪期、终雪期、初雷期、初冻期，等等，虽然诸如初雪期、终雪期等物候证据也能反映气候冷暖状况，但是笔者在选择资料时还是会偏向于植物物候信息。原因有二：其一，植物物候的指示意义明确；其二，为了同整个资料的选取标准相一致。

对春季物候信息提取的原则进行说明后，下一步的工作就是从文献中提取相关的物候证据。

二、春季物候证据的考证和提取

因文献资料中蕴含的春季物候数量最多，也最为明显，所以笔者对春季物候证据进行提取。根据本书第一章第六节中时间、地点和气候事件三要素的考证方法，对植物地点、时间和植物物候期进行提取。下面就是对明人文集和日记中的物候证据进行逐一的考证和提取。为方便起见，同一年份中不同资料来源的春季物候证据单独编号，而同一资料中同一年份的不同物候证据只是列出部分供参考，不再进行单独编号。资料考证和提取内容包括以下四部分：

资料来源：依次为作者、书目、卷次、版本、册数、页码、时间和地点。

资料内容：依次为题目、内容。

考证说明：1582年之前的日期均订正为格里高里历，1582年之后的日期则直接转化为现行公历日期；现代植物物候期；古今物候期对比。

补充说明：同一年份中如遇有多种资料来源或古今物候期有差异，需要对此进行取舍并作说明。

---

① 茅元仪：《石民四十集》卷23。

1. 袁华:《耕雪斋诗集》卷11(《四库全书》[①]:1232-350) 1367年 昆山

《丁未纪事》:"二月春城桃杏妍,黄花离落景萧然。"

以二月末计当为1367年3月30日,今昆山毛桃盛花期为3月30日左右,与今大致相仿,所以该年毛桃盛花期不会早于现代平均期。

2. 贝琼:《清江诗集》卷5(《四库全书》:1228-229) 1369年 崇德

《己酉清明》:"白纻衣解紫骝马,清明酌酒梨花下。马蹄一去不复来,梨花又见清明开。"

1369年4月5日,今崇德棠梨开花盛期为3月25日,所以当年棠梨盛花期比现代晚11天。

3. 贝琼:《清江诗集》卷5(《四库全书》:1228-229) 1372年 崇德

《壬子春二月既望,桑君子材招余重游夌山……以纪其事云》:"老夫一月不出山,山癖无医殊未瘳。野桃作花已烂漫,故人约我山中游。"

1372年3月20日,今崇德毛桃开花盛期为3月27日,即便是夌山地区的开花盛期也要比现代早7天。

4. 杨基:《眉庵集》卷3(《四库全书》:1230-368) 1372年 南昌

《壬子清明看花有感》《邀方员外看花》:"金昌亭西万株花,胭脂玉雪争纷拏……且共芙蓉幙里人,坐看海棠枝上月。"

1372年4月5日,今南昌海棠开花盛期为3月28日,开花末期为4月11日。考虑海棠盛花期的间隔和贝琼诗描述的物候期,该年物候期很可能是提前。

5. 杨基:《眉庵集》卷3(《四库全书》:1230-371) 1373年 湘阴

《湘阴庙梨花》:"癸丑二月廿日泊舟湘阴庙下,庙东圃有棠梨一株,花犹未开……平生厌看桃与李,惟有梨花心独喜。"

1373年3月14日,今湖北鄂州棠梨始花期为3月14日,湘阴比鄂州偏南约两个维度,根据物候定律,当年湘阴棠梨始花期比现代应提前6—7天。

6. 贝琼:《清江诗集》卷5(《四库全书》:1228-229) 1375年 南京

《洪武八年三月……为赋长谣以纪山川风景云》:"三月金陵别,匆匆催夜发。无处不伤春,杨花半江雪。"

---

① 即台湾商务印书馆于1982～1986年影印文渊阁《四库全书》,下同,不复出注。

以三月初一计当为 1375 年 4 月 2 日，今南京有两种杨树，一种为毛白杨，开花盛期为 3 月 31 日，另一种为枫杨，开花盛期为 4 月 5 日。目前尚不能确定诗中属何种杨树，所以无法作出判断。

7. 孙蕡：《西庵集》卷 5（《四库全书》：1231-528）　1376 年　南京

《乙卯除日》："梅花乱开客愁里，云物长迷乡国边。"

1376 年 1 月 21 日，今南京梅花始花期为 2 月 19 日，当年梅花始花期比现代早 29 天。

该年冬春温暖还可以从朱元璋的《时雪论》中反映出来，《时雪论》："洪武九年十一月冬深既久，清露不结，河水不冰，是时不正也。"（朱元璋：《明太祖文集》卷十）

8. 陶宗仪：《南村诗集》卷 2（《四库全书》：1231-594）　1389 年　上海

《二月朔夜中雷始发声，三日寒载严雪大作》："前夜起雷声，寒威刃发刑。积阴春黯惨，密雪昼飘零。香褪梅腮白，愁缄柳眼青。拥垆频炽火，不似肉为屏。"

1389 年 3 月 12 日，今上海雷始闻为 3 月 13 日，当年比现代早 1 天。

9. 陶宗仪：《南村诗集》卷 1（《四库全书》：1231-593）　1393 年　上海

《洪武癸酉正旦雨，明日雨中夜雷电，又明日雨，四日阴曀严寒西北风大作》："迎春半月先，寂历过新年。鸡狗羊猪忌，风雷电雨全。"

1393 年 2 月 12 日，今上海雷始闻日期为 3 月 13 日，当年比现代早 29 天。

10. 陶宗仪：《南村诗集》卷 4（《四库全书》：1231-633）　1394 年　上海

《十二月初一、初六两日闻雷》："今年腊月两闻雷，虩虩声从何处来？阳不闭藏先出地，下民修身可禳蓄。"

1394 年 1 月 3 日，今上海雷始闻日期为 3 月 13 日，当年比现代早 68 天。

11. 杨士奇：《东里文集》卷 1（《四库全书》：1238-3）　1395 年　武汉

《游东山记》："洪武乙亥余客武昌……三月朔，余三人者携童子四五人载酒肴出游……（隐溪）指道旁桃花语余曰，明年看花时索我于此。"

1395 年 3 月 21 日，今武汉毛桃盛花期为 3 月 27 日，当年比现代早 6 天。

12. 陶宗仪：《南村诗集》卷 4（《四库全书》：1231-634）　1396 年　上海

《正月廿二日夜三更雷始鸣》："风狂雨急夜三更，隐隐春雷已作声。节候数来先十日，多应群蛰未全惊。"

1396 年 3 月 2 日,今上海雷始闻为 3 月 13 日,当年比现代早 11 天。

13. 王洪:《毅斋集》卷 3(《四库全书》:1237-451) 1413 年 南京

《癸巳二月十三日扈从奉旨同胡祭酒及同僚先行渡江有作呈诸公》:"今来值仲春,杨柳正依依。桃李时发迟,兰荪亦被堤。"

1413 年 3 月 24 日,今南京毛桃始花期为 3 月 25 日,当年比现代早 1 天。

14. 胡俨:《颐庵文选》卷下(《四库全书》:1237-641) 1433 年 南昌

《惊蛰夜大风雪落惊寝》:"晓起瓦皆白,春回花不知。老来肌骨瘦,无那被寒欺。"

1433 年 3 月 5 日,今南昌平均终雪日期为 3 月 1 日,当年比现代晚 4 天。

15. 魏骥:《南斋先生魏文靖公摘稿》卷 9(《四库全书存目丛书》:30-456) 1455 年 萧山

《二月初六日喜晴,忽学中诸师友见过》:"一春风景尽花朝,喜却遥空宿霭消。窗外疏梅开老树,檐前新柳弄柔条。"

1455 年 2 月 23 日,今萧山红梅开花始期为 2 月 11 日,当年比现代晚 12 天。

16. 魏骥:《南斋先生魏文靖公摘稿》卷 9(《四库全书存目丛书》:30-458) 1456 年 萧山

《乙亥除夕》:"梅花吐白春回渐,烛影摇红雪霁初。"

1456 年 2 月 6 日,今萧山红梅开花始期为 2 月 11 日,当年比现代早 5 天。

17. 魏骥:《南斋先生魏文靖公摘稿》卷 9(《四库全书存目丛书》:30-460) 1457 年 萧山

《丙子十二月廿九日过乐丘》:"狐裘貂帽晓冲寒,独驾篮舆入万山。春霁梅林花冉冉,烟收苔径石斑斑。"

1457 年 1 月 24 日,今萧山红梅开花始期为 2 月 11 日,当年比现代早 18 天。

18. 魏骥:《南斋先生魏文靖公摘稿》卷 9(《四库全书存目丛书》:30-462) 1458 年 萧山

《人日谷日喜晴》:"蚁浮竹叶家家美,香度梅花处处清。"

1458 年 1 月 19、20 日,今萧山红梅开花始期为 2 月 11 日,当年比现代早

22 天。

19. 魏骥:《南斋先生魏文靖公摘稿》卷 9(《四库全书存目丛书》:30-467)
1459 年　萧山

《己卯元日》:"傲雪窗前梅璨璨,凌云墙外竹森森。白头无限田园乐,难报天家雨露深。"

1459 年 2 月 3 日,今萧山红梅开花始期为 2 月 11 日,当年比现代早 8 天。

20. 魏骥:《南斋先生魏文靖公摘稿》卷 10(《四库全书存目丛书》:30-475)
1462 年　萧山

《壬午岁朝试笔》:"寿堂蚁浮新酿酒,春衫花袭早梅香。吟边最爱东风软,闲里还夸化日长。"

1462 年 1 月 30 日,今萧山红梅开花始期为 2 月 11 日,当年比现代早12 天。

21. 魏骥:《南斋先生魏文靖公摘稿》卷 10(《四库全书存目丛书》:30-479)
1464 年　萧山

《雨中述怀时闻大行皇帝遗诏》:"屈指清明渐渐来,桃花落尽李花开。先茔隔水未曾省,圣主宾天无任哀。"

1464 年 4 月 5 日之前,今萧山毛桃开花末期为 4 月 5 日,当年比现代早 1—3 天。

22. 魏骥:《南斋先生魏文靖公摘稿》卷 10(《四库全书存目丛书》:30-481)
1465 年　萧山

《乙酉元日写怀是日立春》:"皑皑朔雪迎春霁,的的窗梅应候开。长拥红炉消永昼,频留佳客醉身怀。"

1465 年 1 月 27 日,今萧山红梅开花始期为 2 月 11 日,当年比现代早15 天。

23. 魏骥:《南斋先生魏文靖公摘稿》卷 10(《四库全书存目丛书》:30-488)
1469 年　萧山

《花朝风雨》:"欲向良辰畅老怀,百花不见一花开。"

1469 年 2 月 26 日,今萧山毛桃始花期为 2 月 21 日,当年比现代晚 5 天以上。

24. 魏骥:《南斋先生魏文靖公摘稿》卷10(《四库全书存目丛书》:30-489)
1470年 萧山

《庚寅正月一日试笔,时年九十七岁》:"家家箫鼓庆新年,老我风情只自然。庭竹禁寒呈晚翠,窗梅和雪献春妍。"

1470年2月1日,今萧山红梅开花始期为2月11日,当年比现代早10天。

魏骥,萧山人,永乐乙酉(1405)举进士,授松江训导,召修《永乐大典》,擢太常寺博士,管制南京吏部尚书。所编《南斋先生魏文靖公摘稿》前集四卷,两京居官时所作;后集六卷,自景泰辛未归田至成化辛卯居家时所作,年九十八始卒。所以后六卷中的物候信息反映的均是萧山地区的情况。

25. 沈周:《石田稿》(《续修四库全书》:1333-427) 1475年 苏州

《勾曲王可学阻风有赠》:"四月二日风正狂,柳条榆荚俱飞扬。"

1475年5月6日,今苏州榆钱平均脱落末期为5月3日,当年比现代晚3天。

26. 沈周:《石田稿》(《续修四库全书》:1333-427) 1478年 苏州

《庆云庵牡丹》:"三月十日天半晴,庆云庵里看春行。桃娘李娘俱寂寥,鼠姑照眼真倾城。"

1478年4月13日,今苏州牡丹开花始期为4月16日,当年比现代早3天。

27. 沈周:《石田先生诗钞》卷2(《四库全书存目丛书》:37-58) 1479年
苏州

《雨晴月下庆云庵观杏花赋此,明日老僧索作图连书之》(乙亥):"杏花初开红满城,我眠僧房闻雨声。"

此诗后有一首《过长荡》诗,记雨晴后扫墓,作于乙亥三月五日,所以此诗应在三月初五左右,以三月初一日计当为1479年3月23日,今苏州杏花始花期为3月17日,当年比现代晚6天以上。

28. 郑纪:《东园文集》卷4(《四库全书》:1249-764) 1504年 南京

《便宜设法急救饥荒疏》:"臣窃惟南京根本重地,连岁水旱军民缺食。去冬今春流移饿死不可胜数。今年麦苗又为本年三月初间大雪损伤。"

1504年3月16日,今南京平均终雪日期为3月7日,当年比现代晚9天。

29. 王鏊:《震泽集》卷6(《四库全书》:1256-204) 1514年 苏州

《甲戌春偶成》:"正好春光二月天,梅花如雪柳如烟。哪堪日日风和雨,辜负秾华又一年。"

《二月十二日雪》:"正德九载春,开岁始十日。晴天忽闻雷,远近警辟易。雷声甫云收,大雪忽盈尺。连阴二月中,节候过惊蛰。春分晴复雨,雨后雪仍积。柳条压将摧,梅萼冻全坼。"

1514年3月8日,今苏州梅花开花盛期为2月22日,当年比现代晚14天。

30. 王鏊:《震泽集》卷6(《四库全书》:1256-207) 1515年 苏州

《二月真适园梅花盛开四首》:"春来何处能奇绝,金谷梁园俱漫说。谁信吴家五亩园,解贮千株万株雪。"

1515年3月3日,今苏州梅花盛花期为2月22日,当年比现代晚9天。

31. 邓庠:《东溪续稿》卷1(《四库全书存目丛书》:41-77) 1519年 郴州

《答沈太守文明次韵》:"二月郴南桃始华,省耕郊外兴偏嘉。"

1519年3月1日,今赣县毛桃始花期为2月22日,当年比现代晚7天。

32. 顾清:《东江家藏集》卷35(《四库全书》:1261-778) 1523年 上海

《初九日见红梅约味苓同赏,是日新作水楼亦欲诗人过之为后来嘉话也》:"风阁水帘今在眼,且来先看早梅红。"

1523年1月25日,今上海红梅始花期为2月13日,当年比现代早19天。

33. 顾璘:《息园存稿》卷13(《四库全书》:1263-439) 1529年 南京

《和望之惜园花尽开之作》:"十日春晴花尽开,一年春事半梅苔。"

1529年2月18日,今南京红梅盛花期为2月27日,当年比现代早9天。

34. 周伦:《贞翁净稿》卷6(《四库全书存目丛书》:51-191) 1535年 昆山

《西园看梅》:"散步西园去,毵毵雪满枝。暗芳风院作,疏影月窗移。"

1535年2月20日,今上海梅花开花盛期为2月21日,当年比现代早1天。

35. 邵经济:《两浙泉厓邵先生文集》卷9(《续修四库全书》:1340-38) 1540年 杭州

《人日挈诸子泛湖》:"风日旋添鱼鸟情,醉折官梅思远道。"

1540年2月14日,今杭州红梅始花期为2月11日,当年比现代晚3天。

36. 周伦:《贞翁净稿》卷11(《四库全书存目丛书》:51-610) 1541年 昆山

《三月二十五日懋鲁携酒东园看花》《二十六日旧宅再看紫牡丹前韵》:"绿

野平台方沼边,紫袍相映牡丹前。"

1541 年 4 月 19 日,今苏州牡丹开花盛期为 4 月 22 日,当年比现代早 3 天。

37. 邵经济:《两浙泉厓邵先生文集》卷 9(《续修四库全书》:1340-42)
1543 年　杭州

《除夕折梅》:"七日东风腊未残,梅花先破陇头寒。一枝晓向银瓶折,万里春从玉树看。"

1543 年 2 月 3 日,今杭州红梅始花期为 2 月 11 日,当年比现代早 8 天。

38. 邵经济:《两浙泉厓邵先生文集》卷 9(《续修四库全书》:1340-43)
1544 年　杭州

《六日过法相寺即景》:"藉草更怜纷作队,传花偏惜共招携。"

1544 年 1 月 29 日,今杭州红梅始花期为 2 月 11 日,当年比现代早 13 天。

39. 邵经济:《两浙泉厓邵先生文集》卷 9(《续修四库全书》:1340-46)
1545 年　杭州

《乙巳新正弘兄开燕吴山少长毕集有怀二首》:"儿童为探春消息,折得梅花经远丘。"

1545 年 1 月 13 日,今杭州红梅始花期为 2 月 11 日,当年比现代早 29 天。

40. 邵经济:《两浙泉厓邵先生文集》卷 9(《续修四库全书》:1340-47)
1546 年　杭州

《寿崔岑车侍郎父艮斋封翁七十简会江门姚子》:"何事岭头梅早发,长春元驻白云城。"

1546 年 2 月 1 日,今杭州红梅始花期为 2 月 11 日,当年比现代早 10 天。

41. 邵经济:《两浙泉厓邵先生文集》卷 10(《续修四库全书》:1340-55)
1548 年　杭州

《丁未除日折梅花自况》:"柏叶笑弃千日饮,梅花惯插一年看。"

1548 年 2 月 9 日,今杭州红梅始花期为 2 月 11 日,当年比现代早 2 天。

42. 田艺衡《香宇集》卷 4(《续修四库全书》:1354-55)　1550 年　杭州
《后三月三日赏牡丹……因而感赋》:"春心为我多三月,酒力因花尽百杯。"
1550 年 3 月 21 日,今杭州牡丹始花期为 4 月 15 日,当年比现代早 25 天。

43. 邵经济:《两浙泉厓邵先生文集》卷 10(《续修四库全书》:1340-68)

1552 年　杭州

《除夕纪瑞》："阁道辉辉迎日光，梅花小折夜同赏。"

1552 年 1 月 25 日，今杭州红梅始花期为 2 月 11 日，当年比现代早 17 天。

44. 彭辂：《冲溪先生集》卷 5（《四库全书存目丛书》：116-64）　1554 年南京

《（甲寅）南都人日》："听出树娇梅芳添，故蕊柳色换新条。"

1554 年 2 月 8 日，今南京梅花始花期为 2 月 19 日，当年比现代早 11 天。

45. 采九德：《倭变事略》卷 3　1555 年　上海

"移文各县，备干粮及役夫往金山刈麦，以便擒贼。十七日发刈麦夫二百名及黏米二十石、面二百斤送金山。"

1555 年 5 月 10 日，今上海大麦收获期为 5 月 15 日，当年比现代早 5 天。

46. 范钦：《天一阁集》卷 11（《续修四库全书》：1341-489）　1557 年宁波

《丁巳元日》："江梅岸柳堪攀折，紫燕黄莺莫怨嗟。"

1557 年 1 月 30 日，今宁波红梅始花期为 2 月 8 日左右，当年比现代早 9 天。

47. 田艺衡：《香宇集》卷 15（《续修四库全书》：1354-167）　1557 年杭州

《西湖见梅花一株盛开》："湖头风日暖，一树忽先春。"

元月七日即 1557 年 2 月 5 日前，今杭州红梅始花期为 2 月 11 日，当年比现代早 6 天以上。

选用最小值，即当年物候期比现代提前 6 天。

48. 田艺衡：《香宇集》卷 19（《续修四库全书》：1354-209）　1559 年休宁

《游齐云山记上》："乙未春正月二十五日……杏花初放。"

1559 年 3 月 3 日，今休宁杏花始花期为 3 月 12 日，当年比现代早 9 天。

49. 田艺衡：《香宇集》卷 19（《续修四库全书》：1354-247）　1560 年苏州

《泛石湖游楞伽山坐望湖亭有怀》："家在苕溪三百里，桃花柳叶倍含情。"

1560年3月26日,今苏州毛桃开花盛期在3月31日,当年比现代早5天。

50.赵伊:《序芳园稿》卷上(《四库全书存目丛书》:95-679) 1563年平湖

《腊月十六日序芳园观梅二首》:"家园日出冻初融,春色盈条万蕊红。"

1563年1月10日,今平湖红梅开花始期为2月13日,考虑到此时尚处于花蕊期,当年比现代早30天。

51.赵伊:《序芳园稿》卷上(《四库全书存目丛书》:95-685) 1564年平湖

《祐山花园赏牡丹》:"晴褰高幔荫芳妍,胜赏仍怜二月天(时闰二月)。"

1564年4月10日,今平湖牡丹开花始期为4月16日左右,当年比现代早6天。

52.赵伊:《序芳园稿》卷上(《四库全书存目丛书》:95-698) 1566年平湖

《游项氏山园》:"乘舆来城郭,徐行入翠微。疏峰开霁宇,古洞积烟霏。地迥寒梅绽,亭闲夕鸟飞。"

此诗下一首为《除日》,所以当作于除夕前。1566年1月20日,今平湖红梅始花期为2月13日,当年比现代早24天。

53.范钦:《天一阁集》卷7(《续修四库全书》:1341-455) 1567年 宁波

《丁卯除夕和东沙三首》:"地僻雪犹积,江寒梅交迟。"

1567年2月8日,今宁波红梅始花期为2月8日左右,此时梅花尚未开放,所以其物候当晚于现代。

54.邓元锡:《潜学编》卷5(《四库全书存目丛书》:130-476) 1569年黎川

《(己巳)仲春四日同诸生……春游六绝,追赋如章》:"云和沙暖尽芳苔,十里桃花晓风催。"

1569年3月10日,今黎川毛桃开花盛期为3月20日,当年比现代早10天。

55.王世懋:《王奉常集》卷10(《四库全书存目丛书》:133-351) 1573年镇江

《京口游山记》（下）："瞬息抵沙岸矣。嫩葭麦黄，错杂锦色，俄睹碧柳尽插波间。"

1573 年 5 月 30 日，今镇江小麦收获期为 6 月 3 日，当年比现代早 4 天。

56. 范守己：《吹剑草》卷 28（《四库全书存目丛书》：163-155）　1583 年南京

《游摄山栖霞寺记》："岁癸未正月廿五日……有老梅二株，高二寻余，时花才蓓蕾耳。"

1583 年 2 月 17 日，今南京红梅始花期为 2 月 19 日，考虑到此时花尚处于蓓蕾状态，所以当年物候与现代大致相仿。

57. 沈明臣：《丰对楼诗集》卷 30（《四库全书存目丛书》：144-504）　1584 上海

《甲申人日饮潘方伯豫园》："梅花兰叶青春破，鹤岭鸥汀淑气迎。"

1584 年 2 月 18 日，今上海红梅始花期为 2 月 13 日，当年比现代晚 5 天。

58. 徐学谟：《归有园稿》卷 2（《四库全书存目丛书》：126-83/84）　1586 年上海

《元夕前一日偶携宋布衣登芥纳楼看梅花盛开，布衣摘花插鬓呼酒对酌赋此》："冻蕊寒葩开较迟，银灯琪树烂相宜。"

1586 年 3 月 4 日，今上海梅花盛期为 2 月 21 日，当年比现代晚 11 天。

《北庄题玉兰花》："春城无赖百花丛，别有孤芳在野中。莹澈冰绡疑待月，香飘羽节欲乘风。"

1586 年 4 月 5 日，今上海玉兰开花盛期为 3 月 24 日，当年比现代晚 11 天。

59. 董嗣成：《青棠集》卷 4（《四库全书存目丛书》：169-221）　1586 年乌程

《出野喜晴》："一春春半雨雪中……远山近山并施黛，深桃浅桃相映红。"

1586 年 4 月 3 日，今乌程毛桃盛花期为 3 月 27 日，当年比现代晚 7 天。

虽然梅花和玉兰的物候期均比现代推迟 11 天，但因三种植物的物候期均处于盛花期，考虑到盛花期的持续时间，为保守起见，笔者选择偏离最短的毛桃物候期为标准，即当年物候期较现代晚 7 天。

60. 冯梦祯：《快雪堂日记》卷 2（凤凰出版社，2010 年）　1588 年　杭州

"（正月）二十七日，拜傅按君，因此得看胡氏园梅花，小坐梅阁而返。"

1588 年 2 月 23 日,今杭州红梅始花期为 2 月 11 日,当年比现代晚 12 天。

"(二月)十三日,泛湖至毛家埠,步行一路梅花甚佳。"

1588 年 3 月 9 日,今杭州梅花盛花期为 2 月 19 日,当年比现代晚 18 天。

61. 徐学谟:《归有园稿》卷 4(《四库全书存目丛书》:126-115)　1588 年
上海

《四月十七日宝纶堂邀家兄暨诸文学赏牡丹,时值久雨仅卜斯集》:"岁岁名
花艳石栏,今年花自雨余看。"

1588 年 5 月 11 日,今上海牡丹盛花期为 4 月 22 日,当年比现代晚 19 天。

《偕诸文学出北郊看梅花兴尽更酌赋此》:"二月梅花已较迟,郊行更是雨
来时。"

以二月初一计当为 2 月 26 日,今上海梅花始花期为 2 月 13 日,当年比现
晚 13 天。

根据上文对春季物候证据提取的原则,优先选择植物的始花期而不是盛花
期,所以,当年物候期比现代晚 12—13 天。

62. 冯梦祯:《快雪堂日记》卷 3(凤凰出版社,2010 年)　1589 年　杭州

"(正月)十八日,早有云气。泛舟至金沙滩,过横春桥,何氏园观梅,梅数十
株身干甚古,西山当为第一。花下尽数酌,泛西冷断桥而归……(正月)二十三
日,至何园看梅,香雪满地,然无损烂熳,倚墙桃花一树,与梅争色……于六桥同
步堤上遇桃蕊最繁处。"

由以上描述可知,当时梅花已经处于开花末期,而桃花刚好处于开花始期,
(正月)二十三日为 1589 年 3 月 7 日,今杭州毛桃开花始期为 3 月 21 日,当年
比现代早 14 天。

63. 冯梦祯:《快雪堂日记》卷 4(凤凰出版社,2010 年)　1590 年　杭州

"(正月)十八日,冒雨邀包心韦看梅花,相待于钱塘门……西山梅花何园最
盛,雪作而行。既至僧出应门,隔水数十树开者未半……二十七日,一路看梅
花,听溪流……二月初一,早雨,将午而晴,同出,自西溪至芳井梅花甚繁不止
十里。"

正月十八日即 2 月 22 日,梅花尚处于开花始期,直到二十七日即 3 月 3 日
已经处于盛花期,二月初一即 3 月 6 日依旧处于盛花期,今杭州梅花始花期为 2
月 11 日,当年比现代晚 11 天。

"（二月）十六日，六桥至五桥步看桃花，已开十分之一。柳色更深，风甚急。"

1590 年 3 月 25 日，今杭州毛桃开花始期为 3 月 21 日，当年比现代晚 4 天。

64. 张凤翼：《处实堂续集》卷 7（《续修四库全书》：1353-489） 1590 年苏州

《开岁至上元阴雨漫作》："阴雨浃旬余，频翻卜筮书。春风知有约，何日到吾庐。莫叶落放始，梅花勒未舒。"

1590 年 2 月 19 日，今苏州梅花始期为 2 月 13 日左右，当年比现代晚 6 天以上。

根据上文对春季物候证据提取的原则，优先选择植物的始花期而不是盛花期，所以，当年物候期比现代推迟 4—11 天。为保守起见，取最小值 4 天。

65. 冯梦祯：《快雪堂日记》卷 5（凤凰出版社，2010 年） 1591 年 杭州

"（三月）初三，早至家……同王季常、李君实、金不佞、沈婿、仲孙、两儿出钱塘门，渡湖看六桥桃花。"

1591 年 3 月 27 日，今杭州毛桃开花盛期为 3 月 27 日，如不考虑盛花期持续时间，大致与现代相仿。

"（三月）二十四日……庭中牡丹盛开，一种紫色者佳。"

1591 年 4 月 17 日，今杭州牡丹盛花期为 4 月 20 日，当年比现代提前 3 天。

66. 程嘉燧：《松圆偈庵集》卷上（《续修四库全书》：1385-761） 1591 年杭州

《余杭至临安山水记》："辛卯二月丁亥夜发抵余杭城下，明日……桃柳始华。"

1591 年 3 月 16 日，今杭州毛桃开花始期为 3 月 21 日，当年比现代提前 5 天。

根据上文对春季物候证据提取的原则，优先选择植物的始花期而不是盛花期，所以，当年物候期比现代提前 5 天。

67. 吴国伦：《甔甀洞稿》卷 11（《四库全书存目丛书》：123-530） 1592 年武昌

《初春同通侯永年赏玉兰花》："几日东风放玉兰，携樽挈客雨中看。"

此诗前一首诗为《立春后一日……》，"几日"当在十日之内即 2 月 22 日之

前,今武昌玉兰始花期为 2 月 21 日,当年比现代提前 1 天以上。

68. 张凤翼:《处实堂续集》卷 9(《续修四库全书》:1353-529) 1592 年苏州

《元旦二首》(壬辰):"元辰风日倍清嘉,散步园林逸兴赊。一任梅花奉正朔,不因菱镜感年华。"

1592 年 2 月 14 日,今苏州红梅始花期为 2 月 13 日左右,当年与现代大致相仿。

当年物候期与现代大致相仿。

69. 方弘静:《素园存稿》卷 11(《四库全书存目丛书》:121-190) 1594 歙县

《游桃花坞记》:"今春积雨弥月,是日乍有霁色,主人久约亟请郊行……桃花烂漫,山谷殆数千树……万历甲午仲春几望。"

1594 年 4 月 5 日,今歙县毛桃开花盛期在 3 月 20 左右,考虑到地形和开花持续时间,当年比现代推迟 5 天左右。

70. 谢肇淛:《小草斋集》卷 13(《续修四库全书》:1367-2) 1594 年杭州

《癸巳除夕》:"梅蕊故自好,椒花谁共传。"

1594 年 2 月 19 日,今杭州红梅始花期为 2 月 11 日,当年比现代推迟 8 天。

71. 冯梦祯:《快学堂集》卷 28(《四库全书存目丛书》:164-404) 1594 年南京

《灵谷寺东探梅记》:"灵谷而东二里许,北行百步达梅花下,花放者已十三四。"

1594 年 2 月 22 日,今南京红梅始花期为 2 月 19 日,当年比现代推迟 3 天。

根据上文对春季物候证据提取的原则,优先选择植物的始花期而不是盛花期,所以,当年物候期比现代提前 3—8 天。为保守起见,取最小值 3 天。

72. 冯梦祯:《快雪堂日记》卷 7(凤凰出版社,2010 年) 1595 年 杭州

"正月十五,同程惟馨、俞唐卿、两儿西溪看梅,遇雨。"

1595 年 2 月 20 日,今杭州红梅始花期为 2 月 11 日,当年比现代推迟 9 天。

"二月二十一,园中玉兰与梅花并艳,新柳渐肥。"

1595 年 3 月 31 日,今杭州玉兰盛花期为 3 月 25 日,当年比现代推迟 6 天。

"二月二十三……泛湖，观六桥桃花，自新堤归。柳色浓淡，最为悦目。"

1595年4月2日，今杭州毛桃盛花期为3月27日，当年比现代推迟6天。

73. **谢肇淛：《小草斋集》卷13（《续修四库全书》：1367-4）** 1595年上海

《乙未春舟滞柘湖苦雨》："入岁已十日，朝朝雨未干，连山积水气，带雪作春寒。草意青难见，梅枝白易残。"

1595年2月18日，今上海红梅始花期为2月13日，当年比现代推迟5天。

根据上文对春季物候证据提取的原则，优先选择植物的始花期而不是盛花期，所以，当年比现代推迟5天。

74. **方弘静：《素园存稿》卷11（《四库全书存目丛书》：121-195）1597年歙县**

《重游桃花坞记》："桃花坞去吾庐十余里……春来风日既佳而花之烂漫……（万历）丁酉二月十九日。"

1597年4月15日，今歙县毛桃开花盛期在3月20日左右，考虑到地形和开花持续时间，当年物候期比现代晚15天左右。

75. **方弘静：《素园存稿》卷11（《四库全书存目丛书》：121-197）1598年歙县**

《观梅记》："今年春意较迟，仲月五日园之童报梅始放。"

1598年3月11日，今歙县红梅始花期在2月15日左右，考虑到地形因素，当年物候期比现代晚15日以上。

76. **冯梦祯：《快雪堂日记》卷11（凤凰出版社，2010年）** 1599年 杭州

"正月二十……日中西山看梅，至傅园梅初放可十一，返至四贤祠梅放三之一。"

1599年2月15日，今杭州红梅始花期为2月11日，当年比现代推迟4天。

"三月初一，晴和……至三桥堤上桃花喷蕊开者已十之一，过三日即盛开矣……初四，晴，间微阴。同周中甫、俞唐卿、两儿湖上看桃花盛开。"

1599年3月26日，今杭州毛桃始花期为3月21日，当年比现代推迟5天。

当年物候期比现代推迟4—5天。

77. **冯梦祯：《快雪堂日记》卷12（凤凰出版社，2010年）** 1600年 杭州

"正月初四日，晴。岁前，易种郁金堂前绿萼梅已放花。"

岁前为 1600 年 2 月 13 日,今杭州梅花始花期为 2 月 11 日,当年比现代推迟 2 天。

"正月十六日,阴,晴间雨,郁金堂前绿萼梅已大开。"

1600 年 3 月 1 日,今杭州梅花盛花期为 2 月 19 日,当年比现代推迟 10 天。

正月初五至十五日期间,冯梦祯外出,所以十六日所见梅花大开或许并不是盛花期开始时间,所以仍选用梅花始花期作为标准,当年比现代推迟 2 天。

78. 冯梦祯:《快雪堂日记》卷 13(凤凰出版社,2010 年) 1602 年 杭州

"二月十二日,晴和,梅花始发。"

1602 年 3 月 5 日,今杭州红梅始花期为 2 月 11 日,当年比现代推迟 22 天。

"闰二月十六日,早尚雨……堤上桃花今岁似少衰。"

1602 年 4 月 8 日,今杭州毛桃盛花期为 3 月 27 日,当年比现代推迟 12 天。

79. 曹学佺:《石仓文稿》卷 3(《续修四库全书》:1369-891) 1602 年
苏州

《泛太湖游洞庭两山记》:"壬寅春日同范东生、黄伯传、陈惟、秦许裕甫太湖巨浸也……春二月之姑苏……登梅花为蕊者十之五,欲放者十之三,已开者不过十之一-二分。"

以二月初一日计当为 1602 年 2 月 22 日,今苏州红梅始花期为 2 月 13 日,当年比现代推迟 9 天以上。

当年物候期比现代推迟 9—22 天,为保守起见,选取最小值 9 天。

80. 冯梦祯:《快雪堂日记》卷 14(凤凰出版社,2010 年) 1603 年 杭州

"二月十一,风和日温,山水如画。间遇桃花参差略放,湖上可知已……十二,晴,西北风……历新、旧堤,岳祠,孤山,新堤桃花放者十三,旧堤数树而已。"

1603 年 3 月 24 日,今杭州毛桃始花期为 3 月 21 日,当年比现代推迟 3 天。

81. 沈谦《东江集钞》卷 6(《四库全书存目丛书》:195-242) 1603 年 杭州
《游佛日寺记》:"癸卯二月十九日……绯桃映修竹。"

1603 年 3 月 31 日,今杭州毛桃盛花期为 3 月 27 日,当年比现代推迟 4 天。
当年物候期比现代推迟 3—4 天。

82. 冯梦祯:《快雪堂日记》卷 15(凤凰出版社,2010 年) 1604 年 杭州

"正月二十七,晴……六宿拙园,园中梅花开盛,足供清赏……三十日,晴,暖。历新堤,看桃花而归。"

正月二十七即 1604 年 2 月 26 日，当时梅花已经处于盛花期，三十日即 2 月 29 日，仍处于盛花期。今杭州红梅盛花期为 2 月 19 日，以二十七日计，当年比现代推迟 7 天。

83. 冯梦祯：《快雪堂日记》卷 15、16（凤凰出版社，2010 年）　1605 年 杭州

"（去年）十二月二十一，晴……因过拙园，梅蕊未绽，枝头亦有数朵开者。"

1605 年 2 月 8 日，今杭州红梅始花期为 2 月 11 日，当年比现代提前 3 天。

"正月初七，晴间阴，寒而不雨……归途何园看梅花，孤山庄小憩。"

1605 年 2 月 24 日，今杭州红梅盛花期为 2 月 19 日，当年比现代推迟 5 天。

"二月十六，微雨……偕三姬旧堤看桃花，业已烂漫，无奈雨师杀风景何！"

1605 年 4 月 3 日，今杭州毛桃盛花期为 3 月 27 日，当年比现代推迟 7 天。

冯梦祯：《快雪堂日记》卷 16（凤凰出版社，2010 年）　1605 年　休宁

"三月初七……散步园中，牡丹盛开。"

1605 年 4 月 23 日，今休宁牡丹盛花期为 4 月 17 日左右，当年比现代推迟 6 天左右。

虽然相对于盛花期来说笔者更倾向于始花期，但也需要实际分析。2 月 8 日的梅树"枝头亦有数朵开者"仅是偶然现象，并不算真正意义上的始花期，因为更多的是"梅蕊未绽"。所以，笔者更多地是考虑其他几种物候证据，综合红梅盛花期、毛桃盛花期和牡丹盛花期来看，当年物候期比现代推迟 5—7 天，取最小值 5 天。

84. 李流芳：《檀园集》卷 4（《四库全书》：1295-328）　1606 年　苏州

《除夕》（乙巳）："闻道西山梅早发，故人期我放忙来。"

1606 年 2 月 6 日，今苏州红梅始花期为 2 月 13 日，当年比现代提前 7 天。

85. 朱长春：《朱太复乙集》卷 14（《续修四库全书》：1362-146）　1607 年 湖州

《人日饮故人》："篱边梅蕊疏疏发，数酌浮香对故人。"

1607 年 2 月 4 日，今湖州红梅始花期为 2 月 12 日，当年比现代提前 8 天。

86. 李日华：《味水轩日记》卷 1（上海远东出版社，1996 年）　1609 年 嘉兴

"一月六日……云白苎庄后面，有梅大如拱柱者，蓓蕾千余，邀余往看……二月四日，至白苎庄后圃。梅盛开，纷如积雪，五六年来所仅见也。"

1609 年 2 月 9 日,梅花将要开放,及至 1609 年 3 月 9 日,梅花已经步入盛花期,但何时开始盛花期笔者尚不清楚,但似乎是较现代为晚。

"二月一日,雪霰,甚寒。"

1609 年 3 月 6 日,今嘉兴平均终雪日期为 3 月 10 日,比现代提前 4 天。

"二月十日,小雨。嘉树堂玉兰吐白。"

1609 年 3 月 15 日,今嘉兴玉兰始花期为 3 月 23 日,当年比现代提前 8 天。

87. 吴梦旸:《射堂诗钞》卷 10(《四库全书存目丛书》:194-528)　1609 年湖州

《己酉新春试笔四首》:"沙头鸥鸟休飞去,野外梅花折来多。"

1609 年 2 月 4 日,今湖州红梅始花期为 2 月 13 日,当年比现代提起 9 天。

综合以上各种物候证据,当年物候期应该偏早,笔者优先考虑植物物候期、始花期且选用最小值,所以当年物候期比现代提前 8 天。

88. 李日华:《味水轩日记》卷 1(上海远东出版社,1996 年)　1610 年杭州

"十二月十三日,晨起,同荩夫已肩舆入西溪……溪路饶梅,时已着疏花点点。霜晓细香,暗扑人袖,风景良绝。"

1610 年 1 月 7 日,今杭州梅花始花期为 2 月 11 日,当年比现代提前 32 天。

89. 杨思本《榴馆初函集选》卷 5(《四库全书存目丛书》:195-15)　1610 年苏州

《观梅花记》:"庚戌冬(初七日)……已花蕊益然,间有两三点大放。"

1610 年 1 月 20 日,今苏州红梅始花期为 2 月 13 日,当年比现代提前 24 天。

为保守起见,选用最小值,即当年物候期比现代提前 24 天。

90. 李日华:《味水轩日记》卷 3(上海远东出版社,1996 年)　1611 年嘉兴

"一月二十四日,雪。屋瓦皆白,一冬所无也。"

1610 年 3 月 8 日,今嘉兴平均终雪日期为 3 月 10 日,比现代提前 2 天。

"二月九日,晴。嘉树堂玉兰盛开。"

1611 年 3 月 22 日,今嘉兴玉兰盛花期为 3 月 26 日,当年比现代提前 4 天。

91. 唐汝询:《编蓬后集》卷 8(《四库全书存目丛书》:192-740)　1611 年

上海

《甲寅元日试笔》:"户户椒盘岁序催,春光先破节前梅。"

1611 年 2 月 9 日,今上海红梅始花期为 2 月 13 日,当年比现代提前 4 天。

以上各种物候期中,优先考虑植物物候期,所以当年物候期比现代提前 4 天。

92. 李日华:《味水轩日记》卷 3(上海远东出版社,1996 年)   1612 年
嘉兴

"十二月十四日……是日,梅蕾放白。"

1612 年 1 月 16 日,今嘉兴梅花始花期为 2 月 11 日,当年比现代提前
26 天。

"十二月二十三日,霁。村庄红白梅开盛。"

1612 年 1 月 25 日,今嘉兴红梅盛花期为 2 月 20 日,当年比现代提前
26 天。

"一月六日,雷雨。"

1612 年 2 月 7 日,嘉兴的平均初雷日期为 3 月 5 日,当年比现代提前
26 天。

"一月二十三日,早微雪。"

1612 年 2 月 24 日,今嘉兴平均终雪日期为 3 月 10 日,比现代提前 17 天。

在以上各种物候期中,优先考虑植物物候期,所以当年物候期比现代提前 26 天。

93. 李日华:《味水轩日记》卷 4(上海远东出版社,1996 年)   1613 年
嘉兴

"十二月二十七日,晴暖如暮春,至汗流不能御夹。庭前梅蕊,无大小一时
俱放,纷然如雪。野人来,言桃杏亦花。盖数十年所无也。"

1613 年 2 月 16 日,今嘉兴红梅盛花期为 2 月 20 日,当年比现代提前 4 天。

"一月三日,暮又雪。"

1613 年 2 月 21 日,今嘉兴平均终雪日期为 3 月 10 日,比现代提前 17 天。

"一月二十日,雷雨。"

1613 年 3 月 10 日,嘉兴的平均初雷日期为 3 月 5 日,当年与现代一致。

94. 袁中道:《袁小修日记》卷 8(《历代笔记小说集成》:43-309)   1613 年
常德

"二月初四,是日,饮江楼,隔岸桃花千万树盛开。"

1613 年 3 月 14 日,今常德毛桃盛花期为 3 月 22 日,当年比现代提前 8 天。

在以上各种物候期中,优先考虑植物物候期且选最小值,所以当年物候期比现代提前 4 天。

95. 李日华:《味水轩日记》卷 6(上海远东出版社,1996 年) 1614 年 嘉兴

"一月二十四日,雨雪。"

1614 年 3 月 4 日,今嘉兴平均终雪日期为 3 月 10 日,比现代提前 6 天。

"二月七日,过谭梁生水香居,樱桃大花。"

1614 年 3 月 16 日,今嘉兴樱桃盛花期为 3 月 23 日,当年比现代提前 7 天。

优先考虑植物物候期,所以当年物候期比现代提前 7 天。

96. 袁中道:《袁小修日记》卷 10(《历代笔记小说集成》:43-354) 1615 年 公安

"上巳,居筼筜谷,花事大开,三色桃皆放。"

1615 年 3 月 31 日,今公安毛桃盛花期为 3 月 20 日,当年比现代推迟 11 天。

97. 李日华:《味水轩日记》卷 7(上海远东出版社,1996 年) 1616 年 嘉兴

"十二月十七日,暖甚,红白梅俱吐。"

1616 年 2 月 4 日,今嘉兴红梅始花期为 2 月 13 日,当年比现代提前 9 天。但该年 2 月嘉兴突降三天大雪,积至四五寸,"乃六七年所罕见者",并且在以后的日子里陆续下雪,一直持续到 3 月 16 日,"欲往武林,以雪盛不果行",其终雪日期比嘉兴现代平均终雪日期(3 月 10 日)推迟了 6 天。而且,这次大规模降雪不仅在嘉兴,在杭州也同样如此,"(二月六日)慧麓僧解如从径山来……云:径山自腊月廿七日雨雪,迄正月尽,平地雪高六尺,路皆冻断,今稍能通步耳",直到二月二十八日(4 月 14 日)还是"寒,雨,气候如冬"。所以,把这个因素考虑进去后该年春季实际上要偏冷得多。

98. 锺惺:《锺伯敬全集》卷 2(《续修四库全书》:1371-597) 1617 年 南京
《灵谷寺看梅(正月二十八日同王永启、林茂之)》:"好春一日无,花事有难言。至此始成朵,从前宜闭门。"

1617 年 3 月 5 日,今南京红梅始花期为 2 月 19 日,当年比现代推迟 14 天。

99. 锺惺：《锺伯敬全集》卷2(《续修四库全书》:1371-599)　1618年　南京

《雨后灵谷寺看梅花(同康虞漫翁子丘、茂之、袁公廖在正月初八日)》:"花时同所惜,各有看花情。念我三年客,于兹两度行。"

1618年2月2日,今南京红梅始花期为2月19日,当年比现代提前17天。

100. 茅元仪：《石民四十集》卷23(《续修四库全书》:1386—274)　1619年杭州

《西湖看花记》:"逐人足遂至定香桥下,香玉兰树亭立古墓侧,花可万余朵。"

1619年3月27日,今杭州玉兰盛花期为3月25日,当年比现代推迟2天。

101. 汪汝谦：《春星堂诗集》卷2(《四库全书存目丛书》:192-816)　1623年杭州

《癸亥元日喜晴携幼侄湖上探梅》:"余意在闲适,寻梅问水滨。"

1623年1月31日,今杭州红梅始花期为2月11日,当年比现代提前11天。

102. 萧士玮：《春浮园别集》之《春浮园偶录》(《北京图书馆古籍珍本丛刊》:21-128)　1630年　泰和

"九月初四,湖上木芙蓉初开,雨中益嫣然可喜。"

1630年10月9日,今泰和木芙蓉始花期为10月17日,当年比现代提前了8天。

103. 钱谦益：《牧斋初学集》卷9(《续修四库全书》:1389-308)　1631年苏州

《人日书事示李一孟芳用前韵》:"人日梅花多喜气,草堂南北有芳邻。"

1631年2月7日,今苏州红梅开花始期为2月13日,当年比现代提前6天。

104. 萧士玮：《春浮园别集》之《汴游录》(《北京图书馆古籍珍本丛刊》:21-104)　1632年　蕲州

"正月廿二,住团风,买舟,见玉兰盛开矣。"

1632年3月12日,今蕲州玉兰盛花期为3月15日,当年比现代提前3天。

105. 萧士玮：《春浮园别集》之《深牧庵日涉录》(《北京图书馆古籍珍本丛刊》:21-186)　1634年　泰和

"十二月廿一,清夏堂看梅,玉麟寂寂暗香浮动,红萼虽含意未吐,然酒晕已微上玉肌矣。"

1634 年 1 月 20 日,今泰和红梅始花期为 1 月 28 日,考虑到此时还未真正开放,所以,当年比现代提前 6 天。

106. 祁彪佳:《祁忠敏公日记》之《林居适笔》(《北京图书馆古籍珍本丛刊》20) 1636 年 绍兴

"正月六日,雨。入化鹿山,半道而霁。展谒毕归,见山麓梅花盛开。"

1636 年 2 月 11 日,今绍兴梅花盛花期为 2 月 18 日,当年比现代提前 7 天以上。

107. 祁彪佳:《祁忠敏公日记》之《山居拙录》(《北京图书馆古籍珍本丛刊》20) 1637 年 绍兴

"二月二十七日,观桃李之花。"

1637 年 3 月 23 日,今绍兴毛桃盛花期为 3 月 27 日,当年比现代提前 4 天以上。

"三月二十一日,游西施山,看牡丹。"

1637 年 4 月 15 日,今绍兴牡丹盛花期为 4 月 19 日,当年比现代提前 4 天以上。

108. 祁彪佳:《祁忠敏公日记》之《自鉴录》(《北京图书馆古籍珍本丛刊》20) 1638 年 绍兴

"二月十二日,酌于海棠花下。"

1638 年 3 月 27 日,今绍兴垂丝海棠盛花期为 4 月 3 日左右,当年比现代提前 7 天以上。

109. 祁彪佳:《祁忠敏公日记》之《弃录》(《北京图书馆古籍珍本丛刊》20) 1639 年 绍兴

"三月一日,有庄居掩映与桃李间。"

1639 年 4 月 3 日,今绍兴毛桃盛花期为 3 月 27 日,当年比现代推迟不足 7 天。

110. 祁彪佳:《祁忠敏公日记》之《感慕录》(《北京图书馆古籍珍本丛刊》20) 1640 年 绍兴

"二月四日,是日山中桃花盛开。"

1640 年 3 月 25 日，今绍兴毛桃盛花期为 3 月 27 日，当年比现代提前 2 天以上。

111. 祁彪佳：《祁忠敏公日记》之《小捄录》(《北京图书馆古籍珍本丛刊》20)　1641 年　绍兴

"二月二十六日，至寓山，桃花盛开。游人以闭门谢客多徘徊而去。"

1641 年 4 月 5 日，今绍兴毛桃盛花期为 3 月 27 日，当年比现代推迟不足 9 天。

112. 朱茞煌：《文嘻堂诗集》卷上(《四库全书存目丛书》:194-30)　1641 年　无为

《与弢止子微家园看梅》："胭脂共凌立，魂返香生绣。"

元宵节以前即 1641 年 2 月 24 日前，今无为县红梅始花期为 2 月 14 日左右，当年比现代推迟 10 天。

选取该年物候期比现代推迟 9 天。

113. 祁彪佳：《祁忠敏公日记》之《壬午日历》(《北京图书馆古籍珍本丛刊》20)　1642 年　绍兴

"三月八日，泛舟看桃花共酌。"

1642 年 4 月 6 日，今绍兴毛桃盛花期为 3 月 27 日，当年比现代推迟不足 9 天。

另外，有诗证明该年春确实寒冷，《嘉平月连日大雪，数年来所未有，余从梁溪过荆溪舟中纪事二首》："三更漏月清人寐，一棹敲冰似叶飞。"(瞿式耜：《瞿忠宣公集》卷 7)

114. 祁彪佳：《祁忠敏公日记》之《甲申日历》(《北京图书馆古籍珍本丛刊》20)　1644 年　绍兴

"二月十五日，出看桃花于梅花船上。"

1644 年 3 月 23 日，今绍兴毛桃盛花期为 3 月 27 日，当年比现代提前 4 天以上。

"三月七日，观牡丹。"

1644 年 4 月 13 日，今绍兴牡丹盛花期为 4 月 19 日，当年比现代提前 6 天以上。

选取该年物候期比现代提前 4 天。

115. 祁彪佳：《祁忠敏公日记》之《乙酉日历》(《北京图书馆古籍珍本丛刊》20)　1645 年　绍兴

"正月九日，微雪，即霁，见日……自尧园观盛开梅花。"

1645 年 2 月 5 日，今绍兴红梅盛花期为 2 月 11 日，当年比现代提前 6 天以上。

"二月二十六，桃花盛开……是日风雨。"

1645 年 3 月 23 日,今绍兴毛桃盛花期为 3 月 27 日,当年比现代提前 4 天以上。

"三月十八,牡丹盛开。"

1645 年 4 月 14 日,今绍兴牡丹盛花期为 4 月 19 日,当年比现代提前 5 天以上。

选取该年物候期比现代提前 4 天。

116. 叶绍袁:《甲行日注》卷 2(《中华野史集成》:33-350) 1646 年 苏州

"二月八日,晴,暖。桃花映陌,杨柳迎风。"

1646 年 3 月 24 日,今苏州毛桃开花盛期为 3 月 31 日,当年比现代提前 7 天。

117. 叶绍袁:《甲行日注》卷 5(《中华野史集成》:33-386) 1647 年 苏州

"一月十三日,晴,暖。景色如明丽,梅稍半已放白矣。"

1647 年 2 月 17 日,今苏州红梅盛花期为 2 月 22 日,当年比现代提前 5 天。

118. 叶绍袁:《甲行日注》卷 7(《中华野史集成》:33-418) 1648 年 苏州

"二月十九日,阴,午后一霎雨,桃花大开。"

1648 年 3 月 12 日,今苏州毛桃盛花期为 3 月 31 日,当年比现代提前 19 天。

以上共考证和提取的春季物候证据共 118 条,有多条证据是同一年的物候,实际年份是 102 个,下一步的工作就是根据这些物候证据建立物候序列,从中分析气候变化的过程。但是在建立物候序列之前,有必要对目前搜集和整理的部分错误的物候证据进行辨析和修改。

三、部分春季物候证据的辨析和修正

物候证据的搜集、整理工作目前已经取得不少进展,如对北京地区 100 年来的春季物候证据的搜集、[1]长江中下游地区明末以来近 400 年的春季物候证据的整理。[2]近来又有学者对 1588—1644 年华东地区植物物候期进行了增补和整理,[3]不过在地点、时间以及物候期的考订方面还存在一些谬误。由于资料的可靠性直接关系到结论,所以,下文专门针对其增补和整理的资料进行辨析和修正,并附说明,详见表 2.2。

---

[1] 龚高法、张丕远、张瑾瑢:《北京地区自然物候的变迁》,《科学通报》,1983 年第 24 期。

[2] 龚高法:《近四百年来我国物候之变迁》,竺可桢逝世十周年纪念会筹备组编《竺可桢逝世十周年纪念会论文报告集》,科学出版社,1985 年,第 264—277 页。

[3] 葛全胜等:《中国历朝变化》,科学出版社,2011 年,第 503—505 页。

表 2.2　对 1588—1644 年华东地区植物春季物候期的修正

年份	植物	物候	地点	记录出处	原资料 古今差（天）*	修正后 古今差（天）	说　明
1588	梅花	盛花	杭州		9	12	《快雪堂日记》记录的盛花期是 3 月 9 日，比现代推迟 18 天，但同时记录了 3 月 23 日，始适用始花期。比花期比盛花期指示明确，故选用始花期。
1588	牡丹	盛花	苏州		16		查阅《快雪堂日记》当年记录，并无发现有关牡丹的物候记录，不知此条出于何处。版本问题参见"1594"年条目。
1589	桃	始花	杭州		-13	-14	《快雪堂日记》载当年毛桃始花期为 3 月 7 日，现代杭州毛桃始花期为 3 月 21 日，当年提前 14 天。
1590	梅花	盛花	杭州		6	11	《快雪堂日记》载当年梅花始花期为 2 月 22 日，比现代推迟 11 天，盛花期为 3 月 3 日，比现代推迟 12 天。笔者选取 11 天。
1590	桃	盛花	杭州	冯梦祯：《快雪堂日记》	1	2	《快雪堂日记》载当年毛桃开花期为 3 月 25 日，比现代推迟 2 天。盛花期为 3 月 29 日，比现代推迟 2 天。笔者选取 2 天。
1591	桃	盛花	杭州		8	-5	《快雪堂日记》载当年毛桃盛花期为 3 月 27 日，如不考虑盛花期持续时间大致与现代相仿，但当年桃花盛花期为 4 月 17 日，比现代提前 3 天。程嘉燧《松圆偈庵集》记录当年杭州毛桃开花期为 3 月 21 日，比现代提前 5 天。笔者选取 5 天。
1594	梅花	始花	南京		11		笔者首先查阅的《快雪堂日记》是北京大学图书馆藏明万历四十四年刻本《快雪堂集》中的日记部分（《四库全书存目丛书》第 164、165 册，卷 47 至 62）。此版本是冯梦祯刻完成的，同时也是冯梦祯诗文集中存世最早的本子。日记始于 1587 年 4 月 26 日，讫于 1605 年六月十八日，中有三年缺失，即 1592、1594 和 1601 年。所以，此年是没有记录的，后来又经过丁小明点复旦大学图书馆藏实（凤凰出版社，2010 年）。笔者再次查阅复旦年缺失这三年记录。《快雪堂集》万历四十四年缺失十四年，亦缺失这三年记录。

续表

年份	植物	物候	地点	原资料 古今差(天)*	记录出处	修正后 古今差(天)	修正后 说明
1594	梅花	始花	杭州	27			《快雪堂日记》无此年记录,如上分析。
1595	梅花	盛花	南京	18		9	《快雪堂日记》载当年梅花开放的地点是在杭州而不是南京,且判定为始花期更为合适,始花期为2月20日,比现代推迟了9天。同时还记录玉兰的盛花期为3月31日,比现代推迟6天。
1595	桃	盛花	杭州	8		6	《快雪堂日记》载当年桃花盛花期为4月2日,比现代推迟了6天。
1595	玉兰	盛花	杭州	9		6	《快雪堂日记》载当年玉兰的盛花期为3月31日,比现代推迟6天。
1596		初雪*	浙江三门	2	冯梦祯:《快雪堂日记》	3	《快雪堂日记》载当年初雪日期为12月28日,今南京初雪日期在12月25日左右,当年比现代推迟3天。但《快雪堂日记》非逐日的记载,初雪日期并不准确。
1601	桃	盛花	杭州	-9			《快雪堂日记》无此年记录。
1602	梅花	始花	嘉兴	23		22	《快雪堂日记》载当年梅花始花期为3月5日,地点是杭州而不是嘉兴,比现代推迟22天。
1602	桃	盛花	义乌	14		12	《快雪堂日记》载当年毛桃花盛花期为4月8日,地点是义乌,比现代推迟12天。
1603	桃	始花	杭州	3		3	此条记录无误。
1604	梅花	盛花	苏州	-12		5	《快雪堂日记》载当年梅花盛花期为2月26日,地点是杭州而非苏州,比现代推迟5天。
1605	梅花	始花	苏州	-2		-3	《快雪堂日记》载当年梅花盛花期为2月8日,地点是杭州而非苏州,比现代提前3天。

续表

年份	植物	物候	地点	原资料古今差(天)*	记录出处	修正后古今差(天)	修正后说明
1605	梅花	盛花	扬州	−5	冯梦祯:《快雪堂日记》	5	《快雪堂日记》载当年梅花盛花期为2月24日，地点是杭州而非扬州，比现代推迟5天。
1605	牡丹	盛花	杭州	6		7	《快雪堂日记》载当年牡丹盛花期为4月23日，地点是休宁而非杭州，比现代推迟7天。
1605	桃	盛花	杭州	9		7	《快雪堂日记》载当年毛桃盛花期为4月3日，比现代推迟7天。
1609	玉兰	花蕾出现	杭州	10	李日华:《味水轩日记》	−8	《味水轩日记》载当年玉兰始花期为3月15日，地点是嘉兴而非杭州，比现代提前8天。
1610	桃	盛花	河南安阳	15	袁中道:《袁小修日记》		此条地点为安阳，完全脱离了华东地区，在此不予讨论。
1611	玉兰	盛花	杭州	0	李日华:《味水轩日记》	−4	《味水轩日记》载当年玉兰盛花期为3月22日，地点是嘉兴而非杭州，比现代提前4天。
1612	桃	盛花	湖北沙市	13	袁中道:《袁小修日记》		《袁小修日记》原名为《游居柿录》，本身并不是逐日书写，大多数没有明确日期。此条"桃李大放"的记录是得出正月初三至三月初八之间，并没有明确日期。之所以推迟13天的结论是按照三月初八计算，并不恰当。
1612	梅花	盛花	杭州	−1	李日华:《味水轩日记》	−26	《味水轩日记》载当年梅花盛花期为1月25日，地点是嘉兴而非杭州，比现代提前26天。且当年梅花始花期为1月16日，比现代也提前26天。
1613	梅花	盛花	湖北公安	−10	袁中道:《袁小修日记》		《袁小修日记》载梅花盛花期为2月19日，与现代大致相仿。但考虑到《味水轩日记》中梅花盛期应该提前4天，当年物候期比现代提前。

续表

	原资料				记录出处	古今差(天)	修正后 说明
年份	植物	物候	地点	古今差(天)*			
1613	桃	盛花	湖南常德	2	袁中道：《袁小修日记》	-8	《袁小修日记》载毛桃盛花期为3月14日，而非3月24日，所以比现代提前8天。
1614	桃	盛花	湖北公安	11			《袁小修日记》中同样没有桃花明确的盛花日期。只是说清明后"桃花为风吹，若红茵"，但当年有红梅开放的日期，即2月17至23日之间。再考虑到《味水轩日记》中樱桃花盛花期比现代物候应该提前7天，当年物候应该提前。
1617	桃	末花	杭州	3	引自 Hameed and Gong, GR, 1994, 21(24): 2694	13	此处所引用文献笔者并没有见到，但锺惺《锺伯敬全集》中记录了南京梅花始花期为3月4日，当年比现代推迟13天。
1626	桃	盛花	浙江常山	4			此处所引用文献笔者并没有见到，所以无法作出判断。
1632	西府海棠	盛花	北京	10			此处地点是北京，完全脱离了华东地区，在此不予讨论。
1636	桃	盛花	杭州	4	祁彪佳：《祁忠敏公日记》	-7	查阅《祁忠敏公日记》，此年并无桃花的记录，但记录梅花盛花期为2月11日，地点是绍兴而非杭州，当年比现代提前7天以上。
1637	桃	盛花	杭州	-2		-4	《祁忠敏公日记》载当年毛桃盛花期为3月23日，地点是绍兴而非杭州，当年比现代提前4天以上。且记录梅花期也提前4天以上。
1638	梅花	始花	苏州	9	叶绍袁：《甲行日记》		《甲行日记》当作《甲行日注》，始于1645年，此条记录不知取自何处。

续表

年份	植物	物候	地点	古今差（天）*	记录出处	古今差（天）	说明
				原资料			修正后
1639	桃	盛花	杭州	11	祁彪佳：《祁忠敏公日记》	7	《祁忠敏公日记》载当年毛桃盛花期为4月3日，地点是绍兴而非杭州，当年比现代推迟不足7天。
1640	桃	盛花	杭州	0		－2	《祁忠敏公日记》载当年毛桃盛花期为3月25日，地点是绍兴而非杭州，当年比现代提前2天。
1641	桃	盛花	苏州	13	叶绍袁：《甲行日记》		《甲行日记》当作《甲行日注》，始于1645年，此条记录不知取自何处。
1641	桃	盛花	杭州	11	祁彪佳：《祁忠敏公日记》	9	《祁忠敏公日记》载当年毛桃盛花期为4月5日，地点是绍兴而非杭州，当年比现代推迟9天。
1642	桃	盛花	杭州	12		9	《祁忠敏公日记》载当年毛桃盛花期为4月3日，地点是绍兴而非杭州，当年比现代推迟9天。
1643	山桃	盛花	北京	8			此处地点是北京，完全脱离了华东地区，在此不予讨论。
1644	牡丹	盛花	杭州	－1		－6	《祁忠敏公日记》载当年牡丹盛花期为4月13日，地点是绍兴而非杭州，当年比现代提前6天。
1644	桃	盛花	杭州	－2		－4	《祁忠敏公日记》载当年毛桃盛花期为3月23日，地点是绍兴而非杭州，当年比现代提前4天。

* 正值表示当时物候较20世纪60—80年代初的常年物候期（引自《中国自然历选编》《中国自然历续编》《中国动植物物候图集》）推迟，负值则表示提前。

由以上考证可以看出,以上物候在地点、时间以及物候期的差异天数方面都存在一些失误,那么相应的结论也会出现偏差,需要进行部分修正。

四、建立春季物候序列的方法

自竺可桢先生开创利用物候证据研究我国历史时期气候变化之后,物候学方法就成为我国历史气候研究中最基本的方法之一。但因物候信息记载比较零散、考订不易,所以很难形成连续的序列。目前只能在某些资料丰富的区域建立某些时段的连续物候序列,如北京地区 100 年来的春季物候序列,[①]长江中下游地区明末以来近 400 年的春季物候序列,[②]长沙、衡阳地区 1888—1916 年的春季物候序列。[③]在上文考证和提取物候证据的基础上,笔者拟建立长江中下游地区 1450—1649 年共 200 年的春季物候序列,进而探讨其中的气候变化。

诚如前文所说,明人文集中的物候信息大多是文人或官员一时感兴所记录,而这些文人或官员由于出游、仕途等诸种原因,常常居无定所,不可能在一地长期滞留。即便是在一地长期居住,但因个人偏好不同,记录内容也迥异。如明人吴与弼,临川人,曾多次受荐举做官,不就职,于家乡讲学,存文集十二卷,其中所收录诗歌共七卷,自永乐庚寅至正统辛酉(1410—1441),皆按编年收录。按说具有较大价值,但查阅整部诗集,竟然没有一处与物候信息相关。[④]而同样是记述物候信息,因个人对植物的好恶不同,所记述的物候内容也有不同。如杨基就厌恶桃李,钟爱梨花,在《湘阴庙梨花》中道:"癸丑二月廿日泊舟湘阴庙下,庙东圃有棠梨一株,花犹未开……平生厌看桃与李,惟有梨花心独喜。"[⑤]故其诗中鲜见对梅花、桃花、李花的记载。

总之,受历史文献记载的限制,所记物候内容呈现出凌乱无序的特点,因此笔者不可能建立某一区域内同一植物的春季物候序列,只能是收集不同地区、不同植物的春季物候资料,然后再分析物候资料代表的区域范围和各种植物春季物候期之间的相关性问题。

---

① 龚高法、张丕远、张瑾瑢:《北京地区自然物候的变迁》,《科学通报》,1983 年第 24 期。
② 龚高法:《近四百年来我国物候之变迁》,竺可桢逝世十周年纪念会筹备组编《竺可桢逝世十周年纪念会论文报告集》,科学出版社,1985 年,第 264—277 页。
③ 方修琦、萧凌波、葛全胜等:《湖南长沙、衡阳地区 1888—1916 年的春季植物物候与气候变化》,《第四纪研究》,2005 年第 1 期。
④ 吴与弼:《康斋集》。
⑤ 杨基:《眉庵集》卷 3。

目前,笔者所收集到的物候资料涉及杭州、苏州、南京、上海、嘉兴、绍兴、武汉等地。这些地区物候期逐年变化是否具有一致性? 也就是说,上海春季物候期早的年份,杭州、南京等地的春季物候期是否也提早? 如果能证明上述地区春季物候期逐年变化是一致的,那么,就可以把以上长江中下游地区作为一个整体来予以讨论。龚高法曾作过类似研究,认为:"最理想的方法是统计上述各地同一物候现象出现日期之间的相关系数。可惜目前还缺乏这方面的材料,因此,我们代之分析各地 4 月平均气温之间的相关性,因为春季物候期早晚与温度高低有密切关系。统计结果表明杭州、南京、苏州、武汉、长沙、湘潭等地,春季气温变化具有十分明显的一致性,其相关系数达到 0.80 以上(N=30)……这说明长江中下游地区春季气候寒暖变化趋势是一致的。"[①]

从历史文献中得到的是多种植物的春季物候现象,如山桃、杏树、牡丹、玉兰等植物的开花期。那么,这些植物的物候期之间是否是同步的? 也就是说,某年春季某一种物候现象出现日期提早,其他物候期是否也相应提早了? 或者,一种物候期推迟,其他物候现象也推迟? 龚高法根据竺可桢先生 1950—1973 年(共 24 年)在北海公园观测到的北海冰融、山桃开花始期、杏树开花始期、紫丁香开花始期、柳飞絮始期作了相关分析。分析结果认为:"北京地区春季各种物候期之间相关极显著,信度达 99% 以上(信度达 99% 的相关系数值为0.515)。"由此证明,利用春季多种物候期为指标研究气候变化是合理的。从笔者搜集到的明代春季物候记录也可以证实这一点,如 1586 年徐学谟在上海地区作诗《元夕前一日偶携宋布衣登芥纳楼看梅花盛开,布衣摘花插鬓呼酒对酌赋此》和《北庄题玉兰花》两首,[②]记录了当时梅花和玉兰的开花盛期分别比现代延迟了 11 天和 12 天;而同年董嗣成在乌程地区也记录了当时毛桃的盛花期,[③]较现代推迟了 10 天左右。梅花、玉兰、毛桃这三种物候期均具有较好的同步性。

不过即便解决了以上两个问题,还存在一个问题,那就是笔者无法搜集到逐年的春季物候信息,总有一些年份出现缺失,这就需要对缺失年份进行适当插补。

---

① 龚高法:《近四百年来我国物候之变迁》,竺可桢逝世十周年纪念会筹备组编《竺可桢逝世十周年纪念会论义报告集》,科学出版社,1985 年,第 266 页。

② 徐学谟:《归有园稿》卷 2。

③ 董嗣成:《青棠集》卷 4。

　　首先,春季物候记录缺失者优先使用春季感应记录进行插补。所谓的感应记录就是人类对冷暖天气的感受,诸如"冬暖""冬寒""春暖""春寒"等。因笔者建立的是春季物候序列,所以首先选择春季感应记录插补。在收录的气候信息中,许多年份会同时含有物候序列和感应记录,可以通过二者的比较把感应记录转化为相应的物候期。通过对诸种资料的反复对比、分析,春季感应记录多表现为"春寒",其对应的物候期延迟 4—15 天不等,这与植物的种类和地点有关,但更主要的是取决于春寒的程度。如万历十八年(1590)入春阴雨浃旬,气候寒冷,冯梦祯记录当时杭州毛桃始花期延迟了 4 天,[①]而张凤翼记录了苏州红梅始花期则延迟了 6 天,[②]误差在 2 天左右。而万历二十五年(1597)春寒,朱太复道"积雪连旬日,凝凝天地荒"[③],敖文祯也说:"谁道阳春散大寒,经旬风雨冻乃残"[④],由于天气严寒,该年歙县毛桃开花盛期延迟了 15 天。[⑤]所以,笔者会根据感应记录的冷暖程度把感应记录转化为相应的物候期。一般情况的春寒转化为物候期时会选择 4—7 天,而持续较久的严寒雨雪天气笔者会选择在 10—15 天。

　　其次,如果春季感应记录也缺失,则用秋季物候或冬季感应记录进行插补。研究表明,中国东部地区多数站点四季温度,特别是冬、春、秋三季的温度具有极为显著的正相关,[⑥]所以可以用秋、冬记录对春季物候序列进行适当插补。秋季物候与春季物候相反,物候期提前意味着气温低,延迟则意味着气温高(仅一例);冬季气温与次年春季气温关系更为密切,能够反映第二年春季的气温特征。所以,也需要把冬季的感应记录转化为相应的春季物候期。与春季感应记录一样,"冬暖""冬寒"对应的物候期提前或延迟的时间也不等。根据收集到的气候信息分析,"冬暖"的记录主要是"桃李华""冬大燠"之类的描述,其第二年的物候期相应提前 5—15 天不等。如嘉靖三十八年(1559)池州府冬桃李华,[⑦]次年 1560 年苏州地区毛桃盛花期提前了 5 天;[⑧]天顺八年(1464)萧山"冬暖",

①　冯梦祯:《快雪堂日记》卷 4。
②　张凤翼:《处实堂续集》卷 7。
③　朱太复:《朱太复乙集》卷 9。
④　敖文祯:《薛荔山房藏稿》卷 2。
⑤　方弘静:《素园存稿》卷 11。
⑥　葛全胜、郑景云、满志敏等:《过去 2000a 中国东部冬半年温度变化序列重建及初步分析》,《地学前缘》,2002 年第 1 期。
⑦　万历《池州府志》卷 7。
⑧　田艺衡:《香芋集》卷 6。

次年 1465 年萧山红梅始花期提前了 15 天。[①]"冬寒"的记录则是长江中下游地区大雪连旬、河湖冰冻、海冰之类，以成片出现为原则作筛选，个别记录不予考虑。因寒冷程度不同，相应延迟的物候期在 7—15 天。如万历三十一年（1603）冷空气侵袭南方，致使岭南出现大雪，[②]次年即 1604 年杭州红梅始花期延迟了 7 天；[③]正德八年（1513）年太湖冰冻，[④]次年 1514 年苏州、上海等地红梅盛花期延迟了 14 天；[⑤]弘治六年（1493）江南大雪连月，苏北沿海甚至出现海冰，次年 1494 年苏州牡丹始花期延迟了 15 天。[⑥]所以，通过对不同气候信息的层层比较，本研究暂定以下将冬季感应记录转化为春季物候期的方法：一般情况下，"桃李华"对应的春季物候期为提前 5—7 天；而"冬暖""冬燠"对应的物候期为提前 10—15 天。华南大雪或江南大雪连月现象，对应的物候期为延迟 7—10 天；太湖、淮河冰封等现象，对应的物候期则延迟 10—14 天；出现海冰的年份只有景泰四年和弘治六年冬，对应的物候期则延迟 15 天以上。

再次，如果是以上两种方法都无法进行插补的年份，那笔者只能认为它们是正常年份，不再进行插补。

五、春季物候序列的建立及气候变化分析

本节中笔者已考证和搜集到有确切时间和地点的春季物候信息共 118 条，基于许多年份的物候信息是重合的，所以有物候证据的实际年份共 102 年。但因 1450 年以前的资料太少（共 13 年），无法建立足够长的时间序列，所以笔者拟重建 1450—1649 年长江中下游地区的春季物候序列。其中有用的春季物候信息达 87 个年份，再根据以上的插补方法，插补的年份共 57 年，合计 144 年，完整度达到 72%，完全可以建立 1450—1649 年的春季物候序列。不过在建立物候序列之前，首先根据春季物候证据和插补方法建立 1450—1649 年的春季物候年表（表 2.3），通过年表再重建 1450—1649 年长江中下游地区的春季物候序列。

---

① 魏骥：《南斋先生魏文靖公摘稿》卷 10。
② 释德清：《憨山老人梦游集》卷 35。
③ 冯梦祯：《快雪堂日记》卷 15。
④ 金友理：《太湖备考》卷 14。
⑤ 王鏊：《震泽集》卷 6；顾潜：《静观堂集》卷 4。
⑥ 沈周：《石田先生诗钞》卷 3。

表 2.3 1450—1649 年长江中下游地区春季物候年表

年 号	干支	公元	地点	植物名称	相应物候期	出现日期（日/月）	古今差别*	资料出处
景泰元年	庚午	1450	嘉兴		正月大雪洙三旬		− 12	万历《秀水县志》卷 10
景泰二年	辛未	1451	安庆		正月大雪弥月不霁		− 12	顺治《太湖县志》卷 9
景泰三年	壬申	1452	高邮		大雪河冰	19/2	− 10	薛瑄:《河汾诗集》卷 5
景泰四年	癸酉	1453	苏州		大雪四十余日/凝雪六十日		− 12	万历《嘉定县志》卷 17/崇祯《瑞州府志》卷 24
景泰五年	甲戌	1454	昆山		海口潮末水就冰/大雨雪至正月,积雪丈余		− 15	郑文康:《平桥集》卷 3/金友理:《太湖备考》卷 14
景泰六年	乙亥	1455	萧山	红梅	开花始期	23/2	− 12	
景泰七年	丙子	1456	萧山	红梅	开花始期	6/2	+ 5	魏骥:《南斋先生魏文靖公摘稿》卷 9
天顺元年	丁丑	1457	萧山	红梅	开花盛期	24/1	+ 18	
天顺二年	戊寅	1458	萧山	红梅	开花始期	19/1	+ 22	
天顺三年	己卯	1459	萧山	红梅	开花始期	3/2	+ 8	
天顺六年	壬午	1462	萧山	红梅	开花始期	30/1	+ 12	
天顺八年	甲申	1464	萧山	毛桃	开花末期	4/4	+ 1	魏骥:《南斋先生魏文靖公摘稿》卷 10
成化元年	乙酉	1465	萧山	红梅	开花始期	27/1	+ 15	
成化四年	戊子	1468	绍兴		桃李季华		+ 5	万历《绍兴府志》卷 13
成化五年	己丑	1469	萧山	毛桃	开花始期	26/2	− 5	魏骥:《南斋先生魏文靖公摘稿》卷 10
成化六年	庚寅	1470	萧山	红梅	开花始期	1/2	+ 10	
成化十年	甲午	1474	南京		春寒多雨,二月连大雨雪		− 4	《明宪宗实录》卷 127
成化十一年	乙未	1475	苏州	榆钱	脱落期	6/5	− 3	沈周:《石田稿》
成化十三年	丁酉	1477	苏州		大湖冰冻/恒寒,冰凝逾月,舟楫不通		− 14	崇祯《吴县志》卷 11/万历《重修嘉善县志》卷 12

续表

年　号	干支	公元	地点	植物名称	相应物候期	出现日期（日/月）	古今差别*	资料出处
成化十四年	戊戌	1478	苏州	牡丹	开花始期	13/4	+3	沈周《石田稿》卷 4
成化十五年	己亥	1479	苏州	杏树	开花始期	23/3	-6	沈周：《石田先生诗钞》卷 2
成化十九年	癸卯	1483	苏州		元旦大雪三日，三尺/大雪越七日，木冰如花		-7	崇祯《吴县志》卷 11/弘治《重修无锡县志》卷 27
成化二十年	甲辰	1484	苏州		大雪，洞庭柑橘皆冻死		-14	嘉靖《吴邑志》卷 14
弘治元年	戊申	1488	南京		闰正月雷电交加，大雪连朝		-4	《明孝宗实录》卷 14
弘治四年	辛亥	1491	江浦		大雪三十余日/大雪月余		-7	嘉靖《六合县志》卷 2/万历《江浦县志》卷 1
弘治六年	癸丑	1493	淮安		雨雪连绵，大寒凝海			正德《淮安府志》卷 15
弘治七年	甲寅	1494	苏州	牡丹	开花末期	1/5	-15	沈周：《石田先生诗钞》卷 3
弘治八年	乙卯	1495	襄阳		冬大雪，恒寒/大雪，树木结成冰		-7	万历《襄阳府志》卷 33/《明孝宗实录》卷 85
弘治九年	丙辰	1496	严州		大雪，深四五尺，弥数旬不消/长沙雨雪，南昌府大雨雪		-7	嘉靖《兴国州志》卷 7/《明孝宗实录》卷 118
弘治十一年	戊午	1498	苏州		一冬无雪，群木吐花		+7	崇祯《吴县志》卷 11
弘治十三年	庚申	1500	余姚		冬大寒，姚江冰		-12	万历《绍兴府志》卷 13
弘治十四年	辛酉	1501	嘉善		十一月恒寒冰坚		-12	万历《嘉善县志》卷 12
弘治十五年	壬戌	1502	苏州		山橘尽毙/大寒，湖泖皆冰，经月始解		-12	蔡昇：《震泽编》卷 3/正德《松江府志》卷 32

续表

年 号	公元	干支	地点	植物名称	相应物候期	出现日期（日/月）	古今差别*	资料出处
弘治十六年	1503	癸亥	苏州		山橘尽毙/太湖冰		−14	王鏊:《震泽集》卷 4
弘治十七年	1504	甲子	南京		终雪日期	16/3	−9	郑纪:《东园文集》卷 4
正德元年	1506	丙寅	苏州		江东频岁大寒/扬州河冰		−10	王鏊:《震泽集》卷 7/万历《扬州府志》卷 22
正德二年	1507	丁卯	万州		海南降雪		−15	正德《琼台志》卷 41
正德三年	1508	戊辰	嘉兴		桃李华		+7	崇祯《嘉兴县志》卷 16
正德五年	1510	庚午	上海		大寒，竹柏多槁死，黄浦潮素汹涌，亦结冰厚二三尺，经月不解，骑负担者，行冰如平地		−14	万历《上海县志》卷 10
正德六年	1511	辛未	嘉兴		冰坚数月		−12	崇祯《嘉兴县志》卷 16
正德七年	1512	壬申	建德		二月大雪深二尺许		−7	康熙《建德县志》卷 9
正德八年	1513	癸酉	全州		湘江冰合		−10	万历《广西通志》卷 41
正德九年	1514	甲戌	苏州	红梅	开花盛期/大湖冰	8/3	−14	王鏊:《震泽集》卷 6/金友理:《太湖备考》卷 14
正德十年	1515	乙亥	苏州	红梅	开花盛期	3/3	−9	王鏊:《震泽集》卷 6
正德十一年	1516	丙子			正月二十七日，大雪弥月不止/春，雨木冰		−7	正德《永康县志》卷 7/嘉靖《宁州志》卷 6
正德十二年	1517	丁丑			暖气如春/桃李冬华		+10	万历《新宁县志》卷 2/康熙《咸宁县志》卷 6
正德十三年	1518	戊寅	余姚		大雪两月/冬十一月朔，雷震大雪，至十二月止		−10	万历《新修余姚县志》卷 24/万历《秀水县志》卷 10

续表

年　号	干支	公元	地点	植物名称	相应物候期	出现日期（日/月）	古今差别*	资料出处
正德十四年	己卯	1519	赣县	毛桃	开花始期/大雨雪深二尺	1/3	−7	邓庠：《东溪续稿》卷 1/康熙《南安府志》卷 17
正德十五年	庚辰	1520	桐庐		大雪两月/雨雪，三日乃霁，积厚三尺，流水皆凝		−10	康熙《桐庐县志》卷 4/嘉靖《福宁州志》卷 12
正德十六年	辛巳	1521			桃李皆华/桃李俱华		+7	万历《重修崇明县志》卷 8/崇祯《吴县志》卷 11
嘉靖二年	癸未	1523	上海	红梅	开花始期/是冬和气如春/冬暖	25/1	+19	顾清：《东江家藏集》卷 35/顺治《颍上县志》卷 11/万历《太和县志》卷 1
嘉靖四年	乙酉	1525	宁德		冬暖		+10	嘉靖《宁德县志》卷 4
嘉靖六年	丁亥	1527	合浦		大雨雪，池水洁/四月，大雪		−10	崇祯《廉州府志》卷 1/嘉靖《随志》卷上
嘉靖八年	己丑	1529	南京	红梅	开花盛期	18/1	+9	顾璘：《息园存稿》卷 13
嘉靖十一年	戊午	1532	池州	红梅	（去冬）桃李华		+7	嘉靖《池州府志》卷 9
嘉靖十四年	乙未	1535	昆山	红梅	开花盛期	20/2	+1	周伦：《贞翁净稿》卷 6
嘉靖十八年	己亥	1539	昆山		春寒		−4	周伦：《贞翁净稿》卷 10
嘉靖十九年	庚子	1540	杭州	红梅	开花始期	14/2	−3	邵经济：《两浙庄邵先生文集》卷 9
嘉靖二十年	辛丑	1541	昆山	牡丹	开花盛期	20/4	+3	周伦：《贞翁净稿》卷 11
嘉靖二十一年	壬寅	1542	昆山		春暖		+4	周伦：《贞翁净稿》卷 12
嘉靖二十二年	癸卯	1543	杭州	红梅	开花始期	3/2	+8	
嘉靖二十三年	甲辰	1544	杭州	红梅	开花始期	29/1	+13	
嘉靖二十四年	乙巳	1545	杭州	红梅	开花始期	13/1	+29	
嘉靖二十五年	丙午	1546	杭州	红梅	开花始期	1/2	+10	邵经济：《两浙庄邵先生文集》卷 9

续表

年 号	干支	公元	地点	植物名称	相应物候期	出现日期（日/月）	古今差别*	资料出处
嘉靖二十七年	戊申	1548	杭州	红梅	开花始期	9/2	+2	邵经济:《两浙泥泉匡邵先生文集》卷 10
嘉靖二十九年	庚戌	1550	杭州	牡丹	开花盛期	21/3	+25	田艺衡:《香宇集》卷 4
嘉靖三十年	辛亥	1551			淮水冰/冬大雪,水冰		−12	万历《帝乡纪略》卷 6/嘉靖《上高县志》卷下
嘉靖三十一年	壬子	1552	杭州	红梅	开花始期	25/1	+17	邵经济:《两浙泥泉匡邵先生文集》卷 10
嘉靖三十三年	甲寅	1554	南京	红梅	开花始期	8/2	+11	彭铭:《冲溪先生集》卷 5
嘉靖三十四年	乙卯	1555	上海	大麦	收获期	10/5	+5	采九德:《倭变事略》卷 3
嘉靖三十五年	丙辰	1556			深山积雪至来年三月方消	16/2	−8	顺治《宣平县志》卷 10
嘉靖三十六年	丁巳	1557	宁波	红梅	开花始期	30/1	+9	范钦:《天一阁集》卷 11
嘉靖三十八年	己未	1559	休宁	杏树	开花始期	3/3	+9	田艺衡:《香宇集》卷 19
嘉靖三十九年	庚申	1560	苏州	毛桃	开花盛期	26/3	+5	田艺衡:《香宇集》卷 23
嘉靖四十年	辛酉	1561			二月雪愈甚/冬寒,淮冰合		−12	田艺衡:《香宇续集》卷 27/万历《帝乡纪略》卷 6
嘉靖四十二年	癸亥	1563	杭州	梅树	开花始期	15/1	+30	赵伊:《序芳园稿》卷上
嘉靖四十三年	甲子	1564	平湖	牡丹	开花始期	10/4	+6	赵伊:《序芳园稿》卷上/道光《晋江县志》卷 7
嘉靖四十五年	丙寅	1566	平湖	梅树	开花始期	20/1	+24	

续表

年号	干支	公元	地点	植物名称	相应物候期	出现日期（日/月）	古今差别*	资料出处
隆庆元年	丁卯	1567			冬大雪，积阴自十月至次年正月始霁，市地雪深数丈/阴雪竟月，河流冻合		-12	万历《合肥县志》/顺治《蕲水县志》卷1
隆庆三年	己巳	1569	黎川	毛桃	开花盛期	10/3	+10	邓元锡：《潜学编》卷5
隆庆四年	庚午	1570			冬大雪，檐冰长丈余/十一月，河池皆冰，鱼鳖尽死		-7	康熙《仪真县志》卷18/顺治《攸县志》卷3
隆庆六年	壬申	1572			春正月大雨雪，连六七日不止/二月未惊蛰，大雪		-12	万历《钱塘县志》/康熙《庐州府志》卷4
万历元年	癸酉	1573	镇江	小麦	收获日期	30/5	+4	王世懋：《王奉常集》卷10
万历五年	丁丑	1577	玉山		冬暖		+10	王世懋：《王奉常集》卷14
万历六年	戊寅	1578	苏州		严寒		-7	严果：《天隐子遗稿》卷5
万历七年	己卯	1579			冬严寒，大川巨浸冰坚五尺，舟楫不通/大湖冰		-14	崇祯《松江府志》卷47/康熙《苏州府志》卷2
万历八年	庚辰	1580	江南地区		大暖		+10	沈明臣：《丰对楼诗集》卷30
万历九年	辛巳	1581	江南地区/苏州		春寒/冬大寒，湖冰，自胥口至洞庭山，人皆履冰而行		-14	沈明臣：《丰对楼诗集》卷30/康熙《吴区志》卷14
万历十一年	癸未	1583	南京	红梅	开花始期	19/2	0	范守己：《吹剑集》卷28

续表

年 号	干支	公元	地点	植物名称	相应物候期	出现日期（日/月）	古今差别*	资料出处
万历十二年	甲申	1584	上海	红梅	开花始期	18/2	−5	沈明臣:《丰对楼诗集》卷 30
万历十四年	丙戌	1586	乌程	毛桃	开花盛期	3/4	−7	董嗣成:《青棠集》卷 4
万历十五年	丁亥	1587	江浦		春后连月皆冰雪/元旦雨雪,浃旬不止		−10	沈明臣:《丰对楼诗选》卷 21/崇祯《乌程县志》卷 4
万历十六年	戊子	1588	杭州	梅树	开花始期	23/2	−12	冯梦祯:《快雪堂日记》卷 2
万历十七年	己丑	1589	杭州	毛桃	开花始期	7/3	+14	冯梦祯:《快雪堂日记》卷 3
万历十八年	庚寅	1590	杭州	毛桃	开花始期	25/3	−4	冯梦祯:《快雪堂日记》卷 4
万历十九年	辛卯	1591	杭州	毛桃	开花始期	16/3	+5	程嘉燧:《松圆偈庵集》卷上
万历二十年	壬辰	1592	武昌	玉兰	开花始期	20/4	+1	吴国伦:《甔甀洞稿》卷 11
万历二十一年	癸巳	1593	湖州		天寒水冻		−7	朱长春:《朱太复文集》卷 2
万历二十二年	甲午	1594	南京	红梅	开花始期	22/3	−3	冯梦祯:《快雪集》卷 28
万历二十三年	乙未	1595	杭州	毛桃	开花盛期/春大雪匝月,鸟雀多死	2/4	−5	冯梦祯:《快雪堂日记》卷 7/康熙《嘉兴府志》卷 2
万历二十五年	丁酉	1597	歙县	毛桃	开花盛期/积雪连旬	15/4	−15	方弘静:《素园存稿》卷 11/朱长春:《朱太复乙集》卷 9
万历二十六年	戊戌	1598	歙县	红梅	开花始期	11/3	−15	方弘静:《素园存稿》卷 11
万历二十七年	己亥	1599	杭州	毛桃	开花始期	26/3	−5	冯梦祯:《快雪堂日记》卷 11
万历二十八年	庚子	1600	杭州	梅树	开花始期	17/2	−2	冯梦祯:《快雪堂日记》卷 12

续表

年　号	干支	公元	地点	植物名称	相应物候期	出现日期（日/月）	古今差别*	资料出处
万历二十九年	辛丑	1601	嘉兴		十二月运河水冻		－7	康熙《秀水县志》卷7
万历三十年	壬寅	1602	苏州	梅树	开花始期	22/2	－9	曹学佺《石仓文稿》卷3
万历三十一年	癸卯	1603	杭州	毛桃	开花始期	24/3	－3	冯梦祯《快雪堂日记》卷13
万历三十二年	甲辰	1604	杭州	梅树	开花始期	26/2	－7	冯梦祯《快雪堂日记》卷15
万历三十三年	乙巳	1605	杭州	梅树	开花盛期	24/2	－5	冯梦祯《快雪堂日记》卷16
万历三十四年	丙午	1606	苏州	红梅	开花始期	6/2	＋7	李流芳《檀园集》卷4
万历三十五年	丁未	1607	湖州	红梅	开花始期	4/2	＋8	朱长春《朱太复乙集》卷14
万历三十七年	己酉	1609	嘉兴	玉兰	开花始期	15/3	＋8	李日华《味水轩日记》卷1
万历三十八年	庚戌	1610	苏州	红梅	开花始期	20/1	＋24	杨思本《榴馆初涵集选》卷5
万历三十九年	辛亥	1611	嘉兴	玉兰	开花盛期	22/3	＋4	李日华《味水轩日记》卷3
万历四十年	壬子	1612	嘉兴	红梅	开花始期	16/1	＋26	李日华《味水轩日记》卷4
万历四十一年	癸丑	1613	嘉兴	红梅	开花盛期	16/2	＋4	李日华《味水轩日记》卷5
万历四十二年	甲寅	1614	嘉兴	樱桃	开花盛期	16/3	＋7	李日华《味水轩日记》卷6
万历四十三年	乙卯	1615	常德	毛桃	开花盛期	14/3	－11	袁中道《游居杮录》卷10
万历四十四年	丙辰	1616	嘉兴		正月大雪浃旬/大雪，正月至二月初始霁		－12	李日华《味水轩日记》卷8/崇祯《吴县志》卷11
万历四十五年	丁巳	1617	上海	红梅	开花始期	4/3	－13	锺惺《锺伯敬全集》卷2
万历四十六年	戊午	1618	南京	红梅	开花始期	2/2	＋17	

续表

年　号	干支	公元	地点	植物名称	相应物候期	出现日期（日/月）	古今差别*	资料出处
万历四十七年	己未	1619	杭州	玉兰	开花盛期	27/3	-2	茅元仪:《石民四十集》卷23
泰昌元年	庚申	1620			冬大雪,平地丈余,淮河冰合/冬大雪,深五六尺		-12	乾隆《盱眙县志》卷14/康熙《蕲州志》卷12
天启元年	辛酉	1621			大雪积四十余日/正月,大雪,汉水冰冻,冰坚可渡		-14	康熙《安庆府志》卷14/康熙《钟祥县志》卷10
天启三年	癸亥	1623	杭州	红梅	开花始期	31/1	+11	汪汝谦:《春星堂诗集》卷2
天启七年	丁卯	1627	杭州		大雪深三尺/大雪,自十五日起至二十四日始霁		-4	张岱:《陶庵梦忆》卷7/康熙《太平府志》卷3
崇祯元年	戊辰	1628	苏州		二月下旬大雪严寒,雨雪严寒,河鱼冻死		-7	崇祯《吴县志》卷11/康熙《南丰县志》卷1
崇祯三年	庚午	1630	泰和	木芙蓉	开花盛期	9/10	+8	萧士玮:《春浮园别集》之《春浮园偶录》
崇祯四年	辛未	1631	苏州	红梅	开花始期	7/2	+6	钱谦益:《牧斋初学集》卷9
崇祯五年	壬申	1632	蕲州	玉兰	开花盛期	12/3	+3	萧士玮:《春浮园别集》之《汗游录》
崇祯六年	癸酉	1633	杭州		大雪三日,湖中人鸟声俱绝		-4	张岱:《陶庵梦忆》卷7
崇祯七年	甲戌	1634	泰和	红梅	开花盛期	22/1	+6	萧士玮:《春浮园别集》之《深牧庵日涉录》
崇祯九年	丙子	1636	绍兴	梅花	开花盛期	11/2	+7	祁彪佳:《祁忠敏公日记》之《林居适笔》
崇祯十年	丁丑	1637	绍兴	毛桃	开花盛期	23/3	+4	祁彪佳:《祁忠敏公日记》之《山居拙录》

续表

年　号	干支	公元	地点	植物名称	相应物候期	出现日期（日/月）	古今差别*	资料出处
崇祯十一年	戊寅	1638	绍兴	海棠	开花盛期	27/3	+7	祁彪佳:《祁忠敏公日记》之《自鉴录》
崇祯十二年	己卯	1639	绍兴	毛桃	开花盛期	3/4	-7	祁彪佳:《祁忠敏公日记》之《弃录》
崇祯十三年	庚辰	1640	绍兴	毛桃	开花盛期	25/3	+2	祁彪佳:《祁忠敏公日记》之《感慕录》
崇祯十四年	辛巳	1641	绍兴	毛桃	开花盛期	5/4	-9	祁彪佳:《祁忠敏公日记》之《小捄录》
崇祯十五年	壬午	1642	绍兴	毛桃	开花盛期	6/4	-9	祁彪佳:《祁忠敏公日记》之《壬午日历》
崇祯十七年	甲申	1644	绍兴	毛桃	开花盛期	23/3	+4	祁彪佳:《祁忠敏公日记》之《甲申日历》
顺治二年	乙酉	1645	绍兴	毛桃	开花盛期	23/3	+4	祁彪佳:《祁忠敏公日记》之《乙酉日历》
顺治三年	丙戌	1646	苏州	毛桃	开花盛期	24/3	+7	
顺治四年	丁亥	1647	苏州	梅树	开花盛期	17/2	+5	叶绍袁:《甲行日注》
顺治五年	戊子	1648	苏州	毛桃	开花盛期	12/3	+19	

* 十代表提前日数，一代表推迟日数。地方志资料中寒冬年份的确定笔者选取的标准是至少两个不同省份中同时有资料记录方可。

根据 1450—1649 年的物候年表,笔者建立逐年春季物候变化曲线,并对其进行 5 年平均滑动处理,建立序列如下。

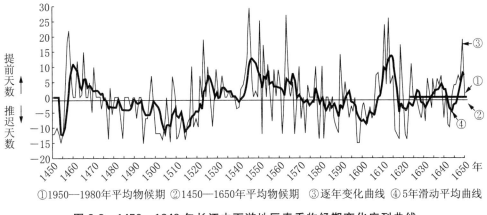

①1950—1980年平均物候期 ②1450—1650年平均物候期 ③逐年变化曲线 ④5年滑动平均曲线

图 2.3　1450—1649 年长江中下游地区春季物候期变化序列曲线

从图 2.3 可以看出,1450—1649 年这 200 年间长江中下游地区的春季平均物候期比现代稍微偏迟,大约推迟了 0.4 天。但其间经历了不同程度的波动,如果以世纪尺度来看的话,大致经过两次较大的波动,反映了两次气候的冷暖交替变化。

第一次波动起于 1450 年,止于 1520 年,持续了 71 年,其平均物候期比现代延迟了 3 天左右,整体上属寒冷期。但这很可能是延续了永乐以来的气候寒冷,如果是这样的话,其寒冷持续时间可长达 110 余年。

明代主要的寒冷事件基本上就发生在该时期。如两次苏北沿海发生海冰是在景泰四年冬(1453—1454)和弘治六年冬(1493—1494);太湖冰冻发生在景泰四年冬(1453—1454)、成化十二年冬(1476—1477)、弘治十五年冬(1502—1503)、正德八年冬(1513—1514);黄浦江冰冻发生在景泰五年春(1453—1454)、正德四年冬(1509—1510)。而且,该时期也是严寒发生频率最高的阶段。第一个严寒高频率发生期是在景泰年间,1450、1451、1452 年长江中下游地区连续出现"大雪浃二旬"、"雨雪弥旬"、"大雪河冰"的严寒天气;[1]1453 年更是出现了"淮东之海冰四十余里"的情景[2];1454 年昆山又出现严寒,

①　万历《秀水县志》卷 10《祥异》,嘉靖《重修安庆府志》卷 15《祥异志》,薛瑄:《河汾诗集》卷 5。

②　《明史》卷 28《五行志》。

郑文康描述道："陇头一夜雪平城，海口潮来水就冰。百岁老人都解说，眼中从小不曾经。"[①]另外一个严寒高频率发生期是在弘治末年至正德年间，这个在论述柑橘种植北界时已详细说明，该时期的寒冷致使物候期延迟6—12天。

但在这个寒冷期中，存在一个相对温暖期，即天顺至成化年间（1456—1490），其平均物候期比现代提前1.3天左右。萧山人魏骥致仕家居，记录了景泰至成化年间的事情，其中就包含有对红梅开花期的连续记录，通过它们可以知道当时的物候期比现代要提前。[②]而且，这个温暖期笔者在上节中通过柑橘种植北界也予以证实它的存在。

第二次波动始于1521年，止于1649年，持续了129年，其平均物候期比现代提前了1天左右，整体上属温暖期。

但其中经历了3次冷暖波动：嘉靖至万历初年（1521—1580）气候温暖，平均物候期较现代提前3天。万历中期至崇祯初期（1581—1630）有一个气候转冷阶段，平均物候期较现代推迟1.6天。从图2.3中看到，在1600年前后物候延迟期达到最低，这可能与1600年秘鲁Huaynaputina火山喷发而引起的一种气候效应有关。对此，费杰曾根据黄河、长江中下游地区进行过分析，也证实了这一影响的存在。[③]其后，在万历后期有一个明显的回暖期。崇祯初年至清初（1631—1649）气候再度转暖，平均物候期比现代提前了2.3天。

下面以现代物候期（1951—1980）为标准，对长江中下游地区1450—1649年间不同时期的春季物候平均距平作如下6个时期的划分，见表2.4。

表2.4　长江中下游地区不同时期春季物候平均距平日数

起讫年代	1450—1455	1456—1475	1476—1520	1521—1580	1581—1630	1631—1649
持续年数	6	20	45	60	50	19
平均距平日数*	−12.1	+4.3	−5.3	+2.9	−1.6	+2.3

　*　＋代表提前日数，一代表推迟日数

六、对明代中后期气候变化的认识

目前尚无专门论述明代气候变化的研究，但对于明清以来气候变化的研究

①　郑文康：《平桥集》卷3。
②　魏骥：《南斋先生魏文靖公摘稿》卷6—10。
③　费杰：《公元1600年秘鲁Huaynaputina火山喷发在中国的气候效应》，《灾害学》，2008年第6期。

已相当丰富。研究普遍认为明清时期的总体特征是寒冷,故又称之为"明清小冰期",但在500多年的时间里气候的冷暖程度并不是一成不变的,而是呈现出多次冷暖波动的格局。

表 2.5 关于明代长江中下游地区气候阶段性变化的认识

地域范围	指标	暖期	冷期	暖期	冷期	序列来源①
长江中下游	冬温指数		1470—1519	1520—1549	1550—1644	王日昇等
	温度指数	1440—1489	1490—1519	1520—1619	1620—1644	韩昭庆
长三角	冬温指数	1250—1429	1430—1529	1530—1609	1610—1644	陈家其等
	柑橘冻害数	?—1490	1491—1540	1541—1620	1621—1644	张丕远
太湖平原	七月气温	1360—1429	1430—1520	1521—1568	1569—1644	汪铎等
长江下游	冬温指数	1470—1499	1500—1520	1521—1570	1571—1644	张德二
长江中游	冬温指数	1470—1490	1491—1520	1521—1620	1621—1644	赵文兰等

曾有学者专就涉及明代长江中下游地区的研究作过整理,认为在15世纪后半叶—17世纪上半叶,长江中下游的气候存在暖—冷—暖—冷的四个阶段,其研究见表2.5。②以上的气候研究成果发现,在冷暖阶段的认识上存在着相同的观点,但是在具体的冷暖起讫时间上则存在明显的差异性,其中原因是由多方面造成的,如个人使用方法、指标、分辨率、研究区域的差异等都会造成研究结论的不同。以上研究所采用的资料大多是各地整编的近500年史料,基本上是地方志中的灾害记录,对于其中存在的问题在本书第一章第二节中已作过说明。除此之外,这些整编的地方志记载都没有经过严格的考订,尤其是寒冷事件的增多使得运用冬温指数的方法受到很大影响。对此,满志敏师曾作过部分考证和论述,③本书也将会在第四章中深入探讨这个问题。

---

① 王日昇、王绍武:《近500年我国东部冬季气温的重建》,《气象学报》,1990年第2期;韩昭庆:《明清时期(1440—1899)长江中下游地区冬季异常冷暖气候研究》,《中国历史地理论丛》,2003年第2期;陈家其、施雅风:《长江三角洲千年冬温序列与古里雅冰芯比较》,《冰川冻土》,2002年第2期;张丕远:《中国历史气候变化》,山东科学技术出版社,1996年;汪铎、张镡:《历史时期"大型环流—天气气候—作物年景"系统低频振动的模拟实验》,《大气科学》,1990年第3期;张德二:《中国南部近500年冬季温度变化的若干特征》,《科学通报》,1980年第6期;赵文兰、叶愈源:《近500年来长江中游气候变化的初步研究》,《水文》,1996年第5期。

② 葛全胜等:《中国历朝气候变化》,科学出版社,2011年,第500页。

③ 满志敏:《中国历史时期气候变化研究》,山东教育出版社,2009年,第183页。

根据明代中后期长江中下游地区的物候证据，建立分辨率为年的春季物候序列，并对其进行 5 年平均滑动处理，反映的气候冷暖变化阶段如表 2.6。

表 2.6　明代中后期长江中下游地区气候冷暖变化

地域范围	指标	冷期	暖期	冷期	暖期	冷期	暖期
长江中下游地区	春季物候	?—1455	1456—1475	1476—1520	1521—1580	1581—1630	1631—1649

与以上研究不同的是，本研究在气候冷暖阶段的划分上又多出一个冷期和暖期，冷期开始的时间笔者无法通过春季物候序列来判定，可能是起于永乐年间的寒冷，并一直持续到 1455 年。而暖期则是处于明末清初，这在以往的研究中都认为是一个冷期。

七、结论

本节介绍了建立春季物候序列的方法，包括物候资料代表的区域范围和各种植物春季物候期之间的相关性，以及对缺失年份插补等问题；然后，根据春季物候证据和插补方法建立 1450—1649 年的春季物候年表，重建了逐年春季物候变化曲线，并对其进行 5 年平均滑动处理，其反映的气候冷暖变化为：第一次波动起于 1450 年，止于 1520 年，持续了 71 年，其平均物候期比现代延迟了 3 天左右，整体上属寒冷期。但这很可能是延续了永乐以来的气候寒冷。第二次波动始于 1521 年，止于 1649 年，持续了 129 年，其平均物候期比现代提前了 1 天左右，整体上属温暖期。具体来讲，大致经历了 1455 年之前的冷期、1456—1475 年的暖期、1476—1520 年的冷期，1521—1580 年的暖期、1581—1630 年的冷期和 1631—1649 年的暖期六个冷暖阶段。

第四节　1609—1615 年长江下游地区冷暖分析

近来众多研究虽然对文献资料进行量化处理，建立温度距平（冷暖指数）序列，提供了分辨率为 10 年的气候波动，但是受资料性质的制约，对于当时一些具体的气候变化及特征尚缺乏更深入的认识和理解,需要高分辨率的资料作进一步的补充研究。清代保存有大量"晴雨录""雨雪分寸"等档案资料,还有丰富的日记记录等高分辨率的气候资料,已有学者利用部分日记资料对当时特定年份或时段的气候特征作过相关研究。①然而,明代却缺乏这样高分辨率的资料,所以对明代气候变化的研究目前仍显得相对薄弱。

李日华的《味水轩日记》是明代保存较好的一部具有逐日天气记载的资料,②其中包含大量反映气候及气候变化的信息,具有建立高分辨率气候变化的可能,近来就有研究者利用这份日记对个别特殊年份的天气情况进行了相关探讨。③日记虽然只有 8 年(1609—1616)的记载,但是对于分析 10 年尺度上气候的变化,了解明代后期气候及变化的特征具有重要意义。因我国物候记录多为 1950s—1980s 的数据,为使古今数据的比较具有一致标准,也便于与其他研究具有可比性,本研究以 1951—1980 年作为基准时段,作为现代气温。

一、李日华及《味水轩日记》中的气候信息

李日华(1565—1635),字君实,号九疑,别号竹懒,浙江秀水(今嘉兴)人。万历壬辰(1592)科进士,甲辰岁(1604)丁母忧回籍,三十四年(1606)服满。出于是独子、老父无人侍奉的原因,李日华具疏乞恩终养,神宗允他依亲。《味水轩日记》正是李氏撰述于在家侍奉老父期间。

《味水轩日记》起自万历三十七年(1609)正月迄于万历四十四年(1616)十二月共八年的时间,基本上是逐日书写,记录了李日华在嘉兴的隐居生活(期间虽有出行,但大都仅限于长江三角洲地区),"其间所纪,翻阅书画,评骘翰墨,十居八九。而时事、异闻奇物、酒筵花鸟、寄情触目者,附之。所绝不涉入者,月旦雌黄,升除宠辱,种种俗虑"④。因此,从文学、艺术的角度进行研究也就理

---

①　朱晓禧:《清代〈畏斋日记〉中天气气候信息的初步分析》,《古地理学报》,2004 年第 1 期;方修琦、萧凌波、葛全胜等:《湖南长沙、衡阳地区 1888—1916 年的春季植物物候与气候变化》,《第四纪研究》,2005 年第 1 期;张学珍、方修琦、齐晓波:《〈翁同龢日记〉中的冷暖感知记录及其对气候冷暖变化的指示意义》,《古地理学报》,2007 年第 4 期。

②　李日华著,屠友祥校注:《味水轩日记》,上海远东出版社,1996 年。

③　马悦婷、张继权、杨明金:《〈味水轩日记〉记载的 1609～1616 年天气气候记录的初步分析》,《云南地理环境研究》,2009 年第 3 期。

④　李日华著,屠友祥校注:《味水轩日记》,上海远东出版社,1996 年,第 1 页。

所当然了。①但除此之外，日记中尚存有大量的气候信息，往往为学者们所忽略。与其他日记的记载类似，《味水轩日记》中的气候记录也可以分为三类：天气晴雨记录、物候记录和感应记录。天气晴雨记录主要是记载当日的晴雨情况，《味水轩日记》中对逐日的天气描述比较详细，能够做到将一天内不同的天气情况予以记载，尤其是对雨、雪天气尤为关注，对雨雪的类型及时间等均有明确的记载，是重建当地高分辨率天气序列不可缺少的材料；物候记录相对来说要零散一些，但是较为敏感的物候现象（如梅花始花期、初雷期以及初、终雪期）的记录能够保持一定的持续性和完整性；感应记录是作者对当时天气变化和特殊气候特点的感受，这部分记录较为随机，但是数量很多。马悦婷等对以上情况进行了详细列举和说明，②不再赘述。表 2.7 是《味水轩日记》中万历三十七年的部分记载，其所属类型如表中所示（表中时间已经转化为公历日期）。

表 2.7　《味水轩日记》中部分气候信息记录（1610 年）

时　　间	原始记录	所属类型
1 月 7 日	晨起，同茞夫已肩舆入西溪……溪路饶梅，时已着疏花点点。霜晓细香，暗扑人袖，风景良绝。	物候记录
1 月 14 日	风，寒，河冰皆合。	天气、感应记录
9 月 2 日	大雨竟夜。	天气记录
11 月 22 日	连日俱大晴暖。	感应记录

二、《味水轩日记》中气候信息的提取

虽然《味水轩日记》是连续的逐日天气记载，但也有脱记的现象。根据作者的关注度和敏感度、日记本身的记录方式，并通过与其他日记资料的对比、校勘，可以发现李日华对雨、雪等天气非常敏感，降水天气的记录基本是完整的（详见第三章第三节）。因此，完全可以根据冬季雨雪的记载，利用降雪率求得冬季平均气温。在这一过程中需要说明的是：现代气象规定，凡日降水量≥0.1毫米的降雪日子称之为降雪日，而《味水轩日记》中不会有如此量化的记载，为

---

① 李杰：《李日华的文艺思想研究》，复旦大学博士学位论文，2006 年；吴雪杉：《从〈味水轩日记〉、〈六研斋笔记〉看李日华绘画史观之转变》，《故宫博物院院刊》，2006 年第 2 期；万木春：《由〈味水轩日记〉看万历末年嘉兴地区的古董商》，《新美术》，2007 年第 6 期。

② 马悦婷、张继权、杨明金：《〈味水轩日记〉记载的 1609～1616 年天气气候记录的初步分析》，《云南地理环境研究》，2009 年第 3 期。

保证古今论证的统一,可以根据文字的描述定义日记中的降雪日,凡"雨霰"、"雪点洒淅"、"微雪,俄霁"等描述因其降水量明显较少,均不能算一个降雪日,但如果前一天是记载"微雪"而第二天造成积雪的,则可以算一个降雪日;至于降雨日也是如此,凡是"小雨,即止"、"微雨"等的记载也不能算为一个降雨日。

此外,日记中还有春雷、河流冰冻、红梅开花等物候现象的连续记载,提取其开始的日期,再求得其平均日期,与现代物候期进行对比,就可以得知古今气候的差异。其中在对红梅花期日期的提取时需要注意,现代意义上对木本植物开花始期的定义是:"在选定同种的几株树木上,看见一半以上的树有一朵或同时有几朵花的花瓣开始完全开放。"[1]《味水轩日记》中不可能对此有如此科学的描述,但是它却可以通过不同词汇的表述来反映不同的花期情况:如"盛开""开盛""烂然"等词汇可以代表植物正处于开花盛期;"(花)狼藉"等则代表植物处于开花末期;同样,"放白""破萼""俱吐"等词汇则代表植物处于开花始期。

因长江下游地区气温的空间一致性比较好,所以对嘉兴气候冷暖的分析完全可以代表整个长江下游地区气候冷暖的状况。

三、1609—1616 年间长江下游地区气候冷暖分析

笔者将对《味水轩日记》中 6 个方面的物候信息进行逐一分析,以反映长江下游地区这一时段的气候冷暖状况。

1. 降雪率

《味水轩日记》中有连续的逐日天气记载,尤其是作者对雨雪等天气比较敏感,因此可以根据日记中的降雪记录来探求冬季平均气温。关于这方面的研究思路目前主要有两种:一种是利用冬季降雪率与冬季平均气温的相关关系来重建冬季平均气温,如龚高法等利用这一思路重建了 18 世纪杭州、苏州、南京冬季平均气温;[2]另一种是利用降雪日数与冬季平均气温的相关关系重建冬季平均气温,如周清波等运用该思路重建了合肥地区 1736—1991 年年冬季平均气温序列,[3]

① 宛敏渭、刘秀珍:《中国动植物物候图集·说明》,气象出版社,1986 年。
② 龚高法、张丕远、张瑾瑢:《十八世纪我国长江下游等地区的气候》,《地理研究》,1983 年第 2 期。
③ 周清波、张丕远、王铮:《合肥地区 1736—1991 年年冬季平均气温序列的重建》,《地理学报》,1994 第 4 期。

郝志新等重建了 1736 年以来西安地区的冬季平均气温。[①]笔者对嘉兴 1954—1975 年的气象资料[②]进行分析发现,嘉兴地区冬季降雪日数与冬季平均气温存在明显的相关关系,但是远不如降雪率与冬季平均气温的相关关系显著,所以拟采用冬季降雪率来作为反映冬季气候寒暖变化的指标。计算方法如下:

$$P = S/S + R \qquad (1)$$

式中 P 为降雪率,S 为降雪日数(包括雨夹雪的日数),R 为降雨日数(不包括雨夹雪日数)。

龚高法等根据公式(1)分别计算了 12 月、1 月、2 月各月的降雪率,然后再根据公式(2)

$$P = 1/3(P_{12} + P_1 + P_2) \qquad (2)$$

求出冬季(12—2 月)平均降雪率。为减少用月平均降雪率来转求季平均降雪率方法中的误差,笔者直接采用公式(3)求得冬季降雪率。

$$P = S_{12} + S_1 + S_2 / S_{12} + S_1 + S_2 + R_{12} + R_1 + R_2 \qquad (3)$$

根据这一方法,首先计算出嘉兴 1954—1975 年冬季降雪率及其与冬季平均气温之间的相关系数,结果如表 2.8 所示:

表 2.8　嘉兴冬季降雪率及其与冬季平均气温之间的相关系数

地点	资料年代	统计年数	相关系数	信度达到 99% 的相关系数
嘉兴	1954—1975	22	−0.6789	0.515

计算结果表明,嘉兴冬季降雪率及其与冬季平均气温之间相关关系非常明显,冬季降雪率越大,表明冬季平均气温越低。再用最小二乘法拟合出嘉兴冬季降雪率及其与冬季平均气温之间的经验公式:

$$Y = 0.568 - 0.086X$$

式中 Y 表示嘉兴冬季降雪率,X 表示嘉兴冬季平均气温。据此,可以根据《味水轩日记》中的记录提取雨雪信息再计算出降雪率,并根据上述经验公式推算出相应的冬季平均气温。通过统计和计算,结果如表 2.9 所示。

[①]　郝志新、郑景云、葛全胜:《1736 年以来西安气候变化与农业收成的相关分析》,《地理学报》,2003 年第 5 期。

[②]　嘉兴气象局编:《嘉兴气象资料(1953—1975)》(内部发行)。

表 2.9　嘉兴平均降雪率与冬季平均气温

地点	明　　代				现　　代				明代与现代相差
	资料年代	年数	平均降雪率	冬季平均温度	资料年代	年数	平均降雪率	冬季平均温度	
嘉兴	1610—1616	7	0.17	4.6℃	1954—1975	22	0.19	4.4℃	0.2℃

从表 2.9 中可以看出嘉兴在 1610—1616 年间的降雪率稍低于 1954—1975 年,即当时冬季降雪日数占降水日数的比例比 1954—1975 年稍小,并推算出嘉兴在 1610—1616 年间冬季平均温度比 1954—1975 年高 0.2 ℃,也略高于现代气温(1951—1980 年嘉兴冬季平均气温为 4.5 ℃),说明冬季气候比现代温暖。

2. 初、终雪日期

《味水轩日记》的作者因对雨雪天气比较敏感,所以日记中有对初、终雪日期的完整记录,如表 2.10 和表 2.11。

表 2.10　《味水轩日记》中的初雪日期

年　份	明代日期	现代日期	平均初雪日期
万历三十七年(1610)	十二月一日	1 月 23 日	
万历三十九年(1611)	一月二十四日	3 月 8 日	
万历三十九年(1612)	十二月九日	1 月 11 日	
万历四十年(1613)	闰十一月二十一日	1 月 11 日	
万历四十一年(1614)	十二月二十日	1 月 29 日	1 月 14 日
万历四十二年(1615)	十二月十七日	1 月 16 日	
万历四十三年(1615)	九月二十二日	11 月 12 日	
万历四十四年(1617)	十二月一日	1 月 7 日	

表 2.11　《味水轩日记》中的终雪日期

年　份	明代日期	现代日期	平均终雪日期
万历三十七年(1609)	二月一日	3 月 6 日	
万历三十八年(1610)	一月六日	1 月 30 日	
万历三十九年(1611)	一月二十四日	3 月 8 日	
万历四十年(1612)	一月二十三日	2 月 24 日	
万历四十一年(1613)	一月三日	2 月 21 日	3 月 1 日
万历四十二年(1614)	一月二十四日	3 月 4 日	
万历四十三年(1615)	二月十二日	3 月 11 日	
万历四十四年(1616)	一月二十九日	3 月 16 日	

从我国气候成因来看,初霜、雪日期的提前与终霜、雪日期的推迟通常与冷性气团从西伯利亚源地南下的时间有关,秋季冷性气团活动南下的时间提前,霜、雪的初日提前,平均气温下降。同样冬季结束后,冷性气团活动减弱,当减弱缓慢时,在天气上表现为霜、雪终日的推迟,整个春季气温偏低。[①]相反,霜、雪初日的推迟则意味着平均气温的上升,霜、雪终日的提前则意味着春季气温偏高。通过表 2.10 和表 2.11 的数据发现,1609—1616 年嘉兴平均初雪日期为 1 月 14 日,而嘉兴现代平均初雪日期为 12 月 27 日,比现代推迟 18 天,这就意为着该时期冬季风减弱,雪期比现代要短,气候偏暖;1609—1616 年嘉兴平均终雪日期为 3 月 1 日,而嘉兴现代平均终雪日期为 3 月 10 日,比现代提前 9 天,意味着春季平均气温的增高。

3. 初冰日期

据研究,"我国河流出现冰情地区的范围逐年不同,按照解放后的记录,最大范围的南界东起杭州湾以北,绕天目山、黄山北麓,经黄梅、岳阳以南,在洞庭湖盆地可以扩展到湘阴以南,益阳以北,北纬 38°40′附近,然后在江陵、荆门以西沿山东侧北上,在襄樊以西越过汉江,向西沿汉江北岸或南岸,经汉中以北,武都、松潘以南,再大致沿岷江—大渡河分水岭,贡嘎山、乡城、巴塘、林芝,向南止于达旺以南的边境上"[②]。嘉兴正处在此线以北,所以现代其河流还是会有稳定的冰情出现,而《味水轩日记》中就存有 1609—1616 年间嘉兴河流初冰日期的完整记录,如表 2.12 所示。"由于我国河流初冰日期、终冰日期等值线以及冰期日数,体现纬度和垂直地带性规律最好,因为他们与气温条件之间的关系最为密切:只有在日平均气温稳定转负以后,岸冰、水内冰才能稳定出现在河道中;也只有在日平均温度稳定在 0 ℃以上一段时期后,河冰才能完全消融。"[③]所以,完全可以根据嘉兴 1609—1616 年间河流初冰的日期来探知其当时的温度情况。

现代镇江河上薄冰出现的平均日期为 12 月 18 日,[④]而嘉兴地处的纬度比镇江偏南不足 2 度,根据我国河流冰情与纬度的关系,在东部平原区(海拔

① 郑景云、满志敏等:《魏晋南北朝时期的中国东部温度变化》,《第四纪研究》,2005 年第 2 期。
② 中国科学院《中国自然地理》编辑委员会:《中国自然地理·地表水》,科学出版社,1981 年,第 61 页。
③ 中国科学院《中国自然地理》编辑委员会:《中国自然地理·地表水》,科学出版社,1981 年,第 58 页。
④ 宛敏渭主编:《中国自然历选编》,科学出版社,1986 年,第 172 页。

≤200米），纬度每升高1度所引起初冰日期提前4.6天。①可知，即便按2个纬度差计算，那么嘉兴河流初冰日期应该是在12月27日左右，较之1609—1616年要提前约9天。也就意味着1609—1616年嘉兴日平均气温稳定转负的日期要比现代有所推迟，正是冬季温暖的表现。

表2.12　《味水轩日记》中的初冰日期

年　份	明代日期	现代日期	平均初冰日期
万历三十七年(1609)	十一月二十四日	12月19日	
万历三十八年(1611)	十二月三日	1月16日	
万历三十九年(1611)	十一月二十六日	12月29日	
万历四十年(1613)	十二月一日	1月21日	1月5日
万历四十一年(1613)	十一月十一日	12月22日	
万历四十二年(1615)	十二月十五日	1月13日	
万历四十三年(1616)	十一月月二十一日	1月9日	

4. 红梅始花日期

春季植物物候期的早晚与该物候期以前一段时间的温度有密切关系，气温越高，植物发育越迅速，气温越低，植物发育越缓慢。因此，植物物候期的早晚可以作为春季气候寒暖变化的指标。②因此，笔者提取《味水轩日记》中的物候记录来反映其气候的冷暖，现代嘉兴没有完整的物候记录，但其与杭州的气候特征很相似，且纬度相差较小，所以一些缺失的物候完全可以以杭州的物候现象来进行比较。

表2.13　《味水轩日记》中红梅始花日期

年　份	明代日期	现代日期	记　录
万历三十七年(1610)	十二月十三日	1月7日	晨起，同荩夫人已肩舆入西溪……溪路饶梅，时已着疏花点点。霜晓细香，暗扑人袖，风景良绝。(注:此处地点为杭州，嘉兴地区应该延迟1—2天)

① 中国科学院《中国自然地理》编辑委员会:《中国自然地理·地表水》,科学出版社,1981年,第58页。
② 龚高法、张丕远、张瑾瑢:《十八世纪我国长江下游等地区的气候》,《地理研究》,1983年第2期

年　　份	明代日期	现代日期	记　　　　录
万历三十九年(1612)	十二月十四日	1 月 25 日	村庄红白梅开盛。 (注：此处为盛花期，始花期要提前 8 天)
万历四十年(1613)	十二月五日	1 月 25 日	晴暖如春，红梅破萼。
万历四十三年(1615)	二月四日	3 月 3 日	棹舟至白苎后圃，红白梅盛开。 (注：此处为盛花期，始花期要提前 8 天)
万历四十三年(1616)	十二月十七日	2 月 4 日	暖甚，红白梅俱吐。

杭州入春的主要指标为红梅始花（平均日期为 2 月 11 日），[①]所以也可以根据红梅始花来分析嘉兴 1609—1616 年间春季的气候状况。如表 2.13 所示，所列出的红梅均是在郊外生长，故首先排除了人为因素的影响。由此可知，1609—1616 年的 8 年间嘉兴红梅始花的平均日期在 1 月 29 日左右，而现代杭州红梅平均始花日期为 2 月 11 日，考虑到两地之间的物候差，现代嘉兴地区红梅平均始花日期为 2 月 13 日左右，比 1609—1616 年要晚 10 余天。

5. 初雷日期

在我国，作为二十四节气之一的"惊蛰"（每年 3 月 5 日或 6 日）表示的是天气回暖，春雷始鸣，惊醒蛰伏于地下冬眠的昆虫的意思。"惊蛰"节气的雷鸣最引人注意，此时正处乍寒乍暖之际。根据气象科学研究，"惊蛰"前后，之所以会闻雷声，是大地湿度渐高而促使近地面热气上升或北上的湿热空气势力较强与冷空气活动频繁交汇所致。所以，初雷也就意味着春季气温的回升，故早在东汉时代，王充在《论衡》中就说："雷者，太阳之激气也。何以明之？正月阳动，故正月始雷，五月阳盛，故五月雷速。秋冬阳衰，故秋冬雷潜。"有学者认为：一年之中，雷暴始现，表示进入春季，雷暴销声匿迹，表示湿热的下半年结束。由此可以认为，初、终雷的早迟，反映季节交替时间的早晚，与当年气候特征相关。[②]因此，可以根据《味水轩日记》中初雷日期（如表 2.14 所示）的早晚来窥知 1609—1616 年春季气候状况。

---

① 宛敏渭主编：《中国自然历选编》，科学出版社，1986 年，第 173 页。
② 葛福庭：《四川的初雷与干旱》，《气象》，1983 年第 3 期。

表 2.14 《味水轩日记》中的初雷日期

年 份	明代日期	现代日期	记录
万历三十八年(1610)	二月十二日	3月6日	雷雨如注
万历三十九年(1611)	一月十九日	3月3日	夜始闻雷
万历四十年(1612)	一月六日	2月7日	雷雨
万历四十一年(1613)	一月二十日	3月10日	雷雨
万历四十二年(1614)	二月二十一日	3月30日	夜,大雷雨
万历四十三年(1615)	二月二十六日	3月25日	五鼓,大雷雨
万历四十三年(1616)	十二月二十三日	2月10日	更初,大雷雨

现代嘉兴地区平均初雷日期为 3 月 10 日,而据上表可知 1609—1616 年嘉兴的平均初雷日期为 3 月 5 日,较现代提前 5 天,也就意味着当时春季气温的回升要比现代有所提前。

6. 感应记录

这种气候温暖的现象也体现在作者的感应记录中,如表 2.15 所示。需要指出的是,这些感应记录并不仅记录了对某一天的冷暖感知,还伴随着自然或天气现象的记录。如万历三十九年十二月的"鸟声甚繁,枯草复萌,泥融地湿"等自然现象,并不是因为某一天的大气温暖就能出现,而是持续了一段时间的天气温暖才出现的现象。再如万历四十三年的"入冬,连阴而暖"的天气现象,同样是说明了一段时间的天气温暖,至少是"入冬"以来的情况。所以,这些感应记录也反映了 1609—1616 年冬季气候的温暖。

表 2.15 《味水轩日记》中有关冬季温暖的感应记录

年 份	明代日期	现代日期	感应记录
万历三十九年(1612)	十二月二十五日	1月27日	鸟声甚繁,枯草复萌,泥融地湿,宛然仲春之初,不知其为穷冬也。
万历四十年(1613)	十二月二十七日	2月16日	晴暖如暮春,至汗流不能御夹。庭前梅蕊,无大小一时俱放,纷然如雪。野人来,言桃李亦花。盖数十年所无也。
万历四十二年(1614)	十一月二十六日	12月26日	入冬至,时晴暖,无雨雪,河流枯涸,井泉淤垫,令人棹舟至先月亭下取水入缶,澄之。
万历四十三年(1615)	十一月四日	12月23日	入冬,连阴而暖,至是大澍雨,如春夏蒸溽时。庭中二色鸡冠犹鲜活,绿蕉蔚然,亦异候也。

此外，日记中还有一些零散的物候资料记载，以玉兰花为例，万历三十七年二月十日（1609 年 3 月 15 日）记载："小雨，嘉树堂玉兰吐白。"而现代杭州玉兰始花是在 3 月 22 日。万历三十九年二月九日（1611 年 3 月 22 日）记载："晴，嘉树堂玉兰盛开。"而现代杭州玉兰开花盛期是在 3 月 25 日。除去嘉兴与杭州之间纬度差外，当时其玉兰始花和开花盛期比现代提前或与现代相仿，与上文的分析也很吻合。

所以，综合以上种种证据可知，1609—1616 年间长江下游地区气候比现代要稍微温暖。

四、结论

本节利用《味水轩日记》中的气候信息对 1609—1616 年间长江下游地区冬半年的气候冷暖作了初步探讨，这对了解明代后期的气候特征及 10 年尺度的气候变化具有重要意义。明清时期虽然在整体上表现为寒冷，但是并不是一成不变的，而是呈现出冷暖波动的格局，要针对不同的时段作出判断。以上通过对降雪率、初终雪日期、河流初冰日期、初雷日期、红梅始花日期以及一些感应记录的证据进行分析，表明 1609—1616 年间长江下游地区的冬半年气温较为温暖，略微高于现代（1951—1980 年）气温。张德二等建立的冬温指数序列和王绍武建立的四季气温距平序列均显示长江中下游地区在 1600—1620 年的冬季存在一个暖期，[①]稍有不同的是，王绍武的春季气温距平显示温暖特征并不明显，本研究证明该时期春季气温明显偏高。

虽然 1616 年的气候呈现出寒冷的特点，如当年 2 月嘉兴突降三天大雪，积至四五寸，"乃六七年所罕见者"，并且在以后的日子里陆续下雪，一直持续到 3 月 16 日"欲往武林，以雪盛不果行"，其终雪日期比嘉兴现代平均终雪日期（3 月 10 日）推迟了 6 天。而且，这次大规模降雪不仅在嘉兴，在杭州同样也是如此，"（二月六日）慧麓僧解如从径山来……云径山自腊月廿七日雨雪，迄正月尽，平地雪高六尺，路皆冻断，今稍能通步耳"[②]，直到二月二十八日（4 月 14 日）还是"寒，雨，气候如冬"。诸多学者的研究认为 1620 左右是明清小冰期的第二

---

① 张德二、朱淑兰：《近五百年我国南部冬季温度状况的初步分析》，《全国气候变化学术讨论会文集：一九七八》，科学出版社，1981 年，第 64—70 页；王绍武、王日昇：《1470 年以来我国华东四季与年平均气温变化的研究》，《气象学报》，1990 年第 1 期。

② 李日华著，屠友祥校注：《味水轩日记》，上海远东出版社，1996 年，第 515 页。

个寒冷阶段的开始,①但通过其他物候证据表明,这并不是一个转折,在经历了十几年的寒冷后气温再度上升并一直持续到明末。

第五节 清代以来上海地区
冬季平均气温的重建

历史文献中的天气记载具有连续、定量化程度高等特点,因而可以直接提取其中可与器测时期对应的要素进行记录、进行分类统计,②重建高分辨率的气温序列。目前,已有多位学者利用清代"雨雪分寸"资料中的降雪日数与冬季平均气温之间的回归方程,记录重建了合肥、西安、汉中和南昌等地 1736 年以来的年冬季平均气温序列。③但"雨雪分寸"资料毕竟不是逐日天气记录,在天气记录的完整性方面还是有缺失,远不如逐日天气记录的"晴雨录"资料。因"晴雨录"资料涉及区域较少(仅限北京、南京、苏州、杭州四地),且时段较短(大多为 18 世纪,仅北京地区延续至清末),所以目前仅有龚高法等根据南京、苏州和杭州的"晴雨录"资料,利用三地冬季雨、雪日数及气温观测资料,建立了降雪率与冬季气温的回归方程,复原了 18 世纪三地冬季气温的年变化。④如何利用同样高分辨率的天气资料重建 18 世纪以后的温度序列,是我们要解决的主要问题。幸好清代还留有大批的日记资料,这些日记资料在天气记录方面与"晴雨录"类似,为逐日的阴、晴、雨、雪等天气记录,可以弥补"晴雨录"的缺憾,利用特定的方法可以重建 18 至 19 世纪的冬季温度序列,再与器测气象数据衔接,重建近

---

① 张德二、朱淑兰:《近五百年我国南部冬季温度状况的初步分析》,《全国气候变化学术讨论会文集:一九七八》,科学出版社,1981 年,第 64—70 页;张丕远、龚高法:《十六世纪以来中国气候变化的若干特征》,《地理学报》,1979 年第 3 期;郑景云、郑斯中:《山东历史时期冷暖旱涝分析》,《地理学报》,1993 年第 4 期;王绍武、王日昇:《1470 年以来我国华东四季与年平均气温变化的研究》,《气象学报》,1990 年第 1 期。
② 龚高法、张丕远、吴祥定等:《历史时期气候变化研究方法》,科学出版社,1983 年,第 21—89 页。
③ 周清波、张丕远、王铮:《合肥地区 1736—1991 年年冬季平均气温序列的重建》,《地理学报》,1994 年第 4 期;郑景云、葛全胜、郝志新等:《1736—1999 西安与汉中地区年冬季平均气温序列重建》,《地理研究》,2003 年第 3 期;伍国凤、郝志新、郑景云:《南昌 1736 年以来的降雪与冬季气温变化》,《第四纪研究》,2011 年第 6 期。
④ 龚高法、张丕远、张瑾瑢:《十八世纪我国长江下游等地区的气候》,《地理研究》,1983 年第 2 期。

300 年来的冬季平均温度序列。

　　本节就尝试利用高分辨率的"晴雨录"档案、日记资料和器测气象数据,重建上海地区近 300 年来的冬季平均气温序列。

一、资料来源

　　本节所利用的资料主要有三种来源:"晴雨录"档案、日记资料和器测气象数据。

　　"晴雨录"是一些地方逐日天气现象的记载,记载内容为天气晴、阴、雷、雨、雪、雾和风向等情形,[①]如杭州雍正元年十二月"晴雨录"记载为"十六日,阴,北风,酉时下雪起至亥时未止。十七日,北风,子时起至亥时雪未止。十八日,西北风,子时起至亥时雪未止,十九日,北风,戌时雪止。二十日,晴,北风,夜有星月"[②]。但随着时间的流逝,"晴雨录"记录内容越来越简化,仅有天气、风向记录,如嘉庆元年正月江宁(今南京)"晴雨录"载:"初六日,晴,西北风,夜雨。初七日,阴,西北风。初八日,阴,东北风。初九日,阴,东北风,雪竟日。初十日,晴,西北风。"[③]好在逐日的雨、雪、阴、晴等天气状况得以保留,对重建温度序列没有影响。杭州、江宁的"晴雨录"档案大致始于雍正初期,结束于 18 世纪末期,可以与下面的日记资料相衔接。苏州"晴雨录"断断续续持续到嘉庆十五年(1810),但冬季缺失月份太多,故不再利用,而选择逐日天气记录比较完整的日记资料。

　　清代日记资料主要有《查山学人日记》《鸥雪舫日记》《管庭芬日记》和《杏西篠榭耳日记》。《查山学人日记》作者为娄县人张瑽华,日记起于嘉庆元年(1796),止于道光二年(1822),仅有 1800—1813 年因作者大部分时间家居,保存了今上海松江地区 1800—1813 年近 14 年的逐日天气记录。如日记中记录了嘉庆五年十一月上海地区的天气情况:"十一日,晴。十二日,晴。十三日,晴暖如春。十四日,阴,夜寒风。十五日,阴寒,午后雪至夜不止。十六日,雪不止,至夜方息。"[④]不过日记中间缺失 1807—1808、1808—1809 年冬季记录,这两年可以用《鸥雪舫日记》插补。《鸥雪舫日记》作者不详,主要记录了吴江地区逐日的天气状况。如嘉庆十三年正月"初一日,阴,黄昏渐雨。初二日,阴,下午

---

① 张瑾瑢:《清代档案中的气象资料》,《历史档案》,1982 年第 2 期。
② 呈雍正元年十二月份杭州晴雨录单,中国第一历史档案馆藏,档案号:04-01-40-0002-011。
③ 呈乾隆六十年十二月至嘉庆元年五月份江宁省城晴雨录,中国第一历史档案馆藏,档案号:04-001-40-0023-004。
④ 张瑽华:《查山学人日记》,上海图书馆藏稿本。

微雨。初三日,阴,夜雨。初四日,雨。初五日,雨,黄昏雪珠,夜分后雪。初六日,午刻雪止,阴。初七日,阴。初八日,晨微雪,后略阴即雨。初九日,阴,午刻略晴。初十日,晨略晴,阴"①。而《管庭芬日记》的作者为海宁人管庭芬,记事起于嘉庆二年(1797),止于同治四年(1865),前后共六十九年,但1815年之前均为概述,非逐日书写,真正逐日记录海宁地区天气状况的始于1815年,如嘉庆二十年十二月份的天气记录为:"二十日,霰雨竟日夜,甚寒。廿一日,晴。廿二日,晴,宵分即洒冻雨。廿三日,晴。廿四日,晴。廿五日,晴。廿六日,晴,中霄又雨。廿七日,晴,中霄又雨。廿八日,雨竟日不止,晚西北风渐大。廿九日,阴,寒风作吼。三十日,晴。"②整部日记记录时间长达40年,中间也有缺失年份。《杏西簃榭耳日记》作者为植槐书舍主人,日记起于咸丰十年(1860),止于光绪七年(1881)。主要记录了今芜湖、南京、苏州、上海地区逐日天气状况。由于1869—1871年上海地区缺失器测数据,可以用此日记回归插补。如同治九年十二月"二十一日,雨晴错。二十二日,阴,暖……细雨。二十三日,雨竟日濛濛。二十四日,竟日雨,暖。二十五日,雨濛濛,风萧萧,天气温湿。二十六日,晴。二十七日,阴冷……雪。二十八日,阴。二十九日,阴冷……天极冷,日光黄,块雪交飞,三鼓点水成冰"③。以上几部日记在天气状况的记载上虽有详略之分,但核心要素阴、晴、雨、雪均有记载,时间跨度在19世纪早、中期,可以与器测资料相衔接。

图2.4　《查山学人日记》(左)和《鸥雪舫日记》(右)部分内容

(资料来源:上海图书馆古籍部藏)

① 佚名:《鸥雪舫日记》,上海图书馆藏稿本。
② 管庭芬著,张廷银整理:《管庭芬日记》,中华书局,2013年。
③ 植槐书舍主人:《杏西簃榭耳日记》,上海图书馆藏稿本。

中国最早的连续器测气象记录始于上海,自 1866 年开始有连续的现代器测记录,上海气象局曾公开出版过多部气象资料,其他地区的现代气温器测数据,均来自公开出版的气象资料及笔者在气象局查阅的气温数据。

二、不同资料记载的缺失与插补

上述 3 种资料在时间上可以相互衔接与插补,重建序列为 1724—2016 年,合计共 293 年。其中,"晴雨录"天气记录持续时间为 1724—1800 年,缺 1790、1792、1793、1797、1799、1800 年原始记录,共计 6 年。

日记资料天气记录持续时间为 1801—1865 年,缺 1814、1815、1817、1818、1819、1820、1831、1832 年原始记录,共计 8 年,但 1818—1820 年可用苏州的"晴雨录"和"雨雪分寸"资料进行插补,1831—1832 年可用苏州"雨雪分寸"资料进行插补。以 1830—1831 年冬季为例,该年冬季是指道光十年十月十七日至道光十一年正月十六日,护理江苏巡抚梁章钜上报朝廷的"雨雪分寸"折中记录:"十月上旬初一、二、三、五、六、七、十,中旬十一、二、三、四、五、六、七、九、二十,下旬二十一、六、七、八、九等日或微雨廉纤或得有微雪。"①接着,江苏巡抚卢坤奏报道光十年十一月"上旬晴霁,中旬二十并下旬二十四、五等日或微雨廉纤或得有微雪"②。此后,两江总督陶澍奏报道光十年十二月"十七日江宁省城地方得有微雨,十九日雨中带雪,随落随融,二十至二十一、二,二十四、五等日六出飞花,势更稠密,除融化外平地积厚八、九寸至一尺数寸不等"③。据此可知苏州地区在十月降雨 8 天;十一月降雨 3 天;十二月降雨 2 天,降雪 5 天;缺道光十一年正月(16 天)降水记录,按照江南冬季平均每隔 3 天左右就有 1 天降水天气④估算,正月降雨为 5 天。也就是说 1830—1831 年冬季降雪日数为 5 天,降雨日数为 18 天,其余年份依此类推。按照该插补方法,真正缺失 3 年原始记录。

---

① 道光十年十一月十七日,护理江苏巡抚梁章钜奏报江苏各属本年十月份得雪日期分寸粮价事,中国第一历史档案馆藏朱批奏折,档案号:04-01-24-0125-050。
② 道光十年十二月十一日,江苏巡抚卢坤奏报江苏各属本年十一月份得雨雪日期分寸粮价事,中国第一历史档案馆藏朱批奏折,档案号:04-01-24-0125-047。
③ 道光十年十二月二十六日,两江总督陶澍奏报江苏省城及各属本年十二月份得雪日期分寸事,中国第一历史档案馆藏朱批奏折,档案号:04-01-24-0125-048。
④ 龚高法、张丕远、张瑾瑢:《十八世纪我国长江下游地区的气候》,《地理研究》,1983 年第 2 期。

表 2.16　研究资料来源及说明

地点	时　　间	资料来源	补充说明
杭州	雍正元年至乾隆三十四年(1723—1769)	"晴雨录"资料	逐日天气记录,部分月份缺失
苏州	乾隆三十五年至乾隆五十一年(1770—1786)	"晴雨录"资料	逐日天气记录,部分月份缺失
南京	乾隆五十二年至嘉庆五年(1787—1800)	"晴雨录"资料	缺 1790、1792、1793、1797、1799、1800 等 6 年。
上海	嘉庆六年至嘉庆十八年(1801—1813)	《查山学人日记》	缺 1808、1809 两年,可用《鸥雪舫日记》回归插补,地点在吴江县。
海宁	嘉庆十九年至同治四年(1814—1865)	《管庭芬日记》	缺 1814、1815、1817、1818、1819、1820、1831、1832 等 8 年记录,1818—1820 年可用苏州"晴雨录"和"雨雪分寸"资料插补,1831—1832 年可用苏州"雨雪分寸"资料插补。
上海	同治五年以后 (1866—2016)	现代器测资料	1869—1871 三年无器测气象记录,可用《杏西篠榭耳日记》回归插补,地点在芜湖、苏州。

　　器测气象资料持续时间为 1866—2016 年,缺 1869—1871 年 3 年原始记录,可以用《杏西篠榭耳日记》进行回归插补。在资料的选取上原始记录缺失 9 年(参见表 2.16),重建序列完整度达 97%,至于缺失资料的年份可以采用中值法进行插补,利用特定的方法使得建立近 300 年来上海地区冬季平均气温序列成为可能。本研究的冬季指的是上年 12 月至次年 2 月,如 1724 年冬季指的是 1723 年 12 月至 1724 年 2 月,其他年份以此类推。

三、冬季平均气温序列重建过程与序列变化分析方法

　　根据龚高法等的研究认为,一个地区降雪日数受温度和水分两个因素的影响,可以采用冬季降雪率来作为冬季气候寒暖变化的指标。[1]沿袭这一思路,本研究也采用冬季降雪率作为反映冬季气候冷暖变化的指标。计算方法如下:

$$P = S_{12} + S_1 + S_2 / S_{12} + S_1 + S_2 + R_{12} + R_1 + R_2 \qquad （1）$$

式中 P 为降雪率,S 为降雪日数(包括雨夹雪的日数),R 为降雨日数(不包括雨

---

[1]　龚高法、张丕远、张瑾瑢:《十八世纪我国长江下游地区的气候》,《地理研究》,1983 年第 2 期。

夹雪日数)。S_{12}、S_1、S_2分别代表 12 月、1 月、2 月的降雪日数,R_{12}、R_1、R_2分别代表 12 月、1 月、2 月的降雨日数。

根据此法,首先计算出杭州(1952—1980 年)、苏州(1957—1979 年)、南京(1951—1979 年)、上海(1951—1980 年)、海宁(1962—1981 年)等五地冬季降雪率及其与冬季平均气温之间的相关系数,计算结果表明长三角地区五地的冬季降雪率与冬季平均气温之间具有较明显的相关性,从而得出杭州、苏州、南京、上海、海宁五个地区冬季平均气温与冬季降雪率之间的回归方程(表 2.17)。其次依据"晴雨录"档案和日记资料中的天气记录推算出五地的降雪率,然后根据经验公式可算出各地区相应的冬季平均温度。

表 2.17　杭州、苏州、南京、上海、海宁冬季降雪率与平均气温之间的相关系数

地点	统计年数	信度99%的相关系数	回归方程	R^2	P
杭州	29	−0.698	$Y_{杭州} = 6.165 - 4.267 X_{杭州}$	0.487	<0.001
苏州	23	−0.797	$Y_{苏州} = 5.687 - 5.258 X_{苏州}$	0.636	<0.001
南京	29	−0.610	$Y_{南京} = 4.345 - 3.124 X_{南京}$	0.372	<0.001
上海	30	−0.513	$Y_{上海} = 5.558 - 4.644 X_{上海}$	0.263	<0.01
海宁	20	−0.726	$Y_{海宁} = 5.629 - 4.169 X_{海宁}$	0.526	<0.001

注:公式中 $Y_{杭州}$、$Y_{苏州}$、$Y_{南京}$、$Y_{上海}$、$Y_{海宁}$ 分别代表五个地区的冬季平均气温,$X_{杭州}$、$X_{苏州}$、$X_{南京}$、$X_{上海}$、$X_{海宁}$ 分别代表五个地区的冬季降雪率,R^2 为方差解释量,P 为方程显著性水平。

由于历史文献的缺失,不可能存在同一地区连续数百年以上的冬季平均温度记录,因此可以利用长三角地区冬季平均气温变化具有一致性的规律,将不同地区的复原温度记录插补到同一个地区,从而建立某一地区长时间的冬季温度序列。考虑到上海地区自 1866 年起就有连续器测冬季平均气温记录,所以笔者把杭州、苏州、南京、海宁等地不同历史时期的冬季平均气温插补到上海,以此建立上海地区近 300 年来逐年的冬季温度序列。

具体做法:选取上海与杭州、苏州、南京、海宁 4 个地区 1951—2014 年的冬季平均气温进行相关性分析,进而作统计回归,得到回归方程(表 2.18)。再利用杭州(1724—1769 年)、苏州(1770—1786 年)、南京(1787—1790 年)、海宁(1816—1865 年)的冬季平均气温插补到上海地区器测气温之前的冬季平均气温序列中,重建上海地区近 300 年来冬季平均温度序列。

表 2.18　杭州、苏州、南京、海宁与上海之间冬季平均气温之间的回归方程

地点	统计年数	信度99%的相关系数	回归方程	R^2	P
杭州	64	−0.962	$T_{上海}=1.033 T_{杭州}-0.341$	0.926	<0.001
苏州	58	−0.934	$T_{上海}=1.143 T_{苏州}-0.340$	0.872	<0.001
南京	64	−0.863	$T_{上海}=0.960 T_{南京}+1.713$	0.745	<0.001
海宁	53	−0.954	$T_{上海}=1.077 T_{海宁}-0.095$	0.910	<0.001

注：公式中 $T_{上海}$ 代表上海冬季平均气温，$T_{杭州}$、$T_{苏州}$、$T_{南京}$、$T_{海宁}$ 则分别代表杭州、苏州、南京和海宁冬季平均气温，R^2 为方差解释量，P 为方程显著性水平。

依据累积距平方法分析冬季平均气温的阶段性特征，[1]选取 Morlet 复小波函数分析冬季平均气温的周期变化特征。因气温的周期变化具有多时间尺度特征，常规分析难以详细识别其变化特征的复杂性。以往研究成果显示，[2]小波分析在气象研究领域应用中，在气候要素的时域和频域变化上具有局部辨识力，可精准识别多层次变化特征，从而得到 1724—2016 年上海地区冬季平均气温周期在各时间尺度上的详细信息。再采用 Mann-Kendall 检验法进行气温序列突变检验。

四、冬季平均气温重建结果与特征分析

据上述研究方法，可以恢复 1724—1866 年之前的上海冬季平均气温，进而可与器测气温衔接，建立上海地区近 300 年来逐年的冬季平均温度序列（图 2.5）。

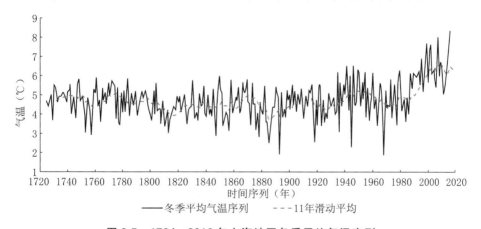

图 2.5　1724—2016 年上海地区冬季平均气温序列

①　魏凤英：《现代气候统计诊断预测技术》，气象出版社，2007 年，第 49—50 页。
②　郑景云、刘洋、葛全胜等：《华中地区历史物候记录与 1850—2008 年的气温变化重建》，《地理学报》，2015 年第 5 期；张健、满志敏、宋进喜等：《1765—2010 年黄河中游 5—10 月面降雨序列重建与特征分析》，《地理学报》，2015 年第 7 期。

图 2.5 显示出近 300 年上海地区冬季平均气温变化波动趋势。以世纪尺度而言,大致经历了两个偏暖时期和一个偏冷时期:即 18 世纪的偏暖期、19 世纪的寒冷期和 20 世纪之后的快速升温期。18 世纪虽整体偏暖,但也出现明显波动,平均气温最低的 10 年为 1750 年代,最高的 10 年为 1770 年代,二者温度差值达 0.6 ℃。19 世纪整体偏冷,平均气温最低的 10 年是 1810 年代和 1880 年代,仅为 4.0 ℃;在 1850—1870 年间存在一个明显升温时期,1860 年代温度达到最高,平均气温为 4.9 ℃,温度差值达 0.9 ℃。20 世纪温度快速上升,相较 18 世纪而言更偏暖,但也存在两个 10 年的冷谷期,即 1910 年代和 1960 年代;从 1980 年代开始冬季平均气温呈现持续增高。

在重建的近 300 年温度序列中,上海地区最冷的年份是 1892—1893 年冬季和 1967—1968 年冬季,平均气温均为 1.9 ℃。1892—1893 年冬季被认为是过去百余年来最冷的一年,[①]其寒冷主要在 1893 年 1 月份,上海地区平均最低气温仅有 -0.1 ℃,极端最低气温为 -12.1 ℃。1967—1968 年冬季虽然没有出现 1892—1893 年冬季的极端严寒,但是 1967 年 12 月和 1968 年 2 月温度均低于 1892 年 12 月份和 1893 年 2 月份,所以冬季整体上寒冷。而最暖的年份是 2006—2007 年冬季,平均气温为 8 ℃,最低气温与最高气温差值达 6.1 ℃。

图 2.6 显示出 1724—2016 年上海地区冬季平均气温序列的阶段性变化特

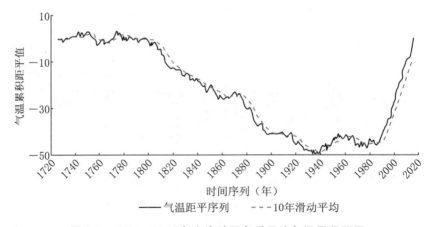

图 2.6 1724—2016 年上海地区冬季平均气温累积距平

---

① 龚高法、张丕远、张瑾瑢:《1892—1893 年的寒冬及其影响》,《地理集刊》第 18 号,科学出版社,1987 年,第 129—138 页;郝志新、郑景云、葛全胜等:《中国南方过去 400 年的极端冷冬变化》,《地理学报》,2011 年第 11 期;张德二、梁有叶:《历史极端寒冬事件研究——1892/93 年中国的寒冬》,《第四纪研究》,2014 年第 6 期。

征。主要表现为 1 个下降阶段和 1 个上升阶段：1800—1940 年代气温持续递减，1980 年代以来气温持续递增。在给定显著水平 $\alpha = 0.05$ 的情况下，上升段和下降段均通过 t 检测，表明气温变化存在显著增减变化。

根据小波变换与小波方差检验等分析过程，结果显示（见图 2.7），近 300 年来上海地区气温年代波动，存在 11 年、19 年、31 年、55 年、86 年等 5 种时间尺度上的周期变化。其中，在 86 年和 55 年等 2 种时间尺度上，气温变化在整个研究时域内有明显响应；在 31 年时间尺度上，气温变化有明显周期变化的是 1720—1780 年代、1970 年代以后；在 19 年时间尺度上，气温在 1720—1820 年代和 1950 年代以来的两个时域内响应显著；在 11 年时间尺度上，除 1860、1900 年代前后以及 1940—1950 年代等 3 个时段外，气温在其他时间上的变化响应明显。由此可以看出，1724—2016 年上海地区冬季平均气温周期变化具有的复杂性特征。

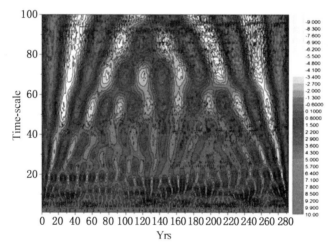

图 2.7 1724—2016 年上海地区冬季平均气温的小波分析

经 M-K 突变检验显示（见图 2.8），上海地区冬季平均气温曾在 1740 年代前后出现显著下降和 1760 年代的显著上升；从 1770 年代起又出现明显降温，直到 1820 年代前后结束，随后的变化基本保持较平稳的波动，一直到 1980 年代开始快速上升的趋势，其突变点出现于 1987 年，突变之后的增温明显超过了原有年代际的波动水平。

历史文献是长江下游地区气候序列重建重要的代用资料，诸多学者开展过冷暖变化的重建研究，就大尺度而言，18 世纪为温暖期，19 世纪寒冷期，20 世纪为温暖期,本节研究与上述研究基本一致。

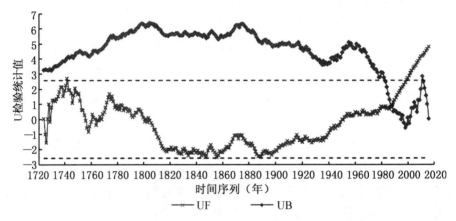

图 2.8   1724—2016 年上海地区冬季平均气温的 M-K 突变检测

龚高法等曾利用杭州、苏州和南京的"晴雨录"资料中的降雪率对 18 世纪的冬季平均气温进行过复原,认为 18 世纪 20—70 年代长江下游地区冬季平均气温比现代(1950—1980 年代)低 1.0—1.5 ℃,[①]但本文的研究结果表明此时期冬季平均气温与现代(1950—1980 年代)大致相仿,除去样本选取(龚高法等杭州、苏州、南京的统计年数为 24、23、25 年,本文的统计年数为 29、23、29 年)和回归方程略有差异而导致结果不同外,在降雪(雨)标准的识别上可能也存在差异。即"晴雨录"或日记记录中的"微雪(雨)即止"、"雪珠"、"霰"等不算一次降雪(雨)过程,如雍正二年十一月"十九日,北风,丑时雨止,寅时小雪即止,晴,夜有星月……二十九日,阴,西北风,申时微雪即止,夜阴"[②]。即当年十一月十九日、二十九日的两次降雪因为时间太短,没有形成一定的降水量(日降水量≥0.1 毫米),故而不能算一次降雪日。类似的记录不在少数,这样就导致降雪率偏低,从而使得重建的温度偏高。

本研究重建结果与周清波等利用降雪日数重建合肥地区冬季平均气温序列大致相同,周清波等认为 18 世纪温度与现代基本一致,且在 19 世纪中叶即 1851—1871 年,合肥地区的冬季气温变化出现了一次明显的气温回升,[③]这个

① 龚高法、张丕远、张瑾瑢:《十八世纪我国长江下游地区的气候》,《地理研究》,1983 年第 2 期。
② 呈雍正二年十一月份杭州晴雨录单,中国第一历史档案馆馆藏,档案号:04-01-40-0002-023。
③ 周清波、张丕远、王铮:《合肥地区 1736—1991 年年冬季平均气温序列的重建》,《地理学报》,1994 年第 4 期。

气温回升期在本研究中同样得到了证实,并在 1860 年代温度达到最高,这在郑景云等重建的华中地区温度序列中亦有反映,1870 年代存在一个持续近 10 年的短暂暖峰。[1]而与周清波等研究结果不同之处在于,本文的温度序列显示了 20 世纪后期突然迅速增温,其速度明显超过了 18 世纪暖期,正如葛全胜等研究成果显示,在百年尺度上,虽然 20 世纪的升温速率在过去 2000 年并非特例,但却可能是最快的;[2]郑景云等重建的华中地区温度序列显示 20 世纪增温的 1997 年,其后的增温明显超过了原有年代际的波动水平,[3]而本研究认为突变点出现在 1987 年,提前了 10 年,这应该是由于区域差异造成的不同。

一般而言,长江下游地区冬季平均气温与春季平均气温具有明显的相关性,因此可以与重建的物候变化序列进行比较。郑景云等重建了过去 150 年长三角地区春季物候变化,研究认为:1834 至 1893 年前后,物候呈逐渐推迟趋势;在 1893—1905 年则呈现大幅提前趋势;此后至 1990 年以代际波动为主要特征,无明显的趋势变化;但在 1990—2010 年间则又呈现出大幅度提前趋势。[4]这与本研究重建的冬季温度变化趋势是一致的,只不过本研究显示第一个温度下降期还要向前追溯至 1800 年代,由于郑景云等重建过去 150 年长三角地区的春季物候序列始于 1834 年,故可能受序列长度的局限没有识别;本文重建的冬季温度也显示在 19 世纪末—20 世纪初、1920—1949 年这两个时段温度均有回升的迹象,而 1987 年之后温度快速升高。可见本研究重建的冬季温度序列与已有的春季物候序列在反映气候变化的趋势和节点上具有明显的一致性。

五、结论

本节利用清代长三角地区的"晴雨录"档案、日记资料和现代器测气象数据,重建了上海地区 1724 年以来逐年冬季平均气温变化序列。主要研究结论包括:

过去近 300 年上海地区的冬季平均气温为 4.7 ℃,重建的气温序列具有阶

---

[1][3] 郑景云、刘洋、葛全胜等:《华中地区历史物候记录与 1850—2008 年的气温变化重建》,《地理学报》,2015 年第 5 期。

[2] Ge Q S, Hao Z X, Zheng J Y et al. Rates of temperature change in China during the past 2000 years. *Science China Earth Sciences*, 2011,54(11):1627—1634.

[4] 郑景云、葛全胜、郝志新等:《过去 150 年长三角地区的春季物候变化》,《地理学报》,2012 年第 1 期。

段性变化特征，主要表现为 1 个下降阶段和 1 个上升阶段：1800—1940 年代气温持续递减，1980 年代以来气温持续递增；重建温度序列在 1740 年代前后出现显著下降和 1760 年代的显著上升；从 1770 年代起又出现明显降温，直到 1820 年代前后结束，随后的变化基本保持较平稳的波动，一直到 1980 年代开始快速上升的趋势，其突变点出现于 1987 年，突变之后的增温明显超过了原有年代际的波动水平。气温变化周期存在 11 年、19 年、31 年、55 年、86 年等 5 种时间尺度上的复杂性特征。重建的近 300 年以来上海地区冬季平均气温序列，与已有的春季物候序列在反映气候变化趋势和节点上具有明显一致性，基本反映出长三角地区同时期冬季平均气温变化趋势。

利用历史文献中气象记录重建气候变化序列研究中往往会涉及 3 个核心问题：一是序列代表的地区范围大小，即空间代表性；二是序列中单位时段的长短，即时间分辨率；三是资料处理分析及其量化方法。[①]利用文献资料重建高分辨率的历史气候变化序列一直是中国乃至国际社会所关注的重要内容。经过诸多学者的努力，分辨率在 10 年、30 年的历史气候重建序列已经取得重大进展并得到国际社会的认可，追求更高分辨率的气候重建序列就成为中国历史气候研究的重点。到目前为止，仅有少数研究，诸如重建合肥、西安、汉中、南昌和华南区域时能够达到年分辨率的冬季、春季平均气温序列，[②]其主要原因在于受文献资料的分布及精度所致。郑景云等主要从地方志、明清实录、"雨雪分寸"档案中提取 6 种物候指标（霜冻/冰冻灾害、降雪南界、降雪日数、初/终霜冻灾害日期）重建了华南地区 500 年来的冬季平均气温，[③]是利用文献资料重建时间序列最长、分辨率最高的温度序列。虽然本文所重建的 1724—2016 年上海地区

---

① 郑景云、葛全胜、郝志新等：《历史文献中的气象记录与气候变化定量重建方法》，《第四纪研究》，2014 年第 6 期。

② 周清波、张丕远、王铮：《合肥地区 1736—1991 年年冬季平均气温序列的重建》，《地理学报》，1994 年第 4 期；郑景云、葛全胜、郝志新等：《1736—1999 年西安与汉中地区年冬季平均气温序列重建》，《地理研究》，2003 年第 3 期；伍国凤、郝志新、郑景云：《南昌 1736 年以来的降雪与冬季气温变化》，《第四纪研究》，2011 年第 6 期；丁玲玲、郑景云：《过去 300 年华南地区冷冬指数序列的重建与特征》，2017 年第 6 期；郑景云、葛全胜、郝志新等：《过去 150 年长三角地区的春季物候变化》，《地理学报》，2012 年第 1 期；郑景云、刘洋、葛全胜等：《华中地区历史物候记录与 1850—2008 年的气温变化重建》，《地理学报》，2015 年第 5 期。

③ Jingyun Zheng, Yang Liu, Zhixin Hao et al. Winter temperatures of southern China reconstructed from phenological cold/warm events recorded in historical documents over the past 500 years. *Quaternary International*. 2018, 479:42—47.

冬季平均气温序列只有 292 年,但却是根据精度更高的文献资料("晴雨录"档案和日记资料),从中提取单个气候指标(降雪日数),利用回归方法重建长江下游地区时间序列最长、分辨率最高的温度序列。

当然,本节所利用的"晴雨录"档案、日记等历史资料多为逐日天气记载,其中有 5 个年份(1818—1820 年和 1831—1832 年)是通过"雨雪分寸"档案资料进行插补所得,而"雨雪分寸"记录非逐日记录雨、雪等天气情况,重建过程中必然产生误差。此外,在利用"晴雨录"档案时亦有部分年份冬季记录不完整,且个别月份的记录尚存在缺失,如 1759 年缺正月雨、雪记录,1760 年缺十二月降雨记录等,因此借助其中有气象记录的两个月进行估算雨雪天数,此类不完整的记录情况有 9 个年份。当然,除去历史文献资料本身的客观性缺陷外,本研究结论还受制于重建方法本身的误差,因此重建的温度序列存在不确定性,这些因素都将促使在今后的研究中不断充实新的研究资料以及进一步改善研究方法以提高精准性。

第三章
雨泽奏报制度和梅雨特征的重建

我国历代统治者都非常关注降水的情况,要求各地向中央政府奏报雨泽,即所谓的"上雨泽"。然而,对于古代雨泽奏报制度和形式,由于资料的限制使得学术界对此的关注和研究甚少。在资料的搜集过程中,笔者发现了不少新的资料,对明代的雨泽奏报制度和形式进行探讨;而目前重建清代的高分辨降水、温度序列主要源自"晴雨录"和"雨雪分寸"档案,这两者都属于雨泽奏报系统,雨泽奏报制度的运行情况对于提取气象信息具有至关重要的影响,因此有必要对清代雨泽奏报制度进行全面研究,这样才能确保重建降水、温度序列的可靠性。

本研究无力完成对整个明清时期长江中下游降水序列的复原,但可以运用高分辨率的日记资料对长江中下游地区降水有重要影响的梅雨气候进行部分恢复。清代因有大量高分辨的"晴雨录""雨雪分寸"档案和日记资料,学界已经在梅雨重建方面取得重大突破,故本章不再对清代梅雨进行重建,主要利用《味水轩日记》和《祁忠敏公日记》复原长江下游地区 1609—1615 年间和 1636—1642 年间两个时段的梅雨活动特征,将我国梅雨气候的研究提前至明代,这对认识小冰期盛期东亚季风雨带的活动规律,并延长天气系统演变的序列有重要意义。

第一节 明代的雨泽奏报制度

作为一个农业国家,中国社会受气候变化的影响较大。而作为气候主要因子之一的降水,雨量的多少、是否应时等都直接关系到粮食的收成,进而影响到社会安稳。为此,历代统治者都非常关注降水的情况,要求各地向中央政府奏报雨泽,即所谓的"上雨泽"。然而,对于古代雨泽奏报的制度和形式,学术界的关注和研究却甚少。仅有张瑾瑢曾介绍过清代雨泽奏报的两种形式——"晴雨录"和"雨雪分寸",并对其资料的可靠性和价值作了详细阐述。①满志敏师对历代的雨量观测、奏报和形式作过整理和论述。②另外,自然科学史研究领域在研究古代雨量器的过程中,也多少涉及雨泽奏报的制度。③这些工作给我们提供了对这一制度的基本认识。但是,格于正史资料的缺乏,对于早期雨泽奏报制度和具体执行等诸多问题,研究还不多,即使是对清代雨泽奏报执行情况的认识,也还不够充分。而这些问题研究的深入,将大大推动从历史档案中提取天气信息的准确性,从而更好地消除历史气候重建过程中的人为误差。

为进一步探索明代的雨泽奏报制度,笔者将资料的收集范围从传统的《实录》、正史等扩大到文集。对 1 400 余部文集进行了查阅,其中保留有不少官方的公文文件。结合正史、实录和地方志中的记载,笔者对明代的雨泽奏报制度、形式以及雨泽奏疏的特点和价值,作一较系统的研究。

一、明代的雨泽奏报制度

我国很早就有了雨泽上报的制度,自秦汉以来就已形成一个惯例,州县一级的官员必须定期向朝廷上报当地的降水情况。明代以前的雨泽奏报情况,满志敏师曾作过整理和论述,④在此不赘述。明代仍然沿袭前代的雨泽上奏制度,

---

① 张瑾瑢:《清代档案中的气象资料》,《历史档案》,1982 年第 2 期。
② 满志敏:《中国历史时期气候变化研究》,山东科技出版社,2009 年,第 47—58 页。
③ 竺可桢:《中国过去在气象学上的成就》,《竺可桢文集》,科学出版社,1979 年,第 267—268 页;龚高法等:《历史时期气候变化研究方法》,科学出版社,1983 年,第 23 页;王鹏飞:《中国和朝鲜测雨器的考据》,《自然科学史研究》,1985 年第 4 期;曾雄生:《中国古代雨量器的发明和发展》,《人文与科学》,2008 年第 2 期。
④ 满志敏:《中国历史时期气候变化研究》,山东科技出版社,2009 年,第 47—48 页。

并对其形式和管理等有了更为具体的规定。明朝立国后不久,朱元璋就下令各州县上奏雨泽,"洪武中,令天下州县长吏,月奏雨泽"①。一开始,上奏的雨泽奏章并不统一,以至于朱元璋大为不满,"各处有司诸事奏启本及雨泽奏启本赴京师,中间多有不书写姓名,有写而不称臣者。以数千里、数百里造文一纸以对人君,姓尚不谨书,此果为人臣之礼乎? 于中不恤吾民可见矣!"②为此,朱元璋专门对雨泽奏启题本格式作了具体规定,"某衙门某官臣姓某谨奏为雨泽事,据某人状呈:洪武几年几月几日某时几刻下雨至某时几刻止,入土几分,谨具奏闻(以上雨泽事字起至入土几分止,计字若千个,纸几张)"③。到永乐二十二年(1424)冬十月,当时通政司奏请把各地上报的雨泽奏章统一送给事中收藏,对此,明仁宗很有意见,说:"祖宗所以令天下奏雨泽者,盖欲前知水旱,以施恤民之政,此良法美意。今州县雨泽奏章乃积于通政司,上之人何由知? 又欲送给事中收贮,是欲上之人终不知也。如此徒劳州县何为! 自今四方所奏雨泽至,即封进朕亲阅。"④(该记录虽在永乐二十二年即1424年,但明成祖死于是年七月,仁宗于八月即位,而洪熙年号是1425年才定。因此,"上雨泽"之事是在仁宗即位后的两个月。)

但是到万历年间,余继登谈到雨泽奏报时曾说:"此奏不知何时遂废"⑤,明末清初的顾炎武也说"后世雨泽之奏遂以寝废"⑥,致使学界普遍认为明代雨泽奏报止于永乐末年。其实,深入挖掘相关史料会发现,有明一代中途虽有如余继登和顾炎武所说"寝废"的情况,但从整体上来看雨泽制度一直持续着。

明宣德二年(1427),"通政司进各处雨泽奏本,上览之,顾谓侍臣曰:'祖宗爱民之心,保民之道,于斯可见。前世人主,有民之休咎嫚不闻者,岂是久安长治之道? 我国家自太祖皇帝令天下有司月奏雨泽,世世相承为成宪,岁之丰俭,民之休戚,靡不周知,其虑深矣。'"⑦嘉靖年间固始县还向朝廷上报雨泽情况,"奏雨泽(四季具本入递进)"⑧。万历二十七年(1599)"户科李应策奏连年饥馑,民不堪命。上曰:'今年各省屡报灾伤,朕心怜惕,留疏省览,见京师雨泽疏

---

① 顾炎武:《日知录》卷12。
② 朱元璋:《大诰》第20《雨泽奏启本》。
③ 申时行:《大明会典》卷76《奏启题本格式》。
④ 《明仁宗实录》卷3上,永乐二十二年冬十月。
⑤ 余继登:《典故纪闻》卷9。
⑥ 顾炎武:《日知录》卷12《雨泽》。
⑦ 《明宣宗实录》卷25,宣德二年二月丙子。
⑧ 嘉靖《固始县志》卷8《典礼志》。

通谓各处皆有收成,今览科疏,不觉恻然心动。'"①可见,当时京师官员还是上报雨泽疏给皇帝阅览的。直到崇祯十一年(1638)建平县还在统计境内雨泽情况,"据蓬莱县申,据本县赤山等社里老赵逢卿等揭称,各社久不落雨,黍谷豆田尽行旱死,虽于七月初八日落雨二寸二分,禾苗难以苏生,恳乞申报"②。可见雨泽奏报制度是一直持续到明末的。

既然明代的雨泽上奏制度一直存在,那么就应该有一套相应的管理机构和从事人员。可惜文献记载较为零散,只能窥知一二。

在中央,负责接收和上奏雨泽奏疏的机构是通政司。明代通政使的职责是"出纳帝命,通达下情,关防诸司出入公文,奏报四方章奏,实封建言,陈情伸诉及军情声息、灾异等事"③,其中就包括雨泽奏报。但通政司长官似乎并不是将各地的雨泽奏报直接呈奏给皇帝,而是等到年末的时候再统一面奏,"凡四方雨泽,岁杪面奏"④。与此同时,皇帝可以根据实际情况随时要求地方上奏雨泽进行阅览,如洪武二十六年(1393)夏四月,朱元璋就曾"以雨泽愆期,命礼部令天下郡县以雨泽之数来闻"⑤。正因为是"岁杪面奏",就会致使雨泽奏疏积于通政司而皇帝无法及时阅览,明仁宗才会说:"今州县雨泽奏章乃积于通政司,上之人何由知? 又欲送给事中收贮,是欲上之人终不知也。如此徒劳州县何为! 自今四方所奏雨泽至,即封进朕亲阅。"故要求通政司将各州县的雨泽奏报在第一时间内呈奏皇帝亲自阅览。而最终负责管理和收贮雨泽奏疏的则是六科之中的户科,"凡天下府州县,奏到本年雨泽、本年终面奏,类送户科"⑥。这一制度在万历六年(1578)曾一度废止,但其后不久又再度恢复,因为万历二十七年(1599)户科李应策上奏时就存有京师雨泽疏。⑦

明代在府、州、县等地方广设学校,其中就有阴阳学,其主要职责是"掌凡昼夜刻漏之事,境有灾祥则以申于州而递呈之"⑧。然而,笔者还发现这样一则记载:"皇明除在京设钦天监外,各府设阴阳学正术(从九品);州设典术,县设训术(俱未入流)。各率阴阳生□申报雨泽、救护、日月诸务。"⑨据此可知,阴阳学的

---

① ⑦　王圻:《续文献通考》卷42《国用考》。

②　张国维:《抚吴疏草》之《旱蝗分数》。

③ ⑥　申时行:《大明会典》卷212。

④　王圻:《续文献通考》卷96《职官考》。

⑤　《明太祖实录》卷227,洪武二十六年夏四月甲午。

⑧　万历《通州志》卷3《经制志》。

⑨　王圻:《续文献通考》卷60《学校考》。

职责之一便是在长官的带领下由阴阳生负责具体的雨泽观测和申报。在文献中也能找到例证,如嘉靖二十六年(1547)"据成都府申,据本府阴阳学申称:自本年六月十四日起至七月初六日止,彻昼夜大雨,如注不绝,加以疾风迅雷,洪水泛滥,漂荡房屋,冲射田苗,街市成河,人民惶惧"①。也就是说,府、州、县负责雨泽观测和记录的机构是阴阳学,而具体实施人员则是阴阳生。而在州县治之外的乡村,则是由里老等协助雨泽的观察上报,"题为旱灾等事,据陕西布政司呈,据西安府申备邠州并泾阳、咸宁、长安、三原、盩厔、临潼、武功、鄠县申,又据本府所属乾州并咸阳、富平、醴泉、蒲城四县申,各据里老赵刚等呈,弘治十七年八九月间雨泽少降,土脉干燥,安种麦豆,俱未长茂,至弘治十八年三月内才得微雨"②,"据蓬莱县申,据本县赤山等社里老赵逢卿等揭称,各社久不落雨,黍谷豆田尽行旱死,虽于七月初八日落雨二寸二分,禾苗难以苏生,恳乞申报。"③但此类上报多为降水灾害情况,所以只是作为州、县雨泽上奏制度的补充,其本身不可能成为一种制度。

　　机构的设置、人员的安排以及编造工本等都需要一定的费用支出,通过这笔开支也可以得知雨泽奏报制度在地方上的实施情况。嘉靖年间江西省《宁州志》就记载了该州奏报雨泽等所需要的费用,"造雨泽民情记录、军匠仓粮、均徭报等项文册,张、装、钉、书、手、工、食,共银六两"④。隆庆年间的《临江府志》中则详细开列了该府四个县每年的开支情况,其中就包括了奏报雨泽所需要的费用,"(清江县)雨泽民情记录、岁报造册,装、订、书、手、工、食,银府十两,县六两,共一十六两"。而新淦县、新喻县和峡江县均需要花费六两。⑤万历末年纂修的《常州府志》有"四季奏报雨泽文册,银十两"的记载。⑥天启元年(1621)《来安县志》记载了滁州每年"赍礼部四季雨泽盘缠银四两八钱"⑦。可见,无论是人员的安排还是工本的编造,以及上奏盘缠的花费,在地方政府形成一笔不小的固定开支,从中均折射出雨泽奏报制度在地方上的运行和实施状况。

　　雨泽奏疏的阅览者只有皇帝一个人,所以皇帝个人对政务的勤奋程度就直

① 张时彻:《芝园外集》卷4《水旱灾伤疏》。
② 杨一清:《关中奏议》卷6。
③ 张国维:《抚吴疏草》之《旱蝗分数》。
④ 嘉靖《宁州志》卷13《额办》。
⑤ 隆庆《临江府志》卷7《赋役》。
⑥ 万历《常州府志》卷5《额赋》。
⑦ 天启《来安县志》卷3《赋役》。

接关系到雨泽奏报的实施情况。有些皇帝怠于政务就会使这一制度一度中断或废止,这都是正常的现象。还有一点就是,作为一项制度在地方上的执行情况并非整齐划一,应该存在一定的时空差异性。如果该制度在某一地方执行得当,则很可能会一直延续下来;相反,如果执行不当又无人问津,那么,该地方上奏雨泽的制度就可能会废止。或许,这也是后人所说的"此奏不知何时遂废"的原因之一吧。但从目前发现的资料来看,雨泽奏报作为一项制度一直贯穿于有明一代已是确凿无疑,并且在中央和地方有着一套完整的管理机构和从事人员。然而雨泽奏疏的形式究竟是以何种面目出现,一直是困扰学界的一个问题。

二、明代雨泽奏报的形式

清代的雨泽奏报形式可以分为两类:一类是逐日的晴雨记录,称作"晴雨录";一类是逢雨、雪时的奏报,称作"雨雪分寸"。而所谓"雨雪分寸"是指:每逢雨雪,或是缺少雨雪,地方官吏都向皇帝报告雨水入土深度和积雪厚度及起讫日期。①其核心要素有两点:一是降水量多少和衡量标准,即"雨水入土深度和积雪厚度";二是降水持续的时间,即"起讫日期"。那么,明代的雨泽奏报究竟是以何种面目出现,一直是困扰我们的一个问题。上文提到朱元璋曾亲自规定了雨泽奏报的形式,即"某衙门某官臣姓某谨奏为雨泽事,据某人状呈:洪武几年几月几日某时几刻下雨至某时几刻止入土几分,谨具奏闻(以上雨泽事字起至入土几分止,计字若千个,纸几张)"②。其规定有明确的降水量多少和衡量标准,也有明确的降水持续时间,与后世所谓的"雨雪分寸"何其相似。二者有什么样的关联,明代的雨泽奏报形式在执行过程中是否一直延续下去,通过下文的分析,笔者将会一一解答。

吴承恩(约1500—约1582)在《西游记》中有这样的记载:"龙王曰:'请卜天上阴晴事如何。'先生即袖传一课,断曰:'云迷山顶,雾罩林梢。若占雨泽,准在明朝。'龙王曰:'明日甚时下雨?雨有多少尺寸?'先生道:'明日辰时布云,巳时发雷,午时下雨,未时雨足,共得水三尺三寸零四十八点。'"③虽然《西游记》为神话故事,但内容中所描写的日常生活知识却是以作者生存年代的历史经验为

---

① 张瑾瑢:《清代档案中的气象资料》,《历史档案》,1982年第2期。
② 申时行:《大明会典》卷76《奏启题本格式》。
③ 吴承恩:《西游记》(上册)第9回《老龙王拙计犯天条》,人民文学出版社,1980年,第119页。

基础的,所以,其中有关降雨的起止时间和得水数量的概念应当均是当时的社会反映,这也恰恰表明这种降水形式已经广为人们所熟知,并反映到文学作品中。万历四十七年(1619),蓬莱县灾情陈述中提及的"七月初八日落雨二寸二分"虽然与朱元璋所规定的奏章形式有差别,只因这并不是真正的雨泽奏疏,但它却反映了当时的一种普遍的雨泽奏报形式,而且这与清代的"雨雪分寸"也十分相似。

清代所谓"雨雪分寸"的概念是现代人根据其形式所命名的,其本身是与各地粮价写入同一奏折中,故又称为粮价雨水折。但是,早在明代就已经提出"雨泽分寸"的概念,"又据广德州建平县知县何弘仁申称,七月六日亲诣龙潭,竭诚祷请,即于是日得雨,查得各乡村雨泽分寸,多寡不一……崇祯十一年八月二十日具题"①。更有意思的是,在明代就已经出现雨泽和粮价共同奏报的情况,"彭天承师言作县时,黄钟梅为东省巡抚,凡各府、州、县俱限五日一报雨泽米价,其库中某项官银、某项堪动,亦时时报知。以此,水旱微有萌芽不必府县申文,即将官银移动籴赈,地方不困而公帑亦不至损失"②。

种种证据迹象表明:明代的雨泽奏报形式似乎是以"雨雪分寸"的形式存在。这是笔者通过零星的资料进行的推理,如果发现真正的明代雨泽奏疏就可以验证笔者的推论。幸运的是,笔者在明人文集中发现了明代嘉靖年间的三则雨泽奏疏,完全可以为我们揭开这个谜团。

第一则是夏言的《雨泽疏》,记录了嘉靖十二年(1533)五月顺天府(今北京)的降雨。"除本年五月十三日节降微雨未遍不开外,至十九日申时分天降雨泽至酉时止,普沛肆野,入土约有三寸,理合呈报施行等……嘉靖十二年五月二十日具题。二十二日奉圣旨:是,亦有谕了,钦此。"③

第二则是李中的《雨泽疏》,记录了嘉靖二十年(1541)五月山东布政使司(今山东省)各地的降雨情况。其内容主体如下:

> 题为雨泽事,卷查先该臣见得山东地方自去岁以及今春冬雪未降,春雨全无,麦苗槁枯,五谷难播,兼以狂风若飙,赤地无根,乡市萧条,民不堪命。于是臣于嘉靖二十年三月十八日案行山东都、布、按三司,转行所属府

① 张国维:《抚吴疏草》之《旱蝗分数》。
② 徐日久:《鹭言》卷4《督抚》。
③ 夏言:《南宫奏稿》卷4《雨泽疏》。

州县卫等衙门……又于本年五月二十一日到于济宁州会议河道事宜……本月二十二日，据兖州府申称：本年五月十六日寅时降微雨至卯时，入土五分；十七日未时降雨至申时止，入土一寸八分。汶上县申称：本年五月十七日未时正一刻落雨至本日申时初一刻止，入土三寸一分。邹县申称：本年五月二十三日亥时落雨至二十四日卯时止，入土四寸五分。泗水县申称：本年五月二十三日夜丑时雨降至二十四日辰时止，入土四寸五分。宁阳县申称：本年五月二十三日夜亥时落雨至二十四日卯时止，入土一寸二分。嘉祥县申称：本年五月十七日巳时正一刻降雨至本日申时止，入土二寸五分；本月二十三日酉时正二刻降雨至二十四日丑时初三刻止，入土二寸七分。鱼台县申称：本年五月二十三日亥时降雨至二十四日卯时止，入土四寸二分。定陶县申称：本年五月二十三日申时四刻降雨至本日夜子时五刻止，入土三寸五分。滕县守御千户并滕县各申称：本年五月二十三日亥时三刻降落微雨至本月二十四日寅时二刻止，入土一寸九分。曲阜县申称：本年五月二十三日夜丑时霖雨大降至寅时止，入土三寸。山东按察司青州兵备佥事沈澧呈备益都县申称：本年五月二十四日卯时正一刻降大雨至本月二十五日辰时初二刻雨止，入土五寸七分。济南府申称：本年五月二十四日子时正一刻降雨至本日酉时初四刻止，入土四寸五分。泰安州申称：本年五月二十四日子时初刻降雨至本日未时正三刻止，入土五寸七分。滋阳县申称：本年五月十七日未时降雨未时止，入土二寸；本月二十三日酉时降雨至二十四日寅时止，入土四寸。东阿县申称：本年五月二十三日亥正一刻降雨至二十四日丑正二刻止，入土一寸。蒙阴县申称：本年五月二十四日丑时初刻降雨至本日午时初一刻止，入土三寸五分。沂州兵备佥事汪东洋呈称：……本月二十三日夜雨倾盆至天明二十四日巳时方止，雨水相接，泉脉潜通，滞涩者渐盛……缘系雨泽事，理为此具本，谨具题知。①

最后一则是高仪的《类报灾异疏》，其实这并不是真正意义上的雨泽奏疏，而是灾异疏，但其中却保存了陵川县（今山西陵川）的雨泽记录，其具体年代不详，根据作者的生活年代应为嘉靖年间。"先该礼科抄出总督宣大山西等处地方军务兼理粮饷都察院右都御使兼兵部右侍郎陈其学题称：据大同左、云二卫呈本年八月二十八日戌时分，空中偶降飞虫如雨，四翅六腿，形似苍蝇。又该提

---

① 李中：《谷平先生文集》卷1《雨泽疏》。

督雁门等关兼巡抚山西地方都察院右副都御使杨巍题称:据陵川县申本年七月十四日未时降雨,入土四五寸。"①

以上三则雨泽奏疏向我们展示了明代雨泽奏报的形式,所以,目前完全可以确认明代的雨泽奏报形式就是以"雨雪分寸"的形式存在。并且通过相关分析也可以知道这一奏报形式一直延续到明末,而清代"雨雪分寸"的奏报形式很可能是沿袭自明代。为了更清楚地了解明代雨泽奏报制度和形式,笔者有必要结合其他资料对这三则雨泽奏疏的特点进行再分析。

三、三则雨泽奏疏的特点和价值

仔细分析会发现这三则雨泽奏疏有以下特点。

其一,这三则雨泽奏疏都是发生在嘉靖年间,至少说明明代雨泽上奏制度一直延续到后期,这三份雨泽奏疏就是最好的实物证明。再结合上文对地方上雨泽的论证,完全可以认为雨泽上奏制度一直存在于整个明代。

其二,三则雨泽奏疏格式与朱元璋对雨泽奏启题本格式的规定基本相同。尤其是第二则奏章体现得尤为明显,先是奏疏抬头"题为雨泽事";其后为奏报雨泽的主体内容,包括降水地点,降水的起止日期和时刻,降水量的多少;最后奏疏结尾为"谨具题知"。除去在文字表述上的个别差异外,其奏疏格式与明初的雨泽奏启题本格式几乎无异。第一、三两则资料虽然没有第二则规范,但其雨泽奏报的主体内容却是一致的。这说明明代的雨泽奏报形式很可能是以同样的形式即"雨雪分寸"存在的。

其三,从雨泽奏报的单位来讲,雨泽奏报的单位随地区的差异而有所不同。有的以县为单位(第三则奏疏中的陵川县),有的以州为单位(第二则奏疏中的泰安州),有的以府为单位(第一则奏疏中的顺天府,第二则奏疏中的兖州府、青州府、济南府、东昌府等),甚至还以所(第二则奏疏中的滕县守御千户)为单位,有时侯甚至同一个地方的不同单位都要分别奏报,如滕县和滕县守御千户,可见其形式是多样的。

其四,从降水奏报标准来讲,现存三则奏疏中奏报降水量的多少都是以入土深度为准,这完全符合朱元璋对雨泽奏本格式的要求。我国"上雨泽"的历史悠久,但是雨量的标准却始终没有统一,即所谓的雨量"有时候是以地面得雨之

---

① 高仪:《类报灾异疏》,《皇明两朝疏抄》卷7。

数,而有时候则是雨水入土深度之数"①。早在宋代就存在以雨水的入土深度为雨量标准,如神宗熙宁七年九月戊戌,"上以连日阴雨,喜谕辅臣曰:'朕宫中令人掘地一尺五寸,土犹滋润,如此必可耕耨。'"②明清时期民间和文人笔下也有"一犁雨"的说法,所谓"一犁雨"就是指雨水入土的深度,"雨以入土深浅为量,不及寸者谓之一锄雨;寸以上者谓之一犁雨;雨过此谓之双犁雨"③。然而,与此同时还存在另一种形式的标准。《数书九章》中所提到的天池盆所得之雨,很明显是"地面得雨之数"④。吴承恩在《西游记》中的记载也似乎意味着是以平地得水之数为标准。所以,在民间可能还存在一种以平地得水之数为标准的方式。但作为一种上报制度它完全是以入土深度为标准,这一点应该是毫无疑问的。作为雨泽奏报的重要组成部分——雪,测量入土深度比较困难,只能是以地面得雪厚度为准。虽然目前笔者尚未发现有关降雪的奏报,但是在明人的日常生活中,均是以地面得雪为准。如冯梦祯在万历十七年十一月记载:"十四日晚至是日早大雪,积二三寸。"⑤万历三十七年袁中道出游记载道:"宿渔家,早起,青衣披衣大叫曰:'雪深三寸矣!'予急起观之,远近诸山,皆在雪中。"⑥这与清代的奏报标准完全相同。

通过对明代雨泽奏报形式和这三则雨泽奏疏特点的分析,笔者可以确认:明代雨泽奏报的形式是以"雨雪分寸"存在的。清代"雨泽分寸"形式的奏报制度很可能承袭明代。而且,这三则雨泽疏的发现对于了解我国"雨雪分寸"记录的历史具有重要意义。众所周知,清代的档案中保存有大量的"雨雪分寸"记录,其中现存最早的"雨雪分寸"奏报是康熙三十二年(1693)七月李煦的《苏州得雨并报米价折》。⑦如果是这样,那么,我国现存的"雨雪分寸"记录将会提前约160年。所以,在没有发现元代及以前详细的雨泽奏章记录的前提下,笔者认为,"雨雪分寸"作为我国雨泽奏报的形式自明初一直延续到清末。而嘉靖年间的这三则雨泽记录也可能是我国目前现存最早的"雨雪分寸"记录。

---

① 曾雄生:《中国古代雨量器的发明和发展》,《人文与科学》,2008 年第 2 期。
② 李焘:《续资治通鉴长编》卷 256,中华书局,2004 年,第 6247 页。
③ 李兆洛:《养一斋集·文集》卷 5《食货志序》。
④ 秦九韶:《数书九章》卷 4。
⑤ 冯梦祯:《快雪堂日记》卷 3。
⑥ 袁中道:《游居柿录》卷 2。
⑦ 张瑾瑢:《清代档案中的气象资料》,《历史档案》,1982 年第 2 期。

四、结论

本节通过发掘的新资料对明代的雨泽奏报制度和形式进行了简要论述，进而对二者有了一个比较清晰的认识，尤其是根据明人文集中发现的几份雨泽奏疏，对明代的雨泽奏报形式和我国的"雨雪分寸"记录进行了深入探讨。通过分析认为：雨泽奏报制度在整个明代一直存在着，并且在中央和地方都有一套完整的管理机构和从事人员；通过对明代雨泽奏报的形式和特点的分析，认为明代的雨泽奏疏就是以"雨雪分寸"的形式存在的；这对我国"雨雪分寸"记录的历史有了新的认识，即明代就已经存在"雨雪分寸"记录，清代上报"雨雪分寸"的制度和形式很可能是承袭明代，目前保存最早的"雨雪分寸"是嘉靖年间的三则雨泽奏疏，它们将我国"雨雪分寸"记录的历史提前了约160年。

但是，对于我国古代雨泽奏报制度和形式等问题的探讨并不仅止于此，还有许多问题需要进行再探讨。例如，雨泽奏报制度和实施在有明300年的时间内、在不同的区域内肯定会有所变化，其变化到底表现在哪些方面？种种迹象表明，在宋代就已经存在奏报降雨（雪）时辰和尺寸的制度，如宋真宗咸平四年(1001)二月，"诸州降雨雪，并须本县具时辰、尺寸上州，州司覆验无虚妄，即备录申奏，令诸官吏迭相纠察以闻"[①]。这与"雨雪分寸"又有何关联？也是需要继续深入探究的问题。

第二节　清代的雨泽奏报制度

我国现存清代档案中有大量的"雨雪粮价折"（又称之为"粮价雨水折"），其中包含有降水、收成、粮价等诸多信息，对于研究清代的气候变化、农业收成、粮价波动以及三者之间的关系均具有重要价值。

利用该档案对清代粮价的研究成果十分显著。早在20世纪30年代，学界就对清代的粮价有所关注。陶孟和、汤象龙等人从1930到1937年间就曾组织

---

① 徐松：《宋会要辑稿》之《职官二》。

清代财经档案的整理、统计工作,其内容就包括粮价一项。1932至1933年,他们曾计划开展"清季九十年全国粮价之变迁"研究,但未见其成果公布。[1]这项工作虽然第一次对清代粮价进行了系统整理,但并未对与粮价相关的背景、制度、数据来源等进行探讨。从20世纪60年代末开始,Endymion Wilkinson、全汉昇、刘岜、陈金陵、王道瑞、王业键、陈春生等学者就粮价奏报制度展开深入讨论,[2]尤以王业键的研究最为突出,对粮价奏报制度的形成、程序、陈报格式、粮价来源以及粮价资料的缺点等问题均作了详细的阐述与分析,[3]使得后人对清代粮价陈报制度有一个全面、系统的了解。在此基础上,对清代粮价研究也随之展开。例如,王业键对长江流域的粮食供应和粮价的研究以及以苏州米价为主整理出的长江三角洲米价序列,[4]随后又对清代中国的气候变迁、自然灾害与粮价三者之间的关系进行探讨。[5]

对于清代档案中降水记录的研究起步则稍微晚一点,至于研究成果前文已经介绍,不再赘述。

诚然,利用清代档案中的降水记录进行历史气候研究已取得了十分显著的成果,但对于降水记录本身奏报制度的研究却严重不足。到目前为止,仅有张瑾瑢对清代雨泽奏报制度进行过总体研究,其主要贡献在于对遗存档案资料的可靠性及其价值的评价上,对于雨泽奏报制度本身缺乏足够的关注和讨论。[6]另

① 北平社会调查所:《社会调查所第七年报告》,社会调查所,1936年。转引自王砚峰《清代道光至宣统间粮价资料概述——以中国社科院经济所图书馆馆藏为中心》,《中国经济史研究》,2007年第2期。

② Endymion Wilkinson, "The Nature of Chinese Grain Price Quotation 1600—1900", *Transactions of the International Conference of Orientalists in Japan*, NoXIV, 1969. Han-sheng Chuan and Richard A. Kraus, *Mid-Ch'ing Rice Markets and Trade:An Essay in Price History*, Harvard University, 1975, Chap. 1.刘岜:《清代粮价折奏制度浅议》,《清史研究通讯》,1984年第3期;陈金陵:《清朝的粮价奏报与其盛衰》,《中国社会经济史研究》,1985年第3期;王道瑞:《清代粮价奏报制度的确立及其作用》,《历史档案》,1987年第4期;王业键:《清代的粮价陈报制度》,《故宫季刊》,1978年第1期;陈春生:《市场机制与社会变迁——18世纪广东米价分析》(附录一),中山大学出版社,1992年。

③ 王业键:《清代的粮价陈报制度及其评价》,《清代经济史论文集》(二),台北稻香出版社,2003年,第1—35页。

④ Wang, Y.C. "Food Supply And Grain Price In the Yangtze Delta In The Eighteenth Century", in *The Second Conference on Modern Chinese Economic History*, Institute of Economics, Academia Sinica, 1989. Wang, Y.C. "Secular Trends of Rice Prices in the Yangzi Delta, 1638—1935", in Thomas G.Rawski and Lillian M. Li eds., *Chinese History Economic Perspective*, 35—68, University of California press, 1992.

⑤ 王业键、黄莹珏:《清代中国气候变迁、自然灾害与粮价的初步考察》,《中国经济史研究》,1999年第1期。

⑥ 张瑾瑢:《清代档案中的气象资料》,《历史档案》,1982年第2期。

外,在一些区域性研究中也涉及清代的雨泽奏报制度。如杨煜达以云南为中心,在考察清代档案中气象资料的系统偏差及检验方法时,对"雨雪分寸"奏报制度作过精彩阐述;[①]王洪兵则对清代顺天府的雨雪奏报情况有所涉及,但限于主题并未深入分析,仅概述雨泽在顺天府地方的奏报情况,至于制度本身的起源、确立、奏报程序等均未涉及;[②]穆崟臣则以山东地区为中心,主要对雨雪奏报制度的历史渊源、确立过程和特点作过介绍,[③]是目前对清代雨泽奏报制度论述最详细的研究。但其研究对象仅限于山东一省,雨泽奏报制度作为清代全国性的一项制度,尚需要系统而综合的研究。

通过以上的学术梳理不难发现,相比于学界对清代粮价的研究,降水研究走的是一条相反的路径,即在雨泽奏报制度尚没有进行深入探讨的前提下,就对雨泽档案资料进行处理,进行历史气候研究,因此在资料的可信度方面缺乏必要的保障。因为雨泽制度的完善与否,奏报程序、奏报内容、形式以及实际执行情况和变化等直接关系到降水信息数据的可靠程度,从而影响利用该资料进行历史气候及其他相关研究的科学性。所以,相对于利用降水资料取得丰硕的气候变化研究成果而言,对清代雨泽奏报制度的研究就显得尤为迫切,有必要对其作深入探讨。

清代的雨泽奏报有两种形式,即"雨雪分寸"和"晴雨录",在第一章中笔者对于"晴雨录"奏报制度进行了大致概括,本节专门就"雨雪分寸"的奏报制度进行探讨。

一、雨泽奏报制度的确立

我国的雨泽奏报制度由来已久,但因资料的缺失使得学界对清代之前雨泽奏报的实施情况和形式知之甚少,前文已经对明代的雨泽奏报制度进行过相关介绍。清代雨泽奏报制度的形成也经过一个很长的过程,并在前代雨泽奏报的

---

① 杨煜达:《清代档案中气象资料的系统偏差及检验方法研究——以云南为中心》,《历史地理》第 22 辑,上海人民出版社,2007 年,第 172—188 页。

② 王洪兵:《清代顺天府与京畿社会治理研究》,南开大学历史学院 2009 年博士学位论文,第 373—375 页。

③ 穆崟臣:《制度、粮价与决策:清代山东"雨雪粮价"研究》,北京大学历史学系 2009 年博士学位论文,第 10—50 页,在此基础上,于 2012 年由吉林大学出版社出版了同名专著;穆崟臣:《清代雨雪奏折制度考略》,《社会科学战线》,2011 年第 11 期。两者文章内容大致相同,只是在资料的引用方面前者更为详细,故本文在引用时侧重前者。

基础上进一步改进,使这一制度更加完善。但凡谈及清代的雨泽奏报制度,就不能不涉及清代的粮价陈报制度,因为清代的雨泽和粮价情况通常是写在同一份奏折中上报的,故称之为"粮价雨水折"。与粮价陈报制度一样,雨泽奏报制度也可以分为经常报告和不规则报告。①

清代的雨泽奏报始于康熙年间。康熙皇帝是一个比较有作为的君主,经常关注各地农业收成、降水等情况,早在康熙十二年(1673)二月二十四日,康熙问奉使保定清查钱粮回来的户部右侍郎马绍曾、郎中董色道:"尔等回时直隶地方曾有雨泽否? 麦苗何如? 绍鲁等对曰:'臣等来时尚未得雨,麦苗虽经发生,得雨方能畅茂。'上戚然良久,是夜天雨,诘且遣一等侍卫对亲等出郊验试土膏深浅云。"②此后,康熙皇帝询问各地官吏地方雨泽情形便经常见之于文献记载。到康熙中期,甚至出现了各地官吏向皇帝专门奏报雨泽的奏折,即"雨水情形折"③,如故宫明清档案部所编辑的《李煦奏折》一书中,有四百一十三份奏折,其中雨雪的报告将及十分之一。④据此,张瑾瑢曾分析认为,现存最早的"雨雪分寸"奏报是康熙三十二年(1693)七月李煦的《苏州得雨并报米价折》。⑤但是从满文朱批奏折来看,早在康熙二十八年(1689)二月二十七日大学士伊桑阿就曾上奏《奏报京师得雨情形折》,同年十二月初九日山东巡抚佛伦上《奏报山东境内得大雪折》,⑥较之李煦的奏折还要早 4 年。但康熙朝尚属密折奏事范围,其地方雨雪奏报当然也不例外,康熙在李煦的《苏州得雨并报米价折》后批阅有"凡有奏帖,万不可与人知道"之语。可知,康熙中前期的雨泽奏报,无论是从奏报的官吏,还是奏报的时间、程序以及格式,依旧处于不规则奏报状态。

但到康熙后期,雨泽奏报出现了新的变化,主要表现在以下四个方面:

---

① 本文借鉴王业键对于粮价陈报程序中的称法。所谓经常报告是指有一定时间、一定程序和一定格式的报告,并且是由各级地方行政官吏层层上报的;不规则奏报是指不拘格式,也不限于行政官员奏报的(王业键:《清代的粮价陈报制度及其评价》,《清代经济史论文集》(二),台北稻香出版社,2003 年,第 4—5 页)。
② 邹爱莲:《清代起居注·康熙朝》,中华书局,2009 年,第 584 页。
③ 邹爱莲:《清代起居注·康熙朝》,中华书局,2009 年;中国第一历史档案馆编:《康熙朝满文朱批奏折全译》,中国社会科学出版社,1996 年;中国第一历史档案馆编:《康熙朝汉文朱批奏折汇编》,档案出版社,1984 年。
④ 故宫博物院明清档案部编:《李煦奏折》,中华书局,1976 年。
⑤ 张瑾瑢:《清代档案中的气象资料》,《历史档案》,1982 年第 2 期。
⑥ 中国第一历史档案馆编:《康熙朝满文朱批奏折全译》,中国社会科学出版社,1996 年,第 10、11 页。

其一，雨泽奏报程序上出现了下级行政长官向上级行政长官奏报的趋势，即知县、知府上报给布政使、巡抚或总督。

其二，雨泽奏报的格式上出现了类似于以后标准的"雨雪分寸"，即有明确的降水起讫日期和一定的降水量。

以上两个变化可以从赵弘燮的两份奏折中看出。康熙四十四年（1705）五月二十一日，河南巡抚赵弘燮的《奏为恭报豫省雨泽日期折》称："豫省二麦收成分数已于五月初九日具折奏闻，但麦田既收而秋禾尤属紧要，随通行各属查其得雨分寸、日期及播种情形。去后嗣据各属报称有得雨沾足者，有未沾足者，晚禾有播种者，有见在播种者。今于本月十四日省城大雨时沛，近省州县陆续报得雨自一尺以及六七寸不等，已种之早禾愈加发生，而未种之晚禾及时播种……"①及至康熙四十五年（1706）五月十三日，调任直隶巡抚的赵弘燮在《奏报各属雨泽日期分寸折》中称："直属保定等府自四月二十二日以前得雨情形经臣两次奏报在案，今查保定府郡城自五月初五日辰时得雨至初六日申时止，甘雨滂沛，臣委员至郊外查看，俱一沾足。随据清苑、安州、高阳、唐县、容城、安肃、庆都、完县、祁州……十七州县俱报沾足，新城、深泽、东鹿三县报称得雨二三寸不等，又据顺天府属二十七州县卫报称，四月二十三、四至五月初二、初五、六等日复得雨沾足……"②"随通行各属"、"嗣据各属报称"、"随据清苑、安州、高阳、唐县、容城、安肃、庆都、完县、祁州……十七州县俱报"，这样层层奏报的程序在康熙后期越来越频繁。

此外，奏报内容中明确对降水时间和降水量进行汇报。刚开始的雨泽奏报格式大多仅限于"雨水调匀""雨泽沾足""雨水甚足"等模糊的描述，基本没有对降水日期和降水量的奏报。到康熙后期，在雨泽奏报的内容上逐渐出现新的情况，开始出现明确的降水起止日期和一定的降水量。如康熙四十五年二月十二日陕西巡抚噶礼《奏报得雪日期折》中称："查得，陕西省各属地于去冬十月初八、九、十日，普降大雪，或得雪一尺，或得雪一尺二寸。又于十二月初二、五等日，得雪皆有三四寸不等。"③而皇帝本人也开始关注降水日期和降水量，如康熙

---

① 中国第一历史档案馆编：《康熙朝汉文朱批奏折汇编》，档案出版社，1984年，第154—156页。
② 中国第一历史档案馆编：《康熙朝汉文朱批奏折汇编》，档案出版社，1984年，第360—366页。
③ 中国第一历史档案馆编：《康熙朝满文朱批奏折全译》，中国社会科学出版社，1996年，第408页。

四十五年在给山西巡抚噶礼的雨泽奏折批文中就"垂问山西省去冬得雪日期、降雪分寸"①。而体现最为明显的则是直隶总督赵弘燮的雨泽奏报,其奏报格式与后来的"雨雪分寸"几乎一模一样。这种奏报程序和格式肯定不是康熙突发奇想的结果,理论上应该是借鉴了明代的雨泽奏报。

其三,各地的巡抚和总督奏报雨泽情形越来越多。

康熙前期,尚属密折奏报的初始阶段,可以直接向皇帝奏报的官吏仅限于皇帝的心腹,如苏、杭、宁三织造,部分总督、巡抚、将军等,其雨泽奏报人员并不太多。但到康熙后期地方督抚大员已普遍具有密折奏事之权,②其中就包括关系民生的地方雨泽奏报,只要位居总督、巡抚、提督、将军等职,基本都要奏报地方雨泽,否则,就要受到皇帝的申饬。如康熙四十年(1701),皇帝就批评陕甘提督李林盛道:"地方上事宜雨水情形俱不时启奏,今你到任来为何不具本启奏?"③康熙四十八年(1709)皇帝在给浙江巡抚黄秉中的奏折中也批评道:"凡督抚上折子,原为密知地方情形,四季民生,雨旸如何,米价贵贱,盗案多少等事,尔并不奏这等关系民生的事,请安何用?甚属不合!"④而纵观康熙朝朱批奏折,各地督抚的奏折中基本都有雨泽奏报之事。

其四,部分地方的雨泽奏报在时间上出现了按月奏报的倾向。

康熙时期虽然要求地方奏报雨泽,但是并没有严格的时间要求,起初只是要求"请安之便,应写地方情形及雨水粮价来奏"⑤或"地方上事宜雨水情形俱不时启奏"⑥。但是随着皇帝对地方降水的关注,局部地区奏报雨泽的频率越来越高,逐渐出现按月奏报的倾向。山西巡抚噶礼于康熙四十三年(1704)的二月、四月、五月、六月、七月、八月、十一月、十二月均有雨泽奏报,且七月有四日和十四日两次奏报。至康熙四十八年噶礼调任两江总督后,其雨泽奏报也一直延续这种奏报状态。除噶礼外,直隶巡抚赵弘燮的雨泽奏报更为频繁。⑦此外,河南巡抚鹿佑、张圣佐,山东巡抚李树德,河西巡抚白湟,山西巡抚苏克济等人

① 中国第一历史档案馆编:《康熙朝满文朱批奏折全译》,中国社会科学出版社,1996 年,第 410 页。
② 朱金甫:《清代奏折制度考源及其他》,《故宫博物院院刊》,1986 年第 2 期;魏德源:《清代题奏文书制度》,《清史论丛》第 3 辑,中华书局,1982 年,第 218—238 页。
③⑥ 中国第一历史档案馆编:《康熙朝汉文朱批奏折汇编》,档案出版社,1984 年,第 61 页。
④ 中国第一历史档案馆编:《康熙朝汉文朱批奏折汇编》,档案出版社,1984 年,第 724 页。
⑤ 中国第一历史档案馆编:《康熙朝满文朱批奏折全译》,中国社会科学出版社,1996 年,第 1129 页。
⑦ 从康熙四十四年四月到五十九年十二月的 16 年中,赵弘燮共奏报了 178 份雨(雪)水情形折,基本上达到每月一报。

的雨泽奏折也出现这些特征。①

雍正年间，各督、抚无不奏报粮价。②相应地，雨泽奏报也体现出这一特征，《世宗宪皇帝圣德神功碑》载："每遇水旱之祲，辄愀然曰：'上天谴责朕躬。'命直省旬月奏报雨雪，苟应时则喜动颜色，或过期即减常膳。"③各省报告也繁简不一，其奏报情况与康熙后期大体相当，有的省份只报雨泽的整体情况，诸如"雨水调匀""各地沾足"等；有的省份则详细报告降水的日期、时刻和雨水入土深度（降雪厚度）；大多数省份只报全省的整体概况，个别省份则具体到每一府、州、县的详细情况。④虽与后来的雨泽奏报相差无几，但在全国内尚未形成一套固定的奏报制度。

及至乾隆年间，情况才发生了转变，雨泽奏报作为一项固定的制度明确予以规定。乾隆元年（1736）五月乾隆皇帝颁发一道重要谕旨："各省督抚具折奏事，可将该省米粮时价俱开单，就便奏闻，不必专差人来。"⑤许多学者认为这一谕旨明确规定了"各省督抚都要奏报他们所管辖省份的粮价，一种全国性的陈报制度于是确立"⑥，因当时雨雪情况的奏报是和粮价合折一同奏报（通称之为"雨水粮价折"），所以，这也就意味着雨泽奏报制度的确立。乾隆三年（1738）皇帝更进一步划一了粮价奏报的格式，"阅德沛米麦清单属为明晰，可抄寄各省督抚，著照此式奏报，以便观览，钦此"⑦。其中，德沛的米麦奏折中就含有雨泽情况，"湖广总督镇国将军宗室臣德沛谨奏，为奏闻事。照去冬北南两省瑞雪，业经臣奏报在案。兹具各属具报，正月初二日至二月初七等日，得雨日期分寸前来。合与上年十二月分米粮价值一并各缮清单恭呈御览……乾隆三年二月十二日"⑧。此次到底有没有对雨泽奏报格式进行统一，尚不得而知。但后来应该

① 中国第一历史档案馆编：《康熙朝汉文朱批奏折汇编》，档案出版社，1984年；中国第一历史档案馆编：《康熙朝满文朱批奏折全译》，中国社会科学出版社，1996年。

② 全汉昇、王业键：《清雍正年间的米价》，全汉昇：《中国经济史论丛》第2册，香港新亚研究所，1972年，第517—545页。

③ 《清高宗实录》卷50，乾隆二年九月壬辰。

④ 中国第一历史档案馆编：《雍正朝汉文朱批奏折汇编》，江苏古籍出版社，1991年。

⑤ 乾隆元年六月初一日，湖南巡抚钟保为遵旨谨将湖南省乾隆元年五月份粮价开单呈览事，中国第一历史档案馆馆藏朱批奏折，档案号：04-01-24-0001-041。

⑥ 王业键：《清代的粮价陈报制度及其评价》，《清代经济史论文集》（二），台北稻香出版社，2003年，第6页。

⑦ 中国第一历史档案馆编：《乾隆朝上谕档》，广西师范大学出版社，2008年，第448页。

⑧ 乾隆三年二月十二日，湖广总督德沛奏报南北两省正月初二至二月初七等日得雨日期分寸并上年十二月分米粮价值等事，中国第一历史档案馆藏，朱批奏折，档案号：04-01-25-0010-024。

是专门对雨泽奏报格式进行过要求,并对奏报的时间作出明确规定,即要求次月上旬奏报上一个月的雨泽情况,"上月晴雨粮价情形,次月上旬具奏。有文武衙门同报者,务须划一,务必细心查报"①。虽然在以后的实际执行过程中并没有严格按照以上规定进行,②但是毕竟作为一种明文规定使之制度化,确保雨泽奏报的完整性和持续性,并一直延续到清末。光绪年间,雨泽奏报遂成为地方州县"钱谷专办"事件之一,立簿挂号中就有专门的"雨晴月报簿"。③

在各直省的雨泽奏报中,台湾是一个比较特殊的地区。在设省之前,它隶属于福建省,所以一般是由福建巡抚或者闽浙总督奏报福建雨泽情形时附带奏报台湾地区的雨泽情况,如雍正元年福建巡抚黄国才《奏谢奉到御批谕旨并报福建台湾雨水粮价情形》,④或者由福建台湾总兵、巡视台湾监察御史等专门负责台湾事宜的官员单独上报,如雍正三年三月巡视台湾监察御史禅济布《奏报台湾得雨日期及农作物生长情形》。⑤彼时的雨泽奏报还没有明确的时间要求,尚属不规则奏报。嗣后,台湾的奏报时间也不同于其他直省的按月奏报,而是按季奏报。"台湾各属晴雨粮价,业经照章按季奏报,至光绪十五年秋季分止在案。兹届冬季分汇办之期⋯⋯"⑥从现有的档案来看,这里的"照章按季奏报"可以追溯至同治年间。同治十二、十三年,台湾就已经开始出现按季奏报了,福建台湾镇总兵张其光先后有夏季、秋季和冬季分晴雨粮价情形奏报。⑦

二、雨泽奏报的程序、内容和格式

上文已述,雨泽奏报有经常奏报和不规则奏报两种形式,其奏报的程序也不一样。因经常性奏报是清代雨泽奏报制度的主要形式,故对此进行详细论述。

经常性奏报先是由州县呈报府,再由府报省,最后由省而达中央。同粮价

---

① 刘巍:《清代粮价折奏制度浅议》,《清史研究通讯》,1984年第3期。
② 台北故宫博物院:《宫中档乾隆朝奏折》,台北故宫博物院出版,1982年;中国第一历史档案馆编:《光绪朝朱批奏折》,中华书局,1996年。
③ 蔡申之:《清代州县故事》,龙门书店,1968年,第49、51页。
④ 台北故宫博物院:《宫中档雍正朝奏折》(第1辑),台北故宫博物院出版,1977年,第535—536页。
⑤ 台北故宫博物院:《宫中档雍正朝奏折》(第4辑),台北故宫博物院出版,1977年,第53页。
⑥ 《台湾省各属光绪十五年冬季分晴雨粮价情形奏折及清单》,吴密察:《淡新档案》,台湾大学图书馆,2007年,第401页。
⑦ 同治十二年七月三十日,福建台湾镇总兵张其光奏为汇报台湾各属同治十二年夏季分晴雨粮价情形;同治十二年十一月十日,奏报台湾秋季分时雨粮价情形;同治十三年二月二十四日,奏报台湾各属同治十二年冬季雨水田禾粮价情形。据"中研院"暨台北故宫博物院明清与民国档案跨资料库检索平台清代宫中折件。

的陈报相同，经常性雨泽奏报也有旬报和月报之分。①旬报的程序是由知县（知州）按旬开折呈报知府，知府核查后，将各县所报雨泽作一概括性的报告，连同各州县旬报，汇呈布政使衙门。②除旬报之外，州县还要将月报呈送知府，③知府也如处理旬报一样，将月报查核和综合后汇呈布政使；布政使再根据各府州呈报的月报或旬报，各月编一综合性的全省雨泽报告，进呈总督及巡抚衙门；最后，由督、抚按月向皇帝奏报雨泽。

各地经常性雨泽奏报内容大致应该符合以下要求："禀报得雨情形，应查明起止时刻、入土分寸，并将此雨是否及时，曾否透足，有无积水，禾麦杂粮如何，相宜是否，仍望再雨，或已沾足不须再雨，或暂不需雨迟雨无碍。如两县同城报雨雪，应关会办理。"④为进一步了解经常报告制度的具体形式，可列举几件雨泽奏报格式加以说明。

格式一：福建省各县雨水旬报折式⑤

各县雨水旬报折式

中

某府某县为折报事：遵将本年某月上旬晴雨盐价等项开具清折呈送宪台查核，须

下

具折者，计开：

十一日起　至二十日止

乾隆六十年某月初一日起　至初十日止

二十一日起至三十日止

---

① 雨泽奏报制度确立伊始，地方州县时隔多少天上报一次雨泽，目前尚不清楚。但早在乾隆五年，湖南省就要求地方的雨泽"每月十日、二十日、三十日进行3次报告，然后由布政使司对此进行整理"（《湖南省例成案·吏律公式》卷五《热审减等及内外结赃赎侵那银两删繁就简各条州县晴雨米价值藩司汇总册转报》，杨一凡编《清代成案选编》[甲编]第46册，社会科学文献出版社，2014年，第349—355页）。迨至清朝后期，大多数州县是"按月分旬"奏报。

② 光绪十三年四月初八日，甘肃布政使为催报米粮时估雨水清折事，青海省档案馆藏，循化厅档案，档案号：07-3377-6。

③ 刚毅辑：《牧令须知》卷三，台北文海出版社，1971年，第89—90页；光绪三年六月十一日，西宁府邓为按旬报雨水日期事致循化厅，青海省档案馆藏循化厅档案，档案号：07-3385-18；佚名：《江苏省例续编》之《夏雨冬雪用禀驰报》，杨一凡、刘笃才主编《中国古代地方法律文献·丙编》第12册，社会科学文献出版社，2012年，第305—306页。

④ 佚名：《刑幕要略》，张廷骧：《入幕须知五种》，台北文海出版社，1968年，第565页。

⑤ 《福建省例》，台北大通书局，1984年，第125—126页。

　　　　晴

初一日雨,某时起至某时止,入土几寸几分。

　　　　阴

初二日

初三日

初四日

初五日

初六日

初七日

初八日

初九日

初十日

　　州县行政机构每旬要向上级汇报所辖境内每日的天气状况(如晴、雨、阴等),如遇有降雨,则还要记录降水的起讫时间和降水量,其衡量标准便是入土深度(降雪则以积雪厚度为准);如果没有降水发生,则只需记录天气状况即可。类似的旬报格式还有江苏省苏州府太湖厅、江西省赣州府定南厅的雨泽奏报,①不再赘述。

　　州县月报雨泽内容和格式,和旬报基本上相同,只是将一月内各旬每日天气情况再罗列汇总,上报上级部门,见格式二。

格式二:州县月报雨泽②

　　　　报雨详

　　　　　州　　　　　中

　　某府某县遵将某月上旬晴雨日期及种植禾苗杂粮长发情形开折呈报,请祈查核施行,

　　　　　　　　下

---

① 宣统二年十二月上旬晴雨日期:初一日晴,初二日晴,初三日晴,初四日晴,初五日晴,初六日晴,初七日雨二分,初八日晴,初九日雨五分,初十日晴。以上八日晴,得雨二次,共七分(《江苏省苏州府太湖厅旬报晴雨日期折》,转引自岸本美绪著,刘迪瑞译,胡连成审校《清代中国的物价与经济波动》,社会科学文献出版社,2010年,第454页);晴雨日期:十二月二十一日晴,二十二日晴,二十三日晴,二十四日晴,二十五日晴,二十六日晴,二十七日晴,二十八日阴,二十九日阴,三十日阴……光绪二十六年正月初一日,署同知徐嗣龙(《江西省赣州府定南厅旬报晴雨折》,转引自王业建《清代的粮价陈报制度及其评价》,《清代经济史论文集》(二),台北稻香出版社,2003年,第12—15页)。
② 刚毅辑:《牧令须知》卷三,台北文海出版社,1971年,第89—90页。

为此具折：

    中

某月上旬　　　日　　日　　日　　日　　日

    下

           日　　日　　日　　日　　日

······

禾苗　麦子　晚豆　莜麦　黑豆　玉荍　高粱　荞麦

以上按日登记晴雨，按节气登记长发情形。

布政使、督、抚雨泽的陈报是按月对所辖区域内整体情况的汇总，在执行过程中并没有统一的格式，但两个核心要素一定要具备，即降水日期和降水次数（或降水量）。如格式三和格式四分别代表了简洁和繁琐两种不同的格式。

格式三：广东巡抚奏报地方雨水与粮价事折①

广东巡抚臣德保谨奏为奏闻事，窃照广东地方雨水田禾粮价情形，臣于九月初五日恭折奏报在案，兹九月初八及十七、十八、二十二等日均得雨泽，晚禾早者现在刈获，余皆结实饱绽。查本年夏秋以来晴雨调匀，八九两月得雨又俱充足普遍……乾隆三十九年九月二十八日。

格式四：大学士仍管川陕总督查郎阿奏报陕西各属得雪日期及分寸折②

大学士仍管川陕总督臣查郎阿谨奏为报瑞雪均沾上慰怀事，窃查春麦全资腊雪，雪厚始得根深，陕省自入冬以来天时久霁，和暖倍常，民情实切望云。臣等正深忧惧，兹于十二月二十八日彤云密布，暖气旋收。本日戌时瑞雪缤纷，始渐渐大，直至正月初一日寅时止。据咸宁、长安二县报称雪深八寸，随遣人四路查勘，俱已沾足。续据西安府各属陆续具报前来，西则咸阳、兴平、礼泉，东则临潼、渭南，南则鄠县、蓝田、盩屋，北则耀州、同官、高陵、泾阳、三原、富平俱各报称自十二月二十九日起至正月初一日止，各得雪六、七、八寸至尺余不等，其融化入土者亦深三、四、五、六寸不等。又据凤翔府属之凤翔、陇州、郿县、宝鸡、麟游、扶风、岐山、汧阳等州县，同州府属之大荔、朝邑、潼关、华州、华阴、韩城、澄城、郃阳、蒲城等州县，又直隶

---

① 台北故宫博物院：《宫中档乾隆朝奏折》第37辑，台北故宫博物院出版，1982年，第57页。

② 乾隆二年正月初八日，大学士仍管川陕总督查郎阿奏报陕西各属得雪日期及分折，中国第一历史档案馆藏，朱批奏折，档案号：04-01-24-0003-014。

乾州并该州所属之永寿、武功二县，直隶邠州并该州所属之醇化、三水、长武三县，直隶鄜州所属之宜君县，直隶商州并该州所属之洛南县俱各报称四野沾足，多者入土尺余，少者亦入土五寸，其延安、榆林、汉中、兴安及路远各属尚未据报前来。至于甘肃各府州据平凉府属之平凉、庄浪、灵台、镇原、固原、泾州、崇信、隆德、静宁等州县，庆阳府属之安化、宁州等州县及直隶秦州所属之两当县报称十二月二十八、九、三十等日各得雪四、五、六、七寸不等，则陕甘谅已普遍而甘凉、西宁、巩昌、临洮各府据报于十二月二十、二十一等日先得微雪，西宁俱得三、四寸不等……乾隆二年正月二十二日。

前者仅就广东全省乾隆三十八年九月二十八日之前的得雨次数及日期进行了概括汇报，至于各属得雨情况、得雨多少均未提及。后者则比较详细，对所辖府县得雪日期、得雪分寸均一一呈报。

在有清一代，地方督抚的雨泽奏报是以月报为主，但有时也会分旬向皇帝奏报雨泽，如嘉庆十九年（1814）直隶总督那彦成分别于该年闰二月初三日、初十日、二十日分别奏报当地的雨雪情况，[1]道光七年（1827）四月初一日、二十九日，道光十年（1830）正月十六日、二十六日均分旬奏报雨水情况。[2]

穆崟臣认为清代雨雪、收成、粮价奏报的一个特点就是“在上报文书格式上，采取奏折与清单并举的形式”，但“并不是所有的雨雪、收成及粮价奏报都是单折并用，这种方式多是在常规的定期奏报时才能使用。从雨雪粮价档案看，在奏报降水情形时，尤其是当降水过程涵盖面广，所及州县较多时，即便是督抚随时奏报也多采用折后附雨雪清单的方式”。其实，严格来说，在上报文书格式上，采取的应该是奏折、清单和夹片三种形式并举。[3]夹片早在康熙中期就已经出现了，康熙二十八年二月二十七日，大学士伊桑阿《奏报京城得雨情形折》称：“窃二月二十六日酉时微雨，戌时微雨而止。近来终日乃阴。再，京城喜得甘霖。为此谨具奏闻。”其后就附有《得雨情形片》：“二月二十二日子时微雨，丑时微雨，寅时雨潇潇，卯时微雨而止。雷电皆有。此雨渗透农田三、四指。二十三

① 那彦成：《那文毅公奏议》卷44《恭报雨雪》，《续修四库全书》，上海古籍出版社，1996—2002年，第496册，第460、461页。
② 那彦成：《那文毅公奏议》卷64《恭报雨雪》，《续修四库全书》，上海古籍出版社，1996—2002年，第497册，第334、335、337、338页。
③ 因为清代的奏疏一般是一事一文，有些事件分量较轻，不能独立缮成一折，就用夹片的形式附在奏折之中。详见张我德、杨若荷、裴燕生编著《清代文书》，中国人民大学出版社，1996年，第87页。

日微雨而止。近来连日阴，想必大雨将至。"①此夹片的功能就是对本月二十六日之前降水的一份补充说明。夹片作为雨泽奏报的一种格式一直存在，直至清末，"再查青州附近地方于去年冬十月二十八日得雪五寸余，曾经恭折奏报在案，兹复于年前十二月二十六日丑时得雪起，陆续至二十七日辰时止，得雪三寸；又自二十九日巳时至亥得雪四寸，既连日之缤纷，实一方之普被，麦苗滋润，金云瑞兆丰年，庶姓欢腾泃足……所有青州两次得雪日期谨附片具奏陈，伏乞圣鉴"②。

穆氏还认为："目前还没有发现康熙、雍正年间督抚缮写清单奏闻雨雪情况的。乾隆元年开始有雨雪清单，但从理论上讲，一种制度或文书呈报方式的形成不是一蹴而就的，康雍时期之所以没有雨雪清单或许是因为档案遗失亦未可知。"③穆氏的猜测大致是正确的，如果仔细查阅全国雨泽奏报档案就会发现，康熙末年、雍正年间各地督抚均有缮写清单奏闻雨雪，如康熙末年两广总督杨琳、广东巡抚杨宗仁奏报《米粮雨雪单》："九月二十八日自广东广州府起身，十月初二日至英德县遇微雨，十五日至江西吉安府遇微雨，二十六日至湖广黄梅县遇微雨，十一月初一日至江南舒城县遇雪一寸，初七日至宿州遇雪二寸。"④福建巡抚满保、江西按察使石文焯奏报《雨水单》："十月十九日自福建府起身，二十八日至建宁府遇大雨，十一月初七日至杭州府遇大雨，二十一日至山东郯城县遇雨，地湿一二寸。"⑤雍正年间安徽巡抚上报《米粮雨水单》："十月二十四日自安庆府起身……十一月初六日巳时景州下大雪至初七日丑时止。"⑥江宁织造隋赫德奏报《米粮雨水单》："江宁织造隋赫德家人吴世忠骑骡于五月初四日动身，初九日至山东滕县，午时大雨一阵即止，十一日至东平州未时大雨一阵即止。"⑦只不过此时雨泽奏报尚属不规则奏报，大多是地方官员对沿途所经之地降水情况的奏报。

---

① 中国第一历史档案馆编：《康熙朝满文朱批奏折全译》，中国社会科学出版社，1996年，第10页。

② 宣统三年正月十八日，青州副都统秀昌奏报青州附近地方上年十二月份两次得雪日期分寸事，中国第一历史档案馆藏，朱批奏折，档案号：04-01-25-0599-036。

③ 穆崟臣：《制度、粮价与决策：清代山东"雨雪粮价"研究》，吉林大学出版社，2012年，第22、44页。

④ 两广总督杨琳、广东巡抚杨宗仁呈康熙年间十月至十一月份江西等地方得雨分寸以及米价单，中国第一历史档案馆藏，朱批奏折，档案号：04-01-39-0248-068。

⑤ 满保、江西按察使石文焯呈康熙年间十月份途次福州等地方得雨日期及米价单，中国第一历史档案馆藏，朱批奏折，档案号：04-01-39-0248-108。

⑥ 安徽巡抚李成龙呈雍正年间十至十一月份米粮价值及得雪日期，中国第一历史档案馆藏，朱批奏折，档案号：04-01-39-0248-107。

⑦ 江宁织造隋赫德呈雍正年间滕县得雨日期及情形并江宁米麦价单，中国第一历史档案馆藏，朱批奏折，档案号：04-01-40-0003-071。

穆崟臣对山东省"雨雪粮价折"的分析认为,雨雪清单的缮写格式大约有两种方式:一种是以府为经,把各府所属州县得有雨雪情况按降雨(雪)时间为顺序书写(如格式五);一种是以降雨(雪)时间为经,把某日的有雨雪的州县汇集在一起,而不是按府统计(如格式六)。

格式五:山东巡抚报得雨清单①

　　济南府属齐东县五月十一日得雨二寸;兖州府属滋阳县五月初四日得雨一寸。曲阜县五月十二日得雨二寸;东昌府聊城县五月初七日得雨二寸,东昌卫五月初七日得雨二寸;青州府属益都县五月初九日得雨三寸,昌乐县五月初五日得雨二寸,初六日得雨四寸,临朐先五月初六日得雨三寸;莱州府属平度州五月初七日得雨三寸,潍县五月初六日得雨一寸;武定府属青城县五月十二日得雨二寸,滨州五月十二日得雨四寸,利津县五月十二日得雨四寸,蒲台县五月十二日得雨二寸。

格式六:山东巡抚报得雪清单②

　　十一月十八日,兖州府属滕县得雪一寸,峄县得雪一寸,金乡县得雪一寸,邹县得雪五分,鱼台县得雪一寸,济宁卫得雪一寸;曹州府属曹县得雪三寸,范县得雪二寸,观城县得雪一寸,朝城县得雪五分;青州府属诸城县得雪三寸;莱州府属掖县得雪二寸,平度州得雪二寸……十一月二十日,登州府属福山县得雪三寸,莱州府属掖县得雪四寸,昌邑县得雪三寸。十一月二十五日,曹州府属城武县得雪一寸,单县得雪二寸。

实际上,雨泽制度确立后雨雪清单的格式基本上固定化,一般会详列本省各府属州县得雨(雪)日期及分寸。③

至于不规则雨泽奏报,一般没有固定的程序,故也没有相应的格式。各地官吏向皇帝奏事或请安时,可顺便奏报当地或经过之地的雨泽情况,也可以专折陈报,康熙、雍正朝的奏报明显体现出这一特征。而皇帝也可以随时要求或派遣大臣奏报雨泽,如乾隆二年(1737),高宗因京师雨泽愆期,"闻河南山东两

---

① 乾隆三十九年五月十四日,山东巡抚徐绩奏得雨清单,中国第一历史档案馆藏,档案号:录9316-11。
② 乾隆十一年十二月初八日,山东巡抚方观承奏得雪清单,中国第一历史档案馆藏,档案号:朱包45。
③ 乾隆二年六月十一日,直隶总督李卫呈直隶各属本年五至六月初得雨分寸单,中国第一历史档案馆藏,朱批奏折,档案号:04-01-24-0005-051;咸丰八年七月,山西巡抚恒福呈咸丰八年六月份山西省各属报到得雨日期分寸清单,中国第一历史档案馆藏,朱批奏折,档案号:04-01-25-0504-023;呈直隶省东路通州等路县得雨分寸日期单,中国第一历史档案馆藏,朱批奏折,档案号:04-01-30-0334-004;等等。

省，与直隶接壤之地，雨亦稀少，该抚等作何预为筹画，及近日曾否得雨，俱未详悉奏闻，实为轻视民瘼"，于是，"着侍卫永兴前往河南，松福前往山东，再各派户部司官一员，驰驿同往，面询该抚，将实在情形，并如何料理之处，一一陈奏。永兴等亦着沿途留心，从前得雨分数、此时干旱情形、地亩曾否播种、米价如何腾贵，以及百姓情景若何之处，着回时据实覆奏"①。

三、雨泽奏报制度的研究价值

中国古代以农立国，农业始终是统治者和老百姓最关心的问题，而作为影响农业收成的雨水自然受到格外重视，于是形成一套自地方向中央级级上报的雨泽奏报制度，始秦汉，历唐宋，终明清，经两千余年而不辍，充分展示了中华文明的文化传承。

但由于时代久远，诸多文献缺失，致使清代之前的雨泽奏报制度只能复原其大致轮廓。如宋、明时代的雨泽奏报虽然存在，但有明显的时间和空间差异，并没有在全国范围内形成连续的奏报；即便是在宋代已经出现了由低层政区向高层政区层层递报的雨泽奏报程序，但朝廷诏令先后不一，没有统一固定下来。而明代的奏报程序尚不明了。宋、明时代的雨泽奏报虽然也是以"雨雪分寸"形式存在，但并没有大量奏报资料的遗存，无法深入研究该制度的运行。清代继承宋、明时代的雨泽奏报，并在此基础上进行改进和创新，无论是在时空的连续性，还是奏报程序、内容、格式等方面都更加连续和规范，可以说是中国整个雨泽奏报制度的集大成者。清代雨泽奏报制度肇始于康熙朝，发展于雍正朝，确立于乾隆朝，终结于宣统朝，地域上亦覆盖了整个大清王朝，使之在全国得以真正确立、实施。奏报程序上由州县呈报府，再由府报省，最后由省而达中央的层层上报。在奏报内容和格式上，地方州县长官与督抚封疆大吏又有所不同，州县等地方上的奏报有旬报和月报之分，且旬报、月报都有不同的格式，内容基本上都要逐日书写每天的天气情况，如遇雨雪则详写起止时辰和入土分寸；而督抚上报中央则是按月奏报，以奏折、清单、附片三种形式并举，但没有固定的格式要求，或繁或简，对通省雨泽情况进行说明。由此可见，清代的雨泽奏报制度充分展示了这一古老制度的实施和运行，让我们对这一延续两千余年的雨泽奏报制度有了更深刻的认识和理解。

清代雨泽奏报制度的良好运行，还给后代遗留下一份重要的文化遗产——"雨雪粮价"档案，其中蕴含大量的气候、收成和粮价信息，是研究我国长期气候

① 《清高宗实录》卷40，乾隆二年四月戊辰。

变化、农业收成、粮价波动以及三者之间关系的宝贵资料。以气候变化为例,由于我国气象仪器观测记录开始较晚,最多只能了解近百年的气候变化,而大量"雨雪分寸"档案的存在,使我国历史气候重建向前延伸至 18 世纪,从而很好地了解近 300 年来我国气温、降水的变化及规律。如部分学者利用"雨雪分寸"档案重建了合肥、西安、汉中、山东、黄河下游、昆明、长江中游、福州等地区 18 世纪以来的温度或降水序列。[1]此外,在清代粮价数据整理、粮价长期趋势、短期波动以及利用粮价数据研究市场整合方面也取得很大成就。[2]

　　不过,在取得斐然成绩的同时还应该注意到一些研究的不足,以上的气候重建研究是在并未对雨泽奏报制度进行深入探讨的前提下进行的,在提取信息的可信度方面尚缺乏必要的保障,为保证研究的科学性,有必要对清代雨泽奏报制度进行深入研究。因为清代雨泽奏报制度虽然在全国得以确立,但在不同的时期、地域的实行会有差异。如光绪年间雨水粮价的奏报出现混乱,有延迟奏报者,有几个月合并在一起奏报者,以至于皇帝不得不重申各地雨水粮价的奏报"本月雨水粮价于次月入奏,不得并月奏闻,其本年七、八、九三月分雨水粮价并着迅速奏报,毋得视为具文"[3]。再如宣统年间出现"近来奏报几等具文,惟四川尚属详细。余不免简略,虚应故事",统治者不得不要求"嗣后除四川仍照章办理外,其余各省奏报得雨情形,务将某府某州县属得雨次数、分寸详细陈明"。[4]杨煜达曾针对云南地区的雨雪分寸作过研究,认为:"就奏报的信息含量和可靠性来说,雍乾朝高于嘉道朝,嘉道朝高于光宣朝。雍正乾隆时降水记录的奏报质量是一个稳定的时期,而嘉道年间开始发生变化,逐步从清晰走向模糊,到光绪朝则这类的降水记录已经很模糊。"[5]所以,在运用相关资料时,有必

[1]　周清波、张丕远、王铮:《合肥地区 1736—1991 年年冬季平均气温序列的重建》,《地理学报》1994 年第 4 期;郑景云、葛全胜、郝志新等:《1736—1999 年西安和汉中地区冬季平均气温序列重建》,《地理研究》,2003 年第 3 期;郑景云、郝志新、葛全胜:《山东 1736 年以来诸季降水重建及其初步分析》,《气候与环境研究》,2004 年第 4 期;郑景云、郝志新、葛全胜:《黄河中下游地区过去 300 年降水量变化》,《中国科学》(D 辑),2005 年第 8 期;杨煜达:《清代昆明地区(1721—1900 年)冬季平均气温序列的重建与初步分析》,《中国历史地理论丛》,2007 年第 1 期;葛全胜、郭熙凤、郑景云等:《1736 年以来长江中下游梅雨变化》,《科学通报》,2007 年第 23 期;葛全胜、丁玲玲、郑景云等:《利用雨雪分寸重建福州前汛期雨季起始日期方法的研究》,《地球科学进展》,2011 年第 11 期。
[2]　朱琳:《回顾与思考:清代粮价问题研究综述》,《农业考古》,2013 年第 4 期。
[3]　朱寿朋:《东华续录》,光绪十五年冬十月辛卯,台北文海出版社,2006 年,第 2647 页。
[4]　刘锦藻:《续文献通考》卷 61,《续修四库全书》第 816 册,上海古籍出版社,2002 年,第 402 页。
[5]　杨煜达:《清代档案中气象资料的系统偏差及检验方法研究——以云南为中心》,《历史地理》第 22 辑,上海人民出版社,2007 年,第 172—188 页。

要对不同朝代、不同地域的雨泽奏报情况进行具体分析。

四、结论

本节就清代雨泽奏报制度的确立、奏报程序、内容和格式进行了论述,认为清代的雨泽奏报开始于康熙初年,康熙后期基本成型,但作为一项常规事宜则正式确立于乾隆年间。雨泽奏报存在经常奏报和不规则奏报两种形式,经常奏报要经过州县到行省层层上报的一套程序。州县等地方上的奏报有旬报和月报之分,且旬报、月报都有不同的格式,基本上都要逐日书写每天的天气情况,如遇雨雪则详写起止时辰和入土分寸;而督抚上报中央则是按月奏报,以奏折、清单、夹片三种形式并举,没有固定的格式要求,或繁或简,对通省雨雪情况进行说明。不规则奏报则没有固定的奏报人员、程序、时间和格式,并对其价值进行了评估。

尽管解决了以上诸问题,但对清代雨泽奏报制度的研究尚待深入。如现存"雨雪粮价折"大都是各地督抚、布政使的奏报,这些档案资料可以看作是清代雨泽奏报制度在高层政区运行的反映。既然清代的雨泽奏报是层层递报,督抚奏折中的雨泽信息肯定来自地方的上报,那么,地方的雨泽信息有哪些获取渠道?对雨泽信息有没有一套查核程序来确保雨泽信息的可靠性?要解决这个问题,仅仅依据"雨雪粮价"档案是远远不够的,需要深入挖掘地方雨泽档案。这些都是悬而未决、值得再深入研究的问题,对于推进清代政治、制度、经济、科技、生态等专题研究均具有很高的学术价值。

第三节 1609—1615 年嘉兴地区梅雨特征的重建

梅雨是长江中下游地区重要的天气现象,梅雨的强弱、梅雨期的长短及梅雨量的多寡等特征,一定程度上反映了亚洲东部上空大气环流季节变化与环流调整的各种演变过程。[①]基于此,对我国现代梅雨的研究一直是关注的热点并已

---

① 叶笃正、黄荣辉:《长江黄河流域旱涝规律和成因研究》,山东科技出版社,1996 年;丁一汇、柳俊杰、孙颖等:《东亚梅雨系统的天气-气候学研究》,《大气科学》,2007 年第 6 期。

取得诸多进展。①

　　我国拥有丰富的历史文献资料,保留有大量宝贵的天气气候信息。利用历史文献资料重建历史时期的梅雨活动与变迁对于进一步认识和研究梅雨的长期变化特征具有重要意义。张德二和王宝贯最早通过清代的"晴雨录"记录重建了18世纪长江下游地区的梅雨气候序列,证明了当时梅雨活动仍然是长江下游地区重要的天气气候特征,其特点和现代梅雨近似。②其后,葛全胜等利用清代档案中的"雨雪分寸"资料重建了长江中下游地区1736年以来的梅雨序列,并讨论了梅雨活动的年-年代际变化特征及与东亚夏季风强弱变化和中国东部季风雨带位置移动的对应关系,取得重大突破。③满志敏师等发掘日记资料中的天气记载,分析了19世纪中叶两湖东部地区的梅雨特征,进一步拓展了研究梅雨特征的资料和方法;④萧凌波等的研究同样利用日记资料,讨论了19世纪末至20世纪初两湖东部地区梅雨雨带的变动。⑤

　　由此,300年来梅雨变迁的研究取得了重要的进展,但研究所用资料所属时间多来源于日记众多的清朝,而明朝的梅雨活动,目前尚无翔实研究。因此找到明朝的实证例子对认识小冰期盛期东亚季风雨带的活动规律,并延长天气系统演变的序列有重要意义。研究中发现两部17世纪初期嘉兴地区的日记,可以利用其中记载的天气状况和感应记录等信息,重建当时的梅雨活动及其特征。

一、资料及气候信息的提取、处理

1. 研究资料

　　本研究所利用的文献资料主要包括日记资料和地方志资料。日记资料有

---

① 徐群:《近46年江淮下游梅雨期的划分和演变特征》,《气象科学》1998年第4期;徐群、杨义文、杨秋明:《近116年长江中下游的梅雨(一)》,刘志澄《暴雨·灾害》,气象出版社,2001年;徐卫国、江静:《我国东部梅雨区的年际和年代际的变化分析》,《南京大学学报》(自然科学版),2004年第3期;毛文书、王谦谦、王永忠等:《近50a江淮梅雨期暴雨的区域特征》,《南京气象学院学报》,2006年第1期;毛文书、王谦谦、葛旭明等:《近116年江淮梅雨异常及其环流特征分析》,《气象》,2006年第6期;姚学祥、王秀文、李月安:《非典型梅雨与典型梅雨对比分析》,《气象》,2004年第11期。
② 张德二、王宝贯:《18世纪长江下游梅雨活动的复原研究》,《中国科学》(B辑),1990年第12期。
③ 葛全胜、郭熙凤、郑景云等:《1736年以来长江中下游梅雨变化》,《科学通报》,2007年第23期。
④ 满志敏、李卓仑、杨煜达:《〈王文韶日记〉记载的1867—1872年武汉和长沙地区梅雨特征》,《古地理学报》,2007年第4期。
⑤ 萧凌波、方修琦、张学珍:《19世纪后半叶至20世纪初叶梅雨带位置的初步推断》,《地理科学》,2008年第3期。

两部，一部是李日华的《味水轩日记》，起自万历三十七年（1609）正月迄于万历四十四年（1616）共 8 年的时间，基本上是逐日书写（其中就有逐日的天气记载），记录了李日华在嘉兴的隐居生活（其间虽有出行，但大都仅限于苏南、浙北地区）。本节主要从该日记中提取天气信息，重建 1609—1615 年长江下游的梅雨特征。另一部是项鼎铉的《呼桓日记》①，项鼎铉小李日华九岁，两人知交，同居一城。《呼桓日记》记录了万历四十年（1612）五月、六月、七月、八月和九月上旬间在嘉兴的日常生活，其中就有逐日的天气记录，虽然仅有不满五个月的记录，但是其价值却相当珍贵，对于检验《味水轩日记》的记载具有重要意义。

地方志资料主要采用《中国三千年气象记录总集》中收集的有关资料。②另外使用《中国近五百年旱涝分布图集》中的旱涝等级资料来确定嘉兴地区夏季降水与长江下游地区旱涝的关系。③

2. 日记中天气信息的提取与处理

《味水轩日记》中的气候记录可以分为三类：天气晴雨记录、物候记录和感应记录。马悦婷等对此进行了详细列举和说明，④不再赘述。表 3.1 是《味水轩日记》中万历三十七年的部分记载，其所属类型如表中所示（表中时间已经转化为阳历日期）。

表 3.1　《味水轩日记》中部分天气气候记录（1609 年）

时　　间	原始记录	所属类型
3 月 15 日	小雨，嘉树堂玉兰吐白	天气晴雨记录、物候记录
6 月 9 日	雨不止，晚霁	天气晴雨记录
8 月 31 日	晨有雾，雾醒热甚，如三伏时	天气晴雨记录、感应记录
11 月 26 日	风而阴，晚有日色	天气晴雨记录

虽然《味水轩日记》是逐日的天气记载，但也有脱记的现象，这是它作为单部日记本身所固有的局限。那么，这些缺失的记录是何种天气状况，有无规律可循，如何进行处理等就成为重建降水序列的重要步骤。

---

① 项鼎铉：《呼桓日记》，《北京图书馆古籍珍本丛刊 20 史部·传记类》，书目文献出版社，1998 年。
② 张德二主编：《中国三千年气象记录总集》，凤凰出版社，2004 年。
③ 中央气象局气象科学研究院：《中国近五百年旱涝图集》，地图出版社，1981 年。
④ 马悦婷、张继权、杨明金：《〈味水轩日记〉记载 1609—1616 年天气气候记录的初步分析》，《云南地理研究》，2009 年第 3 期。

首先,文字描述详略程度本身就反映了作者的关注度和敏感度,当作者关注于某一事物时会给予详细的描述。纵观整部日记,作者对于降水的文字描述可谓细致,表现在对降水名称的区分上,诸如"雨""大雨""小雨""细雨""疏雨""快雨""涩雨"等二十余种,将不同的降水形态、降水强度、降水状态和持续时间等进行详细划分。更可贵的是作者能够将一天内的降水开始或结束的时刻予以记录,以万历三十七年为例,一月二十二日(2月25日)"晚阴,五更风雨甚壮";一月二十七日(3月2日)"阴寒,晚作雪霰";七月四日(8月3日)"夜大雨震电,五鼓方止"。尤其是对于晚间的降水还有记录。

其次,日记本身的记录方式向我们透露出这样一种信息,缺失的记录大多是一些非降水天气。如万历四十二年十月八日至十一月二十五日,几乎没有记录,但在二十六日记载道:"入冬至,时晴暖,无雨雪,河流枯涸,井泉淤垫,令人棹舟至先月亭下取水入缶,澄之。"可见,这一个多月是以晴朗天气为主,致使出现旱情。当然,并不是所有的缺记都是晴朗天气,如万历四十三年十月四日至十一月三日,几乎没有天气记录,在十一月四日却说:"入冬连阴而暖,至是大澍雨,如春夏蒸溽时。"其间的天气就应该是以阴为主。这样的例子在整部日记中随处可见,无论是晴朗天气还是阴天,都属非降水天气,只要有降水出现,接着便会作记录。另外,日记中还有诸如"连日晴暖""连日大热""俱晴朗"等记录方式,其表示的时间较短,或二三日或五六日不等,可视具体记录而定。

以上仅是笔者基于对《味水轩日记》资料分析作出的推测,为了验证以上两个推测是否成立,最好的方法就是对所记的天气现象进行检验,即寻找另外一种记录当时当地天气现象的文献进行比对。对此,可以运用《呼桓日记》对《味水轩日记》进行检验。《呼桓日记》起于万历四十年五月朔日,止于九月十二日,共130天,其中有天气记录的共118天,资料完整程度达91%。而相同时间段内,《味水轩日记》中的天气记录仅为57天,资料完整程度达44%。其中李日华在七月二十一日至九月初八日因事在杭州滞留,所以呆在嘉兴的真正时间是83天。在这83天之中,《呼桓日记》的天气记载为77天,完整度达93%;而《味水轩日记》的天气记载为28天,完整度仅为34%。通过与《呼桓日记》的比勘可以得知,《味水轩日记》中缺记的大部分为非降水天气,达到39天(晴天为30天,阴天为9天),占缺记记录总数的71%。这就证明笔者对第二个特征的推测基本是正确的。而《味水轩日记》中仅有的28天天气记载却有22天是记录降水天气的,由此可知李日华对降水天气的关注度和敏感度。

二、1609—1615 年嘉兴地区梅雨集中期的重建方法

现代的梅雨期是由长江中下游 5 个代表站(南京、上海、九江、芜湖、汉口)的雨日、雨量及副高位置等因素综合确定的。[①]梅雨具有 3 个明显特征:一是连续性降水并具有明显的季节性(每年 6 月中旬至 7 月上、中旬);二是大尺度环流作用的产物,降水区域较大(覆盖了长江中下游大部分地区);三是雨日、雨量及副高位置具有强烈的相关性。然而各地对梅雨的划分仍有细微的差别,考虑到现代气候中长江中下游地区典型梅雨出现在 6 月中旬至 7 月上、中旬,而部分异常梅雨在 5 月下旬至 7 月中旬仍有发生,[②]所以本文选择拟重建降水年份中 5 月 25 日至 7 月 20 日的天气记录情况。并参照杨煜达等关于降水分级处理的标准对日记中的天气记录进行分级处理,[③]分级标准如表 3.2 所示。

表 3.2 《味水轩日记》记载的天气情况分级标准

天气记录	分级
晴、热、热甚	0
阴、霁	1
暮雨、雷雨、忽晴忽雨	2
细雨、小雨、阴雨、雨	3
大雨、雨甚、雨竟日、大雷雨	4

满志敏师曾对《王文韶日记》所记载的梅雨特征进行过研究,为更好地与现代记录中入梅和出梅定义标准相匹配,曾拟定一个标准来确定武汉和长沙地区的入梅和出梅期。[④]然而浙江地区的梅雨有自己的特征,据陈碧莲等研究认为,入梅标准是:(1)5、6 月份出现 5 天或 5 天以上日雨量≥1.0 毫米的连阴雨天气,且与整个梅雨降水是连续的。(2)≥5 天的阴雨,允许 2 天日雨量≤1.0 毫米,或者有一天无雨;且以后没有连续 5 天或 5 天以上的连晴天气。(3)北半球

① 杨义文、徐群、杨秋明:《近 116 年长江中下游的梅雨(二)》,刘志澄编《暴雨·灾害》,气象出版社,2001 年,第 54—65 页。

② 中国科学院《自然地理》编辑委员会:《中国自然地理——气候》,科学出版社,1984 年,第 55—57 页。

③ 杨煜达、满志敏、郑景云:《1711—1911 年昆明雨季降水的分级重建与初步研究》,《地理研究》,2006 年第 6 期。

④ 满志敏、李卓仑、杨煜达:《〈王文韶日记〉记载的 1867—1872 年武汉和长沙地区梅雨特征》,《古地理学报》,2007 年第 4 期。

500 mb 副热带高压脊线北跳到北纬 20 度,且连续稳定 2 个候。(4)日平均气温稳定通过 23 ℃,以后气温逐渐回升,其间允许 1—2 天日平均气温＜23 ℃。出梅标准是:(1)6、7 月间北半球 500 mb 图上,125 °E—140 °E 的西太平洋副热带高压脊线位置,浙江南部在 23 °N—24 °N,浙江北部在 24 °N—25 °N,且连续稳定在 5 天或 5 天以上。(2)连阴雨结束后出现:浙江南部≥7 天,浙江北部≥5 天基本无雨(不包括南方热带系统和局部热雷雨等造成的降水)。(3)日平均气温稳定通过 25 ℃或 25 ℃以上。(4)单站日平均气温、气压时间曲线有同步上升现象。(5)如果副高脊线已经北跳到 25 °N,且稳定 2 个候,在这段时间内仍出现≥0.1 毫米的连阴雨天气,则选取日雨量≥1.0 毫米的终日。[①]从以上标准可知,浙江梅雨标准的确定在充分考虑雨日、雨量及副高位置等因素的前提下,还特别强调了温度因素,因为在浙江"气温的升高是梅雨气候在时间背景上的前提"[②]。《味水轩日记》中有对温度的感应描述,所以,在对梅雨划分的标准上尽可能考虑到温度因素。根据浙江梅雨标准的划分和资料本身的特点,按照降水和温度拟定了入梅和出梅的标准。入梅标准是:(1)在重建期内,连续出现 5 天或 5 天以上的降水,允许有 1 天无降水;且以后没有连续 5 天或 5 天以上的连晴天气。(2)日平均气温稳定通过 23 ℃,以后气温逐渐回升。出梅标准是:(1)连续阴雨结束后出现 5 天以上的无雨天气(允许出现 1 天有雨天)以后不再有连续 5 天以上的阴雨天气,以最后降水日的日期为出梅日期;(2)日平均气温稳定通过 25 ℃或 25 ℃以上。

根据以上标准,笔者拟对嘉兴地区 1609—1615 年的梅雨集中期进行重建。不过,即便李日华对降水天气有极强的关注度和敏感度,但日记中还是有部分降水记录的缺失,如通过与《呼桓日记》的比对可知,《味水轩日记》中降水天气的缺失共 14 天,虽然除去客观原因如李日华生病卧床、出城拜友等外,真正缺记的降水天气仅有 6 天,占总记录的 7％,但这部分资料终究会影响到降水序列的建立,尤其是对梅雨降水特征的复原。所以,笔者需要寻找一种插补的办法。

纵观《味水轩日记》的记录会发现这样一个现象:当两种截然不同的天气状

①　陈碧莲、张志尧、吴钰坤:《浙江梅雨——梅雨气候及其长期预报》,浙江省气象局梅雨会战组,1983年,第 2 页。

②　陈碧莲、张志尧、吴钰坤:《浙江梅雨——梅雨气候及其长期预报》,浙江省气象局梅雨会战组,1983年,第 5 页。

态进行转换时，日记中往往会有明显的说明，如每当一个雨日（或一段雨期）结束后都有"晴""霁"等字段的描述以示区别；同样，当一个晴日（或一段晴期）结束后也会有"雨""大雨"等字段的描述来进行区分。如果前、后天气状态一直持续不变或天气状态之间的转换不是十分明显，则没有诸如此类的提示。所以，笔者会根据日记的这个特点，对比前后记载之间的联系对缺失的记录进行适当插补。图 3.1 是笔者根据 1612 年 6 月 1 日至 7 月 20 日《味水轩日记》的记录建立的降水序列插补前后的对比，以及与该时段完整降水序列的对比（综合《味水轩日记》和《呼桓日记》记录就可构成 1612 年嘉兴地区该时段的完整降水）。对比序列 a 和 b，笔者发现变化最大的两个方面：其一，插补后的天气等级由 1 级取代插补前的 0 级，然而这对梅雨期的判定并没有产生根本性的影响，因为 0级和 1 级都是非降水天气。其二，插补后的序列 b 在出梅日期上要比插补前的序列 a 推迟了 1 天，这与《呼桓日记》的记录是符合的，所以插补后的结果更适合对梅雨降水序列的重建。再对比序列 a、b 和 c，在 6 月 6 日至 6 月 19 日之间，二者天气相差明显，这是因为该时期李日华本人及父亲生病，没有天气记录，所以暂时无从进行插补，序列 b 插补的只是 6 月 20 日之后的天气状况。另外，可以发现虽然在降水等级上会出现差异（这主要是由于不同作者对降水认知的不同造成的），但是在对入梅、出梅和梅雨期的判定上基本上没有差别，二者基本上是相同的。所以，笔者完全可以根据插补后的《味水轩日记》记录建立梅雨降水等级序列。

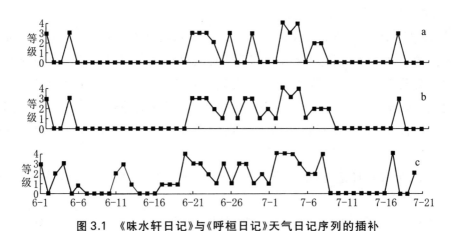

图 3.1 《味水轩日记》与《呼桓日记》天气日记序列的插补

　　a. 插补前《味水轩日记》降水序列；b. 插补后《味水轩日记》降水序列；c.《味水轩日记》与《呼桓日记》综合序列

三、1609—1615 年嘉兴地区梅雨期降水序列重建及梅雨变化特征

根据上文中对梅雨标准的规定和梅雨集中期重建方法，对 1609—1615 年嘉兴地区梅雨期降水序列进行重建，其结果如图 3.2 所示。

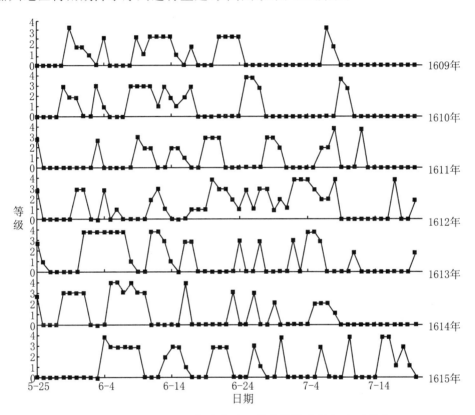

图 3.2　1609—1615 年嘉兴地区梅雨期降水等级序列重建

表 3.3　1609—1615 年嘉兴地区入梅和出梅日期

年份	入梅日期	出梅日期	梅雨持续时间/天
1609	6 月 9 日	6 月 24 日	16
1610	6 月 8 日	6 月 17 日	10
1611			空梅
1612	6 月 20 日	7 月 8 日	19
1613	6 月 1 日	6 月 17 日	17
1614	5 月 29 日	6 月 10 日	13
1615	6 月 4 日	6 月 30 日	27

由图 3.2 可以得出 1609—1615 年嘉兴地区 7 年的入梅和出梅日期,见表 3.3。根据出入梅时间的早晚和梅雨期持续时间的长短,可以将上述 7 年的梅雨资料划分为 2 种类型。一种类型是入梅时间在 6 月上旬,出梅日期在 6 月中、下旬,梅雨持续时间在 10—20 天左右,即所谓的典型梅雨。如 1609、1610、1613 和 1615 年,此类梅雨特点是有持续性的降水,能够非常明显地判断入梅与出梅的日期。笔者在确定梅雨标准的时候曾引入温度因素,在入梅期的判定上,现代意义上的入梅标准之一就是日平均气温稳定通过 23 ℃,虽不能确定 23 ℃ 的日期却可以确定低于 23 ℃ 的日期;在出梅期的判定上,现代意义上的出梅标准之一就是日平均气温稳定通过 25 ℃,虽不能确定 25 ℃ 的日期却可以确定高于 25 ℃ 的日期。如 1609 年 5 月 12 日至 6 月 1 日有一个持续 21 天的连续降水过程,其后在 6 月 9 日至 24 日又有一个持续降水过程,这两次降水过程到底哪一个属于梅雨期呢? 就可以通过温度来判定。在前一次降水过程中,日记中有这样的文字描述“夏将半矣,昼必复袷,夜必絮衾,未尝有一日张盖挥箑”,可知气温明显低于 23 ℃,尚属春雨期。而在后一次雨期结束后,日记中有“热甚”的记载,这明显是进入盛夏的标识,也就意味着梅雨的结束。这样的情况在以后诸年份中均有记录。

另一种类型是入梅时间偏早或偏晚,或梅雨期过长或过短,即所谓的梅雨异常年份。如 1614 年入梅时间在 5 月份,时间偏早,可称作早梅雨;1612 年入梅时间在 6 月 20 日,时间偏晚,可称之为晚梅雨;1611 年降水没有形成梅雨特征,可称之为空梅。这个在日记中都有相关记载,如 1612 年 7 月 9 日就出现“热”的感应记录,其后又连续出现“稍热”、“热”等记录,标志着梅雨结束进入伏旱期;1611 年的空梅在日记中也屡有体现,6 月 9 日“阴雨。入夏未有快雨,河流枯涩,至不胜舟”;14 日“郡中苦旱,祈祷甚力”;15 日“暮有涩雨,未能破块”;17 日“雨势尽散。治装往当湖,一路桔槔声,栽插十未二三,苦矣”;23 日“晴,农望未浃”。以后出现连晴天气,“俱大热”。而且,1611 年的空梅在地方志中也有相关记载,“(万历)三十九年黄梅无雨,仍有秋”[①]。

通过对以上 7 年的梅雨进行划分后发现,当时嘉兴地区典型梅雨年份偏多,但是梅雨降水在雨期开始、结束日期和持续时间等特征上与现代浙江北部地区的梅雨特征还是存在一定差异,主要表现为入梅、出梅日期均提前,梅雨持

---

① 崇祯《乌程县志》卷 4《荒政》。

续时间相对偏短。

四、1609—1615 年嘉兴地区夏季降水与长江下游地区旱涝关系

查阅并统计《中国近五百年旱涝分布图集》（以下简称《图集》）上述年份（1609—1615 年）江苏、上海、浙江三地 9 个站点（徐州、扬州、南京、苏州、上海、杭州、宁波、金华、温州）旱涝情况，将同一年上述 9 站点的旱涝等级值的平均值（空缺按照正常级别 3 级处理）定义为该地区该年旱涝等级值，将该年的旱涝等级值与其 510 年（1470—1979）旱涝等级值的平均值（经计算为 2.939）之差定义为旱涝等级距平值，如此计算出上述 7 年的旱涝等级距平（图 3.3）。

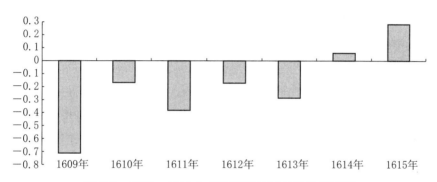

图 3.3　1609—1615 年长江下游地区旱涝等级距平

将上述 7 年梅雨持续时间和旱涝等级距平进行对比（表 3.4）可以发现，梅雨持续时间长短与旱涝等级距平有密切关系，但并非是完全契合，甚至有些年份是完全相反。所以，不妨根据文中划分的梅雨类型，分别讨论其降水特征与长江下游地区的旱涝关系。

表 3.4　1609—1615 年梅雨持续时间与旱涝等级关系

年　份	1609	1610	1611	1612	1613	1614	1615
旱涝等级值	2.222	2.778	2.556	2.778	2.667	3	3.222
旱涝等级距平值	−0.717	−0.161	−0.383	−0.161	−0.272	0.061	0.283
梅雨持续天数	16	10	空梅	19	17	13	27

1. 典型梅雨年份的降水特征

根据上文分析，典型梅雨年份为 1609、1610、1613 和 1615 年。

1609 年入梅日期为 6 月 9 日,出梅日期为 6 月 24 日,梅雨期为 16 天,属于典型梅雨年份。但上述站点旱涝等级均有,且负距平很大。究其原因,当年梅雨持续时间虽然正常,但由于该年春季降水较多,日记记载从 5 月 13 日至 5 月 23 日均有降水,以致"大雨伤麦"。在入梅前又有三四天持续降水,与梅雨相连,所以涝情严重;而八月又有连续大水,日记中记载"亨儿从小寓回,知举舍中水深三尺,士子局蹐水及臀。监卒日夜立水中不得动,腓皆白腐。父老咸谓目所未睹也"。查阅《中国三千年气象记录总集》(以下简称《总集》),上海、江苏、浙江均有大水记载。

1610 年入梅日期为 6 月 8 日,出梅日期为 6 月 17 日,梅雨期共 10 天,雨期偏短,负距平较小。苏州、上海站点均显示偏涝,其他几个站点均显示正常,《总集》资料也表明,仅苏南地区有水灾记录,如常州"五月连雨,没青苗尽",常熟"雨没田"。另外,徐光启记录了该年的水灾,但也透露了该年梅雨期并不长,导致水灾的原因是由于水利不修,"惟独今年,数日之雨便长得许多水来,今后若水利未修,不免岁岁如此"[①]。所以,该年夏季梅雨降水适中。

1613 年入梅日期为 6 月 1 日,出梅日期为 6 月 17 日,梅雨期持续 17 天,雨期长度正常,旱涝等级距平为负。《图集》中除江苏几个站点偏涝外,其余站点均为正常。《总集》资料也表明,该年除吴县、常熟、靖江、江阴等县有水灾伤麦外,其他各地均少见有涝情出现。

1615 年入梅日期为 6 月 4 日,出梅日期为 6 月 30 日,梅雨期长达 27 天,雨期偏长。但旱涝等级却显示正距平颇大,令人费解。查阅《图集》显示除南京站外其他站点均为正常或偏旱,再翻阅《总集》资料表明,当年江浦、六合、常熟等县均出现水灾,浙西也出现水灾。但为什么该年旱涝等级却显示为正距平?仔细分析《总集》中收录的资料发现,在收录的各县资料中以苏北和浙南为主(上海无载),这些地方均出现不同程度的旱情,而这些地区均处于梅雨带的北缘和南界,所以无法体现出梅雨带覆盖范围内的降水状况。日记中记载该年 8—11月均有不同程度的降水,所以不会出现旱情。因此,该年的实际情况是长江下游梅雨带覆盖范围内降水偏多,而不是《图集》中所显示的偏旱,出现偏旱的状况是因为资料选取出现问题所致,与实际降水特征无关。

2. 梅雨异常年份的降水特征

根据上文统计,梅雨异常年份为 1611、1612 和 1614 年。这里按旱梅雨年

---

① 崇祯《松江府志》卷 6《物产》。

份、晚梅雨年份和梅雨期过短年份分别进行论述。

　　1614 年入梅的日期为 5 月 29 日,为早梅雨年份。该年旱涝等级距平值为0.061,稍偏旱。需要说明的是,当时作者李日华游历到安徽休宁、浙江严州等地,所以入梅日期可能要偏早。考虑到现代浙北地区梅雨特征有较强的一致性,当年嘉兴地区入梅时间应该相差不多。由于入梅早,梅雨期持续时间短,所以等到秋天出现旱情,日记记录 9 月 3 日“连日俱酷暑,农人急于桔槔,诸乡绅以与嘉善争粮事相约往谒外台藩臬”,这种状况一直持续到 12 月 26 日,“入冬至,时晴暖,无雨雪,河流枯涸,井泉淤垫”。《总集》资料也显示,江苏、浙江等地大多数都出现秋旱。

　　1612 年入梅日期为 6 月 20 日,出梅日期为 7 月 8 日,梅雨期持续共 19 天。入梅时间虽晚,但是并没有出现旱情,反而呈现负距平。《总集》资料也表明没有明显的旱涝灾害,该年梅雨降水应该适中。

　　按照上文的划分标准,1611 年应该属于空梅年份。但是《图集》显示,只有温州站点为旱灾,其余各站点均为正常或偏涝,距平值并未呈现出大旱时的较高正距平特征,相反,倒是出现明显的偏涝的负距平。同样,《总集》资料中上海、江苏、浙江等地大部分都有水灾的记录。因此,无论是由《图集》中的旱涝站点分布情况,还是由《总集》整理资料显示,都无法与空梅年份降水形成旱灾的情形对应。这有可能是类似于现代气象记录中按照姚学祥等划分的非典型梅雨年份,即雨带并非是东西向停滞在长江中下游沿江地区,而是在宽广的江淮流域的南北不同地区摆动,此时沿江地区的降雨出现间断,5 个代表站没有明显降雨或无雨,致使 5 个代表站降雨不符合梅雨划分标准,较大的降雨出现在梅雨范围之内的其他站点上,所以也没有算入典型梅雨期的持续阴雨天气过程,且此种类型 6 月份比较多见。[①]通过日记的记载或许可看出这一特点,图 3.2 笔者重建了 1611 年嘉兴地区夏季降水等级时间序列,从 5 月 25 日至 7 月 20 日,共有 5 次降水过程,每次持续 2—3 天,但均没有形成典型梅雨特征。但日记记录从 7 月 24 日开始,一直到 8 月 12 日,嘉兴又存在一次大规模降水,这才是导致长江下游出现涝灾的根本原因,《总集》资料显示,该年的水灾基本上都是“六月大水”,如慈溪县的记录是“入夏数旬未雨,不得插秧,秧尽枯,农越乡贷种。六月望雨甚,水溢,至二十日始退,二十八日复霪注,越月初二乃已,南亩之实尽不能登场”,这与日记的记载大体相同。所以,虽然该年定义为空梅年份,但旱

---

① 姚学祥、王秀文、李月安:《非典型梅雨与典型梅雨对比分析》,《气象》,2004 年第 11 期。

涝等级却出现偏涝的负距平。

由此,根据《味水轩日记》《图集》《总集》中的记载,归纳上述 7 年降水特征,结果如表 3.5 所示。

表 3.5　1609—1615 年梅雨类型与夏季降水特征

年份	梅雨特征归类	旱涝距平值	降水雨量	备　　注
1609	典型梅雨	-0.717	偏多	春夏雨季相连,形成涝灾
1610	典型梅雨	-0.161	适中	
1611	异常梅雨-空梅	-0.383	偏多	很可能是非典型梅雨
1612	异常梅雨-晚梅雨	-0.161	适中	春季降水适中,没有出现旱情
1613	典型梅雨	-0.272	偏多	
1614	异常梅雨-早梅雨	0.061	偏少	入梅早,梅雨期短,出现秋旱
1615	典型梅雨	0.283	偏多	资料选取有问题,导致旱涝等级呈现正距平,实际出现涝情

五、结论

以《味水轩日记》和《呼桓日记》中的天气记载为核心,对其进行适当插补,能够较好地复原 17 世纪前期(1609—1615)嘉兴地区的梅雨活动和特征。对嘉兴地区梅雨降水特征分析可知,小冰期盛期前段梅雨降水在雨期开始、结束日期和持续时间等特征上与现代浙江北部地区的梅雨特征还存在一定差异,主要表现为入梅、出梅日期均提前,梅雨持续时间相对偏短。至于产生差异性的原因,由于受单篇文献资料的时间和空间局限,目前尚无法确定,如对日记进行系统整理,则能更准确地分析梅雨带的年-年代际变化过程和区域差异。虽然历史时期长江下游的旱涝灾害与嘉兴地区的梅雨降水特征有密切关系,但不是完全意义上的契合,甚至有些年份完全相反,其中有资料本身的问题,也有实际降水的差异,需要综合考虑。

第四节　1636—1642 年绍兴地区梅雨特征的重建

上一节中笔者利用《味水轩日记》和《呼桓日记》中的资料对 1609—1615 年嘉兴

地区的梅雨特征进行了重建,初步了解了小冰期盛期前期的梅雨活动和变化,以及与长江下游地区的旱涝关系。本节将利用《祁忠敏公日记》中的天气记录重建绍兴地区 1636—1642 年间的梅雨特征,以便加深对小冰期盛期梅雨活动的了解。1636—1642 年正处于全国大范围的干旱时期,通过对梅雨的复原进而探讨与夏季降水的关系,对于深入理解崇祯年间全国大旱的气候背景具有重要意义。

一、资料及气候信息的提取、处理

祁彪佳(1602—1645),字虎子,号幼文,别号远山堂主人,浙江山阴(今绍兴)人。明天启二年(1622)进士,初任兴化推官,崇祯时为御史,巡按苏杭。旋辞官家居九年。南明弘光时,任右金都御史,巡抚江南。后为权臣排斥,弘光元年(1645)在清军破南京、杭州后,投水自尽。《祁忠敏公日记》主要记述祁彪佳的家居生活状况,始自 1631 年,终于 1645 年,共有 15 年的记录,具体日记篇名、撰写时间及地点如表 3.6 所示。

表 3.6　《祁彪佳日记》诸篇名、撰写时间和地点

日记篇名	撰写时间	撰写地点(今地)
涉北程言	崇祯四年(1631),辛未七月二十九日始	北京
栖北冗言(上、下)	崇祯五年(1632),壬申	北京
役南琐记	崇祯六年(1633),癸酉六月初四日止	北京、苏州
巡吴省录	崇祯七年(1634),甲戌仅记六月十一至十八日	常熟
归南快录	崇祯八年(1635),乙亥四月初九日以前不书	绍兴
居林适笔	崇祯九年(1636),丙子	绍兴
山居拙录	崇祯十年(1637),丁丑	绍兴
自鉴录	崇祯十一年(1638),戊寅	绍兴
弃录	崇祯十二年(1639),己卯	绍兴
感慕录	崇祯十三年(1640),庚辰	绍兴
小捄录	崇祯十四年(1641),辛巳	绍兴
壬午日历	崇祯十五年(1642),壬午	绍兴
癸未日历	崇祯十六年(1643),癸未	绍兴、北京
甲申日历	崇祯十七年(1644),甲申	绍兴
乙酉日历	弘光元年(1645),乙酉闰六月初四日止	绍兴

《祁忠敏公日记》是祁彪佳日常生活的逐日记载,涉及任官、交友、访客、藏

书、筑园、戏曲、疾病、天气等大量信息，其内容之丰富，是探索晚明士人生活的绝佳史料。目前学界利用《祁忠敏公日记》所作的研究大多集中在祁彪佳的戏曲、园林、藏书、善举及官僚生活上①，还有学者利用其研究明代医疗活动和士人的日常生活②。但日记中所蕴含的气候信息还未充分利用，本节就其天气记录重建 1636—1642 年长江下游地区的梅雨特征。

与《味水轩日记》一样，《祁彪佳日记》中所蕴含的气候信息也可以分为三类：天气晴雨记录、物候记录和感应记录。特征在上一节中已经说明，这里不再细谈。笔者关注的是，1636—1642 年祁彪佳在绍兴乡居，这 7 年间都有逐日的记载，使我们复原这一时段的梅雨特征成为可能。但这并不意味着每一天都有天气的记载，是由于作者疏忽漏记还是有固定的记录特征？对此，笔者针对日记的特点进行分析，以便提取气候信息。

其一，《祁忠敏公日记》的一个特点就是"晚书日所行事"，即晚上按时间发生的顺序书写当天发生的事情，作者的这种习惯一直坚持不懈，即便是"病甚"也"乃强起，书日所行事"。所以，只要作者有所关注，事无巨细均作记录。如果是作者关注的天气信息也一定会书写，不会遗漏。虽然日记中也有补记的现象，但在整部日记中并不多见，仅有 1637 年六月份的几天是后来补记。③

其二，同李日华一样，祁彪佳对天气的关注度和敏感度也集中在雨、雪等天气上，对阴、晴等非降水天气，则几乎不作记录，这一点比《味水轩日记》更明显得多。纵观整部日记，共有 4 383 条记录，非降水的天气记录共有 254 条（晴天记录 34 条，阴天记录 2 条，霁天记录 218 条），不足总记录的 6%；而对于雨雪的天气记载共有 770 余条，占总记录的 18%。可见，作者对于雨雪等天气的关注程度。

其三，当两种截然不同的天气状态进行转换时，往往也会有明显的说明，尤其是每当一个雨日（或一段雨期）结束后都有"晴""霁"等字段的描述以示区别，

---

① 曹淑娟：《流变中的书写：祁彪佳与寓山园林论述》，台北里仁书局，2006 年；赵园：《废园与芜城：祁彪佳与他的寓园及其它》，《中国文化》，2008 年第 2 期；孙珮：《祁彪佳曲论研究反思》，《戏剧文学》，2009 年第 5 期；寺田隆信：《明代乡绅の研究》第 5 章《祁彪佳研究》，京都大学出版社，2009 年。

② 蒋竹山：《疾病与医疗——从〈祁忠敏公日记〉看晚明士人的病医关系》，"疾病的历史"研讨会，2000 年 6 月 16—18 日；蒋竹山：《晚明江南祁彪佳家族的日常生活史》，《都市文化研究》第 1 辑，上海三联书店，2005 年。

③ 祁彪佳：《祁忠敏公日记》之《山居拙录》。

这就是为什么霁天记录在整部日记中占的比重较大的原因（霁天记录共 218次，占总记录的 5%）。即便是同一天内出现不同天气状态之间的转换，作者也会记录。（见表 3.7）

表 3.7　《祁忠敏公日记》1438 年 2 月 27 日至 3 月 14 日的天气记录

日　　期	天气记录	日　　期	天气记录
2 月 27 日	雨	3 月 7 日	晚有雨
2 月 28 日	雨	3 月 8 日	霁
3 月 1 日	稍霁，午后雨	3 月 9 日	
3 月 2 日	稍霁	3 月 10 日	
3 月 3 日	雨	3 月 11 日	
3 月 4 日	霁	3 月 12 日	
3 月 5 日		3 月 13 日	
3 月 6 日		3 月 14 日	是日大雾，午后稍霁，晚微雨。

综合以上三个特点可知，《祁忠敏公日记》中缺失的天气记录并非是由于作者的疏忽而造成漏记，而是由于作者的关注度和敏感度集中在雨雪等天气现象上。作者出于对雨雪等天气的关注和敏感，做到了凡有降水必有记录的程度。根据这些特点，笔者提取《祁忠敏公日记》中的气候信息重建夏季降水序列。

二、1636—1642 年绍兴地区夏季降水序列的重建及梅雨变化特征

上一节中已经介绍了按照降水分级处理标准对天气记录进行分级处理的方法，本文亦采用上述方法。根据分析结果，对 1636—1642 年绍兴地区夏季降水序列进行重建，结果如图 3.4 所示。

绍兴和嘉兴同处浙北地区，其现代梅雨特征有较强的一致性，所以梅雨划分标准大致相同，只因《祁忠敏公日记》中没有对温度的描述，故无法依据温度要素对梅雨期进行识别，所以本文需要对出、入梅的标准稍作修正：在重建期内，连续出现 5 天或 5 天以上的降水，允许有 1 天无降水；且以后没有连续 5 天或 5 天以上的连晴天气，即认定为入梅。当连续阴雨结束后出现 5 天以上的无雨天气（允许出现 1 天有雨天）以后不再有连续 5 天以上的阴雨天气，以最后降水日的日期为出梅日期。

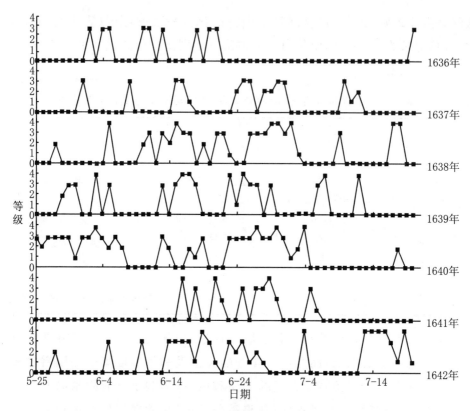

图 3.4 1636—1642 年绍兴地区夏季降水等级时间序列重建

根据上述标准，得出 1636—1642 年绍兴地区 7 年的入梅和出梅日期，见表 3.8。

表 3.8 1636—1642 年绍兴地区入梅和出梅日期

年份	入梅日期	出梅日期	梅雨持续时间/天
1636			空梅
1637	6 月 24 日	7 月 1 日	8
1638	6 月 10 日	7 月 3 日	23
1639	6 月 13 日	6 月 29 日	17
1640	5 月 21 日	7 月 4 日	45
1641	6 月 25 日	6 月 30 日	6
1642	6 月 15 日	6 月 27 日	14
	7 月 13 日	7 月 22 日	10

根据出入梅时间的早晚和梅雨期持续时间的长短，可以将上述 7 年的梅雨资料划分为 2 种类型。

一种类型是入梅时间在 6 月上、中旬，出梅日期在 6 月下旬或 7 月上旬，梅雨持续时间在 10—20 天，即所谓的典型梅雨。如 1638 和 1639 年，此类梅雨特点是有持续性的降水，能够非常明显地判断入梅与出梅的日期。

另一种类型是入梅时间偏早或偏晚，或梅雨期过长或过短，即所谓的梅雨异常年份。如 1640 年入梅时间在 5 月份，时间偏早，可称作早梅雨；1637 年和 1641 年入梅时间在 6 月下旬，时间偏晚，可称之为晚梅雨；1636 年降水没有形成梅雨特征，可称之为空梅。而 1642 年则有两段降水，类似于现代意义上的“二段梅”。

通过对以上 7 年的梅雨进行划分后发现，当时绍兴地区典型梅雨年份偏少，异常梅雨年份偏多，梅雨降水在雨期开始、结束日期和持续时间等特征上与现代浙江北部地区的梅雨特征还是存在一定差别，主要表现为入梅、出梅日期以至梅雨持续时间的年际变化较大。

三、1636—1642 年嘉兴地区夏季降水与长江下游地区旱涝关系

梅雨是长江中下游地区重要的气候特征，其雨量的多寡能够直接影响到该区域的旱涝情况，所以，可以根据史料中记载的旱涝灾害情况分析梅雨特征与长江中下游地区旱涝的关系。

查阅并统计《中国近五百年旱涝分布图集》（以下简称《图集》）上述年份（1636—1642 年）江苏、上海、浙江三地 9 个站点（徐州、扬州、南京、苏州、上海、杭州、宁波、金华、温州）旱涝情况，将同一年上述 9 站点的旱涝等级值的平均值（空缺按照正常级别 3 级处理）定义为该地区该年旱涝等级值，将该年的旱涝等级值与其 510 年（1470—1979）旱涝等级值的平均值（经计算为 2.939）之差定义为旱涝等级距平值，如此计算出上述 7 年的旱涝等级距平（图 3.5）。

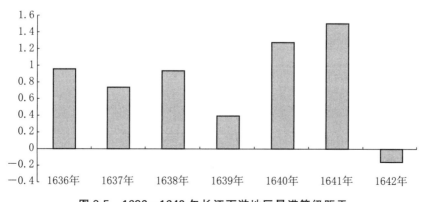

图 3.5　1636—1642 年长江下游地区旱涝等级距平

　　将上述 7 年梅雨持续时间和旱涝等级距平进行对比（表 3.9）可以发现，梅雨持续时间长短与旱涝等级距平有关系，但并非十分密切，许多年份是完全相反。所以，不妨根据文中划分的梅雨类型，分别讨论其降水特征与长江下游地区的旱涝关系。

表 3.9　1636—1642 年梅雨持续时间与旱涝等级关系

年　　份	1636	1637	1638	1639	1640	1641	1642
旱涝等级值	3.889	3.667	3.889	3.333	4.222	4.444	2.778
旱涝等级距平值	0.95	0.727	0.95	0.394	1.282	1.505	−0.16
梅雨持续天数	空梅	8	23	17	45	6	38

　　1. 典型梅雨年份的降水特征

　　根据上文的分析，典型梅雨年份为 1638 和 1639 年。

　　1638 年入梅日期为 6 月 10 日，出梅日期为 7 月 3 日，梅雨期为 23 天，属于典型梅雨年份。但上述站点旱涝等级均有，以偏旱居多，所以正距平很大。查阅《总集》，当年安徽南部、江西北部、浙江北部等地区五月份均出现不同程度的大水，梅雨明显，但集中于 30 °N，30 °N 以北地区没有出现水情，反而出现不同程度的旱情。究其原因可能是该年 6 月第 2 候副高脊线越过 20 °N，江淮地区进入梅雨期，但因 850 pha 副高强脊线西伸加强，致使梅雨锋冷暖空气辐合区偏南，导致降水中心出现在江南地区，[①]而绍兴地区恰恰处于梅雨带中，所以该年在梅雨特征上与以北地区表现迥异，为典型梅雨。

　　1639 年入梅日期为 6 月 13 日，出梅日期为 6 月 29 日，梅雨期共 17 天，属于典型梅雨年份。旱涝等级值显示虽较 1638 年旱涝等级距平值为小，但正距平依然明显。其原因与 1638 年类似。

　　2. 梅雨异常年份的降水特征

　　根据上文统计，梅雨异常年份为 1636、1637、1640、1641 和 1642 年。这里按旱梅雨年份、梅雨期过短年份和"二段梅"年份分别进行论述。

　　1640 年入梅的日期为 5 月 21 日，为旱梅雨年份；且出梅日期为 7 月 4 日，

---

① 毛文书、王谦谦、李国平等：《近 50a 江淮梅雨的区域特征》，《气象科学》，2008 年第 1 期。

梅雨期长达 45 天,属异常梅雨年份。查阅《总集》发现,除绍兴外,浙北其他地区也出现涝情,如嘉兴"四月初八己未雨连一月,日夜无间,至五月初九日己丑禾稼淹没,越日稍起,十七日丁酉复淹没",平湖、桐乡等地均如此。安徽南部宣城、当涂、休宁、贵池等地均出现"四月至五月雨弥数旬"的记载。这说明当年是存在梅雨天气的,而且入梅期较早,只不过梅雨范围较小,仅局限于皖南、浙北地区,其他地区均出现严重旱情,甚至出现蝗灾。所以该年旱涝等级距平值显示为明显的正距平,距平值高达 1.282。根据现代对梅雨天气的研究推论,造成该年梅雨异常的原因可能有以下几方面:首先,120 °E 副高脊线在 5 月第 4 候就越过 20 °N,较正常年份(6 月 3 候)提前,因此入梅早。其次,副热带高压强度偏弱,位置偏东、偏南使得副高脊线始终维持在 19 °N—23 °N(以平均状态而论,浙江的梅雨期,大多发生在当副高脊位于 19 °N—23 °N 之间的时候[①]),造成雨区偏东、偏南,致使长江中下游其他地区形成空梅,出现旱情。再次,本年夏季风偏弱,雨带长期维持在长江流域南部,造成整个长江中下游地区和华北地区出现大范围干旱。

1637 年和 1641 年的梅雨期分别为 8 天和 6 天,均在 6 月第 5 候入梅,为梅雨期过短年份且入梅日期偏晚。所以,这两年的旱涝等级距平值分别为 0.727 和 1.505,整个长江下游地区均出现严重旱情,尤其是 1641 年,出现全国范围的大旱灾并伴随蝗灾。但造成这两年梅雨异常的原因却不同,1637 年 6 月 24 日入梅以后,副热带高压迅速增强北移,完成季节性过渡;而后者则是西风带南支急流在入梅前已经突跳,主要锋区偏北,致使冷暖空气在长江中下游地区无法交汇,造成长江中下游地区降水稀少,出现旱情。

1636 年属于空梅年份,旱涝等级值显示正距平值较大,为 0.95。查阅《图集》可以发现,长江下游地区出现 4—5 级的严重旱情,而淮河流域却出现涝情,二者表现迥然不同。现代梅雨研究也认为,苏南和江淮两区在出入梅日期、雨量等方面均存在差异,在与西太平洋副高位置上的差异表现为:当西太平洋副高脊线位于 20 °N—22 °N 时,脊点经度较西伸(90 °E—115 °E),或当脊线北移至 22 °N—24 °N 处,脊点经度在 105 °E—120 °E 处时,最有利于苏南区出现梅雨集中期;而江淮区梅雨集中期则频繁出现于西太平洋副高在 22 °N—26 °N

① 陈碧莲、张志尧、吴钰坤:《浙江梅雨——梅雨气候及其长期预报》,浙江省气象局梅雨会战组,1983 年,第 21 页。

（脊线纬度），105 °E—115 °E(脊点经度)及 24 °N—26 °N，115 °E—125 °E 的位相。[1]该年副高的位置很可能就属于后者，相应地，本年东南季风雨带并未在长江下游地区停滞，而是越过长江下游地区直接跃进淮河流域，致使淮河流域形成降水，长江下游地区出现空梅。

1642 年属典型的"二段梅"。在 6 月 15 日就已经入梅，持续阴雨天气，直到 6 月 27 日结束；等到 7 月 13 日，再次发生降水，且以强降水为主，持续到 7 月 22 日。其完全符合现代气象学上"二段梅"的特征。[2]该年的环流背景可能是：6 月 15 日至 27 日副高脊线一直维持在 20 °N—25 °N，但由于西风带低槽东移致使 6 月 28 日至 7 月 12 日形成了持续的沿海低槽形势，副高南退，梅雨间断；7 月 13 日以后副高恢复增强，脊线又北移至 25 °N 附近，造成长江下游地区持续强降水；等到 7 月 23 日脊线再次突跳至 28 °N，长江下游地区出梅。根据对"二段梅"的规定，该年入梅日期为 6 月 15 日，出梅日期为 7 月 22 日，梅雨期长达 38 天，但因中间有 15 天间断，所以长江下游地区并没有形成大涝，旱涝等级距平值为 −0.161。根椐《图集》来看，当年的雨带出现异常，呈南-北向的准经向分布，致使长江中游出现罕见的旱灾。

由此，根据《祁忠敏公日记》《图集》《总集》中的记载，归纳上述 7 年降水特征，结果如表 3.10 所示。

表 3.10　1609—1615 年梅雨类型与夏季降水特征

年份	梅雨特征归类	旱涝距平值	降水雨量	备　注
1636	异常梅雨-空梅	0.95	过少	出现严重旱情
1637	典型梅雨-短梅雨	0.727	过少	出现旱情
1638	典型梅雨	0.95	偏少	梅雨带北移受阻，北进至南缘
1639	典型梅雨	0.394	偏少	梅雨带北移受阻，北进至南缘
1640	典型梅雨-长梅雨	1.282	过少	降水仅集中在浙北地区
1641	典型梅雨-短梅雨	1.505	过少	出现严重旱情
1642	典型梅雨-二段梅	−0.161	适中	

---

[1]　徐群：《近 46 年江淮下游梅雨期的划分和演变特征》，《气象科学》，1998 年第 4 期。

[2]　徐群：《近八十年长江中、下游的梅雨》，《气象学报》，1965 年第 4 期；周曾奎：《江淮梅雨》，科学出版社，1996 年。

四、结论

以《祁忠敏公日记》中的天气记载为核心，能够较好地复原小冰期盛期即1636—1642 年间绍兴地区的梅雨活动和特征。对绍兴地区梅雨降水特征分析可知，小冰期盛期梅雨特征与现代浙江北部地区的梅雨特征存在一定差异，主要表现为正常梅雨年份偏少而异常梅雨年份明显偏多，入梅、出梅日期以至梅雨持续时间的年际变化较大。虽然该时期长江下游的旱涝灾害与绍兴地区的梅雨降水特征有关系，但并不密切，许多年份则完全相反，主要原因可能是由于梅雨异常造成的。通过对 1636—1642 年间绍兴地区梅雨特征的重建，可以知道，这些年东南季风明显偏弱，致使季风雨带的推进过程和降水特征发生变异，这可能是造成崇祯年间全国大旱的气候背景。

第四章
极端天气事件的考证和重建

    气候研究不仅针对区域内各气候要素的平均状况,也包括区域内一些气候要素的极端状况。两相比较,后者的影响更大,因此极端天气事件已经成为目前气候变化研究领域的一个热点。[①]IPCC第四次评估报告指出:"随着全球气候变暖,极端天气气候事件发生的频率或强度可能改变,某些极端事件可能增加或增强。"[②]如2008年1月10日至2月初,我国南方地区发生了罕见的大范围持续性低温雨雪冰冻事件,影响了贵州、湖南、湖北、安徽、江西等20多个省份,对交通运输、能源供应、电力传输、通讯设施、农业生产、群众生活造成严重影响和损失,受灾人口达1亿多人,直接经济损失达1 500亿元。不仅如此,这一极端气候事件致使亚热带果木、茶树遭受大面积严重冻害,且在数年内都无法恢复。[③]

    我国对极端天气事件的研究大多依据器测时期资料,但器测时期的资料时间毕竟太短,较难揭示极端天气事件的长期变化特征,[④]所以,对于历史时期极端天气事件的研究就显得尤为重要,不仅可以深化对人地互动机制的认

---

① 丁一汇、任国玉:《中国气候变化科学概论》,气象出版社,2008年,第87—100页。
② IPCC. *Climate change 2007:the physical science basis.*,New York:Cambridge University Press,2007,996.
③ 王遵娅、张强、陈峪等:《2008年初我国低温雨雪冻害灾害的气候特征》,《气候变化研究进展》,2008年第2期。
④ 郝志新、郑景云、葛全胜等:《中国南方过去400年的极端冷冬变化》,《地理学报》,2011年第11期。

识,还将对应对未来气候变化导致的影响提供有益的经验和教训。本章首先对明清时期长江下游地区的极端严寒事件进行整理和考证,然后再对景泰四年冬的严寒、万历三十六年的特大水灾和康熙三十五年的特大风暴潮进行复原,尽可能地分析它们的地理分布、时间过程、强度、重现率以及形成这些现象的天气和气候背景。这对于了解我国目前发生的极端天气事件具有重要意义。

第一节　极端严寒事件的考证

当气候的冷暖程度发生变化时,在仪器测量上表现为气温记录的变化,而在天气现象上则表现为寒冬事件的发生,因为气温变化对温度敏感区域的自然现象有显著的影响。[1]长江下游地区就是温度敏感区域之一,寒冷事件是指示该区域气候冷暖变化的最佳选择。因此在对该区域历史气温重建的过程中,无论是寒冬次数序列[2]、冬温指数序列[3],还是寒冷指数序列[4]的建立,都是以寒冷事件为基础。但是,以往研究中所运用的地方志记载缺少严格考订,其中出现的错误会对温度序列的重建带来一定影响。本节就明清时期长江下游地区的极端严寒事件进行简要介绍、整理和考证,借以了解明清时期气候的特征并对部分已有研究成果进行修正。

一、苏北、浙北沿海出现冰冻

自然条件下使海水结冰,首先气温必须长时间低于海水的冰点,使海水大量散失热量而降低温度。当水温降至冰点继续失热时,海水便开始结冰。但除温度以外,影响海水结冰的还有波浪、潮汐、风力和海流等因素,它们都会对海水结冰起一定阻碍作用。因此,冬季海水结冰通常意味着特大严寒事件的出

① 满志敏:《中国历史时期气候变化研究》,山东教育出版社,2009年,第271页。
② 张丕远、龚高法:《十六世纪以来中国气候变化的若干特征》,《地理学报》,1979年第3期。
③ 张德二、朱淑兰:《近五百年我国南部冬季温度状况的初步分析》,《全国气候变化学术讨论会文集:一九七八》,科学出版社,1981年,第64—70页。
④ 王绍武、王日昇:《1470年以来我国华东四季与年平均气温变化的研究》,《气象学报》,1990年第1期。

现。据研究认为:"渤海和黄海北部的近岸海区每年冬季都有海冰出现。此外黄海中部胶州湾以北的山东半岛沿岸的海湾内部或河口浅滩附近,冬季也常有结冰现象,在极个别异常寒冷的冬季,江苏北部沿岸附近,也有少量海冰生成。"①近代以来,尚未发现有关苏北及浙北沿海海水结冰的现象,但是在明清时期却多次存在这样的严寒冬季,到目前为止共发现了6次,②分别发生在景泰四年冬(1453—1454)、弘治六年冬(1493—1494)、顺治十一年冬(1654—1655)、康熙九年冬(1670—1671)、道光二十五年冬(1845—1846)和光绪十八年冬(1892—1893)。

明景泰五年(1454)《明实录》载:"去岁十一月十六日至今正月,大雪弥漫,平地数尺,朔风峻急,飘瓦摧垣,淮河、东海冰结四十余里,人民头畜冻死不下万计。"③万历《扬州府志》记载:"景泰五年正月扬州大雪,竹木多冻死;二月复大雪,冰三尺,海边水亦冻结,草木萎死。"④嘉靖《重修如皋县志》载:"景泰五年二月大冰雪,海边水亦冻结,草木萎死。"⑤其结冰范围南限已达北纬32度左右,可见该年的寒冷程度。

弘治六年冬,淮安以东的黄海南部地区海水出现冻结:"自十月至十二月,雨雪连绵,大寒凝海。即唐长庆二年海水冰二百里之类。"⑥该年湖南的衡阳地区都出现冰冻:"十月内,大冰,岁终方解。"⑦但这次海冰只发生于北纬33度以北的区域,以南并没有发现冰情。

顺治十一年冬,"十二月初二日,东海冰,东西舟不通,六日乃解"⑧。不仅如此,此次海冰的范围不仅限于苏北沿海,甚至在浙北沿海也发生海冰,康熙《海盐县志补遗》载:"十二月,大雪,海冻不波,官河水断。"⑨已经突破北纬31度,

---

① 张方俭:《中国的海冰》,海洋出版社,1986年,第14页。

② 龚高法等认为明清时期江苏沿海出现过5次海冰(参见龚高法、张丕远、张瑾瑢:《1892—1893年的寒冬及其影响》,中国科学院地理研究所编《地理集刊》第18号,科学出版社,1987年,第45—60页),笔者在整理资料时发现除江苏沿海外,道光二十五年冬浙江沿海甚至也曾发生过海冰,应该是纬度最低的一次海冰记录。

③ 《明英宗实录》卷238,景泰五年二月丁未。

④ 万历《扬州府志》卷22《历代志·异考》。

⑤ 嘉靖《重修如皋县志》卷6《杂志·灾祥》。

⑥ 正德《淮安府志》卷15《灾祥》。

⑦ 嘉靖《衡阳府志》卷7《祥异》。

⑧ 顺治《海州志》卷8《灾异》。

⑨ 康熙《海盐县志补遗》之《灾异》。

与道光二十五年冬的海冰类似,道光二十五年"十二月十一日,晴。寒甚,海岸皆有薄冰,弥望张沙,积有霜雪,如此奇寒,亦数十年中所仅有者"①。寒冷程度比景泰五年似乎更加严重。

康熙九年冬,赣榆县"大雨雪,二十日不止,平地冰数寸,海水拥冰至岸,积为岭,远望之数十里若筑然,民多冻死,鸟兽入室呼食"②。冰冻发生在北纬35度附近。光绪十八年冬奇寒,江苏滨海出现海冰,诗人王樾在《苦寒》诗中有所记录:"阴凝届严冬,祁寒亦常耳。独有岁壬辰,纪月适在子……曾闻钱塘潮,冻结平如砥。又闻淮海滨,弥望坚冰履。古老多未经,我生乃值此……"③奇怪的是,本次沿海结冰竟然在地方志中没有记录。

以上6次苏北、浙北沿海出现海冰的现象,也相应在文献中出现了严重寒冷事件的记录,这在下文中还要详细说明,且其文献记录均距事件发生后不久,所以可靠性当无可置疑。

二、太湖结冰

太湖,目前是我国第三大淡水湖,面积达2 427.8平方千米。就是这样大的一个湖泊在严寒的天气中也会发生冻结,自1949年以来,太湖出现过四次封冻现象:一次是在1954—1955年冬,该年除长江干流外,其他河流湖泊均被封冻,一般结冰5寸至1尺,局部冰厚4尺;一次是在1968—1969年冬,该年与1955年出现的低温相近,太湖冰冻两天;一次是在1976—1977年冬,该年太湖、洞庭湖均出现冰冻达数天之久;最近一次是在1991—1992年冬,太湖最大冰层厚达15厘米,也是自1954年以来封冻最严重的一次。④然而,明清时期太湖冰冻的程度比这四次要严重得多。

徐近之整理的长江流域河湖结冰年代表中,⑤明代太湖结冰的年份有1454、1476、1503、1513、1568和1578年等6个年份;龚高法等整理的明清

---

① 管庭芬著,张廷银整理:《管庭芬日记》,中华书局,2013年,第1210页。
② 康熙《重修赣榆县志》卷4《纪灾》。
③ 王樾:《双清书屋吟草》卷1《苦寒》。
④ 冯佩芝、李翠金、李小泉等:《中国主要气象灾害分析(1951—1980)》,气象出版社,1985年;马树庆、李锋、王琪等:《寒潮和霜冻》,气象出版社,2009年,第138页。
⑤ 竺可桢:《中国近五千年来气候变迁的初步研究》,《考古学报》,1972年第1期。

时代长江下游地区寒冬年表中，①其年代、冰情、资料来源等见表4.1。

表4.1　龚高法等整理明清时代长江下游地区寒冬年表（太湖结冰部分）

年　　号	公元（年）	冰　　情	资料来源
景泰四年冬	1453—1454	大雪，太湖诸港皆冻，舟楫不通。	乾隆《太湖备考》
成化十年冬	1474—1475	大雪，十二月太湖冰，舟楫不通逾月。	光绪《乌程县志》
成化十二年冬	1476—1477	十二月大冰，太湖阻冻，舟楫不通者逾月。	康熙《具区志》 乾隆《吴江县志》
弘治十五年冬	1502—1503	大雪，积四至五尺，太湖冰冻尺许，东西两山桔尽死。	康熙《具区志》 光绪《靖江县志》
正德七年冬	1512—1513	大雪，太湖冰，冰上行人。	乾隆《太湖备考》
正德八年冬	1513—1514	大雪，太湖冰，行人履冰上往来者十余日。	康熙《具区志》 道光《武进阳湖合志》
正德十二年冬	1517—1518	大雪，太湖冰。	光绪《乌程县志》
隆庆二年冬	1568—1569	冬大寒，太湖冰，自胥口至洞庭山，下埠至马迹山，人皆履冰而行。	乾隆《太湖备考》
万历八年冬	1580—1581	冬大寒，湖冰自胥口至洞庭山，毗陵至马迹山皆履冰而行。	康熙《具区志》 光绪《乌程县志》
顺治十一年冬	1654—1655	太湖冰厚二尺，二旬始解。	乾隆《太湖备考》
康熙四年冬	1665—1666	大寒，太湖冰断，不通舟楫者匝月。	乾隆《太湖备考》
康熙二十二年冬	1683—1684	太湖冰冻月余，人履冰行。	乾隆《太湖备考》
康熙三十九年冬	1700—1701	十一月大寒，太湖冰，月余始解，两山桔树尽死。	民国《吴县志》
乾隆二十六年冬	1761—1762	太湖冰一月有余。	嘉庆《荆溪县志》
咸丰十一年冬	1861—1862	太湖冰半月乃解。	光绪《溧阳县续志》
光绪三年冬	1877—1878	太湖冰坚，经月不解。	光绪《乌程县志》卷27《祥异》
光绪十八年冬	1892—1893	太湖冰厚尺许。	民国《吴县志》

因徐近之所整理的长江流域河湖结冰年代表没有提供资料出处，笔者不便作具体讨论，龚高法等整理的明清时代长江下游地区寒冬年表不仅有具体的资

---

① 龚高法、张丕远、张瑾瑢：《1892—1893年的寒冬及其影响》，中国科学院地理研究所编《地理集刊》第18号，科学出版社，1987年，第45—60页。

料出处,而且基本涵盖了徐近之所整理的年份,所以就龚高法等人整理的年份进行再讨论。

以上记录均取自地方志资料,在保留灾害资料方面,地方志具有独特的意义和价值,但是这些资料中也存在各种问题和错误。满志敏师曾就资料来源对其内容中存在的问题进行过详细论述,认为"地方志中灾害资料是有多种来源的,其中既有较可靠部分,也有问题较多的部分,总之这些资料不是一个地方完整的灾害记载,在使用中需要鉴别和考订",并提出利用这部分资料的一个总原则——寻找第一手的记载,其具体做法"其一,尽量利用修志前60—80 年以内的灾害记载,这个时间段里的资料最为可靠……其二,在前志已经亡佚的情况下,考虑前志修纂的时间,并在这个时间估计此前 60—80 年间的资料……其三,明前期以前的灾害记载,除了有可信的地方文献来源,不要再使用地方志中的记载"。最后还指出地方志的灾害资料在传抄刻印中屡有错误发生,并考证出 8 个严寒年份的错误。[①]这些增多了的寒冷事件对温度序列的重建,尤其是拟定寒冷指数序列的方法来讲,具有较大影响。而上述龚高法等整理的明清时代长江下游地区寒冬年表中,明代太湖结冰部分的资料全部来源于清代的文献,需要对其进行严格考证后方可确认。运用业师满志敏提出的方法经考证后认为,在明代的 9 个年份中有 4 个年份是错误的。

前两个错误是成化十年冬和正德十二年冬太湖结冰的记录,资料均出自光绪《乌程县志》。按照寻找第一手记载的原则笔者查阅了崇祯《乌程县志》、乾隆《乌程县志》及其他相关太湖地区的文献,均没有发现这两年太湖结冰的记录。查阅光绪《乌程县志》[②]原稿时发现,成化十年和正德十二年均没有任何灾害记录,是什么原因导致错误的出现? 光绪《乌程县志》中正德年间记载"十二年大雪丈许(南浔志),大寒,太湖冰,行人履冰往来(太湖备考)",不难看出,正德十二年冬太湖冰的记录是出自该处,但是联系上文笔者却发现事实并非如此,完整的记录是"正德八年四月连日大风雨,洪水泛溢。十二年大雪丈许(南浔志),大寒,太湖冰,行人履冰往来(太湖备考)。九年蝗不害稼(乌青文献)。十年水灾(明武宗实录)。十三年大雨杀麦禾,大水(明史五行志)。十三年水灾(栗府

---

① 满志敏:《中国历史时期气候变化研究》,山东教育出版社,2009 年,第 43—47 页。
② 光绪《乌程县志》卷 27《祥异》。

志）……嘉靖元年……"。很明显，根据上下文可以判断"十二年"当为"十二月"之误。由于该文献源自《南浔志》，再次查阅《南浔镇志》："正德八年四月连日大风雨，洪水泛滥，十二月大雪丈许，溪河冻冰厚尺余。九年蝗不害稼。"①可见确认是"十二月"之误。因此，太湖结冰是指正德八年而非正德十二年。首先是光绪《乌程县志》在传抄刻印中出现了错误；其次，研究者有没有严格考订，于是错误便产生了。

后两个错误是正德七年冬和隆庆二年冬太湖结冰的记录，资料均出自乾隆《太湖备考》。笔者对《太湖备考》的几种不同版本②进行查阅后发现，均没有这两年太湖结冰的记录，并对《太湖备考》中经常引用的康熙《苏州府志》和康熙《具区志》作了查阅，也均无记载，再根据张德二主编的《中国三千年气象记录总集》中所辑录的地方志资料，亦无太湖结冰记录。这可能是作者在抄录时的失误造成。③

利用这样的文献资料拟定寒冷指数或计算寒冬次数，并以此重建温度序列的话，这4个增多的寒冬年份，势必会对冬季气温距平带来较大影响。

此外，康熙《具区志》还记录万历九年(1581)太湖也出现冻结，在记录万历八年"冬大寒，太湖冰，自胥口至洞庭山，毗陵至马迹山，人皆履冰而行"后又道"九年冬复然"。④但目前笔者尚没有找到另外的旁证，对这次太湖结冰事件还不能十分肯定。

万历六年(1578)也是一个寒冬，上海地区"冬，淀湖忽涌冰成山，约高数丈，长二里许。先是，居民闻万马之声，从牖中窥之，风灯火千余，及明乃见冰山，月余始融释"⑤。苏州"冬严寒，大川巨浸冰坚五尺，舟楫不通"⑥。虽然文献中没有明确说明太湖结冰，但在苏州的"大川巨浸冰坚五尺"也只有指太湖了。所以葛全胜等把该年也列入太湖结冰年。⑦

---

① 同治《南浔镇志》卷19《灾祥》。
② 查阅了三种不同版本："江苏地方文献丛书"本、《四库全书存目丛书》本和复旦大学馆藏清乾隆间兰圃刻本。
③ 近来，葛全胜等也在对明代太湖结冰记录进行统计，已经摒弃了成化十年冬和正德十二年冬这两年的说法，但仍然沿袭了正德七年冬和隆庆二年冬的说法，不知出自何种文献。参葛全胜等《中国历朝气候变化》，科学出版社，2011年，第502页。
④ 康熙《具区志》卷14《灾异》。
⑤ 崇祯《松江府志》卷47《灾异》。
⑥ 康熙《苏州府志》卷2《祥异》。
⑦ 葛全胜等：《中国历朝气候变化》，科学出版社，2011年，第502页。

　　清代寒冬年份没有大的问题,只是在引用原文和资料出处方面存在一些不足。如光绪《乌程县志》原文对于光绪三年冬的严寒程度记载更加详细:"十二月,大雪连旬,祁寒,太湖冰坚,经月不解,鸟兽冻毙。"[①]而在资料出处方面应该追溯最原始的记录,如乾隆三十九年寒冬的描述龚文采用的是民国《吴县志》,其实可以再向前追溯至乾隆年间成书的《太湖备考》。

三、黄浦江冰冻

　　黄浦江冻结也是冬季寒冷的一个重要指标。黄浦江虽然不长,但水源丰富,流量较大,更为重要的是它是一条感潮河,受东海潮汐的影响,每日有两潮,多年的平均潮差在 2.31 米(吴淞站),水动力条件比非感潮河段要大得多。由于其特殊的水动力条件,因此在一般的寒冷年份黄浦江并不会出现封冻的情况。如 1969 年和 1977 年太湖封冻,但黄浦江就没有出现冰冻现象。[②]20 世纪以来黄浦江冻结只发生过一次,那就是民国六年(1917)1 月,当时"奇寒,河港结冰厚 15—30 厘米,黄浦江、淀山湖有数段冰块阻滞水运中断,各路货船数百不能进港,致米、鱼、肉、蔬菜价奇涨"[③]。但在明清时期,有明确记载黄浦江出现冰冻的记录就有 13 次,明代 3 次[④],清代 10 次。

　　黄浦江第一次出现冰冻是在景泰五年春(1454)。景泰四年冬至五年春的寒冬在地方志中有诸多记载,如大规模降雪、东海结冰、太湖结冰等,但地方志中却没有黄浦江结冰的记录。笔者在查阅明人文集时发现郑文康曾写有一诗,记录了该年黄浦江冰冻的事实。《甲戌岁》:"陇头一夜雪平城,海口潮来水就冰。百岁老人都解说,眼中从小不曾经。"[⑤]郑文康(1413—1465)乃昆山人,自正统十三年(1448)归家后便不复仕,甲戌岁即景泰五年,反映的当是昆山地区的情形。"海口潮来水就冰"当是指吴淞江在入海口处冻结,因吴淞江在上海县城东北与黄浦江汇合后再入海,"黄浦江……至邹家寺折而北流趋上海县,东西

① 　光绪《乌程县志》卷 27《祥异》。
② 　满志敏:《中国历史时期气候变化研究》,山东教育出版社,2009 年,第 266 页。
③ 　束家鑫主编:《上海气象志》,上海社会科学院出版社,1997 年,第 160 页。
④ 　葛全胜等在《中国历朝气候变化》中也对明代黄浦江结冰记录进行了统计,分别是 1501、1509 和
　　1636 年,但 1501 年文献中并没有明确记载黄浦江结冰,正德《松江府志》卷 32《祥异》仅记载:"十一
　　月,大寒,湖泖冰,经月始解。"所以,本文并没有把该年份统计在内。
⑤ 　郑文康:《平桥集》卷 3。

两涯之水皆入焉，东北汇吴淞江以入海"①，所以此处也指黄浦江。同时，该诗句也点出了黄浦江作为感潮河的特点，既然入海口处出现冻结，其河流主体出现结冰也肯定无疑了。

黄浦江第二次出现冰冻是在正德四年冬（1509—1510）。万历《上海县志》载："是冬大寒，竹柏多槁死，橙橘绝种，数年间市无鬻者。黄浦潮素汹涌，亦结冰，厚二三尺，经月不解，骑马负担者行冰上如平地。"②该年严寒致使江苏苏州地区"十二月大雪，冻死者盈路，吴县自胥江及太湖水不流澌。濒海有树，水激而飞，着树皆冰"③；浙江兰溪地区"冬十一月大霜，寒冻极甚，竹木之后凋者皆枯落，有经春不发者，蔬菜尽死，民馑尤甚"④。

黄浦江第三次出现冰冻是在崇祯九年冬（1636—1637）。康熙《松江府志》载："十二月极寒，黄浦、泖湖皆冰。"⑤但是该年的严寒并没有在长江中下游的其他地区留下证据，相反，《祁彪佳日记》中描写的春季物候显示气温偏暖。但是在更南的福建、广东等省却出现严寒天气，如福建的寿宁地区"冬大寒，溪冰厚近尺，可履而越，凡数日始解，花木多冻死"⑥；广东长乐地区"冬大冻。乐土从来霜凝仅一粟厚，是年冰结寸余，坚凝可渡，凡竹木花果俱冻死"⑦；乃至海南省的万宁县"十二月，大寒，木叶凋落"⑧。可见，该年严寒是不争的事实。

除此之外，明代后期尚有一些极端严寒年份虽然没有明确记载黄浦江冰冻，但按照其寒冷程度，黄浦江也应该出现冰冻，如弘治六年冬的严寒，苏北沿海出现冰冻，其达到的温度要远远低于黄浦江冰冻，所以该年黄浦江也应出现冰冻，只不过文献中没有记载。

虽然明代黄浦江冰冻比现代要严重、频繁，但相比于清初来说却又逊色得多。从顺治十一年到康熙三十五年的43年间，黄浦江共发生结冰事件有6次之多（见表4.2），亦可见天气寒冷的程度。

---

① 正德《松江府志》卷2《水上》。
② 万历《上海县志》卷10《杂志·祥异》。
③ 康熙《苏州府志》卷2《祥异》。
④ 正德《兰溪县志》卷5《祥异》。
⑤ 康熙《松江府志》卷51《祥异》。
⑥ 崇祯《寿宁待志》卷下《祥异》。
⑦ 康熙《长乐县志》卷7《祥异》。
⑧ 康熙《万州志》卷1《事纪》。

表 4.2　清初黄浦江冰冻记录

时　间	文献描述	出　处
顺治十一年	十二月初三起,严寒大冻,河中冰坚盈尺,行者如履平地。浦中叠冰如山,乘潮而下,冲舟立破,数日始泮。	叶梦珠:《阅世编》卷1《灾祥》
康熙十五年	十一月冬至起,落大雪,以后九九落雪。 十二月初一日大西北风,天寒甚,余出邑走未一里,须上结冰成块,及至周家渡,黄浦内冰排塞满,无渡舡,因而转至余秀官家过夜。	姚廷遴:《历年记》
康熙二十二年	十一月十一日,发大冷冰冻,南宅价人家出嫁,一嫁妆舡胶住杜家行河内,五六日后始得出去。黄浦内生冰,冰排胶断,周家嘴闸港口坏船数只。	姚廷遴:《历年记》
康熙二十九年	十一月初七冷起,十二月发大冷,黄浦内俱冰结,条条河俱连底冻紧,过渡金涨至每人十文,竟性命相博。	姚廷遴:《历年记》
康熙三十年	元旦晴,阴冻,拜节者俱踏膏而来,至元宵后犹非雨即雪,并无日色。余自幼至老未尝见如是之冷……十一月初发冷起,至二十后冷极,黄浦内亦有冰牌。	姚廷遴:《历年记》
康熙三十五年	初三日雨雪,初四日即晴,至初十日天气温和,竟似春景矣……(十二月)初六日下午,大雪大冷,黄浦内有冰牌塞断,乘潮至华泾口过夜,明朝到叶家桥踏膏而归。	姚廷遴:《历年记》

四、结论

　　以上通过苏北、浙北沿海出现海冰,太湖结冰,黄浦江冰冻三个指标对明清时期长江下游地区的极端寒冷年份和严寒特征进行了介绍,据此可以了解到当时的极端严寒程度要比现代严重得多,并对以往研究中经常使用的寒冬年份进行了修正,最后对明清时期长江下游地区的异常严寒进行总结,如表 4.3。

表 4.3　明清时期长江下游地区异常严寒年表

年号纪年	公元纪年	严寒事件	内　容	出　处
景泰四年	1453—1454	苏北沿海结冰	十一月十六日至今正月,大雪弥漫,平地数尺,朔风峻急,飘瓦摧垣,淮河、东海冰结四十余里。	《明英宗实录》卷238,景泰五年二月丁未条
景泰五年	1454	黄浦江结冰	陇头一夜雪平城,海口潮来水就冰。百岁老人都解说,眼中从小不曾经。	郑文康:《平桥集》卷3《甲戌岁》

年号纪年	公元纪年	严寒事件	内　容	出　　处
景泰五年	1454	太湖结冰	景泰五年正月大雪经二旬不止,凝积深丈余……太湖诸港连底结冰,舟楫不通,禽兽草木皆死。	崇祯《吴县志》卷11《祥异》
成化十二年	1476—1477	太湖结冰	十二月大冰,船不行者逾月,太湖亦阻冻。	崇祯《吴县志》卷11《祥异》
弘治六年	1493—1494	苏北沿海结冰	自十月至十二月,雨雪连绵,大寒凝海。	正德《淮安府志》卷15《灾祥》
弘治十五年	1502—1503	太湖结冰	我行洞庭野,万木皆葳蕤。就中柑与橘,立死无子遗。借问何以然,野老为予说。前年与今年,山中天大雪。自冬徂新春,冰冻太湖徹。	王鏊:《震泽集》卷4《橘荒叹》
正德四年	1509—1510	黄浦江结冰	是冬大寒,竹柏多槁死,橙橘绝种,数年间市无鬻者。黄浦潮素汹涌亦结冰,厚二三尺,经月不解,骑马负担者行冰上如平地。	万历《上海县志》卷10《杂志·祥异》
正德八年	1513—1514	太湖结冰	十二月大寒,太湖冰,行人履冰往来者十余日。	康熙《具区志》卷14《灾异》
万历八年	1580—1581	太湖结冰	冬大寒,太湖冰,自胥口至洞庭山,毗陵至马迹山,人皆履冰而行。	康熙《具区志》卷14《灾异》
万历九年	1581—1582	太湖结冰	九年冬复然。(疑存)	康熙《具区志》卷14《灾异》
崇祯九年	1636—1637	黄浦江结冰	十二月极寒,黄浦、泖湖皆冰。	康熙《松江府志》卷51《祥异》
顺治十一年	1654—1655	苏北沿海结冰 浙北沿海结冰	十二月初二日,东海冰,东西舟不通,六日乃解。 十二月,大雪,海冻不波,官河水断。	顺治《海州志》卷8《灾异》 康熙《海盐县志补遗》之《灾祥》
顺治十一年	1654—1655	黄浦江结冰	十二月初三起,严寒大冻,河中冰坚盈尺,行者如履平地。浦中叠冰如山,乘潮而下,冲舟立破,数日始泮。	叶梦珠:《阅世编》卷1《灾祥》

年号纪年	公元纪年	严寒事件	内　　容	出　　处
康熙四年	1665—1666	太湖结冰	大寒,太湖冰断,不通舟楫者匝月。	金友理:《太湖备考》卷 14
康熙九年	1670—1671	苏北沿海结冰	大雨雪,二十日不止,平地冰数寸,海水拥冰至岸,积为岭,远望之数十里若筑然,民多冻死,鸟兽入室呼食。	康熙《重修赣榆县志》卷 4《纪灾》
康熙十五年	1676—1677	黄浦江结冰	十二月初一大西北风,天寒甚,余出邑走未一里,须上结冰成块,及至周家渡,黄浦内冰排塞满,无渡船,因而转至余秀官家过夜。	姚廷遴:《历年记》
康熙二十二年	1683—1684	黄浦江结冰	十一月十一日,发大冷冰冻,黄浦内生冰,冰排胶断,周家嘴闸港口坏船数只。	姚廷遴:《历年记》
康熙二十二年	1683—1684	太湖结冰	十一月大寒,太湖冰冻月余,行人履冰往米。	康熙《具区志》卷 14《灾异》
康熙二十九年	1690—1691	黄浦江结冰	十一月初七冷起,十二月发大冷,黄浦内俱冰洁,条条河俱连底冻紧,过渡金涨至每人十文,竟性命相博。	姚廷遴:《历年记》
康熙三十年	1691—1692	黄浦江结冰	十一月初发冷起,至二十后冷极,黄浦内亦有冰牌。	姚廷遴:《历年记》
康熙三十五年	1696—1697	黄浦江结冰	(十二月)初六日下午,大雪大冷,黄浦内有冰牌塞断,乘潮至华泾口过夜,明朝到叶家桥踏青而归。	姚廷遴:《历年记》
康熙三十九年	1700—1701	太湖冰冻	十一月大寒,太湖冰,月余始解,两山桔树尽死。	金友理:《太湖备考》卷 14
乾隆二十六年	1761—1762	黄浦江结冰	冬大寒,浦江冻列,舟不能行。	乾隆《上海县志》卷 12《祥异》
乾隆二十六年	1761—1762	太湖结冰	太湖冰一月有余。	嘉庆《新修荆溪县志》卷 4《祥异》
嘉庆十四年	1809—1810	黄浦江结冰	奇寒,黄浦冰。	嘉庆《上海县志》卷 19《祥异》

年号纪年	公元纪年	严寒事件	内 容	出 处
道光二十五年	1845—1846	浙北沿海结冰	十二月十一日，晴。寒甚，海岸皆有薄冰，弥望张沙，积有霜雪，如此奇寒，亦数十年中所仅有者。	管庭芬：《管庭芬日记》
咸丰十一年	1861—1862	黄浦江结冰	黄浦冰，至正月十四日始解。	同治《上海县志》卷 30《祥异》
咸丰十一年	1861—1862	太湖结冰	十二月大雪，平地积四五尺，太湖冰，半月乃解。	郑言绍：《太湖备考续编》卷 2《灾异》
光绪三年	1877—1878	太湖结冰	十二月，大雪连旬，祁寒，太湖冰坚，经月不解，鸟兽冻毙。	光绪《乌程县志》卷 27《祥异》
光绪十八年	1892—1893	苏北沿海结冰	又闻淮海滨，弥望坚冰履。古老多未经，我生乃值此。	王樾：《双清书屋吟草》卷 1
光绪十八年	1892—1893	黄浦江结冰	冬奇寒，黄浦皆冰。	民国《重辑张堰志》卷 11《祥异》
光绪十八年	1892—1893	太湖结冰	冬大雪严寒，太湖冰厚尺许，虽力士椎凿不能开……湖中冰山莹莹，如琼楼玉殿，如是者旬余。	民国《吴县志》卷 55《祥异》

第二节　景泰四年冬长江中下游地区的严寒

景泰四年冬(1453—1454)我国不断遭受强烈寒潮的影响，连续出现了严寒天气，其中尤以长江中下游地区最为严重。下文就对这次严寒事件的实况、气候背景以及其寒冷程度等作逐一分析。

一、寒冬实况

据史书记载，该年寒冬的总体概况是"去岁十一月十六日至今正月，大雪弥漫，平地数尺，朔风峻急，飘瓦摧垣，淮河、东海冰结四十余里，人民头畜冻死不下万计"①。为更清楚地了解这次寒冬的影响范围和特征,具体看一下各省的实况。

安徽省宿州地区"十月至次年二月雨雪不止"②,以至"大雪没胫,至春不解"③;桐城、宿松、望江等县直至第二年正月依然是"积雪恒阴"。江苏省扬州地区"景泰五年正月扬州大雪,竹木多冻死;二月复大雪,冰三尺,海边水亦冻结,草木萎死"④;苏州地区"十二月大雪积五尺余",到景泰五年正月,"大雪经二旬不止,凝积深丈余,行人陷沟壑中,太湖诸港连底结冰,舟楫不通,禽兽草木皆死"⑤;常州地区"春大雪,平地深五尺余,河冰一月,草木至清明后萌芽"⑥。上海地区在景泰五年春正月"大雨雪,连四十日不止,平地深数尺,湖泖皆冰"⑦。浙江省杭州地区也是"春正月大雪"⑧,以致"巡按浙江监察御史奏:杭州府正月中雨雪相继,二麦冻死"⑨;嘉兴地区在景泰五年"春二月大雪四十日,覆压民庐,溪湖皆冰"⑩;湖州地区"大雪,平地深七尺,冻死者百余人"⑪;严州地区"大雪,自正月至于二月,深六七尺"⑫;会稽地区"十二月大雪至二月乃霁"⑬;金华地区"大雪,自正月至于二月,深六七尺"⑭;衢州地区"大雪,自正月至于二月,凡四十二日,深六七尺,鸟兽俱毙"⑮。江西省广信府"春大雨雪四十余日,平地深数尺,白封山谷,民绝樵采,多饿殍"⑯;宁州地区"冬人雪"⑰。湖南省衡阳地区景泰五年正月也出现"雨雪连绵,伤人甚多,牛畜冻死三万六千蹄"⑱的情

① 《明英宗实录》卷238,景泰五年二月丁未。
② 嘉靖《宿州志》卷8《灾祥》。
③ 弘治《直隶凤阳府宿州志》卷下《太守黎侯去思记》。
④ 万历《扬州府志》卷22《历代志·异考》。
⑤ 崇祯《吴县志》卷11《祥异》。
⑥ 万历《宜兴县志》卷10《灾祥》。
⑦ 正德《松江府志》卷32《祥异》。
⑧ 万历《杭州府志》卷5《国朝纪事上》。
⑨ 康熙《仁和县志》卷25《祥异》。
⑩ 万历《秀水县志》卷10《祥异》。
⑪ 嘉靖《安吉州志》卷1《灾异》。
⑫ 康熙《桐庐县志》卷4《灾异》。
⑬ 万历《会稽县志》卷8《灾异》。
⑭ 弘治《兰溪县志》卷5《祥异》。
⑮ 嘉靖《衢州府志》卷15《灾祥》。
⑯ 嘉靖《广信府志》卷1《祥异》。
⑰ 嘉靖《宁州志》卷6《祥异》。
⑱ 《明史·五行志》卷28。

景。而纬度更偏南的广西省已经属南亚热带气候，正常年份没有降雪现象，在历史气候研究中也常常以该地区是否出现降雪作为气候寒冷的重要判断条件，景泰四年冬柳州地区竟然出现"大雪，河鱼冻死几尽"①的严寒天气。奇怪的是湖北省竟然没有任何有关寒冬的记载，理论上讲，湖北为我国冷空气南下的必经通道，寒潮已影响到湖南、广西地区，必然会对湖北地区产生影响，可能是因为资料缺失。

二、寒冬的天气过程

1453—1454年寒冬主要有三次连续较大的寒潮过程。第一次寒潮发生于景泰四年十二月，寒潮的前锋已达苏南、浙北地区，造成该区域大范围降雪，如常州"十二月常州大雪，木冰"②、苏州"十二月大雪积五尺余"③、会稽"十二月大雪"④。与此同时，寒潮前锋也抵达湖南地区，并且继续向南发展，越过岭南影响到广西地区，带来的严寒天气致使出现"大雪，河鱼冻死几尽"的情景。⑤第二次寒潮发生于景泰五年正月，"正月扬州大雪，竹木多冻死"⑥，其冷锋迅速南下，初旬已越过长江并持续南进，抵达更南的地区。这次寒潮持续时间较长，严寒程度较强。如常熟地区"正月初，雨雪，至二旬不止"⑦；苏州地区则"正月大雪，经二旬不止，凝积深丈余，行人陷沟壑中，太湖诸港连底结冰，舟楫不通，禽兽草木皆死"⑧；上海地区"正月大雨雪，连四十日不止，平地深数尺，湖泖皆冰"⑨；宜兴地区"大雪，平地深五尺余，河冰一月，草木至清明后萌芽"⑩；江西省乐平地区"正月初二大雪，平地深四尺"⑪；湖南衡阳地区也出现"雨雪连绵"，乃至"伤人甚多，牛畜冻死三万六千蹄"⑫。第三次寒潮发生于景泰五年二月，强度异常猛烈，致使苏北沿海海面出现冻结，"二月大冰雪，海边水亦冻结，草木萎死"⑬。

---

①⑤　嘉靖《广西通志》卷40《祥异》。
②　成化《重修毗陵志》卷22《祥异》。
③⑧　崇祯《吴县志》卷11《祥异》。
④　万历《会稽县志》卷8《灾异》。
⑥　万历《扬州府志》卷22《历代志·异考》。
⑦　弘治《常熟县志》卷1《灾祥》。
⑨　正德《松江府志》卷32《祥异》。
⑩　万历《宜兴县志》卷10《灾祥》。
⑪　顺治《乐平县志》卷12《祥异》。
⑫　《明史·五行志》卷28。
⑬　嘉靖《重修如皋县志》卷6《杂志·灾祥》。

由于第二次寒潮持续时间较长，第三次寒潮又接踵而来，且都伴随着大雪，所以文献中大多把这两次寒潮合并在一起，所以就出现了"大雪，自春正月至二月"①长达四十余日的记载。甚至还有将这三次寒潮同时记录的，如《余姚县志》记载"十二月至二月，大雪，害麦"②。

　　以上三次是比较强烈的寒潮过程，除此之外，还有几次规模和强度稍小的寒潮。早在景泰四年十月，就陆续有寒潮影响到长江中下游北部地区，如安徽宿州地区十月份就开始有持续雨雪天气，③等到十一月份寒潮影响才逐渐扩大，山东、河南、淮河流域都开始发生大规模降雪天气，直到十二月份寒潮才强烈起来，影响到长江中下游及其以南的地区。影响我国的寒潮按路径可分为东路、中路和西路三种类型，东路寒潮一般在北纬 35°以北入海，中路寒潮则多在北纬 25°—30°地区入海，而西路寒潮则经常会影响到华南地区。1453—1454 年冬季长江中下游及其以南地区的寒冬，正是由多次不同路径的寒潮所引起。第一次大寒潮应属西路，影响范围到达岭南的广西地区；第二次和第三次大寒潮应属中路，正月初寒潮前锋到达长江以南地区，由于受来自南方的暖湿空气的阻挡，冷空气南移速度减缓，并在北纬 30°附近停滞，带来长时间降雪、冰冻天气；等到二月份，第二次寒潮余威尚未结束，第三次寒潮又再度来临，侵袭长江中下游地区，又带来大范围降雪和冰冻，长久的低温致使苏北沿海出现海冰。

三、严寒程度

　　该年寒冬的寒冷程度究竟如何，可以通过其降雪、冰冻等特征来分析。

1. 降雪情况

　　由于第二次和第三次寒潮接踵而至，所以带来的降雪时间较长，动辄"二旬不止"，甚至还有许多达"四十余日"；积雪深达"平地深三尺"，乃至"平地深五尺"，甚至浙江许多山地雪深"六七尺"。其寒冷程度远比现代严重，我国现代长江中下游地区最大积雪深度在 50 厘米左右，如寿县 52 厘米，南京 51 厘米，宁

---

① 万历《嘉善县志》卷 12《灾祥》；嘉靖《衢州府志》卷 15《灾祥》；嘉靖《广信府志》卷 1《祥异》。
② 万历《新修余姚县志》卷 14《灾祥》。
③ 嘉靖《宿州志》卷 8《灾祥》。

海 50 厘米,合肥 45 厘米。①明代另一次降雪严重的年份是弘治六年,当年江北的降雪长达"三月"之久,但在苏南、浙北地区的地方志中却鲜见记载。这并不意味着这些地区没有降雪,在文集中笔者仍发现有降雪现象,时在孝丰任职的张旭描述道:"自前月十四日以来阴云四合,雨雪连绵,已逾二旬之日,未有一时之晴霁。"②二者降雪持续时间差不多,但景泰四年降雪南界已越过南岭达到今广西省的柳州地区,弘治六年的降雪南界在今湖南衡阳一带,纬度偏南 2 度多。虽然正德元年降雪南界达到今海南的万宁地区,但因资料缺乏,尚无法对其寒冷程度作复原比较。

2. 冰冻情况

首先,这次寒冬的一个明显特征就是苏北沿海出现了海冰。类似现象 20 世纪以来从未发生过,但在历史时期,目前发现的共有 7 次,除上节介绍的 6 次外,还有一次是在唐天复三年冬(903—904)"江海冰"③。据此,这次海冰程度虽不算是最严重的,但在明代的两次海冰中算是比较严重的一次。

其次,太湖冰冻也是指示寒冷程度的一个重要指标。1453—1454 年"太湖诸港连底结冰,舟楫不通"、"正月太湖冰厚二尺"。上节中曾对明代太湖冰冻的记录作过总结,可以看出这次的冰情在明代算是最严重的一次了。清代也有许多年份太湖冰冻,龚高法等曾作过整理,④从文字描述来看,冰冻程度似乎较景泰四年冬稍逊一筹。

再次,黄浦江冰冻是寒冷程度的一个重要指标。郑文康曾写有一诗:"陇头一夜雪平城,海口潮来水就冰。百岁老人都解说,眼中从小不曾经。"⑤该诗描绘了 1453—1454 年黄埔江的冰冻现象。由于其特殊的水动力条件,在一般的寒冷年份黄浦江并不会出现封冻的情况。如 1969 年和 1977 年太湖封冻,黄浦江就没有出现冰冻现象。⑥此后,正德四年冬(1509—1510)黄浦江也发生过冻结,

① 张家诚、林之光:《中国气候》,上海科学技术出版社,1985 年,第 466 页。
② 张旭:《梅岩小稿》卷 9。
③ 《新唐书》卷 36。
④ 龚高法、张丕远、张瑾瑢:《1892—1893 年的寒冬及其影响》,中国科学院地理研究所编《地理集刊》第 18 号,科学出版社,1987 年,第 45—60 页。
⑤ 郑文康:《平桥集》卷 3。
⑥ 满志敏:《中国历史时期气候变化研究》,山东教育出版社,2009 年,第 266 页。

"黄浦潮素汹涌,亦结冰,厚二三尺,经月不解,骑马负担者行冰上如平地。"①崇祯九年冬(1636—1637)"十二月,大寒,木叶凋落"②。从程度上来说,正德四年冬黄浦江冻结的情况似乎更为严重。

综合几个寒冷指标可以看出,景泰四年冬的严寒虽不是明清以来最寒冷的,但在有明一代算是最严寒的冬天,寒冷程度远强于器测时代。

四、结论

1453—1454年冬季长江中下游及其以南地区异常寒冷,其原因是三次较强的中、西路径寒潮。强烈寒潮带来大范围降雪,降雪南界达到广西柳州地区;太湖、黄浦江出现冰冻;苏北沿海出现海冰。其寒冷程度远强于现代,是明代最寒冷的一个冬天。

第三节　万历三十六年长江中下游地区特大水灾

明万历三十六年(1608)长江中下游地区发生了罕见的水灾,致使"漂没田室无算","三吴、三楚皆然,数百年异灾也"。③下游地区灾情更为严重,"自留京以至苏松常镇诸郡,皆被淹没,盖二百年来未有之灾"④。据此,这次大水灾完全可以列为极端降水异常事件。本节系统搜集地方志和文集资料中有关1608年的天气信息记录,并从此次大水的灾情入手,分析水灾发生的时空分布特征,探讨水灾发生的气候背景及原因,以增进对历史时期极端天气事件的认识。

一、水灾的发生时段

江苏、上海的降水从三月底就开始,直到五月底才陆陆续续结束。"江南诸

---

① 万历《上海县志》卷10《杂志·祥异》。
② 康熙《万州志》卷1《事纪》。
③ 顺治《望江县志》卷9《灾异》。
④ 《明神宗实录》卷447,万历三十六年六月己卯。

郡自三月二十九日以至五月二十四日，霪雨为灾，昼夜不歇。"①长时间的降水导致整个江南灾情严重，顾起元语："江涛大溢，城中水泛滥，儒学棂星门亦淹没。余所居最高，门前亦几至尺许。视前庚申、丙戌更甚。父老言：闻见自所未有也。"②巡抚都御使周怀鲁称："地方因阴雨连绵，江湖泛涨，自留京以至苏、松、常、镇等郡皆被淹没，周回千余里，茫然巨浸，二麦垂成而颗粒不登，秧苗将插而寸土难艺，圩岸无不冲决，庐舍无不倾颓，暴骨漂尸，凄凉满目，弃妻失子，号哭震天。甚至旧都宫阙、监局向在高燥之地者，今皆荡为水乡，街衢市肆尽成长河，舟航遍于陆地，鱼鳖游于人家，盖二百年来未有之灾也。"③

浙江的降水在时间上与江苏、上海基本一致。杭州地区"四月至五月终，大雨数十日不止"，致使钱塘江逆流，西湖水泛溢，灾情严重，"江上水逆入龙山闸进城，西湖水满，从涌金门入湖。舟撑至华光庙桥边，城门闭十余日。从清波门入府堂，水深四尺，黄泥潭居民水及屋梁，余杭南湖塘为居民所决，水直下钦贤等二十余里，一夜水涨丈余，墙屋俱坍，溺水者无算，得活者舣舟以居，一月水始退，浩荡若云海无际，稍露一二树杪，盖二百年来未见此灾，米涌贵至一日斗米增百钱，居民汹汹思乱"。④局部地区的降水甚至持续到六月底，如长兴县"大雨如注，自四月朔至六月晦方止"⑤。

安徽地区"春夏之交苦霪雨，漂没二麦几尽"⑥，降水一直持续到五六月份，大量降水导致江水暴涨，致使沿江地区灾情严重。巢县在五月下旬已是"无不破之圩，民居多漂没"，而及至六月十六日"又增水一尺，水入城，直至谯楼门内"⑦。当涂县也出现"群蛟并发，江涨丈余，圩岸皆溃，由当邑至芜湖无复陆路。水患惟此为甚，民剥树皮、掘草根以食"⑧。沿江其他地区均出现大水的记载。

江西的降水始于四月，到五月初就发生洪水冲入县城，损失严重，"四五两月霪雨连绵，至五月初五，洪水冲入县门，高深五尺，下深丈余，官城民居浸堕几

① 万历《常州府志》卷7《蠲赈》。
② 顾起元：《客座赘语》卷1。
③ 康熙《长洲县志》卷10《税粮》。
④ 万历《钱塘县志》卷8《灾祥》。
⑤ 顺治《长兴县志》卷4《灾祥》。
⑥ 康熙《合肥县志》卷2《祥异》。
⑦ 康熙《巢县志》卷4《祥异》。
⑧ 康熙《当涂县志》卷3《祥异》。

半，男妇漂溺莫算"，大雨继续，等到十八日，"骤雨暴涨，田禾淹没，饥溺交困，灾异极矣"。①

湖北的降水始于三月，历四五月份，"三月至五月霪雨不止"②。降水时间长达五十天，对经济生产造成巨大损失，"今五旬之雨，二麦已化为乌有矣。五月即淹，早禾已无复余穗矣。围堤而居者为鱼，攀木而栖者为鬼。城内与城外皆壑，哭声与江声震野"③。水灾程度堪比江南地区，"天下大水，南直、湖广尤甚"④。

湖南的降水时间比较模糊，但是在四月十四日辰溪县就已经出现"大水高数十丈，入城。十字街司前民舍淹没，舟行屋上，边江一带城垣民舍皆倾"的情景，⑤由此可知，在此之前就已经发生大规模的降水。雨势一直持续，到六月份仍有大水入城的记载。

综上所述，万历三十六年长江流域的降水始于三月底，终于五月下旬，中间没有明显间断，历时五十余日。

二、灾情的空间分布

为更好地完成此次水灾发生的空间分析，笔者对发生水灾的资料进行搜集，对受灾州县、成灾比例等进行整理分析，汇总如表4.4。

表4.4　万历三十六年长江中下游地区受灾统计

受灾地所属今地名	受灾府、州	受灾州、县	成灾县数
江苏省	扬州府	仪真、泰州、江都、如皋	四分
	应天府	六合、江浦、江宁、上元、溧水、溧阳、高淳、句容	十分
	镇江府	丹徒、丹阳、金坛	十分
	常州府	靖江、江阴、武进、无锡、宜兴	十分
	苏州府	崇明、常熟、太仓、嘉定、昆山、吴县、长洲、吴江	十分
上海市	松江府	青浦、华亭、上海	十分

---

① 康熙《武宁县志》卷3《水患》。
② 康熙《广济县志》卷2《祥异》。
③ 光绪《荆州府志》卷79《艺文》。
④ 康熙《蕲州志》卷12《灾异》。
⑤ 雍正《辰溪县志》卷4《灾祥》。

受灾地所属今地名	受灾府、州	受灾州、县	成灾县数
安徽省	庐州府	合肥、舒城、巢县、庐江、无为	六分
	和　州	含山、和县	十分
	太平府	当涂、芜湖	七分
	宁国府	南陵、宣城、泾县、太平、宁国	八分
	广德州	建平	五分
	池州府	铜陵、贵池、青阳、东流、建德、石埭	十分
	安庆府	桐城、潜山、太湖、宿松、望江	八分
	徽州府	歙县、婺源	三分
浙江省	湖州府	长兴、归安、乌程、安吉、孝丰、德清、武康	十分
	嘉兴府	嘉善、嘉兴、秀水、平湖、崇德、桐乡	九分
	杭州府	海宁、仁和、钱塘、余杭、临安	六分
	绍兴府	诸暨	一分
	宁波府	鄞县	二分
	严州府	建德、桐庐	三分
江西省	九江府	瑞昌、德化、湖口、彭泽、德安	十分
	南康府	都昌、建昌	五分
	南昌府	武宁、丰城、南昌、新建、进贤	六分
	饶州府	鄱阳、余干、万年	四分
	抚州府	东乡、临川、金溪	五分
湖北省	黄州府	黄安、麻城、罗田、黄陂、蕲水、黄梅、广济、黄冈、蕲州	十分
	德安府	孝感、安陆	三分
	武昌府	江夏、武昌、大冶、嘉鱼、蒲圻、兴国、通城	八分
	汉阳府	汉川、汉阳	十分
	承天府	钟祥、天门、沔阳	五分
	荆州府	江陵、公安、石首、监利	三分
湖南省	岳州府	临湘、巴陵、华容	三分
	常德府	武陵、龙阳、沅江	八分
	辰州府	户溪、辰溪、黔阳	五分
	宝庆府	新化、邵阳、武冈、新宁	八分
	长沙府	益阳、安化、浏阳、酃县	三分

通过水灾资料统计表明，江苏、上海地区当时 37 个州县中有 31 个受灾（即灾情级别为 2 级以上者），浙江地区当时 40 个州县中有 22 个受灾，安徽地区当时

39 个州县中有 28 个受灾,江西地区当时 30 个州县中有 18 个受灾,湖北地区当时 45 个州县中有 27 个受灾,湖南地区当时 35 个州县中有 16 个受灾。7 省市当时总计有 226 个州县,其中受灾州县达 142 个之多,受灾县数达 63%。

为了把文献描述综合成可以分析灾情影响的空间差异数据,业师满志敏曾使用旱情指数的方法,复原了清光绪三年山西和直隶两省干旱影响的区域差异,取得显著效果。[①]之后,杨煜达等又在此基础上运用成灾分数来分析灾害的影响,建立分级灾情指数,重建了 1849 年长江中下游地区水灾的时空分布特征。[②]无论是旱情指数还是成灾分数,均精确到县一级行政单位。但是明代在资料上远不及清代的记载详细,根据资料的特征笔者使用成灾县数(即通省内遭受水灾的县数所占比例)来建立分级灾情指数,精确到府一级行政单位。笔者将灾情分为 4 级,具体划分标准如下:

0 级:不成灾。地方志和文集中各县没有水灾、蠲免等记载。

1 级:成灾。各县有灾情记录,但是受灾县数占到所在府辖县总数的五分以下。

2 级:重灾。各县有灾情记录,受灾县数占到所在府辖县总数的五分以上(含五分)。

3 级:极重灾。各县有灾情记录,受灾县数占到所在府辖县总数的八分以上(含八分)。

根据以上建立的灾情指数,笔者绘制了 1608 年长江中下游地区夏季大水灾情分布图(图略)。该年夏季降水受灾范围广大,覆盖整个长江中下游地区,即在北纬 28°—33°之间的区域,和梅雨雨带的分布区域高度重合,说明该年水灾极可能与梅雨的异常有关。而该年受灾最严重的区域则集中在苏南、浙北、皖南、赣北、鄂南和湘北,即太湖流域、皖南地区、鄱阳湖和洞庭湖以及江汉地区,基本分布在北纬 31°一线。

三、水灾原因分析

1. 天气气候背景

通过上文对此次降水时间的分析可知,万历三十六年长江流域的降水始于

① 满志敏:《光绪三年北方大旱的气候背景》,《复旦学报》(社会科学版),2000 年第 6 期。

② 杨煜达、郑微微:《1849 年长江中下游大水灾的时空分布及其天气气候特征》,《古地理学报》,2008 年第 6 期。

三月底，终于五月下旬，中间没有明显间断，历时五十余日。尤其是下游地区的苏州府、松江府、常州府、嘉兴府等明确记载始于"三月二十九日以至五月二十四日"，即始于阳历的 5 月 13 日，止于 7 月 5 日。之后，雨带推进至黄河流域。根据徐群等提出的长江中下游梅雨划分标准，本年夏季长江中下游地区灾害性降水的季节、范围和连续性都符合现代梅雨的标准，属于异常梅雨年份。从整个流域来讲，本年的梅雨期较长，开始于 5 月 13 日，结束于 7 月 5 日，共 53 天，中间没有明显间歇。下游地区"今年之水，起自四月初旬，延绵至五月下旬，淋漓者五十日"①，中游地区同样是"三月至五月霪雨不止"②。但是也会出现区域的差异，例如南京地区的降水就较晚，始于 6 月 21 日左右，结束于 7 月 5 日左右，"五月初三日秦淮河干见底，至十三日潮水忽涨，二日夜即平岸。夏至后大雨半月余"③。这恰恰说明梅雨带有一个向北推进的过程。

梅雨是东亚大气环流季节过渡时期的产物，因此，该年梅雨异常与西太平洋副热带高压、西风带环流形式的季节性转变有密切关系。对于长江中下游流域来讲，各年梅雨量的多寡受诸多气候因素的制约，其中首先受制于西北太平洋副热带高压北移的程度。很可能是该年 5 月第 3 候 120 °E 副高脊线北抬至 25 °N 附近后，长江中下游地区逐渐进入梅雨期，随后副热带高压一直在 20 °N—25 °N 之间稳定摆动，导致梅雨带长期在长江一线徘徊。而副高强度持续偏弱，位置持续偏南造成东亚副热带锋区持续偏南，而长江中下游地区处于副高北缘西南气流控制下，水汽充沛。从西风环流的角度来讲，在整个梅雨期间中高纬度地区纬向环流偏弱，而经向环流持续偏强，这样的环流有利于北方冷空气南下，在长江中下游地区与暖湿气流交汇，导致降水频繁。等到 7 月第 2 候，副热带高压北跳至 27 °N 以北，中高纬度地区阻塞高压解除，长江中下游地区梅雨才结束。

我国东部地区雨季的起讫和东南季风雨带的移动也有密切关系。夏季风由南向北推进，其前缘季风雨带亦由低纬移向高纬。在移动的过程中，有三个相对稳定（停滞）阶段和两个跃进阶段。而这三次停滞中的第一次停滞发生在华南地区，即华南雨季；第二次停滞发生在江淮地区，造成那里的梅雨季；第三次停滞则造成华北和东北的雨季。两次跃进是雨带由华南地区向北跃进到长

---

① 道光《震泽镇志》卷 3《灾祥》。
② 康熙《广济县志》卷 2《祥异》。
③ 康熙《江宁府志》卷 23《灾祥》。

江流域,再由长江流域向北跃进到达华北、东北地区。①根据地方志、文集资料的记载,再结合《中国近五百年旱涝分布图集》进行分析,1608 年长江中下游地区降水异常偏多,华北地区降水正常,东北地区出现旱情,而浙南、福建、广东等地区出现旱情,尤其是"自三月至六月不雨",形成春夏连旱。这也意味着本年东南季风雨带并未在华南地区停滞,而是越过华南地区直接跃进至长江中下游地区,致使长江中下游地区梅雨期偏早。及至 7 月上旬,东南季风才跃进至华北地区,华北地区进入雨季,长江中下游雨期才结束。

2. 地面水利设施

该年灾情除了与梅雨异常有关系外,似乎还有其他原因。时人徐光启就认为水利不修是造成水灾的根本原因,他指出:"近年水利不修,太湖无从泄泻,戊申之水,到今年未退,所以一遇霖雨,便能淹没,不然以前何曾不做梅雨? 惟独今年,数日之雨便长得许多水来,今后若水利未修,不免岁岁如此。"②持这种观点的人不止徐光启一个,姚希孟认为:"太湖广袤八百里,西受宣、歙,南受杭湖、广德数郡山水。向在宋时,苏、松、嘉三府当其下流,所谓吴淞江、娄江者是也。建筑海塘以来,惟苏州一府当下流,三江故道渐致湮塞,此八百里之水皆从太仓州刘河、常熟县白茅塘出海,故二渠通则数郡共其利;二渠塞则湖水之逆溢于杭、湖,横溢于松、常、嘉者各十三,而顺溢于苏州者独十七,故国赋倍增于旧而水害亦倍增于旧者,今苏州一府是也。按查二渠,刘河出口虽淤,大势尚通,白茅塘竟成平陆久矣。又查得万历三十六年洪水,江南几化为鱼而苏州特甚。苏州属县太仓、嘉定傍刘河者,犹稍有干土,而长、吴、昆、常尤甚,则皆白茅塘湮塞之故也。"③

四、结论

以上利用地方志、文集资料分级重建了万历三十六年长江中下游地区水灾的时空分布特征。万历三十六年长江流域的降水始于三月底,终于五月下旬,中间没有明显间断,历时五十余日。灾情主要分布在北纬 28°—33°之间的区

---

① 张家诚、林之光:《中国气候》,上海科学技术出版社,1985 年,第 184 页。
② 徐光启:《告乡里文》,崇祯《松江府志》卷 6《物产》。
③ 姚希孟:《公槐集》之《代当事条奏地方利弊三吴利弊》。

域,沿长江呈东西向带状分布;而该年受灾最严重的区域则集中在太湖流域、皖南地区、鄱阳湖和洞庭湖以及江汉地区,基本上分布在北纬31°一线。该年副热带高压强度持续偏弱,位置持续偏南;中高纬度阻塞高压发展;再加上东南季风雨带的跨区跃进,致使本年长江中下游地区梅雨异常。表现为入梅偏早,雨期偏长,始于5月13日,终于7月5日,长达53天。梅雨异常是造成此次灾情的直接原因。另外,水利失修,造成洪水难泄,也是造成水灾的重要原因。

第四节　康熙三十五年上海地区特大风暴潮的重建

　　在全球气候变化的背景下,极端天气事件(台风、风暴潮、洪水、强降水等)通常是沿海地区致灾的主要原因。长江三角洲地区历史上经常遭受台风、风暴潮、赤潮等海洋灾害的侵袭,其中又以台风引起的风暴潮最为严重。因此,为应对未来全球气候变化给沿海带来的影响,有必要加强历史时期极端天气事件的研究工作,为现代社会预防、消减海洋灾害提供一些参照。本节就对康熙三十五年(1696)发生在长江三角洲地区的特大风暴潮进行具体研究,为日后的防灾减灾提供必要的参考。

　　关于此次风暴潮的资料已有学者进行过相关汇编,[1]一般认为潮灾中死亡人数在十万左右,被灾害学界视为中国历史上最大的海潮灾害,但也有学者对此提出异议。[2]此外,还有学者专门就此次风暴潮的潮位进行过推算。[3]颜停霞等把这次风暴潮仅认作是清代长三角地区七大台风事件之一,从台风过程、灾害分布与路径等方面对其进行了重建。[4]但由于在资料的选取和分析过程中存在诸多问题,对其造成的影响尚未进行过全面研究,致使此次特大风暴潮尚有许多问题有待进一步探讨。

---

① 陆人骥编:《中国历代灾害性海潮史料》,海洋出版社,1984年。
② 于运全:《海洋天灾——中国历史时期的海洋灾害与沿海社会经济》,江西高校出版社,2005年,第103—106页。
③ 胡昌新:《上海1696年历史风暴潮初步探讨》,《上海水务》,2003年第1期。
④ 颜停霞、毕硕本、魏军等:《清代长江三角洲地区重大台风的对比分析》,《热带地理》,2014年第3期。

一、两次风暴潮

康熙三十五年,长江三角洲地区共发生过两次风暴潮,学界往往只关注第一次风暴潮而忽视了第二次风暴潮。第一次发生在农历六月初一日(公历 6 月 29 日),华亭人董含曾记录下这一过程和危害,为学界广泛引用:

> 丙子六月初一日,暴风,大雨如注。时方忧亢旱,顷刻沟渠皆溢,欢呼载道。二更余,海啸,飓风复大作,潮挟风势,涛声汹涌,冲入沿海一带地方几数百里。宝山纵亘六里,横亘十八里,水高于城丈许。嘉定、崇明及吴淞、川沙、柘林、八、九团等处,飘没海塘五千丈,灶户一万八千户,淹死者共十万余人,黑夜惊涛猝至,居人不复相顾,奔窜无路,至天明水退而积尸如山,惨不忍言……盖百余年无此变矣。①

除董含外,上海人姚廷麟也对此次风暴潮作了详细的描述:

> 六月初一日大风潮,大雨竟日,河中皆满,至夜更大。宝山至九团,南北二十七里,东海岸起至高行,东西约数里,半夜时水涌丈余,淹死万人,牛羊鸡犬倍之,房屋树木俱倒,风狂浪大,村宅林木什物家伙,顷刻飘没,尸浮水面者,压在土中者,不可胜数,惨极,惨极! 更有水浮棺木,每日随潮而来,高昌渡日过百具,四五日而止。川沙营有文书来,报称异常水灾,沿海飘没房屋,淹死人畜,不可胜数……闻太仓、崇明水灾更甚,嘉定次之。②

此次特大风暴潮发生的气候背景,当是强有力的台风袭击东部沿海,再加上朔望期的天文大潮,在二者共同作用下酿成了此次特大风暴潮。

从时间上看,早在五月二十八日,台风就已经开始影响到上海县,"二十八日北天有阵起,人人皆喜,将谓有大雨来也,岂料是风潮","二十九日大东北风"。及至六月一日夜里达到高潮,六月二日凌晨结束,持续 3 天。

除五月底六月初的这次风暴潮外,当年七月二十三日(8 月 20 日)又发生了一次风暴潮。姚廷麟记道:

> 七月二十三日,又大风潮,水涨如上年九月十二日,平地水深三尺,花

---

① 董含:《三冈续识略》之《海溢》。
② 姚廷麟:《续历年记》,《清代日记汇抄》,上海人民出版社,1982 年,第 153—154 页。

豆俱坏，稻减分数，秀者皆揿倒，房屋坍者甚多，同泾上之大树数百年物矣，五人合抱之身，亩许盘结之根，一旦拔起。闸港有跃龙禅院，东边之银杏一株，亦百年之物，其大约四五人合抱，根盘正殿之下，一旦均被拔起，则廿年未尝见者也。①

董含也对这次风暴潮作了描述：

（七月）二十三日，天未明，大风忽发，暴雨倾注。达午，势愈甚。半空中赤光烁灼，声若霹雳，砑钧簸荡，排墙倒屋，大木皆连根拔出。檐瓦飞空，状类鸟雀。居人走避无所。抵暮，水没过膝，天气昏黑，势如混沌。少长群聚大哭，皆自分必死矣。至夜半，势稍缓，官署民房、雕梁楼阁，半被摧折，四乡民压死者比比而是。东关外数里有大树，据郡志云阅岁已千年，大数十围，每岁易一花，变怪莫测。土人筑大树庵以奉香火。至是，亦被吹折。时东北风急，敝庐数椽适当其冲，倒塌尤甚。耳中但闻崩裂之声，竟夕不卧，东方渐明，见四壁俱无，举家傍徨无措，真异变也。②

二、两次风暴潮的路径及潮位

六月台风的入侵路径，胡昌新曾通过"历史模型"的拟合演算分析认为："形成1696年历史上特大风暴潮，可能为浙北登陆北上（如方案A，1956年型）和近海转向北上（如方案C，2000年派比安型）二类路径。"③但是仔细分析就会发现，此次风暴潮的入侵路径并没有在浙北登陆，因为笔者查阅1696年浙江省的资料发现，④该年六月份浙江各地并没有出现大风、暴雨的记录，所以此次风暴潮不可能是在浙江登陆。另外，台风开始影响上海县时刮的是北风及东北风，说明当时台风中心应该位于上海县东南方向。因为在北半球，作为热带气旋的台风，其外围气流逆时针向中心辐合。当台风过境某地时，若该地刮西北风，则台风中心应位于该地东北；若该地刮东北风，则台风中心位于该地东南。而且，在时间上，影响上海县是在六月初一日，崇明县则是六月初二、初三日，因此很有可能就是近海转向北上型。

① 姚廷麟：《续历年记》，《清代日记汇抄》，上海人民出版社，1982年，第154页。
② 董含：《三冈续识略》之《风变》。
③ 胡昌新：《上海1696年历史风暴潮初步探讨》，《上海水务》，2003年第1期。
④ 张德二主编：《中国三千年气象记录总集》（第四册），凤凰出版社，2004年。

关于此次风暴潮的发生机遇,胡昌新曾分别以地面和水面为起算面,对风暴潮的高潮位进行推算,认为黄浦江口 1696 年最高潮位为 6.4 m,并进一步分析认为 1696 年风暴潮是历史特大量级,其重现期为 500 年一遇。[①]

七月台风的入侵路径很可能是浙北登陆北上型。首先,在浙北的嘉善、嘉兴、平湖等地均有狂风暴雨;其次,从台风登陆的时间上来说,影响嘉兴的时间是在七月二十二日,[②]要早于影响上海地区(川沙等地的台风是在二十三日黎明),吴江县在"二十三日午后北风陡发,雨如悬瀑,平地涌水,骤至数尺",一开始吴江县刮的是北风,说明当时台风中心应该位于吴江县东南方向,说明当时台风尚未登陆;及至"夜半风而南"[③],则说明台风已经过吴江县境移至无锡县,[④]至二十四日到达高邮等地。[⑤]所以,七月份台风入侵的路径并不同于六月初的派比安型,没有转向朝鲜半岛,而是在长江口登陆,继续北上向内地方向移动到达泰县、高邮、淮安等地,是典型的浙北登陆北上型。

七月风暴潮的规模也很大,以致时人发出"风潮每岁有之,此变则几至陆沉,百龄老人目所未观"的感慨,[⑥]但因发生在白天,所以造成的人口损失要远远低于上一次风暴潮。或许这也是其被学界忽视的原因吧,但是除去人口损失外,此次风暴潮带来其他方面的损失绝不逊于上一次风暴潮,详见下文。

三、两次风暴潮的危害

1. 六月风暴潮对人口带来的损失

康熙时期华亭人董含在《三冈续识略》中记载:"淹死者共十万余人。"当时人记当时事,可靠性似乎没有什么可以怀疑的,但于运全对此颇有质疑,认为"笔记小说中数字的可靠性不是很高,主观夸大及有限的信息资源都会使相关记录不甚准确"。据此,他根据《三冈续识略》《续历年记》和《沪城备考》中记载的死亡人数各不相同,从数万人至十万人,悬殊过大,认为"其中的数字多属主观臆测"。然后又分析雍正《崇明县志》中的记载,认为:"《崇明县

①　胡昌新:《上海 1696 年历史风暴潮初步探讨》,《上海水务》,2003 年第 1 期。
②　康熙《嘉兴府志》卷 2《祥异》。
③　钮琇:《觚賸》卷 2《水灾风变》,《续修四库全书》,第 1177 册,第 25 页。
④　民国《无锡开化乡志》卷下《灾异》。
⑤　乾隆《江南通志》卷 197《灾祥》。
⑥　董含:《三冈续识略》之《风变》。

志》中的记载较为可信，其估计的'没者数万人'应是根据赈灾、蠲免时所作相关灾情统计得出的。"①于氏的怀疑看似不无道理，但是仔细分析一下却发现其实存在很大的漏洞。

首先，用《沪城备考》和《三冈续识略》《续历年记》比较，是没有任何意义的。就其时间来说，褚华的《护城备考》编纂于乾隆五十九年（1794），②距此次风暴潮的发生将近100年，而董含和姚廷麟确是风暴潮发生的当时人；就其内容来说，对此次风暴潮记述的详细程度也无法与《三冈续识略》《续历年记》相比，很明显具有抄袭其他史志的成分。所以，《沪城备考》的可靠性无法与《三冈续识略》和《续历年记》相提并论。因为后人往往抄袭前人著述，所以在历史研究中选取资料时一般坚持"资料原始优先"的原则。于氏在后文对地方志的论述中意识到了这一点，但此处为何偏偏用百年后的记录来作对比？更为重要的是，《沪城备考》主要记述当时上海县的典故——"尤留心邑中掌故"，所以其中记述的"淹死数万人"并不能代表整个上海地区。

其次，仅仅从上述《三冈续识略》和《续历年记》引文的数字来看，二者在死亡人数上的确存在差异，前者"淹死者共十万余人"，后者则是"淹死万人"。但是仔细分析就会发现，二者所论述的地域范围并不相同。前者的地域范围是"嘉定、崇明及吴淞、川沙、柘林、八、九团等处"，几乎涵盖了整个松江府东部沿海地区；而后者只有"宝山至九团，南北二十七里，东海岸起至高行，东西约数里"的范围，并不包括崇明、嘉定两县，也不包括吴淞所、川沙所、柘林等处。以致灾后才得知崇明和嘉定的消息，"闻太仓、崇明水灾更甚，嘉定次之"。而且姚廷麟记录的只是潮灾发生后的直观数据，并没有经过再核查，"太守同知县载钱五百千沿海赈济归，方知水之利害"。上海县陈县令上报时"只称大雨潮涨淹死廿人"，但川沙营却报上司云："风狂雨大，横潮汹涌，平地水泛，以演武场旗杆木水痕量之，水没一丈二尺，淹死人畜不可数计。"事情败露后，"故上司特委太守到上海查看，死者数万"。③因此，《续历年记》中记载的"死者数万"仅限于上海县域，与《三冈续识略》所载死亡数据并不矛盾。崇明县死亡人口的数字见诸雍

---

① 于运全：《海洋天灾——中国历史时期的海洋灾害与沿海社会经济》，江西高校出版社，2005年，第103—105页。

② 沈恒春点校：《沪城备考》，上海市地方志办公室编：《上海研究论丛》第一辑，上海社会科学出版社，1988年，第270页。

③ 姚廷麟：《续历年记》，《清代日记汇抄》，上海人民出版社，1982年，第154页。

正《崇明县志》:"随潮而没者至有数万人。"因为是记录在《蠲赈》条下,所以笔者也认为这是建立在赈灾、蠲免时所作的相关统计的基础之上,因为次年崇明县出现"以人没于潮者众也,故赈粥之场反少"的情况。①至于嘉定县,距离风暴潮发生最近的记载是乾隆《嘉定县志》,其载:"六月朔,飓风,海滨平地水一丈四五尺,飘没庐舍,淹死一万七千余人。"②

再次,看《三冈续识略》中对损失的记述,"飘没海塘五千丈,灶户一万八千户,淹死者共十万余人",其中的数据很明确,很难想象这是作者的一种主观臆测,很可能是根据已有的统计数据。我们知道,董含曾中过进士,供职吏部,后来奏销案起,绅士同日除名者万余人,董含也名列其中,被黜归乡。③但董氏终究是地方上的乡绅,经常与官府打交道;况且,华亭县正是松江府的府治,所以这些数据很可能是他从松江府的官方统计得来的。

总之,通过对资料的分析,目前尚无法否定《三冈续识略》中记载"淹死者共十万余人"的数据。缘何此次风暴潮致使如此众多的人口伤亡?除去强有力的台风和朔望期的天文大潮叠加在一起外,发生的时间也是一个重要的因素,"三十五年之潮,发于月初半夜","时久无海啸,人不设防,又黑夜无光,猝难求避,故随潮而没者至有数万人"。④

2. 七月风暴潮对农业造成的灾害

上海东部沿海地区主要的农作物是水稻和棉花,尤其是棉花的种植颇广。明末上海沿海地区基本上就以棉花为主,"海上官民军灶,垦田几二百万亩;大半种棉,当不止百万亩"⑤。及至清代,依旧有所发展,如上海县,"吾邑地产木棉,行于浙西诸郡,纺绩成布,衣被天下,而民间赋税,公私之费,亦赖以济,故种植之广,与粳稻等"⑥;嘉定县,"独以土宜木棉,民间机杼之声相闻也"⑦;崇明县,"植棉十居六七,惟藉此产通商利用"⑧。

风暴潮发生的时刻正赶在水稻、棉花生长的旺季,狂风暴雨,再加上海潮的

①④　雍正《崇明县志》卷9《蠲赈》。
②　乾隆《嘉定县志》卷3《祥异》。
③　陆雪军:《董含和他的〈三冈识略〉》,《明清小说研究》,2000年第2期。
⑤　徐光启著、陈焕良、罗文华校注:《农政全书》卷35,岳麓书社,2002年,第562页。
⑥　叶梦珠:《阅世编》卷7《食货4》。
⑦　乾隆《嘉定县志》卷12《物产》。
⑧　雍正《崇明县志》卷9《物产》。

内侵,会给农业带来巨大威胁。"邑人最畏风潮,风势阻潮则溢入内地,多在七八月间,咸潮没禾稍则死,至若花豆一浸靡有遗种矣。"①道出了风暴潮对沿海农业的影响。但因当时天气、地域背景的差异,两次风暴潮对农业产生的灾害也不尽相同,真正带来农业损失的是第二次风暴潮。

在上海县,六月初的风暴潮来临之前,正值天气亢旱,"二月、三月无大雨,到处水小,开河掘生泥者,遍地皆然"。及至立夏仍无雨,上海县境内"河内水小",周浦市甚至"河俱干",致使"花稻俱难种"。仅四月初八日"略有小雨",于是"种花者多"。由于没有大雨,导致"早稻俱干坏"。及至风暴潮过后,河流中才有水,方能插秧。"自风潮后,东土人家方插秧,大小河巷皆通",但"水皆咸,因护塘上进来水也"。好在对作物的影响并不是很大,再加上后来天气适宜,"自后天色常阴,日日有小雨,直至七月半方好",所以对作物并没有造成太大的损失,反而是"田中件件茂盛"。②崇明县虽然在这次风暴潮中"禾棉尽淹",但"幸在月初,花稻尚可复种"。③所以,总体而言,六月初一的风暴潮对上海东部沿海的农业并未造成太大损失。

对农业带来致命打击的则是七月二十三日发生的风暴潮。据姚廷麟所记,上海县"水涨如上年九月十二日,平地水深三尺,花豆俱坏,稻减分数,秀者皆揪倒",出现"是年荒甚,不独小户无从设处,即大户无不亏空,捉襟见肘,烦难异常"的悲惨局面。尤其是对棉花造成的损害,致使棉花绝种,姚氏称:"向来我地生产棉花,纵有荒岁,从未绝种,惟是乙亥、丙子二年全荒,花种俱绝,陈花卖尽。四处八路,俱贩客花来卖。要花种者俱到太仓、嘉定,沿乡沿镇田户人家,零星收买,尚有将客花插入混卖者。时花价三分,如本地及真太仓花,直要每斤纹银三分六厘,或大钱四十文,花核每斤卖二十大钱。我年七十,未曾见我地人,俱到外边贩花归来卖者,真奇事也。"④甚至华亭县董含的田亩也受到致命损失,"予薄田二顷,连遭荒歉,今木棉、豆花尽行脱落,何其厄乎!"⑤

---

① 雍正《崇明县志》卷 12《杂占》。
② 姚廷麟:《续历年记》,《清代日记汇抄》,上海人民出版社,1982 年,第 153、154 页。
③ 雍正《崇明县志》卷 9《蠲赈》。
④ 姚廷麟:《续历年记》,《清代日记汇抄》,上海人民出版社,1982 年,第 154、156 页。
⑤ 董含:《三冈续识略》之《风变》。

　　3. 风暴潮引发的其他灾害

　　当然,康熙三十五年风暴潮给上海社会带来的灾害不仅仅限于以上两个方面,有学者曾将风暴潮带来的灾害归纳为七个方面的内容,即溺人、毁房、决海塘、沉舟船、卤死庄稼、没盐业、次生灾害。①具体到本次风暴潮的危害还表现在以下四个方面。

　　拔木倒屋。六月初一的风暴潮使得上海县"房屋树木俱倒……村宅林木什物家伙,顷刻飘没";川沙营"沿海飘没房屋"②;崇明县"飘坏房屋无算"③。而七月二十三日风暴潮的主要特点就是大风。上海县"同泾上之大树数百年物矣,五人合抱之身,亩许盘结之根,一旦拔起。闸港有跃龙禅院,东边之银杏一株,亦百年之物,其大约四五人合抱,根盘正殿之下,一旦均被拔起,则廿年未尝见者也"④。华亭县"大木皆连根拔出,檐瓦飞空,状类鸟雀"⑤。

　　淹没盐场。上海东部"滨海盐课,自有明相沿","濒海斥卤之地……明兴,并给灶户,不容买卖,俾刈薪挹海以煮盐……本朝因之"。自顺治末年开始实施迁界令,"严禁不许人迹至海澨,片板不容入海洋,盐课、芦税几几不可问矣"。但因地方奏请,松江府并不在迁界之列,"吾乡独从南汇所守备刘效忠议,以为松属沙滩,素号铁板,船不得近,不在迁弃之列",所以使得松江沿海盐业更加繁盛,但盐课也更加沉重,"惟以浙、闽、山东等处,因迁而缺之课额均摊于苏、松不迁之地,曰摊派,而盐课之额极重矣"。⑥康熙三十五年的风暴潮"淹死者共十万余人",其中大多数都是沿海灶户人口,"灶户一万八千户",与之相应的还有大片盐场的淹没,"盐场尽没"。⑦

　　冲塌沙地。崇明岛的变迁,同江流分支、潮汐进退以及人工围堤等都有密切关系,它的形成和发展大致经过三个时期,即沙岛开始形成时间(自唐初至北宋后期)、沙岛大量增长和变迁频繁时期(自北宋末期至明代后期)和沙岛稳定

①　陆人骥、宋正海:《中国古代的海啸灾害》,《灾害学》,1988 年第 3 期。
②　姚廷麟:《续历年记》,《清代日记汇抄》,上海人民出版社,1982 年,第 153 页。
③　雍正《崇明县志》卷 9《蠲赈》。
④　姚廷麟:《续历年记》,《清代日记汇抄》,上海人民出版社,1982 年,第 154 页。
⑤　董含:《三冈续识略》之《风变》。
⑥　叶梦珠:《阅世编》卷 1《田产二》。
⑦　嘉庆《松江府志》卷 80《祥异》。

和扩大时期(万历中期以后)。①在清前期,崇明岛上的各个小沙岛尚未连成一片,有些沙岛随时有被风暴潮冲塌的可能。姚廷麟就记述了康熙三十五年风暴潮"崇明撼去二沙"。但奇怪的是,对沙上的居民和财产并未造成破坏,"沙上人家数万、房屋、树木,皆无影响"。②这不得不使人产生怀疑,因目前所通用的《历年记》是由上海市文物保管委员会整理的稿本,只对其进行了标点,并没有经过校勘,所以不排除有错漏的地方,诚如整理者所说"稿本或有错漏,亦未校勘,仅供地方史研究者参考"③。所以,笔者以为此处"皆无影响"可能是"皆无影踪"之误。如此,才符合正常的逻辑,也与前文所说"崇明水灾更甚"相对应。

冲毁海塘。海塘是沿海社会抵御海洋灾害最重要的屏障,所谓"松郡东南逼海,一日两潮,非塘莫御"④。董含记道此次风暴潮"飘没海塘五千丈"⑤,其后华亭县于康熙三十六年补修海塘也可以看出风暴潮确实对海塘造成了破坏,"知县卫璠修捍海塘"⑥。

四、结论

康熙三十五年上海地区连续遭受两次风暴潮的袭击,当年六月风暴潮的重现期为 500 年一遇,溺亡人口有十余万之多,是中国历史上最为严重的风暴潮。在溺亡人口中,死伤最为惨重的是灶户。安泰时期,这群依海煮盐为生的灶户为朝廷输纳大量税赋;而在风暴潮等沿海常见的灾害气候面前,海塘却不能为他们提供任何庇护,官方对利益的追逐使得这个特殊群体溺亡惨重。

风暴潮涤荡过近海灶户,冲毁海塘,淹没盐场,在抵达农业区时又对沿海农业造成损伤,而在不同的时空生态环境下,农业所遭受的损害不尽相同。对农业造成致命损害的是规模相对较小的七月风暴潮,表现出在不同的时空生态背景下风暴潮影响的差异性。

在强大的自然力面前,人类的力量实则相当弱小,近年所经历的海啸、泥石

---

① 褚绍唐:《上海历史地理》,华东师范大学出版社,1996 年,第 34—42 页。

② 姚廷麟:《续历年记》,《清代日记汇抄》,上海人民出版社,1982 年,第 154 页。

③ 姚廷麟:《续历年记》,《清代日记汇抄》,上海人民出版社,1982 年,第 39 页。

④ 曹家驹:《说梦》,《四库未收书辑刊》第 10 辑,第 12 册,第 251 页。

⑤ 董含:《三冈续识略》之《海溢》。

⑥ 乾隆《华亭县志》卷 3《海塘志》。

流、地震等天灾都证明了这一点——人类长期的积累和建设都可能毁于顷刻的自然力之间。历史时期无序自然的生产生活状态往往让当今的人们有更多的优越感,但在人类开发迫近自然极限的今天,人力并没有因为自己主观能动性的加强而比传统时代的人们对自然有更多的掌控权。往昔的灶户不在,但更多的现代建筑及人类活动不仅未远离沿海,反而愈趋迫近;如今上海海塘保护范围内不仅有宝钢、外高桥保税区、电厂等大型企业,更有大量的人口居住。风暴潮灾害作为上海地区最严重的自然灾害之一,不同于一般自然灾害的迅猛摧毁力值得引起港口建设研究者们的高度重视。历史的记忆值得后人回顾和审视;传统时代的人们在风暴潮等自然灾害面前以生命为代价累积的原始经验,值得后人深思。

第五章
气候变化的影响和社会适应

    气候作为自然环境中最重要和最活跃的一个因素，其变化必然会带来重要的影响，这从当前国际社会和政府对于气候变化的重视程度就可以看出。当今的气候变化不再是单纯的科学问题，而是当前国际政治、经济、外交博弈的重大全球性问题。如何积极应对气候变化已经成为一项国家战略。《第三次气候变化国家评估报告》列出极易受到气候变化影响的六项内容，即水安全、粮食安全和土地安全、人体健康和生命安全、生态环境安全、沿海城市及海岸带安全、重大工程的安全，适应气候变化的举措对于保障国家安全意义重大。①

    而历史上，气候变化对我国社会发展产生过重大影响，其中的经验和教训，可以为当前和未来应对气候变化提供借鉴。历史显示：适应是历史时期人类应对气候变化挑战的主要手段，也是中国古代人地关系思想的突出特色。但历史上适应气候变化的策略因时、因地、因主体而异，本章就以明清时期长江中下游地区为例，具体呈现气候变化带来的影响以及人类社会如何应对气候变化。前两节主要论述明代长江中下游地区气候冷暖、梅雨变化对于人们生产、生活的影响，从而分析明人是如何认识、适应，甚至利用气候变化的；后三节主要以个案的形式从微观层面展示清代极端天气事件发生后的百态人生，以及气候变化对农业、运河的影响。

---

① 《第三次气候变化国家评估报告》编写委员会编著：《第三次气候变化国家评估报告》，科学出版社，2015年。

第一节　气候冷暖变化的影响和社会适应

气候冷暖变化会对人类社会产生重要影响,如影响作物种植、人口迁移、土地利用等。但两者间并不是简单的对应关系,而是有一套复杂的机制在里面。为避免泛泛而谈,本节从气候冷暖变化的直接影响入手,分析气候冷暖变化对明人衣、食、住、行等最基本的日常生活的影响,以及明人在这些方面对气候冷暖变化的适应。因寒冷经常表现为一种灾害的形式,所以其记载要比温暖记载多得多,而且其对社会生活的影响也要大。基于这两种考虑,在论述时笔者会侧重于寒冷天气。

一、气候冷暖变化对明人社会生活的影响

1. 严寒带来的整体影响

柑橘是长江中下游地区重要的经济作物和收入来源,在人们的日常生活中具有重要地位。本书第二章讨论过经济作物柑橘与气温之间的关系,限制柑橘发展的是冬季低温和低温频率。如果气候温暖,柑橘就能正常生长,种植北界也会继续向北推进;反之,气候寒冷或严寒频率过高则会造成柑橘冻害,种植北界将会向南退缩。作为一种经济作物,柑橘种植的情况直接影响长江中下游地区农民的生活。以太湖地区为例,柑橘种植是当地山民的主要经济来源,“洞庭二山民鲜田,以橘为业”,但因“其木畏寒,极难种”,所以“凡橘一亩而培治之功数倍于田也”。①直到明末,“湖中诸山大概以橘柚等果品为生,多至千树,贫家亦无不种”。正因为如此,所以“凡栽橘可一树者值千钱或二三千甚者至万钱”。②嘉靖至崇祯末年,长江中下游地区气候一直处于相对温暖状态,严寒发生的频率较低,所以柑橘能够正常生长,并在种植北界有所发展。但弘治、正德年间的严寒,则给柑橘生长带来严重冻害,使得山民“多不肯复种橘,而衢州江西

① 嘉靖《吴邑志》卷14《物产》。
② 崇祯《吴县志》卷10《风俗》。

之橘盛行于吴下"①,失去重要的生计来源。

对人类生活最重要的就是食物了,严寒会对长江中下游地区的冬麦生长带来威胁,进而影响到人们的日常生活。成化十年(1474)南京大雪,"村农初喜春宜麦,麦陇今嫌雪太深"②,如弘治十七年(1504)南京地区"麦苗又为本年三月初间大雪损伤"③,万历十五年(1587)江浦地区"立春后连月皆冰雪,故无麦"④。而诸如景泰四年,弘治六年、十四年、十六年,正德四年、八年等严寒年份也必然给冬麦带来冻害。冻害会使来年庄家无收,粮价涌贵,农民饥馑乃至流离失所。长江下游地区虽是鱼米之乡,但是区域内的粮食调剂却十分频繁,如常州米经常外输他地,"每岁杭、越、徽、衢之贾皆问籴于邑"⑤;湖州米接济杭州,"城中米珠取于湖,人无担石之储"⑥;常山米则取给于附近的玉山、西安,"米谷豆面之类,苟非玉山、西安通权,则终岁饥馑者十家而七矣";宁波米取给于邻近的台州,"食米常取足于台"。⑦但由于严寒或大雪使得航道受阻,致使粮食不能及时到达,米价腾贵,出现"城中米价政尔贵"⑧、"弹剑歌苦寒,严风凛四起。木冰书春秋,瓶冰感诗语。剥落千羊皮,脱落万人指。黄金买尺薪,白璧换斗米"⑨的情形。姚廷麟记述了清初黄浦江等河流冰冻给当地人带来的困境,"黄浦江俱冻结,条条河俱连底冻紧,过渡金涨至每人十文,竟性命相搏斗……年货件件皆贵,因客舡胶断故也"⑩。明代亦是如此,弘治六年(1493)冬江南大雪"雨雪连绵,已逾二旬之日,未有一时之晴霁。滴滴复滴滴,大家小户实所厌闻。行行重行行,陌巷穷途不胜其苦,溪河深似海,无路得以往来,柴米如金,有钱不能措办"⑪。即便是士绅阶层在这时候得米也较为不易。如遇有薪米者,则感激涕零,"有候吏持薪米见饷,益感故人高义"⑫。而穷苦百姓无力购买,只能"应有

---

① 蔡昇:《震泽编》卷3《土产》。
② 黄仲昭:《未轩文集》卷11《甲午季冬雨雪连旬公馀感触辄赋八绝》。
③ 郑纪:《东园文集》卷4《便宜设法急救饥荒疏》。
④ 沈明臣:《丰对楼诗选》卷21《江浦道中作似梁明府绍父》。
⑤ 嘉靖《常熟县志》卷4《食货志》。
⑥ 顾炎武:《肇域志》卷13。
⑦ 王士性:《广志绎》卷4。
⑧ 管时敏:《蚓穷集》卷6《对雪》。
⑨ 聂豹:《双江聂先生文集》卷12《苦寒叹》。
⑩ 姚廷麟:《历年记》,《清代日记汇抄》,上海人民出版社,1982年,第138页。
⑪ 张旭:《梅岩小稿》卷9《祈晴事》。
⑫ 臧懋循:《负苞堂文选》卷4《复闵明府书》。

闭门僵卧者,甑无炊黍突无烟"①。更有甚者,出现"薪米价高如白金,四隅常有盗贼警"②的局部动荡现象。

严寒大雪不仅使粮食匮乏,就是日常用的薪炭也出现严重短缺,价格飞涨。"北风吹湖湖水立,雨雪孤城暮戢戢。城门半开天易黑,冻云欲坠不到地。城中寸炭如寸金,虽有荻薪苦沾湿。"③据李伯重研究,江南的薪炭生产量不会很大,"江南薪炭以湖州府西部诸山县出产最多,但嘉靖时湖州所产之炭仅足供湖州蚕事而已。至于杭州府西部诸山县所产薪炭,则尚不敷杭州城之需,因而杭州城不得不依赖严州等府的薪炭。至于平原地区所产薪炭,数量本甚微,仅能满足本地少部分需要"④。所以,在严寒天气如用薪炭取暖,是一件非常奢侈的事情,难怪汪佃得到友人惠炭时特意作诗一首道:"醉乘诗兴寻梅径,坐拨寒炉叹桂薪。赖有故人能送暖,顿教阳煦满东邻。"⑤彭年也是同样的情况,特意作《甲寅除日大雪,蒙知郡顺斋徐公赐历炭志感》一诗。⑥而普通人家则只能"荒墟十室九无柴,大雪崩腾互挤排"⑦,即便是有薪炭,也只能用于炊灶,而无缘取暖,"极目郊原不辨鸦,停炊门外望柴车……山家有几通烟火,村市无多兢米盐"⑧。而此时的伐薪者则更是艰辛,俞允文描写了昆山一位伐薪者的辛苦劳作:"伐木空山里,萧条夜色沉。披云迷断壑,秉月上层岑。"⑨

严寒对长江中下游地区的交通也带来重要影响。长江中下游地区河网密布,水运发达,出游远行都要乘船,因此船只就成为最主要的交通工具。如明末人陶琰在《游学日记》中记录下他在绍兴、杭州、嘉兴、松江一带乘换不同舟船游学的经历。"绍兴夜船从其宅前行,遂跨船,客甚稀。初十日,午间渡钱塘……入长安坝船。十一日,早如嘉兴船,黄昏始至,投饭店。十二日,入青浦船。"⑩长江中下游地区虽地处亚热带,冬季比较温和,但我国亚热带气候有一个特点,

① 黄仲昭:《未轩文集》卷11《甲午季冬雨雪连旬公馀感触辄赋八绝》。
② 龚诩:《野古集》卷中《甲戌民风近体诗寄叶给事八首》。
③ 李濂:《嵩渚文集》卷13《苦寒行赠吴惟学秀才》。
④ 李伯重:《明清江南工农业生产中的燃料问题》,《中国经济史研究》,1984年第4期。
⑤ 汪佃:《东麓遗稿》卷4《雪中谢熊守近麓惠炭》。
⑥ 彭年:《隆池山樵诗集》卷上。
⑦ 汪佃:《东麓遗稿》卷5《雪中即事》。
⑧ 徐学诗《石龙庵诗草》卷2《癸丑冬春之交大雪和蕭韵四首》。
⑨ 俞允文《仲尉先生集》卷5《月下见负薪者》。
⑩ 陶琰:《仁节先生集》卷8《游学日记》,转引自陈宝良《明代社会生活史》,中国社会科学出版社,2004年,第402页。

就是冬季受强烈寒潮侵袭,不但降温猛烈、低温持续时间长,有时还会出现长期阴雪和冰冻天气,如果冬季碰到严寒天气,就会使河流结冰,阻止行程,带来诸多不便。万历三十九年(1611)初春嘉兴李日华就因河流结冰,舟楫无法行驶而罢游,"寒甚,河流俱冻,舟楫停滞"①。这样的事情在当时时有发生,明初姚广孝于某年"十二月廿一日舟出枫桥,遇大风,河冻",不得已"河边三宿,复步归西山海云蓝若"。②朱长春于万历十七年(1589)在苏州阻冰道:"一夜风吹水,朝来冰满河。"③万表于万历二十八年(1600)"腊月十二日将往荆溪,至锡山阻冻"作诗云:"荆溪旧处隐,怀恋数年心。□为冰河阻,那愁霜霰侵。"④万历四十四年(1616)嘉兴李日华"欲往武林,以雪盛不果行",而该年冬季降雪异常,致使"径山从腊月廿七日雨雪,讫正月尽,平地雪高六尺,路皆冻断"。⑤景泰三年(1452)春,高邮大雪,河冰阻行,"高邮城下维舟楫,雨雪连朝阻去程","重湖晶晶层冰结,千里茫茫积雪平"。⑥长江中游地区也会出现这种情况,"洞庭浪高不可度,浮客泊向城陵住。北风夜号天气寒,雨雪霏霏满江树。短笠轻蓑钓叟归,烟深草滑行人稀。蛟龙昼潜鸿雁没,千艘万艘俱不发。巴陵女儿燕赵流,锦筝瑶瑟宴青楼,千金豪侠皆应醉,贾谊才高不见留"⑦。当然,也有兼程赶路之人,如文洪行至丹徒镇冰合,无奈之下只好陆行至江口,对此他解释道:"晓起敲冰促去程,舟胶无计达江城。功名何物能驱我,冒冷丹徒镇上行。"⑧

2. 严寒影响的差异性

然而,同样的严寒对不同阶层的影响也截然不同,上文的论述中已有所体现。士绅阶层一般没有饥寒之苦,他们衣有狐裘、貂帽,坐拥红炉取暖,有美酒、茗茶相伴,生活好不惬意!景泰中魏骥致仕家居(萧山)后,严寒天是"狐裘貂帽苦寒侵,坐拥红炉欸欸吟"⑨,因为严寒阴沉,不便出门访梅,只好在家闲吟,"经旬庭户幕层阴,寒逼虚堂坐拥衾。欲访疏梅妨远步,为舒孤闷只闲吟。栖迟且

---

① 李日华著,屠友祥校注:《味水轩日记》卷2,上海远东出版社,1996年,第150页。
② 姚广孝:《逃虚子诗集》卷7。
③ 朱长春:《朱太复文集》卷11《吴门阻冰三首》。
④ 万表:《玩鹿亭稿集》卷2。
⑤ 李日华著,屠友祥校注:《味水轩日记》卷8,上海远东出版社,1996年,第514、515页。
⑥ 薛瑄:《河汾诗集》卷5《高邮阻雪》《高邮大雪河冰》。
⑦ 孟洋:《孟有涯集》卷3《雨雪吟》。
⑧ 文洪:《文氏五家集》卷1《涞水诗集·丹徒镇冰合陆行至江口》。
⑨ 魏骥:《南斋先生魏文靖公摘稿》卷8《丙戌正月三日偶成》。

适田园趣,休咎难窥天地心。最怪松根泥滑滑,乐丘遥阻暮云深"①。相比而言李开先就幸运得多,严寒大雪在家高卧、吟诗,正在无聊之际恰好有酒客莅临以解闲闷之苦,"冬雪年年几度飞,雪迟今复值寒威。江流冻合鱼龙蛰,林木低垂鸟雀稀。高卧袁安真隐逸,暂休萧老得皈依。吟诗白战吾方苦,酒客临门忽解围。"②而萧士玮在穷冬则是"与马季房围炉听松涛"③;李日华则于大雪之中"同细君、亨儿、丑孙携酒罍茗床泛雪,沿菱塘桥东至白苎,折红白梅插两舷而回"④。薛瑄在襄阳阻雪后还不忘雪中作文,"扁舟南渡汉江来,阻雪连朝住宪台。莫道铁冠官况冷,琼瑶庭下几成堆……少年曾读浩然诗,襄汉风流百世师。今日雪中清兴好,论文翻恨不同时"⑤。

在"春雪厚如掌,春城白似银。林敧时坠鸟,巷拥不通人"的情景之下,士绅阶层是"炉火存孤阁,厨烟静四邻。茨篱终日闭,高卧意方真"的惬意,而穷苦百姓却是"满地皆流户,伤春对病妻"的凄凉。⑥魏骥也描写了这种截然的对比,一首是对士绅阶层生活的写照,"稜稜寒气逼虚堂,棭柮煨红夜未央。纸帐光涵烧烛熘,竹炉烟袅煮茶香。梅谱献岁开堪折,酒解迎春熟可尝"。另一首却道出了穷苦人生活的凄惨,"须念无储甔石者,疲民终日灶无烟"⑦。黄仲昭描写的则是"自敲冰片煮春茶"和"甑无炊黍突无烟"的迥然差异。⑧祁彪佳则道出了崇祯十四年(1641)大雪给绍兴地区人民带来的悲惨处境,"古称瑞雪兆丰年,我却逢之添百□。饥来莽莽欲诉人,告贷邻家又坚拒。闻之西北倍饥荒,食尽草根人作脯。楚舶吴商俱不来,百家炊烟无一缕"⑨。徐渭曾有一首非常有名的《廿八雪》诗,之所以有名是"由于牵涉了明中叶几位著名诗人之间的纠葛;徐渭写了这首诗,自己也就卷进去了"⑩,且不管这首诗寓意如何,他却描述了这样一个事实,万历四年(1576)正月二十八日因下大雪,天气严寒,乃至自己的棉被都被盗,

① 魏骥:《南斋先生魏文靖公摘稿》卷9《春阴连日以阻乐丘之行》。
② 李开先:《李忠麓闲居集》卷3《十二月大雪天且甚寒》。
③ 萧士玮:《春浮园文集》之《萧斋日记》。
④ 李日华著,屠友祥校注:《味水轩日记》卷8,上海远东出版社,1996年,第514页。
⑤ 薛瑄:《河汾诗集》卷8《襄阳雪中杂咏六绝》。
⑥ 朱长春:《朱太复文集》卷11《春大雪三首》。
⑦ 魏骥:《南斋先生魏文靖公摘稿》卷10《大雪夜坐》《雪中夜坐》。
⑧ 黄仲昭:《未轩文集》卷11《甲午季冬雨雪连旬公馀感触辄赋八绝》。
⑨ 祁彪佳:《远山堂诗集》之《苦雪行》。
⑩ 骆玉明:《纵放悲歌》,中华书局,2004年,第179页。

"生平见雪颠不歇，今来见雪愁欲绝。昨朝被失一池绵，连夜足拳三尺铁"①。可知穷苦人的可怜与无奈！

二、明人对气候冷暖变化的认识、适应和利用

对气候冷暖的变化，明人有自己的一种认识。并且，在适应冷暖变化的同时，也充分利用了这种变化。下文将通过三个个案来说明明人对气候冷暖变化的认识、适应和利用。

1. 对气候冷暖变化的认识

明人对气候变化已有比较深刻的认识，其中一个表现就是，正德年间江西省纂修的地方志中专门出现了"气候"条，主要讲述一个地区气候的冷暖情况，与沿革、分野、形胜、风俗和山川并列，成为一个单独的门类。之所以出现这样一个新的门类，是基于纂修者对气候本身的重视。纂修者认为："四时气候见于周公时训，吕不韦取以为月令焉。蕴造化之几微，著候时之应验，亦可谓切于日用矣！然气候有偏而有月令所未载者，故荆楚岁时记虽非大方之家，然因以考见其一方气候之偏而使人知所以调□之道。爱身者不能无少补焉。"所以，"今做荆楚岁时记之意，略著其概以备观览"。其后便是阐述作者对新城县气候冷暖变化的认识，"新城居五岭之北，盱江上游，万山四面环内，风气绵密，地欠□爽。其为气候，每岁春三月多阴雨，起自西北，其来甚骤，其止亦易，或即止或复作。四月后梅雨郁蒸，砖地石楚皆润，夏至乃止。斯时雨则寒，晴则暖，寒暑衣服互着，过端午后可更御絺绤也。六月炎蒸甚酷，秋初尤胜，及白露则天气渐凉，八九月间或有微霜，至隆冬之月风气栗烈，霜气亦严，盆盎中贮水悉凝为冰。大抵此地阳明少而幽阴多，雨殇寒燠之候大概如此"。②

其后的方志纂修继承了这一门类，尤其是嘉靖时期，各省的地方志纂修都增加了"气候"条。江西省尤为明显，如赣州府、宁州县、武宁县、瑞金县等均有"气候"门类，③并对各府县的气候冷暖变化作了阐述。南直隶的高淳县志也作有"气候"门类，时人认为"每岁春三月多雨少晴，寒暄更互，夏四月梅雨蒸湿，寒

---

① 徐渭：《徐文长文集》卷3《廿八日雪（时棉被被盗）》。
② 正德《新城县志》卷1《地理·气候》。
③ 嘉靖《赣州府志》卷1《天文志·气候》，嘉靖《宁州志》卷6《气候》，嘉靖《武宁县志》卷1《风俗·气候》，嘉靖《瑞金县志》卷1《风俗·气候》。

暑衣服互着，端午后方可卸缔绤。六月酷暑，秋初未解，人多漏袒，白露后天气渐凉，九月未霜，犹有微热，三冬无雪，间有和暖如春，若雨雪连绵寒气栗烈，则三湖皆水矣。此四时之气候大概如此。"①池州府则是"池去中原仅千余里，阴阳之所会，四时之所和，风雨之所交者，颇正不爽。立春天霁日和，挟犷者辄汗流浃背，少阴雨即寒。二月间犹间有雪（谚云桃花雪，但坠地即融）。五月始暑，六七月特甚，八月终始除。立秋后一雨即凉气袭人。春夏亦多雨，五月恒苦淫骤，四季间有暴风霾雾，春夏之交寒暄不节，易致感冒，夏秋炎凉失和，多成疟痢。善摄生者每慎起居"②。万历、天启以至崇祯年间，地方志中还是屡有"气候"门类，如建昌府，不仅对气候冷暖有所阐述，还把它与农时相结合。"正月，寒犹烈，上元后，民即东作。二月，渐暖，寒则雨，始渍种。三月，寒退，时多风雨，麦乃有秋。四月，渐暑，梅雨不常，阴晴蒸郁，石楚皆湿。五月，渐暑盛，多水，禾始穗。六月，暑甚，早禾熟。七月，如六月。八月，渐凉，时芜葭，小雨浃旬乃止；广昌各县，山深处间作岚雾，晚禾始穗。九月，暑退，晚禾熟，始霜，多晴雾，民间出贸易。十月，渐寒，间多雨。十一月，寒甚，始雪。十二月，如十一月。郡山高而原深，其风郁，故多暑；其地阴，故多寒。"③天启年间对赣州府气候冷暖的认识是："每岁春初迄芒种之前，棉衣袷服视雨殇为节；芒种以后，则日迫于热矣。炎高烦毒，多在三伏之天，而入秋弥烈。迨白露、霜降之交，风气渐凉，三冬不甚寒，雪霰间一二作。盆盎贮水凝冻，见日即融。大抵地近炎峤，气因日陆。夏至以后，日行北陆，去日颇远，故不甚热；冬至以后，日行南陆，就日颇近，故不甚寒。"④崇祯年间清江县的气候冷暖则是"视月令所纪，合者半，不合者亦半"，并对每月的气候冷暖分别与《月令》作比较，对清江县的气候冷暖有一个清晰的分析。⑤浙江省在崇祯年间也出现了"气候"门类，"春末犹寒，初秋即霜，冬极冷，田成一季"⑥。

除此之外，时人还通过比较敏感的事物觉察到气候的冷暖变化。万历中期太仓人王世懋在谈到自己家乡柑橘种植时曾说道："柑橘产于洞庭，然终不如浙温之乳柑、闽漳之朱橘。有一种红而大者，云传种自闽，而香味径庭矣！余家东

---

① 嘉靖《高淳县志》卷1《气候》。
② 嘉靖《池州府志》卷2《气候》。
③ 万历《建昌府志》卷1《气候》。
④ 天启《赣州府志》卷1《舆地志·气候》
⑤ 崇祯《清江县志》卷2《疆域志·气候》。
⑥ 崇祯《山阴县志》卷1《气候》。

海上,又不如洞庭之宜橘,乃土产蜕花甜、蜜橘二种,却不啻胜之金橘、牛乳者。易生而品下,圆者甘香,然亦家园种者佳第。橘性畏寒,值冬霜雪稍盛,辄死。植地须北蕃多竹霜,时以草裹之,又虞春枝不发。记儿时种橘不然,岂地气有变也?"①此段话虽然反映了太仓地区柑橘种植发展的过程,但同时也表明了气候冷暖有一个转变的过程,即在万历中期太仓地区柑橘的"植地须北蕃多竹霜,时以草裹之",即需要人工防护才能正常生长。但在嘉靖年间却根本不需要,"记儿时种橘不然",于是作者发出"岂地气有变也"之叹。

2. 对衣着的选择

冬天最具保暖效果的衣物莫过于毛皮,弘治年间上海士人宋诩就曾列举可以制裘褥的皮毛,"陆者有银鼠皮、青鼠皮、貂鼠皮、天鼠皮、玄狐皮、苍狐皮、猞猁孙皮、虎皮、豹皮、熊皮、羆皮、鹿皮、貂皮、麂皮、羔皮、狨皮等;水产者有海虎皮、海豹皮、海牛皮、海马皮、海獭皮、海狗皮"②。其中又以貂皮的御寒能力最强、保暖效果最好,"夜间穿羔儿皮,二更寒透;狐狸皮可过三更;貂鼠皮直至四更,北人试验如此"③。从气候的角度来讲,北方对毛皮的需求和穿戴更为普遍,长江中下游地区虽地处亚热带,一般冬季比较温和,但有时也会受强烈寒潮侵袭,气候异常寒冷,这在北亚热带地区尤为明显。所以,裘衣就成为防寒的重要装束。但因身份和地域的不同,对衣着的选择也表现出明显的差异性。

以皇帝为首的明代官僚,作为社会的最高阶层,既无衣食之忧,更无冻寒之苦。即便是一向节俭的明太祖在寒冬也是身着貂裘,"今春雨雪霏霏,经旬不止,严凝之气切骨。朕思昔居寒微时,当此之际衣单食薄,甚是艰辛。此时居九重,衣貂裘,觉寒若是,其京城孤老又不知何以度日尔?"④景泰中魏骥致仕家居后,冬天依旧是"狐裘貂帽苦寒侵,坐拥红炉欹欹吟"⑤。嘉兴人贾宝斋家居时,"一日雪后寒极,披貂裘立于门前"⑥。万历九年(1581)臧懋循在任荆州府学教授时,冬日拜访知府,归途"竞走冰雪中,深没腓胫,前后辄踬,若走邛郲九折坂,无一稳步也。且寒威袭人肌肤,何但生粟,几尽裂矣。戴貂帽坐蓝舆中,犹将立

---

① 王世懋:《学圃杂疏》之《果疏》。
② 宋诩:《宋氏家规部》卷4《布帛簿·皮属》。
③ 李诩:《戒庵老人漫笔》卷1《兽皮》。
④ 朱元璋:《明太祖文集》卷7《谕中书赈济京城孤老》。
⑤ 魏骥:《南斋先生魏文靖公摘稿》卷8《丙戌正月三日偶成》。
⑥ 沈德符:《万历野获编》卷26《谐谑·贾宝斋宪使》。

槁,诸昇者亦大艰辛哉。"①万历三十六年(1608)蒋以化在扬州任职,该年"春正自正旦,兼旬雪下连绵,门外报深三尺,金陵报四尺矣,寿州报五尺矣。长途遂绝人迹,寒冰惨烈几坠人指"。彼时他"重裯绣褥,罗帐貂裘,饮醇拥炉,尚不免于寒气飕飕"②。除了官绅阶层,长江中下游地区许多名士也着裘衣。如祝允明"尝遗黑貂裘,甚美,欲市之"③,俞允文"稍及冬,加以貂皮帽"④。另外,一些有钱的商人也穿裘戴帽,如崇祯年间苏州府长洲县解户"白帮内豪华放荡之辈,俱号曰相公,貂帽贼衣,逍遥河上"⑤。

即便如此,在明代用毛皮御寒仍为奢侈之举,只有特定的人群才能消费得起。如正德年间应天人许彦明将入京,顾璘有送行诗云:"黄金不须惜,盛办貂狐装"⑥,足见其珍。再如陈继儒在谈及晚明江南风气奢靡时就提到松江府华亭县世家子弟"出必鲜怒,锦衣狐裘"⑦,上海县有钱妇女穿"彩衣狐裘"⑧。邱仲麟曾对明代毛皮的来源、数量、消费群体、传播过程以及文化蕴意作过深入探讨,他认为:"整体而言,晚明消费珍贵毛皮的阶层,应该是以有钱的商人、有身份的官绅为主……穿戴貂鼠、海獭、银鼠等珍贵毛皮的人物,多半为官宦、豪商及其家眷,另外有些是妓女,或许可以反证当时珍贵毛皮之穿着仅限于特定的阶层。"⑨而实际上,明代江南普通士绅、富人御寒之物多为绒衣、绒帽。据清初上海人叶梦珠追忆道:"大绒前朝最贵。细而精者谓之姑绒,每匹长十余丈,价值百金,惟富贵之家用之。"⑩即便是绒衣,价格依然十分昂贵,只有富贵之家才能消费得起,普通百姓只能用棉衣抵御严寒。

而长江中下游南部地区基本处于中亚热带,气候要比北亚热带温暖,冬天基本不需要着裘衣。如皖南池州府"东多三白盈尺,然亦不须重裘"⑪。这些地

————————

① 臧懋循:《负苞堂文选》卷4《复闵明府书》。
② 蒋以化:《西台漫纪》卷5《纪春雪》。
③ 王世贞:《弇州山人四部稿》卷149《说部·艺苑卮言六》。
④ 王世贞:《弇州山人四部续稿》卷91《文部·俞仲蔚先生墓志铭》。
⑤ 卢世㴶:《尊水园集略》卷5《发白粮解户奸诈疏》。
⑥ 顾琳:《息园存稿诗》卷5《别摄泉》。
⑦ 陈继儒:《陈眉公集》卷13《范牧之小传》。
⑧ 陈继儒:《陈眉公集》卷15《乡进士张九夏暨配顾孺人墓志铭》。
⑨ 邱仲麟:《保暖、炫耀与权势——明代珍贵毛皮的文化史》,《"中研院"历史语言所集刊》(80:4),2009年。
⑩ 叶梦珠:《阅世编》卷7《食货六》。
⑪ 万历《池州府志》卷1《气候》。

方普通士庶则以棉衣御寒，赣南地区"大凡芒种之前，绵衣、袷服惟视雨旸为节"[①]。当然，在整个长江中下游地区还是有贫苦之士只能以单衣过冬，嘉兴府平湖县廪生屠垔有事前往县城，"冬月寒甚，衣布单衣，被鹑袍，曳垢带，跟蹡行风雪中"[②]。严寒天气对衣着的选择本身就表现出明显的阶级差异和地域差异。

3. 天然冰的利用：取冰、藏冰和用冰

我国古人藏冰、用冰的历史十分久远，早在《诗经》反映的豳地先民生活中，就有类似的活动。而周代由"凌人"专司其职，每年郑重其事地举行藏冰、释冰仪式。牟重行认为这种行为"其主要目的是出于祀祷，是一种源于古老巫术迷信的特殊仪式"。其后，历代沿袭其旧制，直至"宋室南渡后，此俗逐渐无闻，其间虽有一二君子倡导复古，但至清代均未见中央政府有恢复此制者。大概12世纪后，冰房即变为单纯生活设施"。[③]而邱仲麟也认为："中国历史上藏冰用冰，早期均操诸帝王、贵族、官员之手，除祭祀用途之外，亦多作为特定阶层夏日消暑解渴之用，因此谈不上商业用途。但自近世以来，商业性窖冰日益明显，遂在政治性之外另辟蹊径，从而为冰带来多元的用途。"[④]

众所周知，天然冰的生成受诸多外在因素影响，如水体的深度、水体的大小、水体的成分以及风力大小等，但最主要的还是气温的影响，当气温下降到冰点以下后水才会凝结成冰。明代长江下游地区人民对天然冰的利用，充分体现了他们合理利用气温变化的一面。

早在南宋时，南京、苏州、杭州、宁波等地就已经存在冰窖进行藏冰、用冰，其主要是政治性用途。[⑤]明初江浙的藏冰依然如此，明立国，建都南京，明太祖于洪武二十一年（1388）下令在天坛外壝东南"凿池凡十二区，冬月伐冰藏凌阴，以供夏秋祭祀之用"[⑥]。及至迁都北京后，南京还负责统筹进贡冰鲜之事，故冰窖所藏的冰也用于冷冻鲥鱼、黄鱼及鲜果等。按明代制度，南京为应每年进贡物件赴北京，设有鲜船一百六十二艘，其中用冰之船总计四十六艘。[⑦]其程序一般

① 嘉靖《赣州府志》卷1《气候》。
② 屠应埈：《屠渐山兰晖堂集》卷11《亡兄文潺墓志》。
③ 牟重行：《中国五千年气候变迁的再考证》，气象出版社，1996年，第32页。
④⑤ 邱仲麟：《冰窖、冰船与冰鲜：明代以降江浙的冰鲜渔业与海鲜消费》，《中国饮食文化》，2005年第2期。
⑥ 《明太祖实录》卷189，洪武二十一年三月乙酉。
⑦ 正德《大明会典》卷160《工部十四·船只》。

是各种贡物在五月采集完备之后"俱各在京装船,先用底盖盐冰打筑结实后,然后起运前进"①。直到天顺六年(1462)因南京守备太监怀忠等奏陈"每年四月进贡鲥鱼,须用冰辟热,然鲥鱼厂临江,而取冰于内府不便,请置冰窖于厂后"②,得到英宗允许,自此鲥鱼厂自设冰窖藏冰,冰块用途也开始逐渐广泛。不止南京有藏冰,据邱仲麟研究,明代江浙地区藏冰的地区还有苏州、杭州、乍浦和宁波。③其中,乍浦地区存有冰窖,邱文中并没有给出直接证据,仅是就乍浦存在河泊所需要进贡黄鱼而推论出来的。实际上,乍浦虽设有河泊所,但并没有冰窖,因为要从海盐县城南闸口出海,所以冰窖设在海盐。"自正统年倭贼登岸肆劫,有妨出海,奏改直隶苏州府太仓州刘家河出捕",于是冰窖亦撤,只留有遗址,"冰窖原在本县海塘闸口,人犹能识其处,先年亦撤,置于苏州"。嘉靖三十九年(1560)"复于海盐县龙王塘出海采捕",于是在旧处重设冰窖,"今当乃令本处盖窖藏冰,犹为永便"。④

那么,首先要确定长江下游地区的冰属何种类型,来自何处?因为按照冰的类型划分,有冰川冰、河流冰、湖泊冰、海冰以及各种冰冻现象。其结冰的机制、因素和过程也就不同,如河流冰是在水流紊动条件下生成,其规律性取决于流域气候条件、河流水量、河床地貌特征及水流的水力学特性。影响湖泊冰的主要因素除温度外,主要是风力及其对水面的剪切作用。海冰形成的物理机制主要是海水结冰温度的问题,海冰是海-气相互作用的结果,它的生成与海水的含盐度有关。⑤我国的冰川冰主要为山岳冰川,主要分布在干旱荒漠的周边、暖湿谷地的两侧和寒旱的高原上;⑥海冰则主要分布在渤海和黄海北部的近岸海区。⑦而长江下游地区主要是平原和低山丘陵,属亚热带气候区,所以排除冰川冰和海冰的可能。其次,我国的河流每年都会在不同范围出现不同程度的冰情,"按照解放后的记录,最大范围的南界东起杭州湾以北,绕天目山、黄山北麓,经黄梅、岳阳以南,在洞庭湖盆地可以扩展到湘阴以南"⑧。有学者认为,明

① 潘季驯:《河防一览》卷8《申明鲜贡船只疏》。
② 《明英宗实录》卷338,天顺六年三月丙申。
③ 邱仲麟:《冰窖、冰船与冰鲜:明代以降江浙的冰鲜渔业与海鲜消费》,《中国饮食文化》,2005年第2期。
④ 万历《嘉兴府志》卷8《贡品》。
⑤ 蔡琳等著:《中国江河冰凌》,黄河水利出版社,2008年,第2页。
⑥ 王宗太、刘潮海:《中国冰川分布的地理特征》,《冰川冻土》,2001年第3期。
⑦ 张方俭:《我国的海冰》,海洋出版社,1986年,第14页。
⑧ 中国科学院《中国自然地理》编辑委员会:《中国自然地理·地表水》,科学出版社,1981年,第61页。

清时期我国河流结冰的南界已经移到南岭北麓至福州一带。①所以,长江下游地区从河流中取冰还是有可能的。再次,湖泊成冰主要受热状况及其变量的影响,尤其是大型湖泊不易结冰,但小型湖泊还是有可能的。以上是笔者基于现代气候和成冰理论对长江下游地区自然冰的类型和来源作出的可能判断,那么事实究竟如何? 通过史料来看一下明代的藏冰到底是何种类型,以及来源何处。

南京地区是"凿池凡十二区,冬月伐冰藏凌阴"②,苏州地区的冰是"每遇严寒,戽水蓄于荡田,冰既坚,取贮于窖"③。鄞县地区农人的冰则是"冰厂多为滨江农民之副业,晚秋谷子收获后,开始灌水入田,至十月以后天寒,田水凝结成冰,农民于早晨一、二点时,趁月光搬移田中的冰块,藏入冰厂中。直至翌年春天,结冰期始断,这时才闭厂门。待至夏间售于冰鲜船。冰厂大者,可容十五、六亩田之冰,最小者亦可五、六亩。一般富有的农民,常因冰厂而获巨大利益。由于这些田地,除冬令灌水结冰之外仍可从事农作,故滨甬江一带农田价格甚高,皆倚赖冰业之利"④。这虽是民国时期鄞县农民取冰的方法,但应该是自明代一直沿袭下来的习俗。而且,从清初人尤侗的诗中也可以看出冰的来源是稻田,"潭深如井屋高山,潴水四面环冰田"。他还描绘过一幅苏州地区冬月冰田取冰的场景,"孟冬寒至水生骨,一片玻璃照澄月。窖户重裘气扬扬,指挥打冰众如狂。穷人爱钱不惜命,赤脚踏冰寒割胻。槌春撞击声殷空,势欲敲碎冯夷宫。砅砰倏惊倒崖谷,淙琤旋疑响琼玉。千筐万筥纷周遭,须臾堆作冰山高"⑤。以上资料可见,长江下游地区天然冰的主要来源并不是河冰或者湖冰,而是专门预留一些水区(如水池、荡田、稻田等),等待严寒结冰后再进行取伐。

为什么不利用河冰? 原因很简单,河流属流动水,流动水的结冰过程与静水有很大差别。除温度条件外,河流深度、河流流量、河水成分、水流速度、河水扰动以及上游的气候和水文状况等对河流结冰都会有影响。⑥湖泊虽为静水,"在静水中,气温的下降使水体与大气对流失热,水体的温度也随之下降,冷水

① 张福春、龚高法、张丕远等:《近500年来柑桔冻死南界及河流封冻南界》,中央气象局研究所编《气候变迁和超长期预报文集》,科学出版社,1977年,第33—35页。

② 《明太祖实录》卷189,洪武二十一年三月乙酉。

③ 乾隆《元和县志》卷16《物产》。

④ 民国《鄞县通志》卷5《食货志·渔盐》。

⑤ 尤侗:《吴郡岁华纪丽》卷6《六月·卖凉冰》。

⑥ 龚高法、张丕远、吴祥定等:《历史时期气候变化研究方法》,科学出版社,1983年,第217页。

密度大而下沉,暖水密度小而上浮,引起水体内部对流作用,使水温趋于均匀,当降至4℃时,密度达到最大,水体内部的对流作用便消失。表层水体温度受气温的持续下降影响而继续下降,当降到0℃以下时,水分子便凝聚成冰晶,冰晶的增多,由圆盘状平卧水面逐渐发展成星状或树枝状,垂直于水面的冰片发展的速度很快"[1]。但由于湖泊面积较大,风力及其剪切作用较强,使得结冰临界温度降低,不易形成冰盖。相反,"小型湖泊及池塘内冰盖生成有时是在水冷至4℃以下,并且在无风、晴朗、寒冷的晚上发育"[2]。

所以,无论是凿池还是稻田蓄水,其性质均为静水,且面积较小,当温度低于0℃以下时更容易结冰且比较稳定,便于取藏利用。长江下游地区的人们正是利用了日最低气温低于0℃水体开始凝结,并积极创造结冰的条件,然后再进行取冰。笔者曾于2010年12月至2011年1月对复旦大学内的池塘进行过两个月的观察,北区食堂前的池塘相对于燕园的池塘来说,因为面积较小、水体较浅,所以更容易结冰,凡温度低于0℃以下,都会有不同厚度的冰层形成。2011年1月17日早上发现北区食堂前的小池塘结冰厚达2—3厘米,而前一天夜里的最低气温为-3℃。根据嘉兴1953—1975年逐日气温资料来看,气温低于0℃的日期主要集中在冬季(12—2月份),23年间冬季日极端最低气温低于0℃的平均天数达到37.6天。[3]也就是说,冬季可以取冰的日数可达30多天。因明代长江下游地区整体气候较现代寒冷,所以农民可以取冰的时间更长。

但长江下游地区属亚热带气候,冬季温度相对较高,结冰的时间较短,所结的冰也不厚,因此取藏起来要比北方困难。于是,当地人在取藏冰的过程中,基于经验的累积,发现了一种可以使冰块结得跟北方一样厚的特殊方法,"南方冰薄,难以收藏。其法用盐洒冰上,一层冰,一层盐,久之,则结成一块,厚与北方等。次年开用,虽其味略咸,而可以解暑愈病"[4]。依据现代科学知识,明代的这一制冰方法利用的是冰盐制冷的原理,即借冰的融化和盐的溶解作用,这种冷却作用乃是冰盐混合物的物理反应。"根据试验测得在冰内掺盐为冰重的30%时,可使混合物的融化温度降低到-21.2℃"[5],而"原本已冻成的冰块,在加盐

[1] 蔡琳等:《中国江河冰凌》,黄河水利出版社,2008年,第15页。
[2] 蔡琳等:《中国江河冰凌》,黄河水利出版社,2008年,第2页。
[3] 嘉兴气象局编:《嘉兴气象资料(1953—1975)》(内部发行)。
[4] 张居正:《张太岳先生文集》卷39《杂著》,湖北人民出版社,1994年,第708页。
[5] 上海铁路分局杨浦站冷藏组:《冰盐制冷及冰保车的运用》,人民铁道出版社,1979年,第5页。

之后重新溶化,再逐渐冷冻到新的冰点,和冰块结成一体"①。关于这一点,现代许多国家和地区还把盐冰作为一种趣味试验进行科普学习和教育。②长江下游地区的冰窖业者就是利用这种物理原理,克服气候条件取藏冰。由于用此方法藏冰的冰块带有盐分,故当地人称之为"盐冰"。

明清时期长江下游地区用于藏冰的场所称为冰窖,或称冰厂。如苏州"冰窖在葑门,冬藏夏用"③,海盐"冰窖原在本县海塘闸口,人犹能识其处"④,嘉靖末年的郑若曾说宁波的黄市洋有冰窖四、五座。⑤ 据邱仲麟研究,明代江浙地区存在冰窖的城市有苏州、杭州、乍浦(笔者注:应为海盐)和宁波。⑥那么,冰窖的构造又是如何呢? 明代没有明确记载,可以通过清代的一些记录来窥探一二。清初人李邺嗣道:"凡积冰家,俱隔冬窖田贮冰,上履以草,至次年发田取冰。"⑦徐兆昺在《四明谈助》中谈道:"冰厂窖田覆草,中脊建翎,前后峻削,如马鬃封然,不至积雨渗漏。地上藉以草,通长沟。冬月抬冰至满,必使封固周密,旁不通风,下可泄水,庶无消化之患。"⑧"厂(冰厂)系稻草所搭盖,上锐下广,方锥形式,斜度较大,高过寻常家屋,盖间阻热力侵入也。严冬时,戽水收冰入窖,翌年入夏启封,为渔舟冷藏用之要品。"⑨也就是说,在外形上,冰窖的建造要保持尽可能大的斜度,避免积水和外面热力的入侵,以防温度过高使得贮冰融化;在结构上,无论是窖顶还是窖底,都要覆草以防日照,底部还要通沟用以泄水。可见,冰窖的建造也充分体现了明人对气温的认识和利用。但即便是冰窖的设计如此巧妙复杂,其中的藏冰仍会有损失,"十成中总须损失半数"⑩。

明代长江下游地区农人取冰、藏冰的用途有二:一为供用鲜船出海冷冻鱼

① 转引自转自邱仲麟《冰窖、冰船与冰鲜:明代以降江浙的冰鲜渔业与海鲜消费》,《中国饮食文化》,2005 年第 2 期。

② [德]萨安编撰,徐莉翻译:《365 个趣味试验》,二十一世纪出版社,2004 年,第 203 页。

③ 隆庆《长洲县志》卷 7《户口·土产附》。

④ 万历《嘉兴府志》卷 8《贡品》。

⑤ 郑若曾:《江南经略》卷 8《黄鱼船议一》。

⑥ 邱仲麟:《冰窖、冰船与冰鲜:明代以降江浙的冰鲜渔业与海鲜消费》,《中国饮食文化》,2005 年第 2 期。

⑦ 乾隆《鄞县志》卷 29《土风》。

⑧ 徐兆昺:《四明谈助》卷 32《东郭西·冰厂》。

⑨ 民国《鄞县通志》卷 3《博物志甲编·杂产》。

⑩ 建设委员会调查浙江经济编:《杭州市经济调查》之《工业篇·制冰业》,台北传记文学出版社,1971 年,第 174—175 页。

鲜,一为消暑。正所谓"盛夏需以护鱼鲜,并以涤暑"①。清初人尤侗也道出这两个用途:"君不见葑溪门外二十四,年年特为海鲜置……堆冰成山心始快,来岁鲜多十倍卖。海鲜不发可奈何,街头六月凉冰多。"②王鏊曾写道的"三伏卖冰"③即是它的消暑功能,但更重要的还是前者。正德时期,鲥鱼"其出与石首同时,而品居其次。盛夏,海人以冰养之,衔鬻邻郡,谓之冰鲜"④。万历《杭州府志》记述了这样一件事情:隆庆六年(1572)四月,杭州百姓张禧等人,执绍兴府萧山县渔户票出海贩鲜,至海宁县赭山为巡检司所获,"申报军门,行萧山县究罪,鱼船入官,委钱塘县林典史拆毁冰窖"⑤。可见,张禧在钱塘拥有私营的冰窖,并进而从事贩鲜活动。明人沈懋嘉曰:"鲜船都在水西棚,三尺黄鱼似绛缯。阵阵腥风朝市歌,红船影里买春冰。"⑥清初"石首俗呼黄鱼,每夏初,贾人驾巨舟,群百人呼噪出洋,先于苏州冰厂市冰以待,谓之冰鲜"⑦。李邺嗣在《鄮东竹枝词》咏道:"鱼鲜五月味偏增,积冻中舱气白凝。未出洋船先贵买,几家窖得一田冰。"⑧正是由于藏冰业的发展,才促使冰鲜渔业的扩展,对于食鱼鲜的普及化与平民化具有重要贡献,对此,邱仲麟有详细论述,⑨不再赘述。

三、结论

气候冷暖变化会对社会日常生活带来重要影响,尤其是严寒的影响表现更为深刻。本节用大量证据分析气候冷暖变化对明人收入来源、食物、米价、薪炭以及出行等日常生活造成的影响。同时,因社会阶层的不同,气候冷暖变化对不同人群的影响也表现出明显的差异性。而地方志中增加"气候"条阐述各地气候概况的事实,恰恰是明人对气候冷暖认识的一种深化。面对严寒天气,不同阶层和地域的人群对衣着有不同的选择,以抵御寒冷:上层官绅阶层会选择裘衣,普通绅士和富贵之家则选择绒衣,穷苦百姓则只能选择棉衣。明人对天

---

① 乾隆《元和县志》卷16《物产》。
② 尤侗:《吴郡岁华纪丽》卷6《六月·卖凉冰》。
③ 正德《姑苏志》卷13《风俗》。
④ 正德《松江府志》卷5《土产》。
⑤ 万历《杭州府志》卷6《国朝郡事纪下》。
⑥ 沈懋嘉:《当湖竹枝词十首》,沈季友编《槜李诗系》卷13。
⑦ 康熙《松江府志》卷4《土产》。
⑧ 乾隆《鄞县志》卷28《物产》。
⑨ 邱仲麟:《冰窖、冰船与冰鲜:明代以降江浙的冰鲜渔业与海鲜消费》,《中国饮食文化》,2005年第2期。

然冰的利用主要表现在取冰、藏冰和用冰上，这都充分体现了明人对气温的主动利用。

第二节　梅雨变化的影响及社会适应

梅雨是我国长江中下游地区重要的天气气候特征，其每年入、出梅的早晚、梅雨期的长短、梅雨量的丰枯和梅雨量的强弱，不但反映了从春到夏过渡期间亚洲上空大气环流季节性变化与调整的各种演变特征，而且直接影响到江淮地区的旱涝。据叶笃正等研究，全国涝灾主要集中在江淮地区，其中 6—7 月的旱涝，大部分是由梅雨异常引起的。[①]因此，梅雨一直是我国气象学者研究的重要课题。在第三章中笔者曾对明代后期部分年份的梅雨活动和特征进行了重建，本节主要讨论梅雨变化下的民生，即梅雨变化尤其是异常梅雨对明代民生带来的影响，以及明人对梅雨的认识和对梅雨变化的适应。

一、梅雨变化对民生的影响

农历的四、五月间，长江中下游地区正处于梅雨季节，此时也是该地区最忙碌的农时，农人要收蚕缫丝，要收割冬麦、油菜、蚕豆，还要对水稻进行育秧、移栽。万历《秀水县志》道出了该期间的劳作："四月刈麻麦，遂垦田，或牛犁，已而插青……谚云：江村四月闲人少，缠了桑麻又插秧。"[②]而天启《海盐图经》则道出梅雨对水稻种植的影响："凡种稻先择种。立夏，粪秧田，浸种；浸五日，始秧撒之秧田；又五日，秧始齐。芒种后夏至前，为霉时多雨，垦田平之，又碌之，且粪之，乃拔秧栽之。无雨则水为之，用桔槔。"[③]因梅雨活动具有较大的年际变化，梅雨期的早晚、雨期持续的时间以及雨量的多寡等都会对整个农业生产造成重大影响，尤其是异常梅雨将会对农业造成严重损失。而且，因社会地位、身份的不同，梅雨变化对明人的影响表现出明显的差异性。下文将一一陈述异常梅雨给民生带来的影响及其差异性。

---

① 叶笃正、黄荣辉：《长江黄河流域旱涝规律和成因分析》，山东科学技术出版社，1996 年，第 387 页。
② 万历《秀水县志》卷 1《舆地·风俗》。
③ 天启《海盐图经》卷 4《风土记》。

1. 梅雨期过早

如果梅雨期过早，就会使处于黄熟期的冬麦不能够及时收割，面临因浸泡而腐烂的危险。如上文中笔者分析过万历四十一年（1613）长江下游地区梅雨期偏早，嘉兴就出现"大雨，伤麦不得刈"①。崇祯十三年（1640）长江中游地区梅雨期偏早，"武昌旃甲蔽江滨，到处流离说辛苦。二麦未收夏四月，千家共叹雨三旬"②。而一旦进入梅雨期，持续的降水则会使冬麦因浸泡而长芽、腐烂，朱友燉曾描述了这样的情形，"十里黄云麦长芽，一池青草蛙鸣鼓"③。即便是赶在梅雨期之前收获的冬麦也因没有时间进行曝晒依旧会面临腐烂的危险，"已堆在场麦生蚵，未刈之麦烂根科"④。不仅冬麦会腐烂，收蚕缫丝等活动也会受到影响，正德五年（1510）的早梅雨使长江下游地区"小麦大麦黑水漂，蚕蚕病黄茧不缫"⑤。同样，持续的降水也会使水稻无法插秧、移栽，该年持续的梅雨使吴越间"四月降水麦不秋，五月插秧水不收。良田万顷尽洪流，尽洪流，大无禾，民皆死，如国何？"⑥"五月黄梅雨，水从天目来。坏连青草没，船如白云间。□竹家家户，张层处处台。野田翻雨浪，一米未曾栽。"⑦即便是及时移栽之后也会被大水淹没而坏死，万历七年（1579）江南"岁梅侯多雨，几涝。于时农已耗讫，悉力戽之，水已去田尺余。五月二十日暴雨倾盆，诘朝一望成湖"⑧。所以，梅雨期过早会阻碍冬麦的收割和水稻的插秧，耽搁农事的正常安排，进而造成庄稼的欠收。

2. 梅雨期偏长

一般情况下，长江中下游地区梅雨期的偏早意味着雨期的偏长，这不但使农业生产遭受影响，农人的日常生活也会受到很大的打击，使居无所依，食无所靠："四月黄梅雨，霖霪十余日。溪水一夜生，万马来突如。风浪高拍天，没我田

① 李日华著，屠友祥校注：《味水轩日记》卷 5，上海远东出版社，1996 年，第 312 页。
② 吴应箕：《栖山堂集》卷 26《苦雨》。
③ 朱有燉：《诚斋新录》之《苦雨诗》。
④ 朱有燉：《诚斋新录》之《登麦之时苦雨偶成拗体诗二首》。
⑤ 周用：《周恭肃公集》卷 2《大水》。
⑥ 祝允明：《怀星堂集》卷 3《九愍》。
⑦ 朱长春：《朱太复文集》卷 10《大水》。
⑧ 严果：《天隐子遗稿》卷 3。

中庐。泛滥失阡陌,无复沟与渠。鸡犬迷里巷,□龟如郊墟。上者为营窟,下者为巢居。蚕妇罢织纤,农夫辍耕锄。旧没新未登,家无儋石储。有薪不及炊,有麦不及茹。潜穴类鸟鼠,缘木偶猿狙。"①而万历八年(1580)苏松地区"自闰四月既望至五月上旬大雨连绵,昼夜倾盆……一望巨浸,遍野行舟,圩岸坍塌而川原莫辨,屋庐飘荡而依栖无所,禾苗之已莳者尽入波涛之中,而未莳者将何所措乎!"②再如天顺四年(1460)长江中下游地区梅雨期长达四十余天,南京地区"霖雨四十余日,大水弥望,坏人屋庐……米讶珠为价,薪同桂作枝"③。嘉兴地区"五月初旬作雨始,六月中旬犹未止。田中水增五尺高,南风吹作如山涛。……嘉禾万顷烂根苗,百姓存心如火烧。昼夜踏车敢辞苦,不忧擂破牛皮鼓"④。如果梅雨期降水偏长还会造成严重水灾,最典型的莫过于本书第四章中论述的万历三十六年大水,该年入梅偏早,雨期偏长,始于 5 月 13 日,终于 7 月 5 日,长达 53 天,梅雨异常是造成此次灾情的直接原因。明人李流芳的《苦雨行》则向我们描绘了该年异常梅雨所造成的嘉定地区农人生活的悲惨画面,"二麦既已尽,稚苗不得安……斗米如斗珠,束薪如束缣。缸中蓄已罄,灶下寒无烟。小妇谋夕舂,大妇愁朝餐。前日雨压垣,舍北泥盘盘。昨夜雨穿屋,帐底流潺潺。篱落坏不理,衣裳湿难干"⑤。还有崇祯十三年(1640),浙西"大雨积两月,较之万历戊子水更深二尺许,四望遍成巨浸,舟楫舣于床榻,鱼虾跃于井灶。有楼者以楼为安乐窝,无楼者或升于屋,或登于台,惟虑朝之不及夕也。米价初自一两余,渐至二两余"⑥。

3. 空梅或少梅

同样,空梅或少梅也会给农业生产带来重大影响,使得水稻无法插秧、移栽。如果和其后的伏旱连在一起则会对作物的生长带来严重危害,因为该期间正是作物生长旺盛期,需水多,抗旱能力弱,农谚说"春旱不算旱,夏旱丢一半"正是这个道理。如万历十七年(1589)长江下游属空梅年,"自五月至六月

---

① 田艺蘅:《香宇续集》卷 12《四月晦日登山观洪水》。
② 严讷:《严文靖公集》卷 11《水灾与师相太岳书》。
③ 童轩:《清风亭稿》卷 5《久雨一百韵》。
④ 龚诩:《野古集》卷中《续赋苦雨谣》。
⑤ 李流芳:《檀园集》卷 1《苦雨行》。
⑥ 陈其德:《灾荒纪事》,光绪《桐乡县志》卷 20《祥异》。

不雨,秧已失莳,秋事无望,熊令君露祷虔甚"①。还有万历三十九年(1611),长江下游亦处于空梅年,嘉兴"治装往当湖,一路桔槔声,栽插十未二三,苦矣"②;而慈溪县的情况是"入夏数旬未雨,不得插秧,秧尽枯,农越乡邑贷种"③。另外,崇祯十年(1637)和十四年(1641)的梅雨期分别为 8 天和 6 天,属少梅年,这两年整个长江下游地区均出现严重旱情,本书第三章第四节已有论述,此不赘述。再看一下崇祯十四年旱情对民生的影响:"旱魃为灾,河流尽涸,米价自二两骤增至三两,乡人竟斗米四钱矣。虽麦秀倍于他年,终不足以糊口,或吃糠秕,或吃麦麸,甚或以野草树肤作骨,而糟糠佐之,及素封之家,咸以面就粥,二餐者便称果腹,而一餐者居多。夫弃其妻,父弃其子,各以逃生为计。"④

4. 梅雨变化影响的差异性

相对于农人来说,梅雨变化对士绅阶层的影响则没有那么明显。对于致仕归家且没有地产的官员来讲,丝毫构不成任何威胁,这里不妨暂举几例。徐学谟的《种莲不成书此解嘲》写道:"冒地种莲花,莲芽喜渐长。谓当朱明时,花开大于掌。梅雨苦不休,澄谭集鱼网。泛滥那可言,水父莲叶上。桔槔无所施,一望成泱泱。为复伤其根,极目惟灌莽。"⑤顾潜却道:"泽国梅霖暮达朝,美人难见复难招。青泥滑滑峰头路,绿水盈盈郭外桥。挥尘剧谈成寂寞,衔杯高兴觉萧条。何当风日开新霁,问柳寻花乐事饶。"⑥面对"五月黄梅雨,高江白浪飞。蛟龙近山郭,鱼蟹入柴扉"这样的情景,王穉登却与诸文学移酒看新涨:"栀子香熏席,杨梅赤染衣。济川须尔辈,未可问鱼矶。"⑦可见,梅雨期过长不是打断就是助长了他们娱乐的兴致。对于拥有大量田产的士绅来讲,则是另一种情况,如崇祯十五年(1642)绍兴"连日霪雨",祁彪佳便发出"菜麦及可虑焉"的感慨。

对于文人中贫困者来讲,则又是一种情况。赵钺曾作《苦雨五叹》描述了长

① 徐学谟:《归有园稿》卷 5。
② 李日华著,屠友祥校注:《味水轩日记》卷 3,上海远东出版社,1996 年,第 171 页。
③ 光绪:《慈溪县志》卷 55《祥异》。
④ 陈其德:《灾荒纪事》,光绪《桐乡县志》卷 20《祥异》。
⑤ 徐学谟:《归有园稿》卷 3《种莲不成书此解嘲》。
⑥ 顾潜:《静观堂集》卷 5《梅雨久踈友会寄鹤村改亭》。
⑦ 王穉登《王百穀集十九种·金昌集》卷 2《与诸文学移酒看新涨》。

时间的梅雨对穷苦书生日常生活的影响，其《书》曰："一卷大古书，千年传邹鲁。昔作秦炉灰，今作屋下土。"《米》曰："尽日不见炊，粟罄空浮甕。呼儿就枕眠，应有黄粱梦。"①而另一萧山文人则描述道："村前村后水弥弥，便欲移家无处移。束手自知亏计划，回天谁可拯灾危。扶筇草径行如醉，假寐松床卧若凝。堪叹弄晴梅子雨，兼旬长日是淋漓。"②

二、明人对梅雨变化的认识和适应

在长期的生活和生产中，明人对梅雨也有了一个清晰的认识，并积累下一套对梅雨天气的预测经验。而面对异常梅雨带来的灾难，民间积累了许多应对机制，如农业生产技术的选择、进行祈祷等。

1. 民间对梅雨的认识和预测

梅雨虽然是长江中下游地区共有的一种重要的气候现象，但各地梅雨特征并不完全相同。从气象学观点来看，每年梅雨的形成和维持是受一定的大气环流形势所支配，地面的梅雨锋（准静止锋）一般摆动于长江中下游到日本一带。但每年梅雨锋的建立和演变过程，从地面形势场到高空环流型又是多样的。雨区的影响范围有的年份是从北向南，有的年份是自西而东，有的年份是先南后北。因此，长江中下游地区的入梅日期并非完全一致，而是存在着一定的时空差异。

明人对此也早有认识，郎瑛曾道："《碎金集》云：'芒种后逢壬入梅，夏至后逢庚出梅。'《神枢经》又云：'芒种后逢丙入梅，小暑后逢未出梅。'"他意识到前人不同的说法致使"人莫适从"，于是他给出了自己对此的理解，"予意作书者各自以地方配时候而云然耳"。所谓"各自以地方配时候"既认识到梅雨期的区域差异，又点出了梅雨期的时间差异。随后，作者又举例说明自己的解释："观杜少陵诗曰：'南京犀浦道，四月熟黄梅。湛湛长江去，冥冥细雨来。'盖唐人以成都为南京，则蜀中梅在四月矣。柳子厚诗曰：'梅实迎时雨，苍茫觉晚春。'此子厚岭外之作，则又知南粤之梅雨三月矣。东坡吴中诗曰：'三旬过久黄梅雨，万里初来舶趠风。'又《埤雅》云：'江湘二浙四五月间有梅雨□，败人衣服。'予尝亦

① 赵钫：《无闻堂稿》卷16《苦雨五叹》。
② 魏骥：《南斋先生魏文靖公摘稿》卷10《五月四日雨中水势涨甚》。

戏为诗曰:'千里殊风百里俗,也知天地不相同。江南五月黄梅□,人在鱼盐水卤中。'是知天地时候,自有不同如此。"①因此,在明人的著述中便出现了不同的梅雨期,有"江村门巷如流水,梅雨蚕耕四月时"②,也有"烧灯竟夜说平生,四月江南梅雨晴"③;有"江南五月黄梅雨,湿云不断生远水"④,也有"新诗聊记登临候,梅雨初晴五月中"⑤;还有"南京六月梅雨积,温湿蒸炎闷杀人"⑥。同样是江南地区,既有"江南五月黄梅雨,溽暑熏蒸无燥土"⑦,也有"五月江南梅雨歇,风翻白苎早含秋"⑧。这都体现了明代梅雨期的时空差异性和时人对梅雨的认识。

　　而经过长时间的农作积累,农人不但加深了对梅雨的认识,还逐渐掌握了对梅雨天气的预测经验。元末明初吴郡人娄元礼曾向当地农人请教,并加入自己的经验总结撰写的《田家五行》,就记录了许多有关对梅雨的占卜、预测,如通过植物的物候期和动物的特征来占卜梅雨的雨期,"谚云:黄梅雨未过,冬青花未破;冬青花开,黄梅便不来"⑨。"丝毛狗腿毛不尽,主梅水未止"⑩。并且用自己的亲身体验对一些农谚进行验证,作出自己的评价。如对农谚"梅里西南,时里潭潭"的验证是"排年试看,但此风连吹两日,则雨立至";对农谚"梅里雷,低田折舍回"、"声多及震响,反早"的态度是"甚验"、"往往经试";"立梅日早雨,谓之迎梅雨。一云主旱,谚云:'雨打梅头,无水饮牛;雨打梅额,河底开坼。'一云主水,谚云:'迎梅一寸,送梅一尺。'杂占云:'此日雨,卒未晴。'"对于这两种互相矛盾的说法,作者给出自己的评价,"试以二说比较,近年才是无雨,虽有黄梅,亦不多,不可不知"⑪。这些经验性的占卜和预测在明代一直都是农家必备的知识,明末徐光启还把它们收录到《农政全书》之中。⑫还有许多占候则一直持续到现代,如江苏兴化地区有关蝉与芒梅雨关系的谚语:芒未到,蝉鸣叫,晒得

①　郎瑛:《七修类稿》卷28《辩证类》。
②　费元禄:《甲秀园集》卷21《田家即事十首》。
③　胡缵宗:《鸟鼠山人小集》卷6《夜坐赠何太守子鱼》。
④　陆深:《俨山集》卷2《替严介溪所藏何竹鹤画》。
⑤　倪宗正:《倪小野先生全集》卷7《岳王祠用李邵二方伯联句韵四首》。
⑥　王廷相:《王氏家藏集》卷17《苦热》。
⑦　童冀:《尚絅斋集》卷5《暑雨即事感怀》。
⑧　田艺蘅:《香宇集·初集》卷4《仲夏西畸即事》。
⑨⑪　娄元礼:《田家五行》卷上《五月类》。
⑩　娄元礼:《田家五行》卷下《鸟兽类》。
⑫　徐光启著,陈焕良、罗文华校注:《农政全书》卷11《占候》,岳麓书社,2002年,第157页。

犁头跳;蝉鸣雨去,雨在蝉不鸣;三苫尽,知了鸣,西南风,望晴天。这几条谚语总的意思就是,如果苫天未到蝉儿就叫起来,预兆这年苫梅雨不多或以后不会再有什么大雨;如果苫梅雨阴雨连绵,只要听到蝉儿开始叫,就预示苫梅雨很快就会结束,天气转晴,进入炎热的夏天。[1]而且,诸如此类的预测在一定程度上也有所应验,如万历四十一年(1613)梅雨期内"前是连旬淫潦,人颇忧之,而农丈人云至廿六日必霁,至是果验"[2]。即便是以现代科学知识来看,《田家五行》中的"这些农谚从不同侧面揭示了天气、气候变化的一些规律,大都具有一定的科学性和准确性"[3]。

2. 农业生产技术的选择

梅雨是长江中下游地区重要的气候特征,雨期的长短、雨量的多寡直接影响到该区域的旱涝情况,通过本书第三章和第四章的论述可以充分说明这一点。尤其是梅雨期过长、雨量过大往往会引发水灾,农人要设法自救。既然是水灾,就要涉及农田水利建设以及地方上的赈济等,由于这方面资料丰富,尤其是在江南地区,学界研究已蔚为大观,[4]非笔者能力所能企及。所以,本节仅对长江下游地区的农业生产技术选择作一探讨。对此,曾雄生曾有相关论述,[5]本文在此基础上再作补充。明末浙西人沈氏曾对农业技术选择概括道:"须设法早车、买苗、速种……故大水之年,未种而水至,则以车救为主;不救则以复种为主。大凡淹没之时,人情汹汹,必有阻惑;人言勿听,而断为之可也。"[6]

梅雨期间持续的降水会在田中积水,"乡民每见经旬之雨则皆蹙頞,其未耕也忧水至而不及耕,既耕也忧水至而不及种,既种也忧水至而不及实",要想进行补救当务之急就是车水,把田中的积水尽快排出。"凡春夏之交,梅雨连绵,外涨泛溢,浐没随之。农家结集车戽,号为大棚车,人无老幼,远近毕集。往往击鼓鸣柝,以限作息,至有累日连月,朝车莫涨而不得暂休者。"以致在吴地一度形成一种颇为有效的车水管理制度,"周文襄公巡抚之时,令概县排年里长,每

① 江苏兴化县气象站:《蝉儿叫与苫梅雨》,《气象》,1976年第5期。
② 李日华著,屠友祥校注:《味水轩日记》卷5,上海远东出版社,1996年,第313页。
③ 江苏省建湖县《田家五行》选释小组:《〈田家五行〉选释》,中华书局,1976年,第3页。
④ 其主要成果见陈忠平、唐力行主编《江南区域史论著目录》,北京图书馆出版社,2007年。
⑤ 曾雄生:《〈告乡里文〉:一则新发现的徐光启遗文及其解读》,《自然科学史研究》,2010年第1期。
⑥ 陈恒力校释,王达参校、增订:《补农书校释》(增订本),农业出版社,1983年,第72页。

名置官车一辆,假如某都某围田被水淹没,则粮长拘集官车若干辆,督令人夫并工车戽,须臾之间水去皆尽,而又官给口粮以赈之"。但此后这种管理模式并未持续下去,"自文襄公去后不复有此良法矣"。①直到清代又有所发展,日本学者森田明曾有详细论述。②

　　未插秧的稻田遭到淹没,为了尽早插上稻苗,必须尽可能地排掉田中积水;而插秧之后再受淹的稻田,则要通过车水来保苗。大棚车制度虽然没有了,但每年因梅雨造成田中积水时,车水仍然是当务之急。天顺四年(1460),长江中下游地区梅雨期长达四十余天,致使发生水灾,农人依旧用此法救灾,"嘉禾万顷烂根苗,百姓存心如火烧。昼夜踏车敢辞苦,不忧擂破牛皮鼓"③。成化元年(1465),"湖田十年才一耕,今年又与湖岸平。男儿筑岸妇踏水,日长踏多力不生"④。万历七年(1579),"梅侯多雨,几涝。于时农已莳讫,悉力戽之,水已去田尺余"。有诗云:"桔槔日夜无停声,禾头稍稍出水上。"⑤车水虽是救灾的第一要务,但也是一个复杂的过程,其成功与否受制于多方面的因素。"戽水的成功取决于许多因素,包括乡村制度、人力与车水的聚集,同时也与圩田的形态有关",对此,王建革曾专门作过论述,并结合人群和苗情等景观全面分析了太湖地区乡村救灾的生产场景。⑥明人耿橘曾比较系统地总结过圩田水利治理技术,张芳曾作过专门研究,⑦不再赘述。

　　车水完毕之后就要进行其他补救工作。万历三十六年(1608),由于该年梅雨期早,雨期偏长,致使整个长江中下游地区出现"二百年来未有之灾"。长江下游地区的水灾一直持续到万历三十八年(1610),"(时年庚午,水灾。)近日水灾,低田淹没",对此徐光启说:"今水势退去,禾已坏烂,凡我农人,切勿任其抛荒。"如有可能就"寻种下秧",⑧所谓"寻种下秧"就是寻找合适的种子进行再度播种,这是苏浙地区常用的一种补救措施,如在1608年水灾之后,时任吴中巡抚的周孔教所提出的救荒要领之一便是"贷种"。⑨而在无种可贷的情况下,时任

①　弘治《吴江志》卷6《风俗》。
②　森田明:《清代水利社会制度史研究》,国书刊行会,1990年,第227—228页。
③　龚诩:《野古集》卷中《续赋苦雨谣》。
④　沈周:《石田先生诗钞》卷1《决堤行》。
⑤　严果:《天隐子遗稿》卷3。
⑥　王建革:《水车与秧苗:清代江南稻田排涝与生产恢复场景》,《清史研究》,2006年第2期。
⑦　张芳:《耿桔和〈常熟县水利全书〉》,《中国农史》,1985年第3期。
⑧　徐光启:《告乡里文》,崇祯《松江府志》卷6《物产》。
⑨　陆曾禹:《钦定康济录》卷4。

嘉兴桐乡县令胥之彦则是"出币金三百两,委尉遄往江右买籼谷,颁发民间,即下谷种……是秋,远近大祲,桐乡再种者,亩收三石,民乐丰年"①。明末清初桐乡人张履祥详细地记载了当年从外地引进赤米品种,进行抢救性补种的情况:"万历戊申夏五月大水,田畴淹且尽。民以溢告,公抚慰之,劝以力救。不得已,则弃田之已种者而存秧。浃日雨不止,度其势不遗种,乃预遣典史赍库金若干,夙夜进告,籴种于江西,而己则行水劝谕,且请于三台御史,乞疏免今年田租,以安民心。十余日,谷归,分四境粜之,教民为再植计。月余水落田出,而秧已长,民犹疑之,将种黄、赤豆以接食。公曰:'无为弃谷也。'益劝民树谷。其秋,谷大熟,赋复减十之七,民以是得全其生者甚众,他郡邑弗及也。"②正如曾雄生所说:"寻种下秧所遇到的一个问题就是时间,水灾过后,再行播种,季节偏晚,对于常规的水稻品种而言,有效的时间太短,不足以完成正常的生产过程。只有个别生育期特别短的品种才能够完成一个生产周期。"③据此,徐光启主张"六十日乌可种",与之类似的还有乌口稻,其特征是"皮芒俱黑,以备水涝,秋初亦可插莳,盖因晚熟故也"。④除此之外,徐光启还推荐了一些生长期较短、耐水涝的品种:"吾乡垦荒者,近得籼稻,曰一张红,五月种,八月收,绝能耐水,水深三四尺,漫散其中,能从水底抽芽,出水与常稻同熟,但须厚壅耳。松郡水乡,此种不患潦,最宜植之。"⑤

但这类品种收成很少,所以徐光启又提出一种补救方式——买苗补栽。其具体操作方法是:"要从邻近高田,买其种成晚稻;虽耘耨已毕,但出重价,自然肯卖;每田二亩,买他一亩,间一科,拔一科;将此一亩稻,分莳低田五亩;多下粪饼,便与常时同熟;其高田虽卖去一半,用粪接力,稻科长大,亦一般收成。若禾长难莳,须捵去稍叶,存根一尺上下莳之。晚稻处暑后方做肚,未做肚前尽好分种,不妨成实也。"这种方式可以争取更多的生产时间,因而也就有可能获得更好的收成,成为"江浙农人常用"的一种应对水灾的方法,"他们不惜几石米,买一亩禾,至有一亩分作十亩莳者"。⑥明末浙江湖州人沈氏在其所著《农书》中也提到了"买苗补种"一事,"湖州水乡,每多水患。而淹没无收,止万历十六年、三

---

① 乾隆《宁志馀闻》卷4《食货志》。
② 张履祥:《杨园先生诗文》卷17《赤米记》。
③ 曾雄生:《〈告乡里文〉:一则新发现的徐光启遗文及其解读》,《自然科学史研究》,2010年第1期。
④ 弘治《常熟县志》卷1《土产》。
⑤⑥ 徐光启:《告乡里文》,崇祯《松江府志》卷6《物产》。

十六年、崇祯十三年,周甲之中,不过三次耳。尝见没后复种,苗秧俱大,收获比前倍好",并对所买苗提出要求:"其买苗,必到山中燥田内,黄色老苗为上。下船不令蒸坏,入土易发生。切不可买翠色细嫩之苗,尤不可买东乡水田之苗,种下不易活,生发既迟,猝遇霜早,终成秕穗耳。"①而陈其德也记述了崇祯十三年(1640)吴兴之民买苗的事情:"而吴兴之农又重觅苗于嘉禾,一时争为奇货,即七月终旬犹然,舟接尾而去也。"②

而对于那些"无力买稻苗者"徐光启则提出另外一种补救方式:"亦要车去积水,略令湿润,稻苗虽烂,稻根在土,尚能发生,培养起来反多了稻苗,一番肥壅,尽能成熟。"这种方法主要是利用了水稻的再生性,徐光启曾"亲验之",并对利用水稻的再生性来应对水旱灾害大加肯定,他说:"今后若水利未修,不免岁岁如此,此法宜共传布之。若时大旱,到秋得雨,亦用此法。"③从后来有关的记载来看,此法也的确在江南得到应用。如崇祯十三年,"五月初六日雨始大,勤农急种插,惰者观望,种未三之一。大雨连日夜十有三日,平地水二、三尺,舟行于陆。旬余稍退,田畴始复见,秧尽死,早插者复生,秋熟大少。"④

另外,农具的准备对于灾后补救也具有重要作用,如该年"有一人以粪、箸未具"没有及时插秧,"不克种田,以致饥困"。这次水没田畴的日子是在五月十三日,但"十二以前种者,水退无患;十三以后,则全荒矣"⑤。因为十二日以前插的秧已经扎根,所以水退之后还能再生。

3. 民间的祈祷行为

异常梅雨的后果一般就是涝灾和旱情,农人在救灾的同时还会求助于上天,即进行祈祷。这是古人一直持续的对水旱灾害的一种应对方式,明代亦不例外。如果是空梅或少梅则会出现旱情,相应地就需要进行祈雨,如洪武二十三年(1390)梅雨失时,"五月至六月弥月不雨",致使松江地区出现旱情,陶宗仪曰:"余所居长泖上去城三十余里,地势高亢,河流涸,禾稼悴,民惶惶无所措。"

①　陈恒力校释,王达参校、增订:《补农书校释》(增订本),农业出版社,1983年,第72页。
②　陈其德:《灾荒纪事》,光绪《桐乡县志》卷20《祥异》。
③　徐光启:《告乡里文》,崇祯《松江府志》卷6《物产》。
④　陈恒力校释,王达参校、增订:《补农书校释》(增订本),农业出版社,1983年,第174页。
⑤　陈恒力校释,王达参校、增订:《补农书校释》(增订本),农业出版社,1983年,第139页。

于是，"松江命方士陆云涧建法坛仙鹤观祷焉"。①万历三十九年（1611）长江下游地区出现空梅，到五月四日嘉兴"郡中苦旱，祈祷甚力"②。如果是入梅早，一般会造成持续降水，雨期过长，则会造成涝灾，这时就会相应地进行祈晴活动。如张选在担任知县时就遇到梅雨过长，不得不进行祈晴，其文如下："知县张关照得本职，由进士拜官，来尹兹土，一县生民，休戚所系……到任以来，阴雨兼旬，沟渠泛溢，行人道阻，菜麦黄枯，民生遭此，衣食何依？"③许谷也描绘了春雨、梅雨连在一起，致使郡中不得不进行祈晴的情形："今春麦穗纷纷生，田家欢喜饼在铛。岂知久雨更沮烂，向来满目空青青。三月滂沱今转甚，秧针未插时将尽。谁道天瓢不肯收，盖高信远诚难问。郡中亦有祈晴文，尺疏告天天不闻。"④

对于这样的祈祷行为，我们不能用科学还是非科学来进行评论，因为这是古人面对恶劣环境的一种生存选择，乃至发展成为一种文化，我们能做的只是去复原这种行为和解释这种文化。正如陶思炎所说："扫晴与祈雨是农事祈禳中的要项，它们往往以象征性的事物或行为去追求免灾得禳的实际目标，仅仅以虚无的信仰来平衡、发动村民，唤起抗灾意识，而获得更多的实际功效。"⑤

三、结论

本文针对早梅雨、长梅雨、空梅或少梅等异常梅雨对长江中下游地区农人和士绅生产、生活的影响分别进行了论述。在长期的生活和生产中，明人也对梅雨形成了清晰的认识，并积累下一套应对梅雨天气的预测经验。面对异常梅雨带来的灾难，民间积累了许多应对机制，本节专门就农人在因梅雨引起的水灾面前，选择相应的农业技术问题作了探讨，其中包括戽水、买种下秧、买苗补栽、戽水再生、农具准备等诸多环节，表现为一种积极的应对；与此同时，祈祷行为也在其中扮演重要的角色。

---

① 陶宗仪：《南屯诗集》卷 3《志喜》。
② 李日华著，屠友祥校注：《味水轩日记》卷 3，上海远东出版社，1996 年，第 171 页。
③ 张选：《忠谏静思张公遗集》卷 3《祈晴文》。
④ 许谷：《归田稿》卷 2《苦雨叹》。
⑤ 陶思炎：《祈雨扫晴撷谈》，《农业考古》，1995 年第 3 期。

第三节　康熙三十五年上海风暴潮下的民生

　　气候变化对于人类社会的影响以及社会的响应是全球气候变化研究的重要内容,尤其是极端天气事件因其破坏力大、对社会影响深刻,而成为当前气候变化研究领域的热点问题。[①]当前对历史极端天气事件的研究主要集中在两个方面:一是对极端天气事件本身的重建,讨论气候事件发生的过程、时空分布、气候特征以及分析发生的气候背景,如本书第四章所作的工作;二是灾害发生后的社会应对,主要集中在赈灾层面,进而讨论由此体现的国家与地方关系等诸多问题。[②]

　　康熙三十五年(1696)长三角地区发生特大风暴潮,潮灾中死亡人数在十万左右,被灾害学界视为中国历史上最大的海潮灾害,[③]上一章中笔者已经对其过程和影响进行了复原。然而如此惨重的一场灾害对于死亡人数却不见于官方文献记载,仅于私人文集和日记中得以记录,其背后的缘由是什么?风暴潮发生后,百姓的生活经历了什么?地方官员的救灾得力与否?朝廷的反应又是如何?这些都是悬而未决、需要深入探究的问题。

　　清初上海人姚廷遴的《历年记》,以一个亲历者的身份记录了上海县灾后的民生百态。诚如王家范先生谈及《历年记》价值时所说:"能够直接倾听到一个识字的普通人对当时官民状况的感受,平常得像家人聊天,实话实说,是不可多得的原生态史料。"[④]所以,借助于《历年记》可以让后人了解特大风暴潮发生后各个阶层的人群是如何面对及应对灾难的。

---

①　丁一汇、任国玉:《中国气候变化科学概论》,气象出版社,2008年,第87—100页。
②　夏明方:《清季"丁戊奇荒"的赈济及善后问题的初探》,《近代史研究》,1993年第2期;杨剑利:《晚晴社会灾荒救治功能的演变——以"丁戊奇荒"的两种赈济形式为例》,《清史研究》,2000年第4期;冯贤亮:《咸丰六年江南大旱与社会应对》,《社会科学》,2006年第7期。
③　张家诚:《中国气象洪涝海洋灾害》,湖南人民出版社,1998年,第269—270页;《中国海洋志》编纂委员会编著:《中国海洋志》,大象出版社,2003年,第783—784页。
④　王家范:《明清易代:一个平民的实话实说》,《南方周末》,2007年3月29日,第D30版。

一、生还百姓:四载奇荒,民困已极

1. 生计受灾,要求赈济不果

上海东部沿海地区主要的农作物是水稻和棉花,尤其是棉花的种植颇广。明末上海沿海地区基本上就以棉花为主,"海上官民军灶,垦田几二百万亩;大半种棉,当不止百万亩"。[①]及至清代,依旧有所发展,叶梦珠云:"吾邑地产木棉,行于浙西诸郡,纺绩成布,衣被天下,而民间赋税,公私之费,亦赖以济,故种植之广,与粳稻等。"[②]

风暴潮发生的时刻正赶在水稻、棉花生长的旺季,狂风暴雨,再加上海潮的内侵,会给农业带来巨大威胁。"邑人最畏风潮,风势阻潮则溢入内地,多在七八月间,咸潮没禾稍则死,至若花豆一浸靡有遗种矣。"[③]道出了风暴潮对沿海农业的影响。但因当时天气、地域背景的差异,康熙三十五年的两次风暴潮对农业产生的灾害也不尽相同,真正带来农业损失的是第二次风暴潮。

"七月二十三日,又大风潮,水涨如上年九月十二日,平地水深三尺,花豆俱坏,稻减分数,秀者皆撤倒"[④],出现"是年荒甚,不独小户无从设处,即大户无不亏空,捉襟见肘,烦难异常"[⑤]的悲惨局面。尤其是对棉花造成的损害,致使棉花绝种,姚廷麟云:"向来我地生产棉花,纵有荒岁,从未绝种,惟是乙亥、丙子二年全荒,花种俱绝,陈花卖尽。四处八路,俱贩客花来卖。要花种者俱到太仓、嘉定,沿乡沿镇田户人家,零星收买,尚有将客花插入混卖者。时花价三分,如本地及真太仓花,直要每斤纹银三分六厘,或大钱四十文,花核每斤卖二十大钱。我年七十,未曾见我地人,俱到外边贩花归来卖者,真奇事也。"[⑥]

更严重的是,康熙三十二年至三十五年上海连续遭遇自然灾害,农业倍受打击,百姓生活窘迫,"四载奇荒,民困已极"。三十二年大水,姚廷麟云:"棉、稻、豆之重生者尽腐烂,变成奇荒,惨不可言,余六十年余岁从未遇此。不独秋

---

① 徐光启著,陈焕良、罗文华校注:《农政全书》卷35,岳麓书社,2002年,第562页。
② 叶梦珠:《阅世编》卷7《食货4》,上海古籍出版社,1981年。
③ 雍正《崇明县志》卷12《杂占》。
④ 姚廷麟:《续历年记》,《清代日记汇抄》,上海人民出版社,1982年,第154页。
⑤ 姚廷麟:《续历年记》,《清代日记汇抄》,上海人民出版社,1982年,第155页。
⑥ 姚廷麟:《续历年记》,《清代日记汇抄》,上海人民出版社,1982年,第156页。

收罄尽,即田蔬亦被淹浸一空,欲求小菜而不可得,即野菜亦无寻处。"①三十三年"花又荒","晚稻歉收,因被虫患之故",仅"早稻十分收成"。②三十四年先涝后旱:"是年种棉花者荒甚,十一月内方有花捉,俱是霜黄色者。好者每亩二三十斤,次者数斤一亩,价每斤数文;豆亦荒大半。"③

在两次风暴潮肆虐下幸存下来的百姓无粮可食,走投无路,只能求助于官府,"(七月)二十五、六日有被灾饥民万人,挤拥县堂,要求赈济,喧噪竟日。二十六日更甚,只得在城隍庙每人发米一升"。待到九月份,"忽有九团等处难民数百,来要常平仓每年积贮米谷赈济,日日挤拥县堂吵闹"。清代常平仓的功能之一就是开仓赈济,将谷物在受灾年份散给民食,这是灾荒中重要的补救措施,但遗憾的是,政府的救济并不得力,陈知县"只得将存仓米二千石,每人一升,贫甚者将去,稍可者不屑受,悻悻而去"④。直到次年,还有难民陆续要求知县进行救济,"浦西一带饥民,遍贴报条,约合县饥民,要与知县讨常平仓每年所积之谷赈济,日有几百在县堂挤拥",开始知县还应允赈济,其后"竟不作准矣"。⑤

在大灾面前,政府的赈灾并不得力,虽然康熙二十九年(1690)后苏松地区的常平仓陆续设立,⑥但在灾难发生后的赈灾效果并不明显,这一点在《历年记》中能够很好地反映。

2. 官民冲突,最终酿成群体性事变

受灾后,知县不但不安抚百姓、救济难民,反而一味比较钱粮,惹恼百姓,于是有百姓直接到松江府署、江南提督处控诉陈知县。"此时有到松府递荒呈者百姓百人,在太守堂上,面同各厅说上海陈县贪酷异常等语,又去张提督府控禀"。但效果并不明显,知府仅"将陈知县挥咤一番,限停比一月"⑦,九月初三日陈知县又开始催征钱粮。

在大灾面前,百姓求赈济的愿望不但得不到满足,官府反而一再催征钱粮,这必然导致官民之间的矛盾日益尖锐,甚至引发官民冲突。早在三十六年三

---

①　姚廷麟:《续历年记》,《清代日记汇抄》,上海人民出版社,1982年,第146页。
②　姚廷麟:《续历年记》,《清代日记汇抄》,上海人民出版社,1982年,第149页。
③　姚廷麟:《续历年记》,《清代日记汇抄》,上海人民出版社,1982年,第151页。
④　姚廷麟:《续历年记》,《清代日记汇抄》,上海人民出版社,1982年,第154—155页。
⑤　姚廷麟:《续历年记》,《清代日记汇抄》,上海人民出版社,1982年,第157页。
⑥　吴滔:《论清前期苏松地区的仓储制度》,《中国农史》,1997年第2期。
⑦　姚廷麟:《续历年记》,《清代日记汇抄》,上海人民出版社,1982年,第154页。

月,陈知县强征钱粮时就已引发了官民之间的冲突,"时有北桥镇秀才黄象九者,到堂应比,语言不逊。知县自己动手,两相结扭,将陈县大骂,出丑尽畅。知县自己扭到大铺收禁,彼犹骂不绝口"①。及至五月份知县在强征火耗时又与百姓发生冲突,"知县往送,揪住就打,将陈知县外套都扯碎,陈知县忍气而回"。经过这两次冲突事件,为后来大规模的民变埋下了伏笔。

陈知县严酷比较,引发一场命案,直接酿成大规模民变。"不料比至半夜时,打死一人。百姓群起拍手喧噪,知县急退,被百姓赶至宅门外大骂,随将堂上什物桌椅顷刻打尽,并石牌亦推倒。俄闻有家丁持刀杀出,被百姓打到,夺其刀,拥出又挤倒廿人,垂死,因人众践踏坏者。随将时辰亭、仪门、头门、县场、照壁俱打毁。"②这仅仅是开始,及至后来火烧陈知县在上海新建的私家花园,将这一群体性事件引向高潮。"书院者,陈县所买王家园也……自乙亥年起经营三载,刮尽民脂民膏……讵料百姓恨已彻骨,在县中大骂,竟至书院,将大门打开,叫出和尚,登时放火。烧至明日下午,火犹未息。"③

二、上海知县:白日之强盗,万姓之仇敌

州县虽然是整个帝制中国行政区划中"最小的行政单元",但却是整个帝国实际执行政令、直接管理百姓的地方政府,在地方行政中扮演着极其重要的角色。④雍正皇帝曾令官僚编纂并刊行《钦颁州县事宜》,一语道破州县长官的重要性:"牧令为亲民之官,一人之贤否,关系万姓之休戚。故自古以来,慎重其选。"⑤

康熙三十五年风暴潮发生时的上海县知县为陈善,⑥他在灾害发生后不但没有任何有效的抚民、赈济行为,反而变本加厉地欺凌百姓,使得民众与官吏之间的对立更加激烈,甚至演变成一场群体性事变。

1. 隐匿灾情,一味比较钱粮

六月份风暴潮发生后,在举县受灾损失惨重的情况下,陈知县却说"不过风

---

① 姚廷麟:《续历年记》,《清代日记汇抄》,上海人民出版社,1982年,第158页。
② 姚廷麟:《续历年记》,《清代日记汇抄》,上海人民出版社,1982年,第158—159页。
③ 姚廷麟:《续历年记》,《清代日记汇抄》,上海人民出版社,1982年,第159—160页。
④ 瞿同祖著,范忠信、何鹏、晏锋译:《清代地方政府》,法律出版社,2011年,第1—5页。
⑤ 《州县事宜》,官箴书集成编纂委员会编《官箴书集成》第3册,黄山书社,1997年,第660页。
⑥ 康熙三十二年就任,三十六年离任(正七品),但三十七年至四十一年仍任上海知县,其间张汉担任一段时间知县。见同治《上海县志》卷13《职官表下》。

雨罢了"，借用姚廷麟的话说："可见陈知县残忍处。"①及至后来，陈知县到苏州去汇报水灾时隐匿灾情，"只称大雨潮涨淹死廿人"。但在上海县还有军事机构即川沙营驻扎，其长官在奏报时却称"风狂雨大，横潮汹涌，平地水泛，以演武场旗杆木水痕量之，水没一丈二尺，淹死人畜不可数计"。两套系统奏报结果迥然不同，于是"上司特委太守到上海查看"，勘察的结果是"死者数万"②，方知陈知县隐匿灾情。

陈知县的贪酷主要体现在对钱粮的催征上。第一次风暴潮刚刚过去，陈知县就不顾百姓死活开始催征钱粮，甚至一日追比 400 人，"六月五日停忙起，至二十三日，一日发签四百枝，俱要甲首保家追比三十四年白银，限三、六、九日严比"③。第二次台风过后，"太守等官俱惊惶，独上海陈县不以为意，风乍息即要比较"④。八月初三日，被知府训斥一番，暂停一月催征后，"及至九月初三日起限，严酷非凡"⑤。

三十六年二月，"初七日即比较起，酷甚，一概责差人三十板，自此以后，日日如此，民间窘甚，大家小户俱无设法"。出现"逼死逼活，典铺俱当空，田地无卖处，大户人家俱准备打板子矣"⑥。五月，巡抚下令停忙，但陈知县对此熟视无睹，强行比较，"有宋抚台停忙告示到县中，匿不张挂。比三十四年漕白、三十五年漕白并杂项。件件酷比，海防、知县各衙，下午起打至天明而退"⑦。结果半夜打死一人，引发群体性事件。

群体性事件发生后，百姓向海防的控诉很好地说明了陈知县的可恶："上海百姓从来不是欠粮的，只因自陈老爷到任，连遭四载奇荒，民困已极。而陈县不惜民隐，滥差酷刑，重勒火耗，当此民穷财尽，飞签火票，每区差人廿名，坐索酒饭，又要包儿，所以耗费正项，限受血杖。今值农忙之候，五日一限，又要改三日一限。凡系粮户，逐限候比，无暇回家设处，唯有听其杖死而已。更有奇者：旧冬过完漕米，业经倒串者，执据在手，不意今又飞签来催，即现在打死者是也。至今新年以来完过代兑漕粮，临限将仓收收进，不付甲户半些凭据。及至唱比，

①　姚廷麟：《续历年记》，《清代日记汇抄》，上海人民出版社，1982 年，第 153—154 页。
②④　姚廷麟：《续历年记》，《清代日记汇抄》，上海人民出版社，1982 年，第 154 页。
③　姚廷麟：《续历年记》，《清代日记汇抄》，上海人民出版社，1982 年，第 153 页。
⑤　姚廷麟：《续历年记》，《清代日记汇抄》，上海人民出版社，1982 年，第 155 页。
⑥　姚廷麟：《续历年记》，《清代日记汇抄》，上海人民出版社，1982 年，第 157 页。
⑦　姚廷麟：《续历年记》，《清代日记汇抄》，上海人民出版社，1982 年，第 158 页。

仍照旧额追比。似此欠粮者断无完清之日。如此作为，真白日之强盗，万姓之仇敌也。"①

2. 贪酷无比，依旧痛比粮户

早在康熙三十二年陈知县莅任时，姚廷遴就曾说："（陈善）实枭棍也。伊父亦由加纳任平湖知县，贪婪异常，不一载而革职。其子将父征钱粮，到京营谋上海县职，到任即开漕仓（即征收漕粮），贪酷无比，上海百姓不意又遭此恶劫。"②

通过陈善私家花园的营建即可以窥见其贪婪。"书院者，陈县所买王家园也。其园系乡绅乔古江所建，其后属于王氏。王氏衰落，拆去大半，今卖陈县，做退居之地，将厅堂通新修整，窗槅精华，描金彩漆，重铺地平，光滑坚固。西侧两间，平顶地阁，纱窗绣槅，似乎洞天。厅前原有高山四座，峰岚耸翠，旁临深池，布种木石，叠成径路。沿池傍山，密栽花卉。池之西南种桃廿株，又于厅后拟造大楼五间，新料俱已完备，堆在厅内。自乙亥年起经营三载，刮尽民脂民膏，役使工匠扛负大石，搬运木料，挑堆泥土，装石为山。将宝山城载回大城砖，在旧墙之外另砌高城砖为墙。城外造仪门，仪门内另有客座，别成清凉世界，供设佛像在内，请和尚主持，厨房、精舍，件件完备，书画、玩器充塞。其意欲于退官之日，在此享用者也，故将锦屏、桌、椅、床、橱等项，间间塞满，书籍、画片、玩器诸物，先藏其中。"③

群体性事件发生后，为消弭不良影响，陈知县赶紧去省城苏州打点，虽然巡抚不愿相见，但陈善花费三千两银子求藩司周全。随后，"由府中周致，托人打点各衙门"。等到事件传至总督耳中，也不过是传唤陈知县前去，依然没有任何处罚，姚廷遴猜想："想必又费周折而回。"④诚如王家范先生所说："至于陈知县暗中给了范总督多少金银，已经成了一个永久的秘密。"⑤

这件事过后，陈知县更加变本加厉地催征钱粮，"二十一日起限，即将原差签一概二十板，将白销摘票俱销，独漕粮签押不销，每区仍差人四五队，惟板子稍轻而已"。结果发现后司家丁等徇私舞弊，"侵吞漕粮七千有余"。及至查出

① 姚廷遴：《续历年记》，《清代日记汇抄》，上海人民出版社，1982年，第159页。
② 姚廷遴：《续历年记》，《清代日记汇抄》，上海人民出版社，1982年，第146页。
③ 姚廷遴：《续历年记》，《清代日记汇抄》，上海人民出版社，1982年，第159—160页。
④ 姚廷遴：《续历年记》，《清代日记汇抄》，上海人民出版社，1982年，第160页。
⑤ 王家范：《明清易代：一个平民的实话实说》，《南方周末》，2007年3月29日，第D30版。

家丁等"所侵甲户名下欠额,五日一比,而甲户欠额如旧",姚氏称之为"益见如强盗之所为",之后"依然严刑痛比粮户"①,百姓生活处境没有任何改变。

三、地方大员：官官相护，说也徒然

本次事件中涉及的高层行政长官有江南江西总督范承勋,驻江宁,康熙三十三年就任;②江苏布政使宋荦,驻苏州,康熙三十一年就任。③统县长官为松江府知府龚崧,康熙三十一年就任。④此外,还有知府的佐贰官董漕、同知石文焯和海防同知董海防(具体名字不详)。

除上述行政系统长官外,还涉及军事系统的长官。清初军事上的一项重要举措,是清朝接收汉人降军并组建绿营,提督就是各省绿营兵的最高统帅,管理一省的军政,与督、抚并称为"封疆大吏"⑤,而江南提督则是绿营在江南的最高武职军事长官。江南提督之称谓、驻地、辖区、长官等虽几经沿革,⑥落实到本文故事发生的时空中,时任军事长官为张旺,"提督驻松江府城"⑦,继任长官为张云翼,下辖川沙营,后者长官名字不详。

1. 官官相护，置若罔闻

六月风暴潮发生后陈知县隐匿灾情,只称"淹死廿人",及至后来太守来上海查看,才知"淹死数万"。事情败露后,上司不但没有治陈知县的罪,反而私下传言,处处维护。"故知上司有言,特去周全,闻其大费周折,馈送多金,始弥缝过去"⑧。由此可以想象,上司在向朝廷奏报灾害时必定不会如实奏报,要不然陈知县不会"弥缝过去",致使官方文献中找不到有关这次灾难的记载。

---

① 姚廷麟:《续历年记》,《清代日记汇抄》,上海人民出版社,1982年,第160—161页。
② 《清圣祖实录》卷164,康熙三十三年六月丙辰:"原任云贵总督今升左都御史范承勋行事坚定、为人平易,着补授江南江西总督,令驰驿速赴新任。"乾隆《江南通志》卷105《职官志》亦载。
③ 《清圣祖实录》卷164,康熙三十一年六月庚辰:"调江西巡抚宋荦为江苏巡抚"。
④ 嘉庆《松江府志》卷37《职官表·府秩》。
⑤ 刘子扬:《清代地方官制考》,紫禁城出版社,1988年,第175页。
⑥ 《清朝文献通考》,浙江古籍出版社,2000年,第6454页。
⑦ 张旺任职时间:康熙三十三年九月至三十五年六月。《清实录》卷165载"康熙三十三年,升江西南赣总兵官张旺为江南提督",《清实录》卷174载"(康熙三十五年)六月,壬子,调江南提督张旺为福建水师提督",另见嘉庆《松江府志》卷36《职官表·国朝武职》。
⑧ 姚廷麟:《续历年记》,《清代日记汇抄》,上海人民出版社,1982年,第154页。

风暴潮发生后的一段时间内，陈知县不但不积极救济，还一味比较，引起百姓不满，到高层政区长官处控诉陈知县的劣迹，"有人将陈知县劣迹贴到苏州、松江，府城、省城遍地俱有"，然而"府厅官不以为意"。于是便有贴云："封封拆欠，斛斛淋尖。官官相护，说也徒然。"①姚廷麟深以为然："此四句捷径好极，上台亦置不问。"②道出了作为地方大员对百姓遭受恶劫置之不理，对贪酷知县所作所为睁只眼闭只眼的实态。

在比较钱粮的过程中，陈知县打死一人，百姓群情激愤到董海防处控诉，董海防曰："你们且去，我就写文书申详上台就是。"但直到百姓火烧书院，闹成群体性事件后，海防才"即发三梆，传马快送发文书报上台"，可见之前只是敷衍百姓。百姓见过海防之后又去禀白守备，守备安慰曰："陈县我曾极力劝他宽比，其如素性执顽，不纳好言，怪你们不得，但事有关系的所在，你们不可去。"众人又去见海关，海关曰："你们百姓且散，明日嘱陈知县，要他宽比就是了。"③守备、海关均是一套无关紧要的说辞，敷衍了事。即便是火烧书院后，海关还来海防衙门处替陈知县说情，"此是陈县央来致嘱周全者"；及至海防传唤陈知县时，也只是"埋怨几声"。随后，陈知县又"去谢白守备，谢海关，谢学官"④，可见在这个过程中还有其他官员的帮忙。

更为讽刺的是，在经历了这次百姓群体性事件后，陈知县由于及时进行"打点"，并没有遭到上司的惩罚，反而变本加厉地进行追比，而上台"置若罔闻"⑤，真可谓"官官相护，说也徒然"。

2. 派驻新官，劳民伤财

风暴潮发生后，各级官吏不但不积极救灾，相反，由于不断派驻新官，增加上海县的负担，劳民伤财。

三十五年九月二十六日，原江南提督张旺调任福建水师提督，继任者为张云翼，随从人员千余人，其日常开销均要贱买民物，百姓苦不堪言。"带来家丁、

---

① "拆欠"，指历年所欠钱粮催缴上来后，不照常规原封收存，私拆后入其囊中。"淋尖"，原为收粮吏胥刻剥的惯用伎俩，上交稻谷必须高出斛平面，然后用板一拖，拖出的稻谷，积少成多，数量不菲。王家范：《明清易代：一个平民的实话实说》，《南方周末》，2007年3月29日，第D30版。

② 姚廷麟：《续历年记》，《清代日记汇抄》，上海人民出版社，1982年，第156页。

③ 姚廷麟：《续历年记》，《清代日记汇抄》，上海人民出版社，1982年，第159页。

④ 姚廷麟：《续历年记》，《清代日记汇抄》，上海人民出版社，1982年，第160页。

⑤ 姚廷麟：《续历年记》，《清代日记汇抄》，上海人民出版社，1982年，第161页。

内司等,约有千余,每日支用白米、柴炭、油、烛、鱼、肉、鸡、鹅、牛、羊、果品、酒、面之类,件件要贱买,且当场取货,后日领价,百姓受累之极。"除此之外,还放纵手下随便放马,践踏二麦,百姓苦极。幸亏大学士沈绎堂夫人(系张提督师母)相劝,才不至于徒增百姓负担,"其后俱发现银平买,各营不许放马出城,民命稍苏"。①

即便是知府佐贰官临时在上海县办公,也兴师动众,趁机中饱私囊。三十六年太守恐陈知县不合民情,请示上司后派佐贰官董海防来上海县追比,"海防随来青红班、青红帽,俱要讲贯,每区有钱四千者,有二千者,差人要纸包者,种种花费,概县约费万金"。及至追比完毕,海防还要"分县中火耗"。作为统县长官,不但不责罚知县贪酷行为、关心百姓疾苦,还变本加厉地搜刮民脂民膏,可气可恨!

其实,早在三十三年新任总督范承勋来上海巡视,也给上海百姓带来沉重负担。"闻新总督范到任,西川调来者,系大皇爷脚力,公座后即要到上海看闸,县中收拾公馆,铺供应等项,忙甚。闸上搭四座大厂,砌灶十二,供应者俱在厂中,摆满汉饭,张五色绸幔,红毡铺地,席面犒等靡费千数金,百人伺候,数百人迎接。谁知在苏州府祭祖游山,盘桓二十余日方到上海,系十一月初一黄昏时到,在厂中饮酒,点戏三出,即起身下舡,知县送下程、犒赏、土仪之类,件件皆受,县中约费五千金。海关官另往苏州,雇大座舡来,摆酒在内,演戏饮酒而去,亦费五百金。作用如此,做到两省总督,下寮送礼,一概全收,贪婪极矣。自称文正公之后,岂料文正公之子孙,有如是之不肖哉!"②

可见,地方大员的派驻或到任并没有给百姓带来实质性的惠民政策,反倒更多的是劳民伤财。

四、一代英主:耳目失灵,鞭长莫及

在整个灾难发生的过程中,只有一个身影在积极地为灾情申诉,那就是江南提督张旺。七月份风暴潮"大风大雨之时,府中张提督,身穿油衣,三步一拜,拜至西湖道院,祈求玉帝,命道士诵经设蘸,至风息而止"③。而风暴潮造成上海县溺亡人口的数字也是从江南提督的下属川沙营上报,最终才得以揭穿上海知

① 姚廷麟:《续历年记》,《清代日记汇抄》,上海人民出版社,1982年,第155页。
② 姚廷麟:《续历年记》,《清代日记汇抄》,上海人民出版社,1982年,第148—149页。
③ 姚廷麟:《续历年记》,《清代日记汇抄》,上海人民出版社,1982年,第154页。

县的谎言。可以说，在整个事件中，张旺所统帅的军事系统长官是唯一履行职务的官员。

此次风暴潮"淹死者共十万余人"①，为何却没有引起朝廷足够的重视？很重要的一个原因就是层层欺隐，"巡抚、总督疏称水灾，止言水高四尺"，均没有如实奏报给康熙皇帝，只有江南提督"报称水高一丈二尺"。由此引起一段公案，即地方封疆大吏所报情形不合，朝廷要重新核实，以便追究责任，"合着地方官核实，以议欺诳隐匿之罪"。于是，已任福建水师提督的张旺"星夜着人到松江，取旧秋百姓所控荒呈，并石董漕署府印时所收荒呈，飞送到京备审"②。

但之后便没有了下文，从几位当事人的仕途来看，应该是大事化小，小事化了了。欺瞒奏报者如江南江西总督范承勋于康熙三十八年擢升兵部尚书，③江苏布政使宋荦也于康熙四十四年升任吏部尚书，④二者不但没有受到任何惩罚，反而步步高升；而如实奏报者江南提督张旺调任福建水师提督后也没有受到任何惩罚或奖励。难怪王家范先生说："天高皇帝远，靠一人之英明，终究难撼千年帝国旧基。康熙时期基层有种种黑暗，英主耳目失灵，鞭长莫及，也合旧体制一般情势之常。"⑤

五、结语

本节对康熙三十五年特大风暴潮发生后不同阶层人群（普通百姓、地方知县、高级官员乃至最高统治者）的反应和应对进行了复原，呈现了不同的民生样态。生还百姓庄稼受灾，不得不要求官府赈济，但政府在救济中并不作为，尤其是作为地方父母官的知县，不但不积极应对灾变，反而置百姓灾难于不顾，变本加厉征收钱粮，终于惹恼百姓，酿成民变；而作为高层长官，不但不约束、监督知县，积极进行救济，反而处处维护知县，隐匿灾情，并不时搜刮民脂民膏，劳民伤财，使百姓在风暴潮打击之后雪上加霜；而作为最高统治者的康熙皇帝，虽然勤政爱民，无奈由于地处高位，加上手下官员的隐匿不报，终不得体察百姓疾苦。所以在整个灾难发生后，由于知县的欺隐谎报，且处处打点贿赂各级官吏，导致

① 董含：《三冈续识略》之《海溢》。
② 姚廷麟：《续历年记》，《清代日记汇抄》，上海人民出版社，1982年，第157页。
③ 《清圣祖实录》卷196，康熙三十八年十一月己亥："原任江南江西总督范承勋为兵部尚书。"
④ 《清圣祖实录》卷223，康熙四十四年十一月己巳："江苏巡抚宋荦操守好，不生事，任巡抚年甚久，着升为吏部尚书。"
⑤ 王家范：《明清易代：一个平民的实话实说》，《南方周末》，2007年3月29日，第D30版。

督抚在上奏皇帝时并没有如实奏报,一代英主也无能为力,反映了清初底层社会、官僚机构乃至整个王朝繁荣表象下的暗流。

关于这次灾害没有官方文献记录,仅靠私人文集才得以复原整个过程,这其中很重要的一个原因就是官员之间的层层欺隐,所以根本不见诸官方文书。作为构建历史记忆的不同文本和载体,官书、文集等书写宗旨和叙事视角各不相同,所呈现的历史面貌也各有侧重。面对这些不同性质的史料,在追索其史源或书写情境的同时,如何去探索或者观测历史的真相?[1]这也是我们在利用文献进行研究时要思考的问题。

第四节 17世纪后期上海县的气候变化与农业生产

开展历史气候研究对于了解当前以及预测未来气候变化对人类社会的影响具有重要的参考和借鉴意义。目前,诸多学者对我国历史时期的气候变化与人口分布迁移、社会经济、政治疆界、战争动乱、朝代更替等之间的关系进行了探讨,这些研究几乎都侧重于大区域(国家乃至全球范围)、长尺度(世纪乃至千年尺度),均强调了历史气候变化对人类社会带来的重要影响。[2]甚至国际顶级学术期刊也不乏类似的研究发表,主要讨论历史时期气候变化对中国朝代兴衰的作用,由此可见国际社会对我国历史气候变化的关注。[3]

相对于大区域、长尺度而言,小区域(县域)、短尺度(月际、年际、年代际)内

[1] 刘后滨:《如何面对"史料":历史书写的不同文体与叙事特征》,《中国人民大学学报》,2017年第1期。

[2] 王铮、张丕远、周清波:《历史气候变化对中国社会发展的影响——兼论人地关系》,《地理学报》,1996年第4期;许靖华:《太阳、气候、饥荒与民族大迁移》,《中国科学(D辑)》,1998年第4期;李伯重:《气候变化与中国历史上人口的几次大起大落》,《人口研究》,1999年第1期;章典、詹志勇、林初升等:《气候变化与中国的战争、社会动乱和朝代变迁》,《科学通报》,2004年第23期。

[3] Yancheva G, Nowaczyk N R, Mingram J, et al. Influence of the intertropical convergence zone on the East-Asian monsoon. *Nature*, 2007, 445:74—77. Zhang D E, Lu L H. Anti-correlation of summer and winter monsoons? *Nature*, 2007, 450: E7—E8. Yancheva G, Nowaczyk N R, Mingram J, et al. Replying to De'er Zhang & Longhua Lu, *Nature*, 2007, 450:E8—E9. Zhang P Z, Cheng H, Edwards R L, et al. A test of climate, sun and culture relationships from an 1810-year Chinese cave record. *Science*, 2008, 322:940—942.

的气候变化影响模式更容易建立，其相互作用也更加明确，已有部分学者通过典型的个案研究来探讨气候变化与人类社会之间复杂的机制。①但社会变化的原因往往是诸多因素综合作用的结果，在讨论气候变化对社会的影响时，诚如业师满志敏所说："气候变化影响的直接对象并不是社会整体，而是与气候条件直接关联的某一侧面，如寒冷和干旱对于庄稼，洪水对于房屋和生命等，这是气候条件及其变化直接接触的'界面'。这些'界面'要素的损失和影响，会在社会结构和不同的结构层次中转移，其中众多的条件会影响和改变损失的转移过程和大小。而了解这个'界面'对于气候变化的脆弱性和影响的程度，是解开气候变化对社会影响的关键。"②在以农立国的古代社会，农业就是气候变化直接接触的"界面"，所以只有了解气候变化对农业的作用，才能深入分析其对社会其他方面的影响。

鉴于此，本节以17世纪后期的上海县为中心，深入分析各种气候因子（温度、降水、风等）变化是如何作用于农业生产，以及农业又是如何适应气候的变化，进而为探索气候变化对人类社会的影响提供一些有益的尝试。之所以选择以17世纪后期（1648—1697）的上海县为中心，主要是基于文献资料的考虑。清初上海人姚廷麟的《历年记》有大量关于气候因子和农业生产关系的详细记载，详至季节、月份，使细化分析成为可能。除此之外，这一时期正处于小冰期最盛期，对于了解气候变化与人类社会之间的关系具有重要意义。

一、梅雨期、伏旱期降水和低温与稻作生产的关系

17世纪后期上海的水稻虽有早稻和晚稻之分，但并没有实现连作，还是单季稻作，长江下游地区出现双季稻的种植要等到康熙末期。③笔者整理了《历年记》中17世纪后期上海的气候状况和稻作生长之间的关系（见表5.1），总结出限制单季水稻生长的最主要气候因子是降水，主要表现在两个关键期：梅雨期

① 马立博：《南方向来无雪——帝制后期中国南方的气候与收成（1650—1860）》，刘翠溶、伊懋可主编《中国环境史论文集》，台北："中研院"经济研究所，1995年，第579—631页；葛全胜、王维强：《人口压力、气候变化和太平天国运动》，《地理研究》，1995年第4期；满志敏、葛全胜、张丕远《气候变化对历史上农牧过渡带影响的个例研究》，《地理研究》，2000年第2期；杨煜达、满志敏、郑景云：《嘉庆云南大饥荒（1815—1817）与坦博拉火山喷发》，《复旦学报（社会科学版）》，2005年第1期；方修琦、叶瑜、曾早早：《极端气候事件-移民开垦-政策管理的互动》，《中国科学》（D辑），2006年第7期。
② 满志敏：《中国历史时期气候变化研究》，山东教育出版社，2009年，第20页。
③ 陈志一：《江苏双季稻历史初探》，《中国农史》，1983年第1期；《康熙皇帝与江苏双季稻》，《农史研究》第五辑，农业出版社，1985年，第68—73页。

和伏旱期。

6月中下旬至7月上、中旬是长江中下游地区的梅雨季节,此时正值单季中稻拔节孕穗需水高峰期以及单季晚稻的插秧时期,降水量的多寡直接影响到稻作的生产。康熙十八年(1679)上海县梅雨时节雨量不足,"黄梅雨亦不大,踏车者甚苦",致使"种稻者歉收";相反,康熙十九年(1680)梅雨期降水丰富,"自交五月雨久不止,种稻者不踏车竟熟"①。

梅雨期后,在太平洋副热带高压控制下,长江中下游地区进入伏旱期,此时正值单季中稻抽穗开花,单季晚稻拔节孕穗阶段,需水最多,再加上高温的危害,因此该时期的伏旱对水稻生产威胁较大。康熙十年(1671)上海县"六、七月大旱",致使"稻苗干枯";康熙十七年(1678)、三十二年(1693)亦是如此。相反,如果该时期水源充足,则稻作生长则良好,如康熙十七年"有潮水地,花、稻、豆件件俱好,甚至倍收"。

此外,伏旱期间经常有台风发生,虽对缓解旱情有一定帮助,"六、七月大旱,稻苗干枯,东土更甚。我地幸潮到,可以救旱"②。但台风带来的大风暴雨往往造成水稻歉收,康熙三十五年(1696),"七月二十三日,又大风潮,水涨如上年九月十二日,平地水深三尺,花豆俱坏,稻减分数,秀者皆揪倒,房屋坍者甚多"③。此外,康熙二十六年(1687)也是因为风潮导致水稻歉收。

表5.1　17世纪后期上海县的气候状况与水稻生产情况表④

年　代	气候状况	作物生长情况
康熙十年	四五月雨竟少,六七月大旱。	稻苗干枯,东土更甚。
康熙十七年	五月十六大雨后,竟大旱,至七月十六日方雨。	有潮水地,花、稻、豆件件俱好,甚至倍收,近护塘各区图有两分旱坏者。
康熙十八年	夏竟无雨,黄梅雨亦不大,踏车者甚苦。	其年种稻者歉收。
康熙十九年	自交五月雨久不止。	种稻者不踏车竟熟。
康熙二十六年	七月初九、初十日大风潮。	不独人家墙壁俱倒,亦且田中早稻及棉花俱大坏。
康熙二十九年	七月初三日立秋后,大热数日。	晚稻皆死,直有死完者。

① 姚廷麟:《历年记》,《清代日记汇抄》,上海人民出版社,1982年,第112—113页。
② 姚廷麟:《历年记》,《清代日记汇抄》,上海人民出版社,1982年,第101页。
③ 姚廷麟:《历年记》,《清代日记汇抄》,上海人民出版社,1982年,第154页。
④ 姚廷麟:《历年记》,《清代日记汇抄》,上海人民出版社,1982年,第84—152页。

续表

年　　代	气候状况	作物生长情况
康熙三十二年	六月初一亦小雨,闻南方有几寸,是时河水枯涸……初八日,赵元官来,言及天气大旱,其年自五月二十一落雨寸许,后竟大旱,直至六月二十八日有小雨,仅沾尘而已。七月初七日有雨寸许,因旱极不能济事。	稻苗皆坏。初七日,邻人争水……当此旱甚之际,终日当总甲府县镇村到处求雨……稻苗俱死,豆亦枯槁,直至护塘,赤地几百里,河水干涸,船只不通。
康熙三十五年	七月二十三日,又大风潮。	花豆俱坏,稻减分数,秀者皆揿倒,房屋坍者甚多。

　　从表5.1可以看出,降水的年际变化对稻作生长具有明显的影响,那么降水的平均状态(旱涝阶段)与稻作之间又是一种什么关系呢? 根据《中国近500年旱涝分布图集》分析发现,1648—1697年间上海县的旱涝年际变化较大,但平均状态却基本处于正常阶段,[①]这就无法分析其对稻作以及其他作物(棉花、春花作物等)生产的影响。所以,在17世纪后期,降水的年际变化要远远大于平均状态对作物生产的影响,如果要探求旱涝阶段对作物的影响则需要从更长的时段中去寻找。

　　除降水因子外,温度也是影响稻作生长的重要因子。表5.1所列康熙二十九年(1690)"立秋后,大热数日",以致"晚稻皆死,直有死完者",这是秋季高温对稻作的影响,但这样的极端年份并不多。相对于高温,低温对水稻生产的限制更为明显,康熙十九年(1680)八月,"其时天竟秋凉,晚稻秀者皆死,直有对半全无者"[②]。这里的低温是指发生在9月中、下旬的低温天气,通常称之为"寒露风",此时晚稻正处于孕穗开花期,常因低温冷害造成大量空壳粒。

　　偶然的高温和低温事件会导致该年作物的歉收,但持久的低温(冷期)则会造成作物品种发生变化。因为一地农业作物的品种是对气候长期选择和适应的平均结果,即对一地光、温、水等气候因子在一定平均状态下周期性变化的适应与选择。气候因子具有长、中、短不同尺度的周期变化,平均状态也会随着统计时间的尺度不同而发生变化。一旦气候因子的周期变化超出作物所能容忍

---

① 中国气象局气象科学研究院:《中国近500年旱涝分布图集》,地图出版社,1981年。
② 姚廷麟:《历年记》,《清代日记汇抄》,上海人民出版社,1982年,第113页。

的波动范围,为适应气候变化,在生产上就会相应地改变作物品种。上海县的稻作品种就在该时期发生了重要变化。

　　清代前期正值我国小冰期盛期,竺可桢先生曾将 17 世纪末期定为小冰期最盛期。①其他学者的研究也证实该时期确实为一冷期。②黄浦江冻结是冬季气候寒冷的一个重要指标,而《阅世编》和《历年记》中记载从顺治十一年(1654)到康熙三十五年(1696)的 43 年间,黄浦江冰冻共有 6 次之多,③可见其寒冷程度。另外,可以通过具体的年份来看一下当时的气候状况,康熙五年十一月"二十六日,天发大冷,河水连地冻结,经月不解",及至十二月"十八日大雪,初下如粉之细,至天明,大地皆白,河水结冰,冰上积雪,两岸莫辨,路无寻处"。④康熙七年(1668)"九月初九日天阴,余在大兄家见风飘雨丝,将衣盛看,俱雪也"。康熙七年农历九月初九是公历的 10 月 14 日,而上海的最早初雪日期为 12 月 8 日,⑤可知当年冬天到来之早。康熙十五年(1676)"十一月冬至起,落大雪,以后九九落雪"。十二月"初一,大西北风,天寒甚,余出邑走一里,须上结冰成块,及至周家渡,黄浦内冰排塞满","初八日又大雪,平地有尺余","十七又大雪","十九日踏冰而归,路上积雪经月不消,人难行走","二十九日夜又大雪"。⑥其寒冷程度远远超过了现代气象观测记录。正是由于持续的寒冷,导致上海县水稻品种发生了改变。

　　康熙《上海县志》有这样一则资料:"海邑浦东向出川珠早米,故有清明浸种谷雨落秧之语。然晚稻亦与临境同,自顺治五、六年间晚种之稻竟秀而不实,西风一起连阡累陌,一望如白荻花,颗粒无收。后并早稻之下种略迟者亦然,遂有百日稻,六十日稻,今更有名五十日稻者,不知种从何来。"⑦这里的"西风"指的就是"寒露风",自顺治五、六年以来,连年的秋季低温致使晚稻"秀而不实","颗

①　竺可桢:《中国近五千年来气候变化的初步研究》,《考古学报》,1972 年第 1 期。
②　张德二、朱淑兰:《近五百年我国南部冬季温度状况的初步分析》,《全国气候变化学术讨论会文集(1978)》,科学出版社,1981 年,第 64—70 页;张丕远、龚高法:《十六世纪以来中国气候变化的若干特征》,《地理学报》,1979 年第 3 期;王绍武、王日昇:《1470 年以来我国华东四季与年平均气温变化的研究》,《气象学报》,1990 年第 1 期。
③　叶梦珠:《阅世编》卷 1《灾祥》,上海古籍出版社,1981 年,第 16—22 页;姚廷麟:《历年记》,《清代日记汇抄》,上海人民出版社,1982 年。
④　姚廷麟:《历年记》,《清代日记汇抄》,上海人民出版社,1982 年,第 95 页。
⑤　宛敏渭主编:《中国自然历续编》,科学出版社,1987 年,第 188 页。
⑥　姚廷麟:《历年记》,《清代日记汇抄》,上海人民出版社,1982 年,第 109 页。
⑦　康熙《上海县志》卷 1《风俗》。

粒无收",从而导致引进新的晚稻品种——香粳和沙粳。"近年从邻郡传至一种,曰香粳,曰沙粳,穗上俱有红芒,并性坚而粒大。香粳味香而尤美,收数亦丰,种法收成俱如晚稻,今参种之,较盛于川珠稻矣。"[①]

气候的持续寒冷不仅影响到晚稻的生长,也对早稻生长带来威胁,"后并早稻之下种略迟者亦然",从而使得早稻品种也发生了变化。由于温度降低,致使早稻生长期缩短,出现了生长期较短的百日稻、六十日稻,乃至不得不引进五十日稻。温度变化对稻作的影响促使时人发出"地气变迁,种植之事今昔大异"的感慨。[②]

通过以上分析可以认为,于单季稻作而言,受降水变化和温度变化的双重影响。17世纪后期上海县的年际降水变化较大,故对稻作的影响明显,主要表现为梅雨期和伏旱期降水的多寡;而该时期降水的平均状态则对稻作生产的影响不明显,如果要探求旱涝阶段对作物的影响则需要从更长的时段中去寻找。年际秋季高温和低温虽然影响稻作于该年的收成,但这样的极端温度发生的频率并不太高,真正对稻作具有深层次影响的是持久的低温(冷期),致使水稻品种发生变化。而水稻品种的变化也正是农业生产对该时期气候变化的一种适应。

二、降水与棉花作物的关系

上海县地势高亢,适合发展旱田作物,17世纪后期上海县的棉花成为仅次于水稻的大田作物,其种植广泛几与水稻相同,"吾邑地产木棉,行于浙西诸郡,纺绩成布,衣被天下,而民间赋税,公私之费,亦赖以济,故种植之广,与粳稻等"[③]。通过对《历年记》的分析发现,棉花作物的主要气候限制因子是降水,主要表现为对其三个生长期的影响。

第一,棉花蕾期受梅雨的影响。

由表5.2可见梅雨期多雨对棉花生长的影响。主要表现在两个方面:首先,梅雨时节正是棉花搭丰产架子的关键时期,如果梅雨过多,不利于壮苗早发,蕾期疯长也较难控制,造成雄枝多,现蕾迟,容易脱落,对产量的影响较大。其次,棉花在生长过程中需要进行多次锄草的工作,俗称脱花。梅雨期内阴雨连绵,

---

① 叶梦珠:《阅世编》卷7《种植》,上海古籍出版社,1981年,第166页。
② 康熙《上海县志》卷1《风俗》。
③ 叶梦珠:《阅世编》卷7《食货4》,上海古籍出版社,1981年,第156页。

致使棉地内杂草疯长,会出现"黄梅十日天不好,不见棉花只见草"的情况。①无法脱花,进而影响到棉花后续的生长,也是造成棉花歉收的一个重要原因。康熙十九年"自交五月雨久不止",结果"因草没难锄,致用刀割,立秋后方得脱出,白露时发苗,而早晚俱无望矣"。

表 5.2　17 世纪后期上海县梅雨期多雨与棉花生长关系表②

年　代	气候状况	作物生长情况
康熙七年	三月二十九日天雨起,至五月二十五日止,两月阴雨。	早花多死。
康熙十二年	二三月多雨。五月初一日……时值黄梅……又多雨,花多草没,寻锄花者竟无人。	花多草没。
康熙十五年	是年春夏多雨,雨大极,出入难行,水溢有半月而退,及至八月,大雨一日夜,平地水深二尺。	种稻竟不踏车而收成,种花竟荒,好者不过六十斤。
康熙十九年	春雨竟调,自交五月雨久不止。	种稻者不踏车竟熟,种花者大荒,因草没难锄,致用刀割,立秋后方得脱出,白露时发苗,而早晚俱无望矣。
康熙二十四年	其年春多阴雨,夏旱。	花俱草没,及至六月脱出,晚发苗枝,所以八月尚未有捉。
康熙二十九年	四月十六日大雨起,嗣后绵绵不绝。	花俱草没,脱花者忙甚。
康熙三十年	自五月初十立梅后,时常有雨,至十九日大雨竟日,连绵不绝,直至七月。	花俱草没。

第二,棉花花铃期一怕持久伏旱,二怕大雨暴雨。

花铃期是棉花一生中需水最多的时期,其需水量约占全生育期总需水量的 30%—60%,土壤湿度应保持在 18%—24%。这时遇持久伏旱,土壤湿度低于 17%,肥效不能发挥,棉株生长就会受到抑制,出现铃轻籽瘪的现象,如土壤湿度低于 15%,花蕾幼铃就会大量脱落。③17 世纪后期上海县严重的伏旱经常会导致棉花歉收,二者之间关系可见表 5.3。另外,由于少数年份花铃

①　民国《南汇县续志》卷 18《风俗》。
②　姚廷麟:《历年记》,《清代日记汇抄》,上海人民出版社,1982 年,第 84—152 页。
③　上海市农业区划办公室:《上海农业气候》,学林出版社,1985 年,第 191 页。

期间多大雨暴雨，由于雨水过多，棉田渍涝严重，引起植株早衰，也会影响作物生长。

表5.3　17世纪后期上海县伏旱期与棉花生产关系表①

年　代	气候状况	作物生长情况
康熙元年	至秋间风雨不时。	种晚花者俱大荒，早花仍有担外者。
康熙十年	六、七月大旱。	其年花歉收。
康熙二十一年	棉花青苗起初极好，是月（七月）多大雨。	竟减分数。
康熙三十四年	自此后（七月十六、十七日）竟无雨，直至九月。	是年种棉花者荒甚，十一月内方有花捉，俱是霜黄色者。好者每亩二三十斤，次者数斤一亩。

第三，成铃吐絮期一是怕秋雨多，二是怕强台风。

上海的秋雨早的年份始于8月下半月，晚的年份可推迟到10月上旬，但多数年份出现在9月5日至25日之间。秋雨一般多连续阴雨，强度大。此时正值棉花中、下部成铃吐絮的关键时期，秋雨多是引起烂铃的重要因素。康熙三十二年（1693）"立秋后一月，俨若黄梅光景，不料九月十一日大雨如注，落至午后，河溢涨起，申时分平地水高二尺"，致使棉花"尽腐烂，变成奇荒"。②

此外，台风主要集中在8月上旬至9月中旬，这段时期也正值棉花成铃的关键期，遇到台风影响，棉铃脱落率高。明末徐光启就曾说道："但此种，甚畏风潮。每至秋间才生花实，一遇风雨，便受其损。若大风之后，还更遇还风，则根拔实落，大不入矣。"③康熙三十五年（1696）"七月二十三日，又大风潮，水涨如上年九月十二日，平地水深三尺"，致使"花豆俱坏，稻减分数，秀者皆揿倒，房屋坍者甚多"。该年上海县棉花全荒，"向来我邑地生产棉花，纵有荒年，从未绝种，惟是乙亥、丙子二年全荒，花种俱绝，陈花卖尽"。④（见表5.4）

---

① 姚廷麟：《历年记》，《清代日记汇抄》，上海人民出版社，1982年，第84—152页。
② 姚廷麟：《历年记》，《清代日记汇抄》，上海人民出版社，1982年，第146页。
③ 徐光启著，陈焕良、罗文华校注：《农政全书》卷27，岳麓书社，2002年，第425页。
④ 姚廷麟：《历年记》，《清代日记汇抄》，上海人民出版社，1982年，第154、156页。

表 5.4　17 世纪后期上海县秋雨、台风与棉花生产关系表①

年　　代	气候状况	作物生长情况
康熙八年	九月多雨。	十月内有花捉,早者担外,晚者二三十斤。
康熙二十六年	至七月初九、初十日大风潮。	不独人家墙壁俱倒,亦且田中早稻及棉花俱大坏,早豆亦荒尽,花铃花盘摇落成堆,后收成好者仅四五十斤。
康熙二十八年	七月二十八、九日,风大潮涌……余至八月初四日,方别秀官往马头过渡,风犹大极。	一路见花盘花铃俱脱落在田,多者成堆。
康熙二十九年	七月二十四日大风雨。	花俱吹倒,嫩铃花盘俱落光,其年收成又荒。
康熙三十年	八月初旬多雨,初八、初九两日大风潮。	花铃尽脱,中秋后稍稍有花,亦嫌雨多。棉收不过廿斤,低者二三十斤。
康熙三十二年	立秋后一月,俨若黄梅光景,不料九月十一日大雨如注,落至午后,河溢涨起,申时分平地水高二尺,俨如混沌之状。	经月始退见地面,棉、稻、豆之重生者尽腐烂,变成奇荒,惨不可言。
康熙三十五年	七月二十三日,又大风潮,水涨如上年九月十二日,平地水深三尺。	花豆俱坏,稻减分数,秀者皆揿倒,房屋坍者甚多。

　　可见,棉花作物生长的气候因子主要是降水的变化,以梅雨、伏旱和秋雨最为突出。目前并没有发现温度变化对棉花生产带来的影响,当然,这并不意味着温度对棉花生产没有作用,只不过在当时的条件下,温度的变幅并不足以对棉作带来明显的影响。

三、冬春多雨、冬季低温与春花作物的关系

　　除水稻和棉花外,17 世纪后期上海县种植较广的还有春花作物,主要有大麦、小麦、圆麦、菜子和蚕豆等。②笔者从《历年记》中整理出 17 世纪后期上海县的气候状况和春花作物的收成情况(见表 5.5)。

① 姚廷麟:《历年记》,《清代日记汇抄》,上海人民出版社,1982 年,第 84—152 页。
② 康熙《上海县志》卷 5《土产》。

表 5.5　17 世纪后期上海县的气候状况和春熟作物收成情况表①

年　代	气候状况	作物生长情况
顺治十八年	正、二、三月多雨。	小熟歉收。
康熙九年	正月多雨，无四五日晴；二、三月多雨水涨；四、五月又多雨。	小熟件件半收。
康熙十年	是年春旱，三月方雨。	小熟竟有收。
康熙十五年	三月，雨，日夜不止，无四五日晴。	四麦件件半收，寒豆全荒，种俱无觅。
康熙十六年	自旧年十一月冬至冷起，直至二月中旬方可。	其年小麦秀出皆死，荒甚，至秋麦种俱无。圆麦、菜子俱好。
康熙十七年	春间多雨。	圆麦、菜子俱好，蚕豆亦好，小麦坏有一半。
康熙十八年	春雨竟少，即雨也不大，河内水日浅。	小熟件件倍收。
康熙二十六年	三、四月竟少雨，落亦不大。	小熟件件有收。
康熙三十一年	春夏无大雨。	其年春熟件件俱好。
康熙三十四年	自正、二、三月多雨起，至五月半方晴，五个月阴雨，水大没岸，出入涉水。	小熟件件腐烂，百姓荒极。

　　从中可以看出，凡是冬春多雨时，春花作物总是歉收，如顺治十八年（1661）、康熙九年（1670）、十五年（1676）、十七年（1678）、三十四年（1695），都是因为冬春多雨致使春花作物"全荒"、"半收"；而冬春少雨时，收成反而颇丰，如康熙十八年（1679）"春雨竟少"、二十六年（1687）"三、四月竟少雨"、三十一年（1692）"春夏无大雨"，春花作物反而"倍收"、"件件俱好"。由此可知，影响上海县春花作物生产最主要的气候因子是冬春多雨。

　　春花作物的播种出苗期正值晚秋、初冬季节，如果连续多雨，就会造成烂耕烂种，影响春花作物的播种质量，而秋播质量的好坏，直接影响到春花作物的正常生长发育，正如群众所言"烂耕烂种，发根象葱，根露表土，一冻就红，根短蘖少，高产落空"。2 月下旬至 4 月上旬是春花作物的拔节孕穗期，是穗粒形成的关键生育期，这时上海常年气候特点是温度逐步回升，春雨逐渐增多。而春雨过多，农田渍害较重，土壤通气性差，春花作物在缺氧情况下，根系活力衰退，吸肥能力减弱，地上部分茎秆细弱，影响穗分化的正常进行，空瘪率增多，实粒减少。如康熙九年、十七年、三十四年均是二、三月多雨造成春花作物歉

① 姚廷麟：《历年记》，《清代日记汇抄》，上海人民出版社，1982 年，第 84—152 页。

收。4 月中旬至 5 月中旬是春花作物的开花灌浆期,该时期主要怕连续多雨。而此时上海正值春季回暖、春雨最多的季节,容易导致田间渍害,造成烂根早衰。如康熙九年、三十四年均因四月多雨,造成冬麦腐烂。而现代气象研究也认为,冬春多雨是影响三麦生产的主要因素,主要表现在三个关键生育期,即播种期、孕穗期和开花灌浆期,[①]和以上的历史情况大致相仿。

　　然而,冬春多雨并非是限制春花作物生产的唯一气候因子,除此之外还有冬季低温,但表现不如冬春多雨明显,只有极端严寒才会导致春熟作物歉收,而且还要视作物的耐寒程度而定。表 5.5 所示康熙十六年(1677),"自旧年十一月冬至冷起,直至二月中旬方可。其年小麦秀出皆死,荒甚,至秋麦种俱无。圆麦、菜子俱好"[②]。此时春熟作物正处于分蘖期,由于该年极度寒冷,使得耐低温较差的小麦受到冻害而致绝产;而圆麦、菜子则因耐低温能力强,并没有受到影响。

四、冬季低温与柑橘种植的关系

　　柑橘性喜温暖潮湿,其生长受温度、降水、光照、土壤和地势等多种生态因子限制,但现代研究表明,造成上海地区柑橘冻害、限制柑橘种植范围的主要气候限制因子是冬季低温的程度和频率。上海地处我国亚热带北缘,也接近我国现代柑橘种植的北界,该区是我国柑橘种植的新区,20 世纪 60 年代才开始发展。[③]这里柑橘种植的成功,全靠海洋江河大水体对气温的调节和小气候的利用。

　　明代后期气候温暖,长三角地区一直处于柑橘种植的发展期。万历末年成书的《汝南圃史》记录了当时衢州的衢橘、襄阳的襄橘被引进至苏州地区致使"福橘之价亦顿减矣",而橙类也在这时候得到了发展,"往时橙橘尚少,人皆贵重。今蜜橙盛行且有伐为薪者"。[④]直至崇祯末年苏州地区还不断从福建引进新品种,"香橼柑,于福建来,栽者多生"[⑤]。叶梦珠描写明末上海的柑橘种植情况是"江西橘柚,向为土产,不独山间广种以规利,即村落园圃,家户种之以供宾

---

① 上海市农业区划办公室:《上海农业气候》,学林出版社,1985 年,第 159—163 页。
② 姚廷麟:《历年记》,《清代日记汇抄》,上海人民出版社,1982 年,第 109 页。
③ 周开隆、叶荫民主编:《中国果树志·柑橘卷》,中国林业出版社,2010 年,第 48 页;李世奎、侯光良、欧阳海等:《中国农业气候资源和农业气候区划》,科学出版社,1988 年,第 64 页。
④ 周文华:《汝南圃史》卷 4《木果部》,《四库全书存目丛书》,子部第 81 册,第 712、718 页。
⑤ 崇祯《吴县志》卷 29《物产》。

客"。但是到了清代前期,气候突然转向寒冷,频繁的寒冬致使上海地区的柑橘遭受毁灭性冻害。"自顺治十一年甲午冬,严寒大冻。至春,橘、柚、橙、柑之类尽槁,自是人家罕种,间有复种者,每逢冬寒,辄见枯萎。至康熙十五年丙辰十二月朔,奇寒凛冽,境内秋果无有存者,而种植之家遂以为戒矣。"①康熙二十二年(1683)纂修的《上海县志》载:"橘,远产衢州、福建,近产洞庭山。邑或偶植数十本,经霜悬颗,朱实累累。偶遇沍寒,僵槁立尽。有金橘、蜜橘诸种,皮薄味甘为上。橙,与橘同象,皮色淡黄,芳香宜点茶,瓤味酸,不堪食用,闺中用以拭面,可免龟手裂唇。"②可见,此时上海县的柑橘种植已经出现萎缩。这种寒冷的状况一直持续到康熙后期,从黄埔江冰冻的次数也完全也可以看出来。持续的严寒使得上海地区柑橘的种植直到乾隆年间尚未恢复,乾隆《上海县志》记载:"柑,种者甚少。"③种植规模和范围都已经与明代后期无法相比了。

五、结论

要想解开气候变化与人类社会之间的关系,关键是要了解气候条件及其变化直接接触的"界面",而农业就是这个"界面"。所以,探讨气候变化与农业之间的关系也就成为研究气候变化与人类社会相互作用机制的基础。

基于此,笔者选取 17 世纪后期的上海县为讨论对象,探讨气候变化与农业生产之间复杂的关系。就农业生产来说,受气候变化的影响是显著的,但不同作物在不同生长阶段所受制的气候因子却又不尽相同。于单季稻作而言,受降水变化和温度变化的双重影响,降水主要表现为梅雨期和伏旱期降水的多寡;温度则不仅表现为年际秋季高温、低温影响本年稻作的收成,持续的低温也会导致水稻品种发生变化。限制棉花作物生产的气候因子主要是降水的变化,以梅雨、伏旱和秋雨最为突出。于春花作物而言,降水变化对其生长的影响要远远大于温度变化,主要表现为冬春多雨。而柑橘作物的种植则主要受冬季低温程度和频率的影响。就气候因子来说,温度和降水虽然是影响作物生长的主要因子,但因变化尺度的不同对作物生长的效果也不同。降水的年际、月际变化幅度要远远高于温度的年际、月际变化,所以其对作物的影响也远远明显于温

---

① 叶梦珠:《阅世编》卷 7《种植》,上海古籍出版社,1981 年,第 166 页。
② 康熙《上海县志》卷 5《土产》。
③ 乾隆《上海县志》卷 5《土产》。

度的变化;而温度年代际的变化(冷暖期)对作物影响的深度要远远高于降水年代际的变化(干湿期)。不过本文只是针对 17 世纪后期而言,如果要从更长的时段去考察,这样的结论或许也要重新修改。

前文提到,不应把气候变化与经济社会的关系看成是一个单行线过程。气候与农业之间的关系是相互的,一方面气候变化对农业产生影响,另一方面农业本身也有一个适应和调整的过程。面对持续低温对稻作生长的威胁,农民会培育或引进新稻作品种,如 17 世纪后期上海县就曾引进新的晚稻品种香粳和早稻品种五十日稻。而面对降水的变化,农民也会调整作物种植结构,如康熙十八年(1679),上海县农民往年种植水稻之田,由于雨水较少,改种对水分条件不高的棉花、豆类,"春雨竟少,即雨也不大,河内水日浅,欲种稻者俱种花、豆"①。所以,即便是在小冰期的最寒冷阶段,上海县的农业也没有受到致命的打击。相反,由于一些政治、经济政策的实施,清王朝在康熙时期还出现过一个相对繁荣的阶段。

受自然和人文因素的影响,我国各地的农业环境具有显著差异,这也意味着气候变化对农业生产的影响具有明显的复杂性和多样性。即便是在同一农业环境下,不同类型的农业作物对不同气候因子及其变幅的适应性和容忍度也不同;而同一个气候因子对这种作物(品种)有害,对另一种作物(品种)或同一种作物的另一发育期可能就是有利。如康熙十六年(1677),上海县小麦"秀出皆死,荒甚,至秋麦种俱无",但该年棉花"不独异常易种,草亦不生,八月初即有捉,十月中止,俱是好花,上好者每亩两担,次者担外,晚者满担",其他作物收成也不错,"豆有担外,稻早晚俱好";康熙十九年(1680),上海县早稻"不踏车竟熟",棉花竟"大荒",晚稻也出现"秀者皆死,直有对半全无者"②。对此,《气候变化国家评估报告》也曾专门分析了气候变化对全国七个不同区域的影响。③因此,必须与特定的农业环境结合起来,揭示何种气候因子如何作用于该地区的作物生长,进行细化的分析才能够具体分析二者之间的关系,抛开特定的农业环境、气候因子来谈气候变化对农业的影响是不科学的。

---

① 姚廷麟:《历年记》,《清代日记汇抄》,上海人民出版社,1982 年,第 112 页。
② 姚廷麟:《历年记》,《清代日记汇抄》,上海人民出版社,1982 年,第 109 页。
③ 《气候变化国家评估报告》编写委员会编著:《气候变化国家评估报告》,科学出版社,2007 年,第 255—294 页。

第五节　道光十一年冬季严寒对
京杭大运河运作状态的影响

本节选择京杭大运河为研究对象，讨论道光十一年冬季严寒对大运河各段运作状态的影响。涉及的区域不限于长江下游地区，而是以山东运河、苏北运河和江南运河为代表，从更宏观的角度来观察同一天气事件对不同河段运作的影响以及表现出的差异性，从而更好地理解气候变化与人类社会之间的复杂关系。

一、道光十一年冬（1831—1832）的严寒

19 世纪是我国明清小冰期中的第三个寒冷期，这已经成为历史气候研究者的共识。由于使用资料、采取方法和选择地域的差异，虽在具体的起止年代上存在差异，但学者普遍认为 19 世纪 30 年代已经进入寒冷期。张丕远等整理文献中有关寒冬和暖冬的记录后指出，1800—1830 年间中国气温开始转冷。[①]王绍武认为中国华北地区在 1800 年之后进入寒冷期，华东地区在 1820 年左右也开始转冷，[②]周清波等利用高分辨率的"雨雪分寸"记录分析后也认为 19 世纪是一个寒冷期，[③]本书第二章的论述也证实了这一观点。在这期间我国频繁出现严寒天气，对当时社会造成了重要影响。

道光十一年就是比较寒冷的一年，该年冬季严寒的一个表现是各地出现降雪、冰冻天气，范围广泛，涉及我国整个中东部地区。

我国华北地区地处暖温带，冬季经常有冷空气侵袭，时有降雪发生。道光十一年冬就遭遇到严重冷空气侵袭，气候寒冷，降雪厚达数尺，甚至树木也多有冻死。如今天河北省的晋县、高邑、赞皇、元氏、卢龙、秦皇岛、抚宁、滦县、大成、

① 张丕远、龚高法：《十六世纪以来中国气候变化的若干特征》，《地理学报》，1979 年第 3 期。
② 王绍武：《公元 1380 年以来我国华北气温序列的重建》，《中国科学》（B 辑），1990 年第 5 期；王绍武、王日昇：《1470 年以来我国华东四季与年平均气温变化的研究》，《气象学报》，1990 年第 1 期。
③ 周清波、张丕远、王铮：《合肥地区 1736—1991 年年冬季平均气温序列的重建》，《地理学报》，1994 年第 4 期。

定兴、容城、新城、安国、望都、大名、邯郸、永年、成安、南宫、南和等地均出现"大雪"，局部地区"雪深四五尺"。山西省的清徐、定襄、榆次、盂县、寿阳、文水、汾阳、壶关、阳城、沁源、武乡、沁水、古县、安泽、曲沃、襄汾、新绛、绛县、河津、稷山等地均出现"大雪"，乃至"果木多冻死"。山东省的历城、齐河、枣庄、单县、曹县等地也出现"大雪"，"深三四尺"。河南省的开封、封丘、获嘉、辉县、修武、南乐、范县、内黄、濮阳、商水、许昌、鄢陵、郾城、临颍、内乡等地也出现"大雪"，局部地区积雪"平地深三四尺"①，乃至出现"树木多冻死"的现象。②时人赵昌业记述了当年的寒冷情况："平地深逾数尺，途间倒毙羸驴不可胜记，有行人入店，近火而坠其指者。吾乡岁固多寒，似此之大，实所未见，亦异事也。"③

　　长江中下游地区地处东亚季风的盛行区，该区域春、秋、冬三季常有冷空气侵袭，不但会带来猛烈降温、冰雪天气，也会出现降雪或者冰冻。道光十一年的严寒来得比较早，在农历九、十月份就出现结冰现象。如江苏省吴江县"自八月至十月积水不退，农多踏冰刈稻"④，吴县亦是"九、十月积水不退，农人多踏冰刈稻"⑤。现代镇江水面（池塘）结冰的平均日期为 12 月 9 日，⑥而吴县、吴江县所处的纬度比镇江偏南约 1 度，根据我国河流冰情与纬度的关系，在东部平原区（海拔≤200 米），纬度每升高 1 度所引起初冰日期提前 4.6 天。⑦据此，现代苏州地区出现水面结冰日期应该是在 12 月 14 日左右。而当年却在九、十月间出现结冰现象，即便按最迟日期十月底计，转换成公历日期为 12 月 3 日，当年比现代提前了 10 余天。

　　该年冬天严寒不仅提前来临，而且降雪、冰冻现象严重，持续时间长。如东台县出现"自冬至春，积雪弥月"⑧的天气特征，江西省的彭泽"冬大雪深四五尺，树木多冻死"⑨，湖北省的宜都"冬大雪，树木冰折"⑩，湖南省的长沙、宁乡均

①　道光《修武县志》卷 4《祥异志》。
②　张德二主编：《中国三千年气象记录总集》第四册，凤凰出版社，2004 年。
③　光绪《武乡县续志》卷 2《灾祥》。
④　道光《分湖小识》卷 6《灾祥》。
⑤　光绪《周庄镇志》卷 6《杂记》。
⑥　宛敏渭主编：《中国自然历选编》，科学出版社，1986 年，第 172 页。
⑦　中国科学院《中国自然地理》编辑委员会：《中国自然地理·地表水》，科学出版社，1981 年，第 58 页。
⑧　光绪《东台县志稿》卷 2《尚义》。
⑨　同治《彭泽县志》卷 18《祥异》。
⑩　同治《宜都县志》卷 2《祥异》。

出现"大雪"①。奇怪的是,除去以上几个县外,长江中下游地区的其他各县均无该年严寒的记载,因长江中下游地区气候具有一致性,冷空气南下不会仅造成几个县出现大雪冰冻现象,整个区域都应该受到影响。为什么仅有这几个县有文献记载呢?仔细分析就会发现,该年整个长江中下游地区发生了严重的水灾,是近百年来比较大的流域性大水,其降水实况、发生的区域和时间以及气候背景,满志敏师曾作过专门论述。②这次大水灾给社会造成了沉重的灾难,使得地方志在记述时过分强调水灾而忽视了该年的严寒,这是文献记载中经常会遇到的一个问题。

至于华南地区,地处南岭以南,属南亚热带,该区域平均气温全年均在10 ℃以上,基本无冬。除非遇到强大寒潮南下,造成气温下降,甚至出现降雪。道光十一年冬即是如此,如广东省的龙门、番禺、佛山、南海、顺德、四会等地均出现"冬寒,有雪"。英德、中山"(道光十二年)春正月雪,下地尺,如棉,历来罕见"。③据《佛山忠义乡志》记载:"粤在服岭以南,寒极则积水成冰,而无雪,有雪自此始,盖地气自北而南矣。自是年至光绪十八年大雪四次,不备书。"④虽然作者认为"有雪自此始"有失偏颇,但却表明在当地人的观念中岭南地区很少发生这样严寒的天气,同时,"自是年至光绪十八年大雪四次"也表明整个19世纪确实比较寒冷。而广西省的象州该年冬天也出现降雪,所谓"絮雪亦盈尺"⑤。

该年冬季严寒的另一个表现是华北地区多地井水出现结冰。河北省的清苑、容城、新城、望都、完县、永年、成安、宁晋等地均出现"井冰",河南省的封丘、南乐等地也出现"井冰"。⑥我们知道,井水是地下水汇集而来,在地下流动。地下水一般在地下较深的地方,尤其是在北方干旱半干旱地区,土厚水深,地下水埋藏较深,受地面气温的影响较小。如河北定县(今定州市)进行社会调查发现,清代至民国的654口凿井的深度(井口至井底)深浅不一,浅者仅10余尺,深者达30尺以上,一般在20尺左右。⑦同时,水的热容量大,对温度变化不敏感,所以一年四季变化不大,差不多总是保持在春秋时的温度,很少出现结冰的

---

① 光绪《善化县志》卷33《祥异》;同治《续修宁乡县志》卷2《祥异》。
② 满志敏:《中国历史时期气候变化研究》,山东教育出版社,2009年,第480—486页。
③⑥ 张德二主编:《中国三千年气象记录总集》第4册,凤凰出版社,2004年。
④ 民国《佛山忠义乡志》卷11《乡事》。
⑤ 同治《象州志·纪故》。
⑦ 李景汉:《定县社会概况调查》,中国人民大学出版社,1986年,第643—644页。

现象。

　　关于该年冬天的严寒程度,或许可以通过一些冻害指标进行推断。该年严寒致使山西省经常出现"果(树)木多冻死"的现象,如河津县"十二月,雨雪数尺,冻死柿树无数"①,稷山县"是冬寒甚,北乡百年之柿树尽被冻枯,禽兽饥死无数"②。而河南省的许昌县也出现"冬大雪,平地三四尺,柿、榴、桐、楝及竹多冻死"③。现代气候研究证明,柿树在冬季气温-20 ℃以下才会被冻死,石榴树也只能耐-20 ℃以上低温,而泡桐耐低温也在-20 ℃至-25 ℃之间。④也就是说,当年冬季河津、稷山、许昌等地的最低温度很可能低于-20 ℃,所以才致使柿、榴、桐、楝等果(树)木被冻死。而以上三地自有气象观测以来,河津地区的最低极端气温为-19.9 ℃(1971 年 1 月 31 日),⑤稷山地区的最低极端气温为-22.6 ℃(1971 年 1 月 22 日),⑥许昌地区的极端最低气温是-17.4 ℃(1955年 1 月 4 日)。⑦由此判断,道光十一年冬天的最低气温可能要低于现代极端最低气温,当年气候寒冷由此可见一斑。而"北乡百年之柿树尽被冻枯"之语也表明,该年低温至少是百年一遇,应该说在此前的百年中算是最冷的一年。但是接下来又出现了比该年更寒冷的冬季,如道光二十一年冬季(1841—1842)、光绪十八年冬季(1892—1893),尤其是后者,出现了太湖冰封、苏北沿海海冰、钱塘江冰冻的极端严寒,也被认为是公元 1700 年以来中国东南沿海地区最冷的年份。⑧

二、极端严寒下的河道疏浚:以山东运河为例

　　运道畅通与否直接关系国家命脉,如臣僚所指出:"窃惟国家近日之重计,孰有重于黄、运河工哉?"⑨山东段运河水源不足,闸座众多,泥沙淤积严重,是整个南北大运河用力最多的一段,历史上多采取建闸、浚泉的措施,"浚泉以发

---

①　光绪《河津县志》卷 10《祥异》。

②　同治《稷山县志》卷 7《祥异》。

③　道光《许州志》卷 11《祥异》。

④　龚高法、张丕远、吴祥定等:《历史时期气候变化研究方法》,科学出版社,1983 年,第 173—174 页。

⑤　《河津县志》编纂委员会编纂:《河津县志》,山西人民出版社,1989 年,第 20 页。

⑥　《稷山县志》编纂委员会编纂:《稷山县志》,新华出版社,1994 年,第 23 页。

⑦　《许昌县志》编纂委员会编纂:《许昌县志》,南开大学出版社,1993 年,第 97 页。

⑧　龚高法、张丕远、张瑾瑢:《1892—1893 年的寒冬及其影响》,《地理集刊》第 18 号,科学出版社,1987年,第 129—138 页。

⑨　慕天颜:《治淮黄通海口疏》,载贺长龄编《清经世文编》卷 99《工政五·河防四》。

其源,导河以合其流,坝以遏之,堤以障之,湖以蓄之,闸以节之"①,需经常维修疏浚,设浅铺分段管理。再加上来自鲁中丘陵地区的河流,夏秋山洪暴涨时,往往水沙俱下,造成漕船胶浅,因此需年年闭闸挑浚。

运河的定期挑浚有大修、小修之分,小修一般一年一修,大修一般隔年或数年一修。山东段运河则规定一年小挑,隔年大挑,②小挑是纤夫随时的局部挑浚,大挑三年再举,正月十五筑坝绝流兴工,至二月中结束。③其中,临清、南旺、济宁、彭口等处,因岁岁淤积,要求无论大小挑之年,一律施工。④"南旺上接汶河及徂徕诸泉,平时固皆清流,霖雨骤至,则数百里之泥沙尽洗而流入汶河,至南旺则地势平仰,而又有二闸横栏,故泥沙尽淤,比他处独高,每水涨一次则淤高一尺,积一年则高数尺,二年不挑则河身尽填。"⑤年年挑出的土堆积在河道两岸,致使"两岸土积如山,每逢大挑,百倍艰难"⑥。

山东段运河南北长 800 余里,计 14 万余丈,每年估挑需花费大量的银两。据道光初年河东河道总督严烺奏称,运河挑浚每年用银五万两左右。⑦挑河不仅废财,而且劳民、苦民。乾隆时期,为解决通航和挖河停航的矛盾,确定每年冰冻季节筑坝挑河,⑧以不耽误来年春天开坝行船,此即所谓"大挑莫便于秋冬,莫不便于春间"。此时,回空运艘过完,又是农闲季节,易于调集劳动力,"秋事完成,农多暇日,既无私虑,自急公家,则民力便"。而且水位低,雨水少,天公作美,"天霁秋清,气候凉爽,河鲜沮洳,锹锸易施"⑨。每年大约从农历十月初开始,至来年正月十五日止。"回空已过之后,重运来至以前,约仅三月可兴工役。"⑩

如天气不是很冷,对河道修浚不会带来很大影响,但是遇上极端严寒天气,在冰冷的水中挑挖,河夫苦不堪言。谢肇淛《南旺挑河行》描写道:"天寒日短动欲夕,倾筐百反不盈尺。草傍湿草炊无烟,水面浮冰割人膝。"⑪竹枝词《岁晏

① 叶方恒:《山东全河备考》序。
② 光绪《山东通志》卷 126。
③ 张伯行:《居济一得》卷 2《南旺分水》。
④ 陆耀:《山东运河备览》卷 9《挑河事宜》。
⑤ 张伯行:《居济一得》卷 2《南旺分水》。
⑥ 张伯行:《居济一得》卷 1《运河总论》。
⑦ 《再续行水金鉴》运河 1 引《两河奏疏》。
⑧ 山东省地方交通史志办公室航运史志组:《山东省京杭运河段建设史略》(试写稿),1983 年,第 7 页。
⑨ 《明神宗实录》卷 4,隆庆六年八月戊寅。
⑩ 白钟山:《豫东宣防录》卷 3。
⑪ 谢肇淛:《南旺挑河行》,载钱谦益《列朝诗集·丁集》卷 16。

行》描写了大年三十团圆时刻,役夫忍受天寒地冻在河边服役的场面:"旧岁已晏新岁逼,山城雪飞北风烈。徭夫河边行且哭,沙寒水冰冻伤骨"。道光十一年山东段运河的疏浚工作,始于当年十一月十九日冬至,①正是酷寒时节。

受气温变化的影响,当气温低于一定的临界值时,河流就会结冰;当气温持续下降,会导致河流最终冻结。我国河流冻结的现象主要出现在北方,受冬季气温的影响,河流稳定封冻的南界东起连云港,经商丘附近北跨黄河、沿黄河—渭河北侧高地至宝鸡以西。在此界线以北地区,每年的河流均出现封冻现象。②山东运河地处该范围之内,河道每年都会出现冻结,但是道光十一年冬的河冰尤为严重,"询之土人,佥称历年河冻未见如今年之厚"。而且,该年运河冰封解冻日期很晚,"昨已节交雨水,河冰尚在坚凝"。③较之现代鲁西地区河流封冻的解冻日期在2月1日左右推迟了近20天。④如此严重的冰冻给河道修浚工作带来了诸多困难,表现在以下三方面:

其一,冰冻使得施工程序增加。一般年份的疏浚工作只需要将河底的泥土挑出即可,但该年严寒使得河道内凝结厚厚的冰层,要想疏浚河底淤泥必须首先凿开冰层,增加了施工的程序,"凡已经挑完工段,除出土外,其錾凿大块坚冰,累累山积……先须凿起两三层冰块,或将冻土打松,然后得施畚捐"⑤。

其二,冰冻使得疏浚工作量增大。施工程序的增加必然带来工作量的增大,以前只需要挑土,现在却"先须凿起两三层冰块,或将冻土打松,然后得施畚捐"。此次山东运河挑浚,"南至滕汛之十字河一带,北至汶上等汛"⑥,绵延数百里。因此,所费劳力和工力也随之增加,"是以挑工之费力,器具之损伤,亦较往年加至数倍","截至正月初六日,已办三分有余","及至挑动之后,不免渗水。虽经随挑随戽,而隔夜即又冻结",而"其贴边垫崖之积弊,因土冻不能胶粘,已无所施其伎"。⑦

其三,冰冻使得疏浚的善后工作加重。一般年份,从河中挑出的淤泥往往被抛在沿堤路上,等到工段挑完之后再一起清除,"虽据各汛员弁禀称,向系全工完后一律起除"。但该年的严寒使得河中挑出的泥浆发生冻结,"惟沿堤出土

① 《清宣宗实录》卷201,道光十一年十一月丁卯。
② 中国科学院《中国自然地理》编辑委员会:《中国自然地理·地表水》,科学出版社,1981年,第64页。
③ 林则徐:《验催运河挑公并赴黄河两岸查料折》,《林文忠公政书》之《东河奏稿》卷1。
④ 中国科学院《中国自然地理》编辑委员会:《中国自然地理·地表水》,科学出版社,1981年,第63页。
⑤⑥⑦ 林则徐:《林文忠公政书·东河奏稿》卷1《验催运河挑公并赴黄河两岸查料折》。

之路,渐被泥浆抛撒,逐条冻积,名曰泥龙",致使"往往工段挑完,而泥龙尚未除净","日积日多,挑运更为费事。且一经春雨,更恐冲入河心"。于是,不得不"复严饬工员,押令夫役,凡挑完一段即起净一段泥龙,其已挑未净之处,官差夫头均先量予惩责"。①

三、极端严寒下的堤防修守:以苏北运河为例

运河河道冰情的演变过程往往会发生各种危害。如流冰通过撞击、堆积、堵塞河渠形成危害;水域中的建筑物结冰时能产生很大的膨胀压力,进水、泄水闸门因冻结而影响闸门启闭;冰凌受阻,堆积形成冰塞或冰坝,使上游水位升高,能淹没滩区土地、村庄、威胁堤防,甚至造成决堤漫溢。

冰凌是冬季的一种水文现象,运河每年冬季都会发生不同程度的凌汛,"河工自冬至节起至立春节止,为凌汛之期,黄河冰凌随溜而下,既虞创伤埽工,其河形坐湾处所,更恐遏水势,是以每届冬令,防守尤严"②。道光十一年冬的凌汛来势突然,而且格外严重,"查每年凌汛长水,事所常有,然从未有如此之大者。实因天气十分寒冱,滴水皆冰。询之年老兵民,称为多年来所仅见"③。从资料分析来看,道光十一年冬里运河至少发生了四次凌汛:第一次发生在十二月十三日,"惟长河冰凌拥注,势若排山,逢弯埽段,处处吃重";随后的几天,凌汛达到高潮,"旋于十五六日,天忽奇暖,各处冰凌全开",但到十七日午刻,陡起西北暴风,异常猛骤,"十八以后风紧天寒,湖面普律冻结,沿堤形若琉璃",至十九日午后始息。第二次发生在十二月二十六日,"连日冰凌拥注,自平桥汛以下至高宝一带,逢弯处所,凝积如山,阻遏河溜,以致清、平两汛水面抬高,一日之内长至三四五尺不等,查清江闸水志,比上年盛长尚大三尺五寸,堤埽在在吃重……查每年凌汛长水,事所常有,然从未有如此次之大者"④。第三次发生在道光十二年正月"初四日,节交立春,凌汛已过"。第四次发生在道光十二年正月十五以后,"上冬非常严寒,河湖一律凝冻,交春气候更冷。直至正月望后,天始回和,并经大雾,长河冻解冰开,骤然排涌,逢弯埽段,处处吃重"⑤。

"向来凌汛期内,每当天气冱寒,河冰坚厚,下游水势必大见消落,迨交春

---

① 林则徐:《林文忠公政书·东河奏稿》卷1《验催运河挑公并赴黄河两岸查料折》。
② 蒋攸铦:《奏报凌汛安澜并河湖水势情形》,佚名编《南河成案续编》卷27。
③④ 张井:《堰盱叠遇西北暴风工程平稳并里扬运河积凌抬水设法疏导缘由》,佚名编《南河成案续编》卷31。
⑤ 张井:《河冻骤开各工平稳并筹办里河厅惠济闸情形》,佚名编《南河成案续编》卷32。

令,上游积凌化解,水亦叠长。"①道光十一年冬的严寒使运河河道产生大量河冰,一旦温度回暖,就会发生凌汛,当密集的流冰在河流的急弯、浅滩、比降变缓处、束窄段或由于岸冰的延伸使畅流水面束窄的地方卡堵,形成固定冰盖,阻塞过水断面,从而致使水位迅涨,就会对堤坝产生威胁。如十二月十三日的凌汛使得河道"逢弯埽段,处处吃重";十二月二十六日发生的凌汛"以致清、平两汛水面抬高,一日之内长至三四五尺不等,查清江闸水志,比上年盛长,尚大二尺五寸,堤埽在在吃重"。还有道光十二年正月十五以后,"春融以后,因上游凌冰拥注,递长三尺余寸,外南厅顺黄坝志桩截止本月二十五日存水三丈七尺三寸,比上年桃汛计大一尺二寸"②,凌汛也使得河道"逢弯埽段,处处吃重"。

虽然该年凌汛十分严重,但由于当时官员处理及时得当,并未造成灾害后果。

首先,前期准备充分。一是相关器具材料准备充分。尽管此前连日天时异暖,③但因黄水来源较旺,清黄高下悬殊,且"节逾冬至,究属寒冱……预饬临黄各厅于迎溜埽坝多挂挡桩,置备器具,以御冰凌铲销"④,"惟长河冰凌拥注,势若排山,逢湾埽段,处处吃重,幸已多备挡桩,鳞柙排挂,俾免铲销之虞,并经厅营汛弁督令河兵敌击疏导,各工均一律平安"⑤。二是严守黄河,不让黄河内灌。相比其他年份而言,严寒来临突然,"自交冬至十一月中旬,天暖如春,黄水消长相循,未见畅落,自十二月以后,大雪频仍,非常寒冱,湖河一律凝结,冰凌拥注,势若排山"⑥,"节交小寒,天气骤冷"⑦,"此次河冰结冻,远而且久,运河遭此异险,实赖连年严守御黄坝,不任黄流点滴内灌,清水淘刷,底垫全除,故上冻下通,尚能容纳"⑧。三是督促漕船及时回空工作到位,该年十一年八月二十七日首批回空漕船驶入江苏境内。⑨至十一月初二日,回空漕船全部渡黄完毕,⑩故严寒对漕船回空影响不大。

其次,临时应对及时。该年发现凌汛后,立刻进行了疏导工作。"即星夜折

① 蒋攸铦:《奏报凌汛安澜并河湖水势情形》,佚名编《南河成案续编》卷27。
② 张井:《奏报桃汛安澜并河湖水势工程情形》,佚名编《南河成案续编》卷32。
③ 陶澍等:《附奏寒露后河湖水势》,佚名编《南河成案续编》卷31。
④ 张井:《节逾冬至筹防凌汛并河湖水势情形》,佚名编《南河成案续编》卷31。
⑤⑦ 张井:《节逾小寒河湖水势工程平稳》,佚名编《南河成案续编》卷31。
⑥⑧ 张井:《奏报黄河凌汛安澜并河湖水势情形》,佚名编《南河成案续编》卷32。
⑨ 张井:《附奏回空漕船入境数目》,佚名编《南河成案续编》卷31。
⑩ 吴邦庆等:《回空漕船全数渡黄完竣日期》,佚名编《南河成案续编》卷31。

回,飞饬该厅营,赶将临运各涵洞,迅速启放",组织役夫,调集船只,进行敲冰作业,以保证水流畅通。"并专委淮扬游击薛朝英,前赴里扬两厅,调齐打凌船只,多雇人夫,节节敲凿,以期逐渐疏通,而平水势"。此外还增派役夫帮同防守,"现值天寒期内,臣又添委员弁,帮同滨黄各厅,加意防守,尚属一律平安"。①"里扬两厅运河,陡遇冰凌抬涌,阻遏溜流,一日之内,长水四五尺,处处有漫过堤顶之虞,情形十分危险。经臣(张井)飞饬赶启临运各涵洞,并于卑矮处所,抢筑子堰,仍多派员弁,节节敲凿。现在逐渐疏通,水已递落。本月初四日,节交立春,凌汛已过。"②

四、极端严寒下的漕船通行:以江南徒阳运河为例

漕运为军国重计,但各段运道通行有难易、顺流、逆流之差别。在全部运道中,尤以过淮渡黄以及山东闸河的航行最为艰难。③为确保漕粮及时进京入仓,早在明代,政府就规定"交兑、过淮、过洪、到仓、交纳等,俱有钦限"④。清初规定,各省漕粮北上的期限,江北限十二月过淮,江南江宁、苏、松等地限正月内过淮,江西、浙江、湖广限二月内过淮。并规定了抵达通州的时间,江北限四月初一抵通,江南限五月初一抵通,江西、浙江、湖广限六月初一抵通,山东河南限三月初一抵通,均限三个月内完纳漕粮。⑤还规定了漕船在中途重要节点顺流、逆流的期限,以及"回空"返回的期限,并刊发各省漕运全单,开列兑粮船数、修船钱粮以及到次、开兑、开行、过淮、到通、回空、违限日期,均需依式填注。⑥要求漕船抵达通州后,限十日内返回,⑦"各省重运漕船抵通,于七月十五日前后,即全数回空"⑧,抵达水次仓的时间不得超过十一月底。⑨对于漕运违限,制定了严格的处罚措施。⑩还实行了严格的奏报期限,巡抚不得过二月,总漕不得过三月,

①② 张井:《奏报黄河凌汛安澜并河湖水势情形》,佚名编《南河成案续编》卷32。
③ 李文治、江太新:《清代漕运》,中华书局,1995年,第163页。
④ 郑晓:《端简郑公文集》卷1《倭寇劫掠河道浅塞耽误粮运疏》。
⑤ 《大清会典则例》卷17《吏部》;《大清通典》卷11《食货》。
⑥ 《大清通典》卷11《食货》。
⑦ 《大清通典》卷11《食货》;载龄等:《清代漕运全书》卷13《淮通例限》。
⑧ 《再续行水金鉴》运河1引《清代上谕》。
⑨ 王庆云:《石渠馀纪》卷4《纪漕运官司期限》。
⑩ 载龄等:《清代漕运全书》卷12《兑开限期》、卷13《淮通例限》;《大清会典则例》卷17《吏部》、卷39《户部》;《雍正朝上谕内阁》卷8;《清宣宗实录》305,道光十八年正月癸未。

河道不得过四月,如有推迟两三个月才奏报者,将被查参议处。①

漕运期限作为河漕管理的重要举措之一,各个环节环环相扣,"首帮入闸以三月,尾帮入闸必以七月,迦至坝亦须百余日;首帮抵坝以六、七月,则尾帮抵坝必以九、十月,此挨次相乘,必然之势也"②,一旦某一环节出现问题,便会导致漕船延期,其后更容易沿途遭遇黄河急溜、水源不足、降温冻阻之困。

"吴中运道,莫要于徒阳运河。"③徒阳运河即江南运河徒阳段,又称丹徒水道,北起丹徒江口,南到丹阳吕城,全长 140 余里,是江南运河北段的咽喉所在。该河百里之间水无来源,全赖江潮灌注,由于潮汐挟沙而行,潮落沙停,往往淤垫河床,使舟楫难行,必须年年挑浚。按规定每年一小挑,六年一大挑,每到漕船回空之后,两头打坝,雇夫开浚。徒阳运河畅通与否,直接影响着江北运道的"过淮、过洪"以及最后抵通州的"到仓、交纳","若于此(徒阳运河)先有阻滞,则东境虽挽运畅顺,仍恐有稽时日"④。道光十二年春季,漕船北上时间明显延迟,究其原因,主要是上一年苏松一带多雨,田稻受潮,于是挑换米色,使得漕船兑开推迟。⑤同时,道光十一年冬严寒气候的影响也不可忽视,其影响主要表现为如下两个方面:

其一,徒阳运河开坝延迟。一般年份,徒阳运河岁挑工段于十一月初十日前后兴工,⑥到次年正月完工开坝,恰好不耽误江浙重运漕船的北上,⑦但道光十二年春,因"上冬今春估挑徒阳运河,正值雨雪频仍,天时寒沍,直至二月中旬开坝"⑧,结果通过徒阳运河的日期比往年延迟一个多月。

其二,北上漕船渡黄、过淮、出(江苏)境随之推迟。据史书记载,因"估挑挖徒阳运河,二月间甫经启坝,以致渡黄较前俱迟"⑨,致使该年江浙首进重运漕帮共计 626 艘,于四月初三日才渡黄,比道光十一年晚 8 天,比道光十年晚 3 天,比道光九年晚 18 天。⑩作为连锁反应,其后的二进漕帮渡黄日期为五月初九

①　载龄等:《清代漕运全书》卷 12《兑开限期》。
②　周起元:《周忠愍奏疏》卷上《题为摘陈漕河吃紧要务以裨国计事疏》。
③　魏源:《陶澍行状》,陶澍《陶澍集·下》。
④　《清仁宗实录》卷 301,嘉庆十九年十二月丁丑。
⑤　陶澍等:《重运漕船渡黄全竣日期》,佚名编《南河成案续编》卷 32。
⑥　《清宣宗实录》卷 74,道光四年冬十月乙酉。
⑦　《清仁宗实录》卷 138,嘉庆九年十二月甲戌。
⑧⑩　苏成额、张井:《奏报重运首进漕船渡黄日期》,佚名编《南河成案续编》卷 32。
⑨　陶澍、张井:《覆奏江浙帮船渡江迟延缘由》,佚名编《南河成案续编》卷 32。

日，比上一年推迟 38 天。①到六月初二日，全部重运漕船才渡黄完毕，比前几年日期推迟十几到二十几天不等，此前的道光十一年为五月初十日完竣，道光十年为闰四月十九日完竣，道光九年为四月二十九日完竣。②漕船驶出江苏境内的时间也相应推迟，全部漕船 2734 只于六月二十九日才驶出江苏境内的黄林庄，比道光十一年推迟 30 天，比道光十年推迟 14 天，比道光九年推迟 44 天。③

五、结论

道光十一年冬的严寒是发生在小冰期结束之前以及嘉道中衰背景下的重大气象灾害，涉及我国整个东部地区。该年冬天的最低气温可能要低于现代极端最低气温，应该是此前百年中最寒冷的一年。在漕政日益败坏的道光年间，正常年份的漕河管理已属不易，甚至一度寻求海运漕粮，极端天气条件更加重了运河整治与管理的困难。因不同河段所处地理位置的差异、各段河运面临任务的不同，以及对气候变化敏感度的不一致，此次严寒对各河段的影响也就各有区别：山东运河远离黄河，水浅冰厚，主要表现为对运河疏浚带来的压力；苏北运河地处黄运交汇处，凌汛多发，主要表现为对堤防修守所带来的影响；长江以南的丹徒运河，尽管出现了漕船通行的延迟，但主要是因为雨水过大导致的"田稻受潮"，相对于涝灾而言，寒冷气候的影响反而居其次。通过该个案可以看出，由于运河区域地理环境的多样性，对气候变化的响应也具有明显的差异性，所以在讨论气候变化对人类社会的影响时绝对不能简单化和单一化，而是应该针对不同的区域环境进行具体分析。

---

① 陶澍、苏成额、张井：《奏报二进漕船渡黄完竣及首帮出境日期》，佚名编《南河成案续编》卷 32。
② 陶澍、苏成额、张井：《重运漕船渡黄全竣日期》，佚名编《南河成案续编》卷 32。
③ 陶澍、张井：《重运漕船全出江境日期》，佚名编《南河成案续编》卷 32。

结　论

　　当今全球气候变化对人类社会产生的影响越来越明显，因此，预测未来气候变化以及如何应对全球气候变化就成为国际社会和各国政府日益关注的重点。从方法论的角度来讲，目前拥有的手段无非两种：一是数学模拟，二是历史类比，而后者建立在历史气候的详细研究基础之上。我国拥有浩如烟海的历史文献，其中包含大量的气候信息，通过历史记载与自然信息的结合进行过去2000年我国环境变化的综合研究，既是我国的特色研究领域之一，也是我国对全球气候变化研究作出的独特贡献。本书就是利用文献资料对明清时期长江中下游地区的气候变化所作的系统研究。

　　第一，从文献的角度进行历史气候变化研究，最重要的是资料的搜集和信息的提取，这也是进行科学论证的前提。

　　明代综合类农书主要有三部，即《种树书》《便民图纂》和《沈氏农书》。三部农书分别成书于明初、明中期和明末，在时间上构成一个完整的序列，利用其中的气候信息，可以大致反映整个明代的气候状况。张履祥的《补农书》因成书于明末清初，对明清鼎革之际的农业状况进行了记录，其中有诸多物候信息可以提取，恰好该时段档案、日记都比较稀少，所以用来重建清初的气候变迁概况，而清代中后期的气候重建则依靠分辨率更高的日记、档案资料。农书资料主要用于历史气候冷暖变化研究的论证。

　　地方志资料是重建历史气候序列的主要依据之一，本研究重新整理、查阅明清时期长江中下游地区地方志资料 600 余部。按内容来分，地方志中的记载可分为两大类：灾害记载和物候记载。物候资料反映较长一段时间内的气候情况，长度大致在 30—50 年，主要用于气候冷暖的论证；而单独的灾害资料不能反映气候的平均状态,仅仅反映临时的天气变化,主要用于极端天气事件的重建。

笔者尝试对明代文集中的气候资料进行挖掘,查阅明人文集 1 400 余种,这些资料因文体的不同所蕴含的气候信息和信息量也不同。但无论是何种形式的文体,也无论其所蕴含的是物候信息还是天气信息,都有一个共同的特点,就是气候指示意义较短,时间尺度一般为单年或单季,反映年际间的气候变化;物候资料能够构成长时段的序列,可以用于气候冷暖的论证,而天气资料比较零散构不成序列,只能用于极端天气事件的重建。

日记资料中蕴含大量的物候信息、天气信息和感应信息,尤其是逐日气象记载的日记,是目前分辨率最高的气候资料。本书主要对明代和清代前期日记资料中所蕴含的气象信息进行了详细说明,并运用 ACCESS 数据库平台建立气候信息数据库。日记资料中含有大量的气候信息,作为作者亲历事件的记载,在真实性、可靠性和分辨率上具有其他资料无法比拟的优势,但因存在脱记、漏记和补记问题,单部日记存在一定的缺陷,在重建历史气候变化时需要谨慎运用,而且尚有大量日记资料仍藏于各大图书馆、博物馆,需要深入挖掘、整理。

“晴雨录”档案逐日记录每天的阴晴雨雪,与日记资料一样属高分辨率资料,可以重建气温、降水长时段序列;“雨雪分寸”档案虽不是逐日记录,但所蕴含的降雪日期、收成日期等物候信息,均能反映年际间的气候变化,也可以建立连续的长时段物候序列。本研究中清代温度序列的重建主要依靠“晴雨录”和“雨雪分寸”档案,在进行温度重建前首先对档案资料的可靠性进行评估,即通过不同资料来源的比勘、同种资料来源不同渠道的比勘,来具体分析其雨泽信息的可靠性。结果证明,“晴雨录”“雨雪分寸”档案与其他资料的相似度均高于80%,具有较高的可信度。

第二,温度重建是历史气候研究最基本的内容之一,也是本研究的重点。

利用柑橘种植北界、冬麦收获期重建了明清时期长江中下游地区的气候变化,尤其是从明人文集和日记中搜集和提取春季物候证据,建立逐年的春季物候序列,其中包括对物候证据提取的原则、具体的考证和提取过程(包括资料来源、资料内容、考证说明等)、部分物候证据的辨析和考证,以及建立物候序列的方法等,通过春季物候序列来反映明代中后期的气候变化。又通过对高分辨率资料《味水轩日记》中降雪率、初终雪日期、河流初冰日期、红梅始花日期、初雷日期以及一些感应记录等证据的分析,揭示了 1609—1616 年间长江下游地区的冬半年温度变化。

清代留有海量的档案资料,通过查阅中国第一历史档案馆藏朱批、录副奏折(主要是"晴雨录""雨雪分寸"档案中降雪日期的搜集整理),又结合清代日记资料,提取其中的降雨和降雪两个要素,利用降雪率与温度之间的相关关系,结合现代器测气象数据,重建了上海地区 1724 年以来逐年的冬季平均气温变化序列,并对其特征进行了分析。

传统上我们把明清时期称为"小冰期"以表示其整体寒冷的特征,但是因资料性质问题,研究侧重于对寒冷的论述,对于暖期的识别则不明显。多重指标均表明:明代洪武至正德年间为寒冷期;嘉靖至清代顺治初年则一直处于温暖期;顺治中期以后气候转冷,一直持续到康熙后期再度转暖。雍正、乾隆时期虽然偏暖,但依然低于现代水平温度,19 世纪则再度转冷。正确识别 17 世纪上半叶、18 世纪初期的温暖期正确识别对于认识"小冰期"的气候变化及特征具有重要意义。

当然,因不同证据的气候指示意义和分辨率不同,分析上出现一些差异也是合理的,例如冬麦收获期的指示意义和分辨率相对来说不如春季物候序列和柑橘种植北界明确,所以本研究没有对万历中期至天启末年的气候寒冷期进行识别。

第三,降水研究是历史气候研究的另一项重要内容,本研究运用高分辨率的日记资料对长江中下游地区降水有重要影响的梅雨天气进行部分重建:利用《味水轩日记》和《祁忠敏公日记》的记载进行适当插补后复原了长江下游地区 1609—1615 年间和 1636—1642 年间两个时段的梅雨期和梅雨活动特征,探讨了梅雨与长江中下游地区旱涝灾害的关系,从而将我国梅雨气候的研究提前至明代,对认识小冰期盛期东亚季风雨带的活动规律和延长天气系统演变的序列有重要意义。尤其是 1636—1642 年间绍兴地区梅雨特征的重建结果表明,东南季风明显偏弱致使季风雨带的推进过程和降水特征发生变异,这可能是造成崇祯年间全国大旱的气候背景。

重建清代的高分辨降水、温度序列主要源自"晴雨录"和"雨雪分寸"记录,而这两者都属于雨泽奏报系统,雨泽奏报制度的运行情况对于提取降水信息具有至关重要的作用,因此有必要对雨泽奏报制度进行全面研究,这样才能确保重建降水、温度序列的可靠性。

明代的雨泽奏报制度并非传统认为的只存在于明初，而是贯穿于整个明代，并且在中央和地方都有一套完整的管理机构和专事人员；明代的雨泽奏疏以"雨雪分寸"的形式存在；这说明我国自明代起就已经存在"雨雪分寸"记录，而清代上报"雨雪分寸"的制度和形式很可能是承袭明代。

清代的雨泽奏报始于康熙初年，康熙后期基本成型，但作为一项常规事项则正式确立于乾隆年间。雨泽奏报存在经常奏报和不规则奏报两种形式，经常奏报要经过州县到行省层层上报的一套程序。州县等地方上的奏报有旬报和月报之分，且旬报、月报都有不同的格式，基本上都要逐日书写每天的天气情况，如遇雨雪则详写起止时辰和入土分寸；而督抚上报中央则是按月奏报，以奏折、清单、夹片三种形式并举，没有固定的格式要求，或繁或简，对雨雪情况进行通省说明。不规则奏报则没有固定的奏报人员、程序、时间和格式。

第四，气候研究不仅指的是区域内各气候要素的平均状况，也包括区域内一些气候要素的极端状况。

第四章首先就明清时期长江下游地区的极端严寒事件进行简要介绍、整理、考证，借此了解明清时期气候的特征并对以往研究成果进行部分修正。然后对 1453—1454 年冬季长江中下游地区极端寒冷事件进行复原，对这次严寒的实况、天气过程及其严寒程度等进行分析，认为这次严寒涉及整个长江中下游及其以南地区，主要是由三次较强的中、西路径寒潮所引起。强烈寒潮不仅带来大范围持续降雪，还使太湖、黄浦江出现冰冻，乃至苏北沿海出现海冰，寒冷程度远大于现代气象记录，是明代最寒冷的一个冬天。

其次利用地方志、文集资料分级重建了万历三十六年长江中下游地区水灾的时空分布特征。该年降水始于三月底，终于五月下旬，中间没有明显间断，历时五十余日。灾情主要分布在北纬 28°—33° 之间，沿长江呈东西向带状分布；而该年受灾最严重的区域则集中于太湖流域、皖南地区、鄱阳湖和洞庭湖以及江汉地区，基本上分布在北纬 31° 一线。梅雨异常是造成此次灾情的直接原因。另外，水利失修造成洪水难泄，也是造成水灾的重要原因。

最后，利用日记、笔记资料对康熙三十五年的特大风暴潮进行了重建。康熙三十五年上海地区连续遭受两次风暴潮的袭击，其中六月风暴潮的重现期达到500年一遇,仅溺亡人口即有十余万之多(其中绝大多数为濒海煮盐灶户),是中国历史上最严重的风暴潮,然而造成当地农业致命损害的则是规模相对较小的七月风暴潮,表现出不同时空生态背景下风暴潮对区域社会影响的差异性。风暴潮灾害作为上海地区最严重的自然灾害之一,不同于一般自然灾害的迅猛摧毁力值得引起港口建设研究者的高度重视,对于了解我国目前发生的极端天气事件具有一定参考价值。

第五,气候作为自然环境中最重要和最活跃的一个因素,其变化必然会带来重要的影响。

第五章首先以气候冷暖变化和梅雨变化入手,讨论人类社会受到的影响以及对此的适应调整。用大量证据分析气候冷暖变化对明人收入来源、食物、物价、薪炭以及出行等日常生活造成的不便,异常梅雨对长江中下游地区农人和士绅生产、生活的影响。在长期的生活和生产中,古人对气候变化和梅雨形成了一个清晰的认识,并积累下一套应对机制。

当前对于气候变化与人类社会关系的研究主要侧重于大区域(国家乃至全球范围)、长尺度(世纪乃至千年尺度),本书则着眼于小区域(县域)、短尺度(月际、年际、年代际),通过三个案例从微观上具体展示气候变化对社会的影响,呈现不同区域社会对气候变化影响的差异性和复杂性,反映出气候变化与人类社会的关系。

案例一是特大风暴潮影响下,上海县不同阶层的人群(百姓、知县、高级官吏)对于灾害的反应和应对。康熙三十五年特大风暴潮发生后,庄稼受灾,百姓不得不要求官府赈济,但政府在救济中并不作为,尤其是作为地方父母官的知县,不但不积极应对灾变,反而变本加厉征收钱粮,终于惹恼百姓,酿成民变;而作为高层长官不但不约束、监督知县,积极进行救济,反而处处维护知县,隐匿灾情,并不时搜刮民脂民膏,劳民伤财,使百姓在风暴潮打击下雪上加霜。所以在整个灾难发生后,由于知县的欺隐谎报,且处处打点贿赂各级官吏,导致督抚在上奏皇帝时并没有如实奏报,反映了清初底层社会、官僚机构乃至整个王朝表面繁荣下的暗流。

案例二是降水、温度变化对上海县农作物生长的影响以及农人的应对措施。就作物生产来说,受气候变化的影响是显著的,但不同作物在不同生长阶段所受制的气候因子却又不尽相同。于单季稻作而言,梅雨期和伏旱期降水的多寡直接影响稻作的丰歉,而持续低温还导致稻作品种发生变化。于棉花作物而言,其限制气候因子主要表现为梅雨期、伏旱期和秋雨期降水的变化。于春花作物而言,冬春多雨是其主要的气候影响因子。就气候因子来说,温度和降水虽然是限制作物生长的主要因子,但因变化尺度的不同对作物生长的效果也不同。抛开特定的农业环境、气候因子来谈气候变化与作物生长之间的关系是不科学的。

案例三是极端严寒(道光二十一年冬)对于京杭大运河运作状态的影响。因不同河段所处地理位置的差异、各段河运面临任务的不同以及对气候变化敏感度的不一致,此次严寒对各河段的影响也就各异。山东运河远离黄河,水浅冰厚,主要表现为对运河疏浚带来的困难;苏北运河地处黄运交汇处,凌汛多发,主要表现为对堤防修守所带来的影响;长江以南的丹徒运河,尽管出现了漕船通行的延迟,但主要是雨水过大导致的"田稻受潮",相对于涝灾而言,寒冷气候的影响反而居其次。

在大区域、长尺度的研究中讨论气候变化与人类社会之间的关系的确是一个十分具有吸引力的课题,然而也注定了工作难度较大。首先,在国家或全球区域内,各个地区内的气候类型具有明显的差异,且气候影响又随区域自然地理环境的改变而不同;同时,气候并不是唯一的影响因素,经济、社会结构的差异也必须考虑进去,因此很难理清气候因素所担当的准确角色。其次,在世纪或千年尺度上,通过降低分辨率,资料虽然可以满足在时间上重建过去气候变化的目的,"但远远不能够满足论证气候——历史相互作用的企图,因为后者往往需要精确到季节、月份甚至逐日的详细资料"[①]。所以,到目前为止,在探讨气候变化与人类社会之间的关系时,大多数研究仅能就气候冷暖期、干湿期与历史史实进行对比、分析,据此得出两者之间的相关性,但并没有真正揭示两者之间究竟是如何发生作用的。甚至许多探讨仅是一种"假设"或者"理论",就连研究者本身也不得不承认这一点。[②]早在 20 世纪 80 年代,西方历史学家就对历史气候及其对人类社会影响存在的问题进行过批评,"气候影响的意义是不能假设的……如演示气候变化与经济、社会、政治发展在时空上的一致性,就是一种

---

① M. J. Ingram、G. Farmer、T. M. L. Wigley, "Climate and History-Studies in Past Climates and Their Impact on Man", 1981. 本文主要参考 M. J. Ingram、G. Farmer、T. M. L. Wigley 原著,龚胜生摘译《历史气候及其对人类的影响》,《中国历史地理理论丛》,1995 年第 2 期。

② 王铮、张丕远、周清波:《历史气候变化对中国社会发展的影响——兼论人地关系》,《地理学报》,1996 年第 4 期;许靖华:《太阳、气候、饥荒与民族大迁移》,《中国科学》(D 辑),1998 年第 4 期。

不能接受的论证方法"①。所以,目前除去个别案例外尚缺乏充实的资料来解析气候变化与农业、社会、政治、人口等之间的相互作用,更缺乏足够的证据和史实来阐释大区域、长尺度的气候变化与人类社会之间复杂的机制。

总之,本书通过明清时期长江中下游地区气候变化的一系列研究,希望推进对历史气候变化的认识,并对当前全球气候变化提供些许参考和借鉴。

---

① M.J.Ingram、G.Farmer、T.M.L.Wigley原著,龚胜声摘译:《历史气候及其对人类的影响》,《中国历史地理论丛》,1995年第2期。

参考文献

一、基本史料

1. 正史、实录、起居注类

《明史》，中华书局，1997年。
《明实录》，"中研院"历史语言研究所，1982年。
《清史稿》，中华书局，1998年。
《清实录》，中华书局，2008年。
《康熙起居注》，中华书局，1984年。
《清代起居注册·康熙朝》，中华书局，2009年。

2. 档案类

故宫博物院明清档案部编：《李煦奏折》，中华书局，1976年。
台北故宫博物院：《宫中档光绪朝奏折》，台北故宫博物院出版，1975年。
台北故宫博物院：《宫中档康熙朝奏折》，台北故宫博物院出版，1976年。
台北故宫博物院：《宫中档雍正朝奏折》，台北故宫博物院出版，1977年。
台北故宫博物院：《宫中档乾隆朝奏折》，台北故宫博物院出版，1982年。
卢山主编：《明清宫藏术数秘籍汇编》（下编），香港蝠池书院出版有限公司，2013年。
青海省档案馆藏：循化厅档案。
吴密察：《淡新档案》，台湾大学图书馆出版，2007年。
易管：《江宁织造曹家档案史料补遗》（上、中、下），《红楼梦学刊》，1979年第2辑，1980年第1、第2辑，百花文艺出版社，1979年、1980年。
中国第一历史档案馆编：《康熙朝汉文朱批奏折汇编》，档案出版社，1984～1985年。
中国第一历史档案馆编译：《康熙朝满文朱批奏折全译》，中国社会科学出版社，1996年。
中国第一历史档案馆编：《雍正朝汉文朱批奏折汇编》，江苏古籍出版社，1989～1991年。

中国第一历史档案馆译编:《雍正朝满文朱批奏折全译》,黄山书社,1998年。

中国第一历史档案馆编:《光绪朝朱批奏折》,中华书局,1996年。

中国第一历史档案馆编:《乾隆朝上谕档》,广西师范大学出版社,2008年。

中国第一历史档案馆藏:南京、苏州、杭州"晴雨录"档案。

中国第一历史档案馆藏:朱批、录副奏折、钦天监题本专题史料。

3. 农书类

韩彦直:《橘录》,中华书局,1985年。

江苏省建湖县《田家五行》选释小组:《〈田家五行〉选释》,中华书局,1976年。

娄元礼:《田家五行》,《续修四库全书》,上海古籍出版社,1996～2002年。

璠邝著,石声汉、康城懿校注:《便民图纂》,农业出版社,1959年。

石声汉校注:《农桑辑要校注》,农业出版社,1982年。

徐光启著,陈焕良、罗文华校注:《农政全书》,岳麓书社,2002年。

俞宗本著,康城懿校注,辛树帜校阅:《种树书》,农业出版社,1962年。

张履祥辑补,陈恒力校释,王达参校、增订:《补农书校释》(增订本),农业出版社,1983年。

周文华:《汝南圃史》,《续修四库全书》,上海古籍出版社,1996～2002年。

4. 文集类

敖文祯:《薛荔山房藏稿》,《续修四库全书》,上海古籍出版社,1996～2002年。

柏起宗:《东江始末》,《历代笔记小说集成》,河北教育出版社,1995年。

贝琼:《清江诗集》,《文渊阁四库全书》,台湾商务印书馆,1982～1986年。

采九德:《倭变事略》,《丛书集成初编》,上海古籍书店,1960年。

曹家驹:《说梦》,《四库未收书辑刊》,北京出版社,1997～2000年。

崔溥:《漂海录》,社会科学文献出版社,1992年。

陈淳:《陈白阳集》,《四库全书存目丛书》,齐鲁书社,1995～1997年。

陈继儒:《陈眉公集》,《续修四库全书》,上海古籍出版社,1996～2002年。

陈田:《明诗纪事》,上海古籍出版社,1991年。

陈允恭:《北园诗集》,清乾隆年间刻本,中国国家图书馆藏。

陈龙正:《救荒策会》,《四库全书存目丛书》,齐鲁书社,1995～1997年。

戴笠:《行在阳秋》,《历代笔记小说集成》,河北教育出版社,1995年。

邓庠:《东溪续稿》,《四库全书存目丛书》,齐鲁书社,1995～1997年。

邓元锡:《潜学编》,《四库全书存目丛书》,齐鲁书社,1995～1997年。

董含:《三冈续识略》,《四库未收书辑刊》,北京出版社,1997～2000年。

董嗣成:《青棠集》,《四库全书存目丛书》,齐鲁书社,1995～1997年。

范钦:《天一阁集》,《续修四库全书》,上海古籍出版社,1996～2002年。

范守已:《吹剑集》,《四库全书存目丛书》,齐鲁书社,1995～1997年。

方凤:《改亭存稿》,《续修四库全书》,上海古籍出版社,1996~2002 年。

方弘静:《素园存稿》,《四库全书存目丛书》,齐鲁书社,1995~1997 年。

费元禄:《甲秀园集》,《四库禁毁书丛刊》,北京出版社,1997 年。

高斗枢:《守郧纪略》,《历代笔记小说集成》,河北教育出版社,1995 年。

耿橘:《常熟县水利全书》,明万历刻本,常熟市图书馆藏。

龚诩:《野古集》,《文渊阁四库全书》,台湾商务印书馆,1982~1986 年。

顾璘:《息园存稿诗》,《文渊阁四库全书》,台湾商务印书馆,1982~1986 年。

顾起元:《客座赘语》,《南京稀见文献丛刊》,南京出版社,2009 年。

顾潜:《静观堂集》,《四库全书存目丛书》,齐鲁书社,1995~1997 年。

顾清:《东江家藏集》,《文渊阁四库全书》,台湾商务印书馆,1982~1986 年。

顾炎武:《日知录》,《续修四库全书》,上海古籍出版社,1996~2002 年。

管时敏:《蚓穷集》,《文渊阁四库全书》,台湾商务印书馆,1982~1986 年。

何良俊:《何翰林集》,《四库全书存目丛书》,齐鲁书社,1995~1997 年。

胡松:《胡庄肃公文集》,《四库全书存目丛书》,齐鲁书社,1995~1997 年。

胡缵宗:《鸟鼠山人小集》,《四库全书存目丛书》,齐鲁书社,1995~1997 年。

胡俨:《颐庵文选》,《文渊阁四库全书》,台湾商务印书馆,1982~1986 年。

黄仲昭:《未轩文集》,《文渊阁四库全书》,台湾商务印书馆,1982~1986 年。

贾三近:《皇明两朝疏抄》,《续修四库全书》,上海古籍出版社,1996~2002 年。

蒋以化:《西台漫纪》,《续修四库全书》,上海古籍出版社,1996~2002 年。

金幼孜:《北征录》,《历代笔记小说集成》,河北教育出版社,1995 年。

金幼孜:《北征后录》,《历代笔记小说集成》,河北教育出版社,1995 年。

郎瑛:《七修类稿》,《续修四库全书》,上海古籍出版社,1996~2002 年。

李开先:《李中麓闲居集》,《续修四库全书》,上海古籍出版社,1996~2002 年。

李濂:《嵩渚文集》,《四库全书存目丛书》,齐鲁书社,1995~1997 年。

李流芳:《檀园集》,《文渊阁四库全书》,台湾商务印书馆,1982~1986 年。

李诩:《戎庵老人漫笔》,《续修四库全书》,上海古籍出版社,1996~2002 年。

李兆洛:《养一斋集》,《续修四库全书》,上海古籍出版社,1996~2002 年。

李志常:《长春真人西游记》,《丛书集成初编》,上海古籍书店,1960 年。

李中:《谷平先生文集》,《四库全书存目丛书》,齐鲁书社,1995~1997 年。

林则徐:《林文忠公政书》,《续修四库全书》,上海古籍出版社,1996~2002 年。

卢世㴶:《尊水园集略》,《续修四库全书》,上海古籍出版社,1996~2002 年。

陆深:《俨山集》,《文渊阁四库全书》,台湾商务印书馆,1982~1986 年。

陆曾禹:《钦定康济录》,文海出版社,1989 年。

罗玘:《圭峰集》,《文渊阁四库全书》,台湾商务印书馆,1982~1986 年。

茅元仪:《石民四十集》,《续修四库全书》,上海古籍出版社,1996~2002 年。

孟洋:《孟有涯集》,《四库全书存目丛书》,齐鲁书社,1995~1997 年。

蒙正发:《三湘从事录》,《历代笔记小说集成》,河北教育出版社,1995 年。

那彦成:《那文毅公奏议》,《续修四库全书》,上海古籍出版社,1996~2002 年。

倪宗正:《倪小野先生全集》,《四库全书存目丛书》,齐鲁书社,1995～1997 年。

聂豹:《双江聂先生文集》,《四库全书存目丛书》,齐鲁书社,1995～1997 年。

潘季驯:《河防一览》,《文渊阁四库全书》,台湾商务印书馆,1982～1986 年。

彭年:《隆池山樵诗集》,《四库全书存目丛书》,齐鲁书社,1995～1997 年。

庞垲:《丛碧山房诗》,《四库全书存目丛书补编》,齐鲁书社,2001 年。

庞元英:《文昌杂录》,《文渊阁四库全书》,台湾商务印书馆,1982～1986 年。

彭时:《彭文宪公笔记》,《历代笔记小说集成》,河北教育出版社,1995 年。

彭孙贻:《湖西遗事》,《历代笔记小说集成》,河北教育出版社,1995 年。

祁彪佳:《祁彪佳集》,中华书局,1960 年。

祁彪佳:《远山堂诗集》,《续修四库全书》,上海古籍出版社,1996～2002 年。

钱薇:《海石先生文集》,《四库全书存目丛书》,齐鲁书社,1995～1997 年。

钱谦益:《牧斋初学集》,《续修四库全书》,上海古籍出版社,1996～2002 年。

秦九韶:《数书九章》,《丛书集成初编》,上海古籍书店,1960 年。

邵经济:《两浙泉匡邵先生文集》,《续修四库全书》,上海古籍出版社,1996～2002 年。

申时行:《赐闲堂集》,《四库全书存目丛书》,齐鲁书社,1995～1997 年。

沈德符:《万历野获编》,《中国野史集成》,巴蜀书社,1993 年。

沈季友:《槜李诗系》,《文渊阁四库全书》,台湾商务印书馆,1982～1986 年。

沈良才:《大司马凤冈沈先生文集》,《四库全书存目丛书》,齐鲁书社,1995～1997 年。

沈明臣:《丰对楼诗选》,《四库全书存目丛书》,齐鲁书社,1995～1997 年。

沈一贯:《喙鸣文集》,《续修四库全书》,上海古籍出版社,1996-2002 年。

沈周《石田稿》,《续修四库全书》,上海古籍出版社,1996～2002 年。

沈周:《石田先生诗钞》,《四库全书存目丛书》,齐鲁书社,1995～1997 年。

释德清:《憨山老人梦游集》,《续修四库全书》,上海古籍出版社,1996～2002 年。

施峻:《璡川诗集》,《四库全书存目丛书》,齐鲁书社,1995～1997 年。

宋濂:《文宪集》,《文渊阁四库全书》,台湾商务印书馆,1982～1986 年。

宋诩:《宋氏家规部》,《北京图书馆古籍珍本丛刊》,书目文献出版社,1988 年。

孙蕡:《西庵集》,《文渊阁四库全书》,台湾商务印书馆,1982～1986 年。

谈迁:《枣林杂俎》,《续修四库全书》,上海古籍出版社,1996～2002 年。

唐汝询:《编蓬后集》,《四库全书存目丛书》,齐鲁书社,1995～1997 年。

唐时升:《三易集》,《四库禁毁书丛刊》,北京出版社,1997 年。

陶宗仪:《南屯诗集》,《丛书集成续编》,上海书店,1994 年。

田艺衡:《香芋集》,《续修四库全书》,上海古籍出版社,1996～2002 年。

田艺衡:《香宇续集》,《续修四库全书》,上海古籍出版社,1996～2002 年。

童冀:《尚䌹斋集》,《续修四库全书》,上海古籍出版社,1996～2002 年。

童轩:《清风亭稿》,《文渊阁四库全书》,台湾商务印书馆,1982～1986 年。

屠隆:《栖真馆集》,《续修四库全书》,上海古籍出版社,1996～2002 年。

屠应埈:《屠渐山兰晖堂集》,《四库全书存目丛书》,齐鲁书社,1995～1997 年。

万表:《灼艾馀集》,《续修四库全书》,上海古籍出版社,1996～2002 年。

王鏊：《震泽集》，《文渊阁四库全书》，台湾商务印书馆，1982～1986 年。

汪佃：《东麓遗稿》，《四库全书存目丛书》，齐鲁书社，1995～1997 年。

汪汝谦：《春星堂诗集》，《四库全书存目丛书》，齐鲁书社，1995～1997 年。

王夫之：《姜斋诗话》，《续修四库全书》，上海古籍出版社，1996～2002 年。

王洪：《毅斋集》，《文渊阁四库全书》，台湾商务印书馆，1982～1986 年。

王庆云：《石渠馀纪》，《续修四库全书》，上海古籍出版社，1996～2002 年。

王世懋：《王奉常集》，《四库全书存目丛书》，齐鲁书社，1995～1997 年。

王世懋：《学圃杂疏》，《四库全书存目丛书》，齐鲁书社，1995～1997 年。

王士性：《广志绎》，中华书局，2006 年。

王世贞：《弇州山人四部稿》，《四库全书存目丛书》，齐鲁书社，1995～1997 年。

王廷相：《王氏家藏集》，《四库全书存目丛书》，齐鲁书社，1995～1997 年。

王穉登：《王百穀集十九种》，《四库禁毁书丛刊》，北京出版社，1997 年。

王樨：《双清书屋吟草》，北京书店，1994 年。

魏骥：《南斋先生魏文靖公摘稿》，《四库全书存目丛书》，齐鲁书社，1995～1997 年。

文洪：《文氏五家集》，《文渊阁四库全书》，台湾商务印书馆，1982～1986 年。

无名氏：《江南闻见录》，《历代笔记小说集成》，河北教育出版社，1995 年。

吴承恩：《西游记》，人民文学出版社，1980 年。

吴国伦：《甗甄洞稿》，《续修四库全书》，上海古籍出版社，1996～2002 年。

吴维岳：《天目山斋岁编》，《四库全书存目丛书》，齐鲁书社，1995～1997 年。

吴应箕：《栖山堂集》，《续修四库全书》，上海古籍出版社，1996～2002 年。

吴与弼：《康斋集》，《文渊阁四库全书》，台湾商务印书馆，1982～1986 年。

吴自牧：《梦粱录》，浙江人民出版社，1980 年。

夏言：《南宫奏稿》，《文渊阁四库全书》，台湾商务印书馆，1982～1986 年。

萧士玮：《春浮园文集》，《四库禁毁书丛刊》，北京出版社，1997 年。

许谷：《归田稿》，《文渊阁四库全书》，台湾商务印书馆，1982～1986 年。

徐日久：《隰言》，《四库禁毁书丛刊》，北京出版社，1997 年。

徐松：《宋会要辑稿》，中华书局，1957 年。

徐渭：《徐文长文集》，《续修四库全书》，上海古籍出版社，1996～2002 年。

徐学谟：《归有园稿》，《四库全书存目丛书》，齐鲁书社，1995～1997 年。

徐学诗：《石龙庵诗草》，《四库全书存目丛书》，齐鲁书社，1995～1997 年。

徐兆昺：《四明谈助》，宁波出版社，2000 年。

徐有贞：《武功集》，《文渊阁四库全书》，台湾商务印书馆，1982～1986 年。

薛瑄：《河汾诗集》，《四库全书存目丛书》，齐鲁书社，1995～1997 年。

薛应旗：《方山薛先生全集》，《续修四库全书》，上海古籍出版社，1996～2002 年。

薛章宪：《鸿泥堂小稿》，《文渊阁四库全书》，台湾商务印书馆，1982～1986 年。

严果：《天隐子遗稿》，《四库全书存目丛书》，齐鲁书社，1995～1997 年。

严讷：《严文靖公集》，《四库全书存目丛书》，齐鲁书社，1995～1997 年。

杨基：《眉庵集》，《文渊阁四库全书》，台湾商务印书馆，1982～1986 年。

杨荣:《北征记》,《历代笔记小说集成》,河北教育出版社,1995年。

杨一清:《关中奏议》,《文渊阁四库全书》,台湾商务印书馆,1982～1986年。

杨士奇:《东里文集》,《文渊阁四库全书》,台湾商务印书馆,1982～1986年。

杨思本:《榴馆初涵集选》,《四库全书存目丛书》,齐鲁书社,1995～1997年。

姚广孝:《逃虚子诗集》,《续修四库全书》,上海古籍出版社,1996～2002年。

姚希孟:《公槐集》,《四库禁毁书丛刊》,北京出版社,1997年。

叶梦珠:《阅世编》,中华书局,2007年。

佚名:《海运摘钞》,《丛书集成三编》,台湾新文丰出版社,1997年。

佚名:《南河成案续编》,中国国家图书馆藏清刻本。

袁学澜:《吴郡岁华纪丽》,江苏古籍出版社,1998年。

余继登:《典故纪闻》,《续修四库全书》,上海古籍出版社,1996～2002年。

余绍祉:《晚闻堂集》,《四库未收书辑刊》,北京出版社,1997年。

俞允文:《仲蔚先生集》,《续修四库全书》,上海古籍出版社,1996～2002年。

袁华:《耕雪斋诗集》,《文渊阁四库全书》,台湾商务印书馆,1982～1986年。

元好问:《遗山集》,《文渊阁四库全书》,台湾商务印书馆,1982～1986年。

袁宏道:《袁中郎全集》,台湾伟文图书出版社,1976年。

袁中道:《珂雪斋集》,上海古籍出版社,2007年。

臧懋循:《负苞堂文选》,《续修四库全书》,上海古籍出版社,1996～2002年。

张岱:《陶庵梦忆》,中华书局,2008年。

张凤翼:《处实堂续集》,《续修四库全书》,上海古籍出版社,1996~2002年。

张国维:《抚吴疏草》,《四库禁毁书丛刊》,北京出版社,1997年。

张居正:《张太岳先生文集》,《续修四库全书》,上海古籍出版社,1996～2002年。

张履祥:《杨园先生诗文》,《续修四库全书》,上海古籍出版社,1996～2002年。

张时彻:《芝园外集》,《续修四库全书》,上海古籍出版社,1996～2002年。

张选:《忠谏静思张公遗集》,《四库全书存目丛书》,齐鲁书社,1995～1997年。

张旭:《梅岩小稿》,《四库全书存目丛书》,齐鲁书社,1995～1997年。

张约斋:《赏心乐事》,《续修四库全书》,上海古籍出版社,1996～2002年。

赵钅川:《无闻堂稿》,《四库全书存目丛书》,齐鲁书社,1995～1997年。

赵伊:《序芳园稿》,《四库全书存目丛书》,齐鲁书社,1995～1997年。

郑纪:《东园文集》,《文渊阁四库全书》,台湾商务印书馆,1982～1986年。

郑若曾:《江南经略》,《文渊阁四库全书》,台湾商务印书馆,1982～1986年。

郑晓:《端简郑公文集》,《四库全书存目丛书》,齐鲁书社,1995～1997年。

郑文康:《平桥集》,《文渊阁四库全书》,台湾商务印书馆,1982～1986年。

郑真:《荥阳外史集》,《文渊阁四库全书》,台湾商务印书馆,1982～1986年。

锺惺:《钟伯敬全集》,《续修四库全书》,上海古籍出版社,1996～2002年。

周伦:《贞翁净稿》,《四库全书存目丛书》,齐鲁书社,1995～1997年。

周起元:《周忠愍奏疏》,《文渊阁四库全书》,台湾商务印书馆,1982～1986年。

周沈:《双崖文集》,《四库未收书辑刊》,北京出版社,1997～2000年。

周思兼：《周叔夜集》，《四库全书存目丛书》，齐鲁书社，1995～1997 年。
周用：《周恭肃公集》，《四库全书存目丛书》，齐鲁书社，1995～1997 年。
朱长春：《朱太复文集》，《续修四库全书》，上海古籍出版社，1996～2002 年。
朱长春：《朱太复乙集》，《续修四库全书》，上海古籍出版社，1996～2002 年。
朱国桢：《朱文肃公集》，《续修四库全书》，上海古籍出版社，1996～2002 年。
朱有燉：《诚斋新录》，《续修四库全书》，上海古籍出版社，1996～2002 年。
朱元璋：《大诰》，《续修四库全书》，上海古籍出版社，1996～2002 年。
朱元璋：《明太祖文集》，《文渊阁四库全书》，台湾商务印书馆，1982～1986 年。
朱子素：《嘉定屠城纪略》，《历代笔记小说集成》，河北教育出版社，1995 年。
祝允明：《怀星堂集》，《文渊阁四库全书》，台湾商务印书馆，1982～1986 年。
卓发之：《漉篱集》，《四库禁毁书丛刊》，北京出版社，1997 年。

5. 日记类

范道生：《詹岱轩日记》，上海图书馆藏稿本。
冯梦祯：《快雪堂日记》，《四库全书存目丛书》，齐鲁书社，1995～1997 年。
冯梦祯：《快雪堂日记》，复旦大学图书馆藏万历四十四年刻本。
冯梦祯著，丁小明点校：《快雪堂日记》，凤凰出版社，2010 年。
侯岐曾：《侯岐曾日记》，《明清上海稀见文献五种》，人民文学出版社，2006 年。
管庭芬著、张廷银整理：《管庭芬日记》，中华书局，2013 年。
李喆辅：《丁巳燕行日记》，《燕行录全集》第 37 册，首尔东国大学校出版部，2001 年。
李日华著，屠友祥校注：《味水轩日记》，上海远东出版社，1996 年。
潘允端撰，柳向春整理：《玉华堂日记稿》（部分），上海博物馆藏。
裴三益：《裴三益日记》，《燕行录全编》，广西师范大学出版社，2010 年。
浦祊：《游明圣湖日记》，江苏广陵古籍刻印社，1985 年。
祁彪佳：《祁忠敏公日记》，《北京图书馆古籍珍本丛刊》，书目文献出版社，1998 年。
钱醒盦：《访剡日记》，上海图书馆藏稿本。
申祜：《强恕轩日记》，上海图书馆藏稿本。
苏世让：《阳谷赴京日记》，《燕行录全编》，广西师范大学出版社，2010 年。
涂庆澜：《日记偶存》，上海图书馆藏稿本。
文震孟：《文文肃公日记》，《北京图书馆古籍珍本丛刊》，书目文献出版社，1998 年。
温州图书馆编：《温州市图书馆藏日记稿钞本丛刊》，中华书局，2017 年。
翁心存著，张剑整理：《翁心存日记》，中华书局，2011 年
项鼎铉：《呼桓日记》，《北京图书馆古籍珍本丛刊》，书目文献出版社，1998 年。
萧士玮：《南归日录》，《四库禁毁书丛刊》，北京出版社，1997 年。
萧士玮：《春浮园偶录》，《四库禁毁书丛刊》，北京出版社，1997 年。
萧士玮：《深牧庵日涉录》，《四库禁毁书丛刊》，北京出版社，1997 年。
萧士玮：《萧斋日记》，《四库禁毁书丛刊》，北京出版社，1997 年。
徐弘祖：《徐霞客游记》，中华书局，2009 年。

杨琥编:《夏曾佑集》(下),上海古籍出版社,2011年。

姚廷麟:《历年记》,《清代日记汇抄》,上海古籍出版社,1982年。

叶绍袁:《甲行日注》,《中国野史集成》,巴蜀书社,1993年。

佚名:《返考镜日斋日记》,上海图书馆藏稿本。

佚名:《鸥雪舫日记》,上海图书馆藏稿本。

佚名:《听泉居日记》,上海图书馆藏稿本。

意琴氏:《恬吟庵日记》《荫梧居日记》《淑纪轩日记》,上海图书馆藏稿本。

张璿华:《查山学人日记》,上海图书馆藏稿本。

詹元相:《畏斋日记》,《清史资料》第4辑,中华书局,1983年。

曾羽王:《乙酉笔记》,《清代日记汇抄》,上海人民出版社,1982年。

植槐书舍主人:《杏西篠樹耳日记》,上海图书馆藏稿本。

周德明、黄显功主编:《上海图书馆藏稿钞本日记丛刊》,国家图书馆出版社,2017年。

6. 方志类

王诰修,刘雨纂:正德《江宁县志》,《北京图书馆古籍珍本丛刊》,书目文献出版社,1998年。

陈开虞纂修:康熙《江宁府志》,《稀见中国地方志汇刊》,中国书店,1992年。

唐开陶纂修:康熙《上元县志》,《稀见中国地方志汇刊》,中国书店,1992年。

佟世燕修、戴本孝纂:康熙《江宁县志》,《稀见中国地方志汇刊》,中国书店,1992年。

袁枚纂修:乾隆《江宁县新志》,乾隆十三年刻本,上海图书馆藏。

蓝应袭修,何梦篆、程廷祚纂:乾隆《上元县志》,乾隆十六年刻本,复旦大学图书馆藏。

吕燕昭修,姚鼐纂:嘉庆《新修江宁府志》,光绪六年刻本,复旦大学图书馆藏。

蒋启勋、赵佑宸修,汪士铎等纂:同治《续纂江宁府志》,同治十三年刻本,复旦大学图书馆藏。

陈作霖编:宣统《上元、江宁乡土合志》,宣统二年江楚编译局刻本,复旦大学图书馆藏。

薛斌修,陈艮山纂:正德《淮安府志》,正德十三年刻本,上海图书馆藏。

郭大纶修,陈文烛纂:万历《淮安府志》,《天一阁藏明代方志选刊续编》,上海书店,1990年。

俞廷瑞修,倪长犀纂:康熙《重修赣榆县志》,康熙五十一年续刻本,上海图书馆藏。

曾显纂修:弘治《直隶凤阳府宿州志》,《天一阁藏明代方志选刊续编》,上海书店,1990年。

余金纂修:嘉靖《宿州志》,《天一阁藏明代方志选刊》,上海古籍书店,1981年。

杨洵修,徐銮、陆君弼等纂:万历《扬州府志》,《北京图书馆古籍珍本丛刊》,书目文献出版社,1998年。

锺汪修,林颖等纂:嘉靖《通州志》,《天一阁藏明代方志选刊续编》,上海书店,1990年。

林云程修,沈明臣等纂:万历《通州志》,《天一阁藏明代方志选刊》,上海古籍书店,1981年。

王昶等纂修:嘉庆《直隶太仓州志》,上海古籍出版社,2015年。

榭绍祖纂修:嘉靖《重修如皋县志》,《天一阁藏明代方志选刊续编》,上海书店,1990 年。

杨受廷等修,马汝舟等纂:嘉庆《如皋县志》,《中国方志丛书》,台湾成文出版社,1966～1985 年。

申嘉瑞修,李文、陈国光等纂:隆庆《仪真县志》,《天一阁藏明代方志选刊》,上海古籍书店,1981 年。

李自滋修,刘万春纂:崇祯《泰州志》,《四库全书存目丛书》,齐鲁书社,1995～1997 年。

赵锦修,张衮纂:嘉靖《江阴县志》,《天一阁藏明代方志选刊》,上海古籍书店,1981 年。

陈函辉修,顾夔纂:崇祯《靖江县志》,《稀见中国地方志汇刊》,中国书店,1992 年。

何世学纂修:万历《丹徒县志》,《天一阁藏明代方志选刊续编》,上海书店,1990 年。

何绍章等修,吕耀斗等纂:光绪《丹徒县志》,《中国地方志集成》,江苏古籍出版社,1991 年。

卓天锡修,孙仁增修,朱昱纂:成化《重修毗陵志》,《天一阁藏明代方志选刊续编》,上海书店,1990 年。

杨子器修,桑瑜纂:弘治《常熟县志》,弘治十六年刻本,上海图书馆藏。

冯汝弼修,邓载等纂:嘉靖《常熟县志》,《北京图书馆古籍珍本丛刊》,书目文献出版社,1998 年。

杨振藻等修,钱陆灿那等纂:康熙《常熟县志》,《中国地方志集成》,江苏古籍出版社,1991 年。

卢熊纂修:洪武《苏州府志》,《中国方志丛书》,台湾成文出版社,1966～1985 年。

莫旦纂:弘治《吴江志》,《中国方志丛书》,台湾成文出版社,1966～1985 年。

王鏊等纂:正德《姑苏志》,《天一阁藏明代方志选刊续编》,上海书店,1990 年。

王鏊修,蔡昇纂:《震泽编》,万历四十五年刻本,复旦大学图书馆藏。

杨循吉、苏祐纂:嘉靖《吴邑志》,《天一阁藏明代方志选刊续编》,上海书店,1990 年。

张德夫修,皇甫纂:隆庆《长洲县志》,《天一阁藏明代方志选刊续编》,上海书店,1990 年。

祝圣培修,蔡方炳、归圣派纂:康熙《长洲县志》,康熙二十三年刻本,上海图书馆藏。

李光祚修,顾诒禄等纂:乾隆《长洲县志》,《中国地方志集成》,江苏古籍出版社,1991 年。

牛若麟修,王焕如纂:崇祯《吴县志》,《天一阁藏明代方志选刊续编》,上海书店,1990 年。

翁澍纂修:康熙《具区志》,康熙二十八年刻本,复旦大学图书馆藏。

宷云鹏、卢腾龙等修,沈世奕、缪彤纂:康熙《苏州府志》,康熙三十年刻本,复旦大学图书馆藏。

金友理:《太湖备考》,《江苏地方文献丛书》,江苏古籍出版社,1998 年。

金友理:《太湖备考》,《四库全书存目丛书》,齐鲁书社,1995 年。

金友理:《太湖备考》,清乾隆间兰圃刻本,复旦大学图书馆藏。

沈德潜纂修:乾隆《元和县志》,乾隆五年刻本,上海图书馆藏。

纪磊、沈眉寿纂:道光《震泽镇志》,道光二十四年刻本,上海图书馆藏。

李瑞修,桑悦纂:弘治《太仓州志》,宣统二年《汇刻太仓旧志五种》本,复旦大学图书馆藏。

周士佐修,张寅纂:嘉靖《太仓州志》,《天一阁藏明代方志选刊》,上海古籍书店,1981 年。

钱肃乐修,张采纂:崇祯《太仓州志》,康熙十七年补刻本,复旦大学图书馆藏。

陈遴玮修,王升纂:万历《宜兴县志》,《中国方志丛书》,台湾成文出版社,1966~1985年。

王抱承纂:民国《无锡开化乡志》,《中国地方志集成》,江苏古籍出版社,1992年。

陈威、喻时修,顾清纂:正德《松江府志》,《天一阁藏明代方志选刊》,上海古籍书店,1981年。

郭经修,唐锦纂:弘治《上海志》,《天一阁藏明代方志选刊续编》,上海书店,1990年。

郑洛书修,高企纂:嘉靖《上海县志》,民国二十一年上海传真社影印明嘉靖本,复旦大学图书馆藏。

颜洪范修,张之象、黄炎纂:万历《上海县志》,孙氏瓜瑞堂抄本,上海图书馆藏。

方岳贡修,陈继儒等纂:崇祯《松江府志》,《日本馆藏中国罕见地方志丛刊》,书目文献出版社,1990年。

郭廷弼修,周建鼎、包尔赓纂:康熙《松江府志》,康熙二年刻本,复旦大学图书馆藏。

宋如林修,孙星衍纂:嘉庆《松江府志》,嘉庆二十四年刻本,复旦大学图书馆藏。

史彩修,叶映榴纂:康熙《上海县志》,康熙二十二年刻本,中国国家图书馆藏。

冯鼎高修,王显曾纂:乾隆《华亭县志》,《上海府县旧志丛书》,上海古籍出版社,2011年。

李文耀修,谈起行、叶承基:乾隆《上海县志》,乾隆十五年刻本,上海图书馆藏。

王大同修,李林松纂:嘉庆《上海县志》,《上海府县旧志丛书》,上海古籍出版社,2015年。

应宝时等修,俞樾等纂:同治《上海县志》,《上海府县旧志丛书》,上海古籍出版社,2015年。

吴馨、洪锡范修,姚文丹等纂:民国《上海县续志》,民国七年上海文庙南园志局刻本,复旦大学图书馆藏。

褚华著,沈恒春点校:《沪城备考》,《上海研究论丛》第1辑,上海社会科学出版社,1988年。

赵昕修,苏渊纂:康熙《嘉定县志》,《上海府县旧志丛书》,上海古籍出版社,2012年。

闻在上修,许自俊等纂:康熙《嘉定县续志》,《上海府县旧志丛书》,上海古籍出版社,2012年。

程国栋纂修:乾隆《嘉定县志》,《上海府县旧志丛书》,上海古籍出版社,2012年。

陈传德等修,黄世祚纂:民国《嘉定县续志》,《上海府县旧志丛书》,上海古籍出版社,2012年。

张文英纂修:雍正《崇明县志》,复旦大学图书馆藏抄本。

林达泉、谭泰来修,李联琇、黄清宪等纂:光绪《崇明县志》,光绪七年刻本,复旦大学图书馆藏。

严伟、刘芷芬修,秦锡田纂:民国《南汇县续志》,《中国地方志集成》,上海书店,2010年。

卓钿修,王圻等纂:万历《青浦县志》,《上海府县旧志丛书》,上海古籍出版社,2014年。

魏球修,诸嗣郢等纂:康熙《青浦县志》,《上海府县旧志丛书》,上海古籍出版社,2014年。

杨卓修,王昶纂:乾隆《青浦县志》,《上海府县旧志丛书》,上海古籍出版社,2014年。

赵酉等纂修:乾隆《宝山县志》,《上海府县旧志丛书》,上海古籍出版社,2012年。

谢庭薰修,陆锡熊纂:乾隆《娄县志》,《上海府县旧志丛书》,上海古籍出版社,2011年。

刘伯缙修,陈善等纂:万历《杭州府志》,《中国方志丛书》,台湾成文出版社,1966~1985年。

赵世安修，顾豹文、邵远平纂：康熙《仁和县志》，康熙二十六年刻本，复旦大学图书馆藏。

刘应钶修，沈尧中纂：万历《嘉兴府志》，《中国方志丛书》，台湾成文出版社，1966～1985年。

李培修，黄洪宪等纂：万历《秀水县志》，《中国方志丛书》，台湾成文出版社，1966～1985年。

章士雅修，盛唐纂：万历《重修嘉善县志》，万历二十四年刻本，上海图书馆藏。

樊维城修，胡震亨、姚士粦纂：天启《海盐图经》，《中国方志丛书》，台湾成文出版社，1966～1985年。

江一麟修，陈敬则纂：嘉靖《安吉州志》，《天一阁藏明代方志选刊》，上海古籍书店，1981年。

刘沂春修，徐守纲、潘士遴纂：崇祯《乌程县志》，《稀见中国地方志汇刊》，中国书店，1992年。

严辰纂：光绪《桐乡县志》，光绪十三年刻本，复旦大学图书馆藏。

张慎为修，金镜纂：顺治《长兴县志》，顺治六年驯稚堂刻本，上海图书馆藏。

萧良榦修，张元忭、孙旷纂：万历《绍兴府志》，《中国方志丛书》，台湾成文出版社，1966～1985年。

杨维新修，张元汴纂：万历《会稽县志》，《天一阁藏明代方志选刊》，上海古籍书店，1981年。

史树德修，杨文焕纂：万历《新修余姚县志》，万历二十九年刻本，上海图书馆藏。

聂心汤纂修：万历《钱塘县志》，《中国方志丛书》，台湾成文出版社，1966～1985年。

周希哲、曾镒修，张时彻等纂：嘉靖《宁波府志》，《中国方志丛书》，台湾成文出版社，1966～1985年。

钱维乔修，钱大昕等纂：乾隆《鄞县志》，乾隆五十三年刻本，复旦大学图书馆藏。

张传保修，陈训正、马瀛纂：民国《鄞县通志》，复旦大学图书馆藏。

毛凤韶纂修，王庭兰校正：嘉靖《浦江志略》，《天一阁藏明代方志选刊》，上海古籍书店，1981年。

马象麟、柴文卿、杨汝挺纂，王俊增补：康熙《桐庐县志》，康熙二十年增刻本，上海图书馆藏。

杨准修，赵锴等纂：嘉靖《衢州府志》，嘉靖四十三年刻本，上海图书馆藏。

杨泰亨、冯可镛纂：光绪《慈溪县志》，民国三年重印本，复旦大学图书馆藏。

彭泽修，汪舜民纂：弘治《徽州府志》，《天一阁藏明代方志选刊》，上海古籍书店，1981年。

祝銮纂修：嘉靖《太平府志》，《天一阁藏明代方志选刊》，上海古籍书店，1981年。

连镶修，姚文烨等纂：嘉靖《建平县志》，《天一阁藏明代方志选刊》，上海古籍书店，1981年。

朱麟修，黄绍文续纂：嘉靖《广德州志》，《中国方志丛书》，台湾成文出版社，1999年。

钱祥保等修，桂邦杰纂：民国《续修江都县志》，《中国方志丛书》，台湾成文出版社，1966～1985年。

李得中修，李日滋、徐文渊等纂：万历《广德州志》，《天一阁藏明代方志选刊》，上海古籍书店，1981年。

王崇纂修：嘉靖《池州府志》，《天一阁藏明代方志选刊》，上海古籍书店，1981年。

李思恭修，顶绍轼等纂：万历《池州府志》，万历四十年刻本，上海图书馆藏。

李逊纂修：嘉靖《安庆府志》，《中国方志丛书》，台湾成文出版社，1966～1985年。

李士元修，沈梅纂：嘉靖《铜陵县志》，《天一阁藏明代方志选刊》，上海古籍书店，1981年。

朱弦等纂修：康熙《合肥县志》，康熙间抄本，上海图书馆藏。

于觉世修，陆龙腾等纂：康熙《巢县志》，康熙十二年刻本，上海图书馆藏。

祝元敏修，彭希周纂：康熙《当涂县志》，康熙四十六年续修刻本，上海图书馆藏。

康河修，董天锡纂：嘉靖《赣州府志》，《天一阁藏明代方志选刊》，上海古籍书店，1981年。

余文龙修，谢诏纂：天启《赣州府志》，《中国方志丛书》，台湾成文出版社，1966～1985年。

龚瞿纂修：嘉靖《宁州志》，《天一阁藏明代方志选刊续编》，上海书店，1990年。

赵勋修，林有年纂：嘉靖《瑞金县志》，《天一阁藏明代方志选刊》，上海书店，1981年。

徐麟纂修：嘉靖《武宁县志》，《天一阁藏明代方志选刊续编》，上海书店，1990年。

冯其世修，汪克淑等纂：康熙《武宁县志》，雍正三年修刻本，上海图书馆藏。

蒲秉权修，徐中素等纂：万历《建昌府志》，《中国方志丛书》，台湾成文出版社，1966～1985年。

秦镛纂修：崇祯《清江县志》，崇祯十五年刻本，上海图书馆藏。

管大勋修，刘松纂：隆庆《临江府志》，《天一阁藏明代方志选刊》，上海古籍书店，1981年。

张士镐修，王汝璧纂：嘉靖《广信府志》，《天一阁藏明代方志选刊》，上海古籍书店，1981年。

龚逻：嘉靖《宁州志》，《天一阁藏明代方志选刊续编》，上海书店，1990年。

周之冕修，王懋续纂：天启《来安县志》，《中国方志丛书》，台湾成文出版社，1966～1985年。

黄文鸳纂修：正德《新城县志》，《天一阁藏明代方志选刊续编》，上海书店，1990年。

陶士契等修：乾隆《汉阳府志》，湖北人民出版社，2013年。

张恒纂修：天顺《重刊襄阳郡志》，《陕西省图书馆馆藏稀见方志丛刊》，北京图书馆出版社，2006年。

聂贤修，曹璘纂：正德《襄阳府志》，正德十二年刻本，上海图书馆藏。

吴道迩纂修：万历《襄阳府志》，《稀见中国地方志汇刊》，中国书店，1992年。

赵兆麟纂修：顺治《襄阳府志》，顺治九年刻本，复旦大学图书馆藏。

杜养性修，邹毓祚纂：康熙《襄阳府志》，康熙十一年刻本，上海图书馆藏。

陈锷纂修：乾隆《襄阳府志》，乾隆二十五年刻本，复旦大学图书馆藏。

恩聊等修，王万芳等纂：光绪《襄阳府志》，光绪一年刻本，复旦大学图书馆藏。

曹璘纂修：正德《光化县志》，《天一阁藏明代方志选刊》，上海古籍书店，1981年。

倪文蔚、蒋铭勋修，顾嘉蘅、李廷拭纂：光绪《荆州府志》，光绪六年刻本，复旦大学图书馆藏。

杨守敬纂：光绪《荆州府志稿》，湖北省图书馆藏稿本。

王宗尧修，卢纮纂：康熙《蕲州志》，康熙三年刻本，上海图书馆藏。

杨珮纂修：嘉靖《衡阳府志》，《天一阁藏明代方志选刊》，上海古籍书店，1981年。

冯梦龙纂修：崇祯《寿宁待志》，《日本藏中国罕见地方志丛刊续编》，北京图书馆出版社，2003年。

孙蕙修:康熙《长乐县志》,康熙二十六年抄本,上海图书馆藏。

唐胄编纂:正德《琼台志》,《天一阁藏明代方志选刊》,上海古籍书店,1981 年。

周家楣、缪荃孙编纂:光绪《顺天府志》,中国国家图书馆藏。

7. 其他

蔡申之:《清代州县故事》,龙门书店,1968 年。

贺长龄编:《清经世文编》,中华书局,1992 年。

《湖南省例成案》,《清代成案选编·甲编》第 46 册,社会科学文献出版社,2014 年。

《福建省例》,台北大通书局,1984 年。

刚毅辑:《牧令须知》,文海出版社,1971 年。

《全唐诗》,中华书局,1960 年。

田文镜、李卫编:《州县事宜》,《官箴书集成》第 3 册,黄山书社,1997 年。

《江苏省例续编》,《中国古代地方法律文献·丙编》第 12 册,社会科学文献出版社,2012 年。

《刑幕要略》,《入幕须知五种》,文海出版社,1968 年。

载龄等纂修:《清代漕运全书》,北京图书馆出版社,2004 年。

《州县事宜》,《官箴书集成》第 3 册,黄山书社,1997 年。

二、今人论著

1. 论文类

曹树基:《坦博拉火山爆发与中国社会历史》,《学术界》,2009 年第 5 期。

陈家其:《明清时期气候变化对太湖流域农业经济的影响》,《中国农史》,1991 年第 3 期。

陈家其、施雅风:《长江三角洲千年冬温序列与古里雅冰芯比较》,《冰川冻土》,2002 年第 2 期。

陈良佐:《再探战国到两汉的气候变迁》,《"中研院"历史语言所集刊》第六十七本第二分,1996 年。

陈良佐:《从春秋到两汉我国古代的气候变迁——兼论〈管子·轻重〉著作的年代》,《经济脉动》,中国大百科全书出版社,2005 年。

陈金陵:《清朝的粮价奏报与其盛衰》,《中国社会经济史研究》,1985 年第 3 期。

陈志一:《江苏双季稻历史初探》,《中国农史》,1983 年第 1 期。

陈志一:《康熙皇帝与江苏双季稻》,《农史研究》第 5 辑,农业出版社,1983 年。

陈志一:《江苏双季稻历史再探》,《农史研究》第 6 辑,农业出版社,1985 年。

丁一汇、柳俊杰、孙颖等:《东亚梅雨系统的天气-气候学研究》,《大气科学》,2007 年第 6 期。

方修琦、萧凌波、葛全胜等:《湖南长沙、衡阳地区 1888—1916 年的春季植物物候与气候变化》,《第四纪研究》,2005 年第 1 期。

方修琦、叶瑜、曾早早:《极端气候事件-移民开垦-政策管理的互动》,《中国科学》(D辑),2006年第7期。

费杰:《公元1600年秘鲁Huaynaputina火山喷发在中国的气候效应》,《灾害学》,2008年第6期。

冯贤亮:《咸丰六年江南大旱与社会应对》,《社会科学》,2006年第7期。

葛福庭:《四川的初雷与干旱》,《气象》,1983年第3期。

葛全胜、何凡能、郑景云:《中国历史地理学与集成研究》,《陕西师范大学学报》,2007年第5期。

葛全胜、郭熙凤、郑景云等:《1736年以来长江中下游梅雨变化》,《科学通报》,2007年第23期。

葛全胜、王顺兵、郑景云:《过去5 000年中国气温变化序列重建》,《自然科学进展》,2006年第6期。

葛全胜、王维强:《人口压力、气候变化和太平天国运动》,《地理研究》,1995年第4期。

葛全胜、张丕远:《历史文献中气候信息的评介》,《地理学报》,1990年第1期。

葛全胜、郑景云、郝志新:《过去2 000年亚洲气候变化(PAGES-Asia2k)集成研究进展及展望》,《地理学报》,2015年第3期。

葛全胜、郑景云、满志敏等:《过去2 000a中国东部冬半年温度变化序列重建及初步分析》,《地学前缘》,2002年第1期。

葛全胜、郑景云、方修琦等:《过去2 000年中国东部冬半年温度变化》,《第四纪研究》,2002年第2期。

葛全胜、郑景云、满志敏等:《过去2 000年中国温度变化研究的几个问题》,《自然科学进展》,2004年第4期。

龚高法、简慰民:《我国植物物候期的地理分布》,《地理学报》,1983年第1期。

龚高法、张丕远、张瑾瑢:《十八世纪我国长江下游等地区的气候》,《地理研究》,1983年第2期。

龚高法、张丕远:《我国历史上柑桔冻害考证分析》,章文才、江爱良等编《中国柑桔冻害研究》,农业出版社,1983年。

龚高法、张丕远、张瑾瑢:《北京地区自然物候的变迁》,《科学通报》,1983年第24期。

龚高法:《近四百年来我国物候之变迁》,《竺可桢逝世十周年纪念会论文报告集》,科学出版社,1985年。

龚高法、张丕远、张瑾瑢:《历史时期我国气候带的变迁及生物分布界限的推移》,《历史地理》第5辑,上海人民出版社,1987年。

龚高法、张丕远、张瑾瑢:《1892—1893年的寒冬及其影响》,《地理集刊》(第18号),科学出版社,1987年。

龚胜生:《2 000年来中国瘴病分布变迁的初步研究》,《地理学报》,1993年第4期。

龚胜生:《中国疫灾的时空分布变迁规律》,《地理学报》,2003年第6期。

郭声波:《成都荔枝与十二世纪寒冷气候》,《中国历史地理论丛》,1989年第3期。

郝志新、郑景云、葛全胜:《1736年以来西安气候变化与农业收成的相关分析》,《地理学报》，2003 年第 5 期。

郝志新、郑景云、葛全胜等：《中国南方过去 400 年的极端冷冬变化》，《地理学报》，2011 年第 11 期。

胡昌新：《上海 1696 年历史风暴潮初步探讨》，《上海水务》，2003 年第 1 期。

简慰民、袁凤华、郑景云：《中国第二历史档案馆藏有关民国时期气候史料》，《历史档案》，1993 年第 2 期。

江爱良：《我国柑桔冻害的天气型》，章文才、江爱良等编《中国柑桔冻害研究》，农业出版社，1983 年第 34 页。

江苏兴化县气象站：《蝉儿叫与莳梅雨》，《气象》，1976 年第 5 期。

蓝勇：《中国西南历史气候初步研究》，《中国历史地理论丛》，1993 年第 2 期。

兰宇、郝志新、郑景云：《1724 年以来北京地区雨季逐月降水序列的重建与分析》，《中国历史地理论丛》，2015 年第 4 期。

李根蟠：《长江下游稻麦复种制的形成和发展——以唐宋时代为中心的讨论》，《历史研究》，2002 年第 5 期。

李伯重：《明清江南工农业生产中的燃料问题》，《中国经济史研究》，1984 年第 4 期。

李伯重：《气候变化与中国历史上人口的几次大起大落》，《人口研究》，1999 年第 1 期。

李伯重：《"道光萧条"与"癸未大水"——经济衰退、气候剧变及 19 世纪的危机在松江》，《社会科学》，2007 年第 6 期。

李江风：《唐代轮台气候》，《干旱区地理》，1986 年第 2 期。

李玉尚、陈亮：《清代黄渤海鲱鱼资源数量的变动——兼论气候变迁与海洋渔业的关系》，《中国农史》，2007 年第 1 期。

李玉尚、陈亮：《明代黄渤海和朝鲜东部沿海鲱鱼资源数量的变动和原因》，《中国农史》，2009 年第 2 期。

李玉尚：《黄海鲱的丰歉与 1816 年之后的气候突变——兼论印尼坦博拉火山爆发的影响》，《学术界》，2009 年第 5 期。

刘崑：《清代粮价折奏制度浅议》，《清史研究通讯》，1984 年第 3 期。

刘后滨：《如何面对"史料"：历史书写的不同文体与叙事特征》，《中国人民大学学报》，2017 年第 1 期。

M.J.Ingram、G.Farmer、T.M.L.Wigley 著，龚胜声摘译：《历史气候及其对人类的影响》，《中国历史地理论丛》，1995 年第 2 期。

陆人骥、宋正海：《中国古代的海啸灾害》，《灾害学》，1988 年第 3 期。

陆雪军：《董含和他的〈三冈识略〉》，《明清小说研究》，2000 年第 2 期。

马立博：《南方向来无雪——帝制后期中国南方的气候与收成（1650—1860）》，《中国环境史论文集》，"中研院"经济研究所，1995 年。

马悦婷、张继权、杨明金：《〈味水轩日记〉记载的 1609～1616 年天气气候记录的初步分析》，《云南地理环境研究》，2009 年第 3 期。

满志敏：《两宋时期海平面上升及其环境影响》，《灾害学》，1988 年第 2 期。

满志敏：《唐代气候冷暖分期及各期气候冷暖特征的研究》，《历史地理》第 8 辑，上海人民出版社,1990年。

满志敏、张修桂:《中国东部十三世纪温暖期自然带的推移》,《复旦学报》(社会科学版),1990年第5期。

满志敏:《中国东部中世纪暖期(MWP)的历史证据和基本特征的初步分析》,《中国生存环境历史演变规律研究(一)》,海洋出版社,1993年。

满志敏:《黄淮海平原北宋至元中叶的气候冷暖状况》,《历史地理》第11辑,上海人民出版社,1993年。

满志敏:《西周志两汉降温期黄淮海平原气候的基本特征》,《黄淮海平原历史地理》,安徽教育出版社,1993年。

满志敏:《历史时期柑橘种植北界与气候变化的关系》,《复旦学报》(社会科学版),1995年第5期。

满志敏:《用历史文献物候资料研究历史气候冷暖变化的几个基本原理》,《历史地理》第12辑,上海人民出版社,1995年。

满志敏:《关于唐代气候冷暖问题的讨论》,《第四纪研究》,1998年第1期。

满志敏:《中世纪温暖期我国华东沿海海平面上升与气候变化的关系》,《第四纪研究》,1999年第1期。

满志敏:《历史时期柑橘种植北界与气候变化的关系》,《复旦学报》(社会科学版),1999年第5期。

满志敏、葛全胜、张丕远:《气候变化对历史上农牧过渡带影响的个例研究》,《地理研究》,2000年第2期。

满志敏:《历史旱涝灾害资料分布问题的研究》,《历史地理》第16辑,上海人民出版社,2000年。

满志敏:《光绪三年北方大旱的气候背景》,《复旦学报》(社会科学版),2000年第6期。

满志敏:《传世文献中的气候资料问题》,《面向新世纪的中国历史地理学——2000年国际中国历史地理学术讨会论文集》,齐鲁书社,2001年。

满志敏:《关于历史时期气候研究的问题答赵志乐先生》,《中国历史地理论丛》,2004年第3期。

满志敏、李卓仑、杨煜达:《〈王文韶日记〉记载的1867—1872年武汉和长沙地区梅雨特征》,《古地理学报》,2007年第4期。

满志敏、杨煜达:《中世纪温暖期升温影响中国东部地区自然环境的文献证据》,《第四纪研究》,2014年第6期。

满志敏:《中世纪温暖期华北降水与黄河泛滥》,《中国历史地理论丛》,2014年第1期。

毛文书、王谦谦、王永忠等:《近50a江淮梅雨期暴雨的区域特征》,《南京气象学院学报》,2006年第1期。

毛文书、王谦谦、葛旭明等:《近116年江淮梅雨异常及其环流特征分析》,《气象》,2006年第6期。

毛文书、王谦谦、李国平等:《近50a江淮梅雨的区域特征》,《气象科学》,2008年第1期。

梅莉、晏昌贵:《明代传染病的初步考察》,《湖北大学学报》(社科版),1996年第5期。

蒙文通：《中国古代北方气候考略》，《史学杂志》，1930 年第 2、第 3 期。

穆崟臣：《清代雨雪奏折制度考略》，《社会科学战线》，2011 年第 11 期。

穆崟臣：《清代收成奏报制度考略》，《北京大学学报》（哲学社会科学版），2014 年第 5 期。

南京大学气象系气候组：《关于我国东部地区公元 1401—1900 年 500 年内的旱涝概况》，《气候变迁与超长期预报文集》，科学出版社，1977 年。

全汉昇、王业键：《清雍正年间的米价》，《中国经济史论丛》第 2 册，新亚研究所，1972 年。

邱仲麟：《冰窖、冰船与冰鲜：明代以降江浙的冰鲜渔业与海鲜消费》，《中国饮食文化》，2005 年第 2 期。

邱仲麟：《保暖、炫耀与权势——明代珍贵毛皮的文化史》，《"中研院"历史语言所集刊》80：4，2009 年。

山东省地方交通史志办公室航运史志组：《山东省京杭运河段建设史略》（试写稿），1983 年。

单士魁、王梅庄：《清内阁汉文黄册联合目录叙录》，《清内阁旧藏汉文黄册联合目录》，国立北平故宫博物院文献馆，1947 年。

沈小英、陈家其：《太湖流域的粮食生产与气候变化》，《地理科学》，1991 年第 3 期。

孙琪：《祁彪佳曲论研究反思》，《戏剧文学》，2009 年第 5 期。

汤仲鑫：《保定地区近五百年旱涝相对集中期分析》，《气候变迁与超长期预报文集》，科学出版社，1977 年。

陶思炎：《祈雨扫晴摭谈》，《农业考古》，1995 年第 3 期。

许靖华：《太阳、气候、饥荒与民族大迁移》，《中国科学》（D 辑），1998 年第 4 期。

万木春：《由〈味水轩日记〉看万历末年嘉兴地区的古董商》，《新美术》，2007 年第 6 期。

王大德：《日记档案》，《档案》，1992 年第 2 期。

王保宁：《胶东半岛农作物结构变动与 1816 年之后的气候突变》，《学术界》，2009 年第 5 期。

王炳庭、孟斌：《湖北省柑橘避冻区划》，《中国柑桔冻害研究》，农业出版社，1983 年。

王道瑞：《清代粮价奏报制度的确立及其作用》，《历史档案》，1987 年第 4 期。

王业键：《清代的粮价陈报制度》，《故宫季刊》，1978 年第 1 期。

王飞：《3—6 世纪北方气候异常对疫病的影响》，《社会科学战线》，2010 年第 9 期。

王会昌：《2 000 年来中国北方游牧民族南迁与气候》，《地理科学》，1995 年第 3 期。

王家范：《晴雨录·米价·康熙帝》，《探索与争鸣》，1993 年第 5 期。

王家范：《明清易代：一个平民的实话实说》，《南方周末》，2007 年 3 月 29 日，第 D30 版。

王建革：《水车与秧苗：清代江南稻田排涝与生产恢复场景》，《清史研究》，2006 年第 2 期。

王鹏飞：《中国和朝鲜测雨器的考据》，《自然科学史研究》，1985 年第 4 期。

王鹏飞：《史料抽样与边界层气候变迁理论（二）》，《贵州气象》，1993 年第 3 期。

王日昇、王绍武：《近 500 年我国东部气温的重建》，《气象学报》，1990 年第 2 期。

王绍武、赵宗慈：《近五百年我国旱涝史料的分析》，《地理学报》，1979 年第 4 期。

王绍武、王日昇：《1470 年以来我国华东四季与年平均气温变化的研究》，《气象学报》，

1990 年第 1 期。

王绍武:《公元 1380 年以来我国华北气温序列的重建》,《中国科学》(B 辑),1990 年第 5 期。

王业键、黄莹珏:《清代中国气候变迁、自然灾害与粮价的初步考察》,《中国经济史研究》,1999 年第 1 期。

王砚峰:《清代道光至宣统间粮价资料概述——以中国社科院经济所图书馆馆藏为中心》,《中国经济史研究》,2007 年第 2 期。

王永厚:《俞贞木及其〈种树书〉》,《农业图书情报学刊》,1984 年第 2 期。

王涌泉:《康熙元年(1662 年)黄河特大洪水的气候背景与水情分析》,《历史地理》第 2 辑,上海人民出版社,1982 年。

王铮、张丕远、周清波:《历史气候变化对中国社会发展的影响——兼论人地关系》,《地理学报》,1996 年第 4 期。

王宗太、刘潮海:《中国冰川分布的地理特征》,《冰川冻土》,2001 年第 3 期。

王遵娅、张强、陈峪等:《2008 年初我国低温雨雪冻害灾害的气候特征》,《气候变化研究进展》,2008 年第 2 期。

魏德源:《清代题奏文书制度》,《清史论丛》第 3 辑,中华书局,1982 年。

文焕然、徐俊传:《距今约 8 000—2 500 年前长江、黄河中下游气候冷暖变迁初探》,《地理集刊》第 18 号,科学出版社,1987 年。

文每:《一则气候资料误用的补正》,《历史地理》第 6 辑,上海人民出版社,1988 年。

伍国凤、郝志新、郑景云:《南昌 1736 年以来的降雪与冬季气温变化》,《第四纪研究》,2011 年第 6 期。

吴雪杉:《从〈味水轩日记〉、〈六研斋笔记〉看李日华绘画史观之转变》,《故宫博物院院刊》,2006 年第 2 期。

吴滔:《论清前期苏松地区的仓储制度》,《中国农史》,1997 年第 2 期。

夏明方:《清季"丁戊奇荒"的赈济及善后问题的初探》,《近代史研究》,1993 年第 2 期。

萧凌波、方修琦、张学珍:《19 世纪后半叶至 20 世纪初叶梅雨带位置的初步推断》,《地理科学》,2008 年第 3 期。

徐群:《近 46 年江淮下游梅雨期的划分和演变特征》,《气象科学》,1998 年第 4 期。

徐群、杨义文、杨秋明:《近 116 年长江中下游的梅雨(一)》,刘志澄编《暴雨·灾害》,气象出版社,2001 年。

徐卫国、江静:《我国东部梅雨区的年际和年代际的变化分析》,《南京大学学报》(自然科学版),2004 年第 3 期。

闫军辉、刘浩龙、郑景云等:《长江中下游地区 1620 年的极端冷冬研究》,《地理科学进展》,2014 年第 6 期。

颜停霞、毕硕本、魏军等:《清代长江三角洲地区重大台风的对比分析》,《热带地理》,2014 年第 3 期。

杨剑利:《晚晴社会灾荒救治功能的演变——以"丁戊奇荒"的两种赈济形式为例》,《清史研究》,2000 年第 4 期。

杨义文、徐群、杨秋明：《近116年长江中下游的梅雨（二）》，刘志澄编《暴雨·灾害》，气象出版社，2001年。

杨煜达：《嘉庆云南大饥荒（1815—1817）与坦博拉火山喷发》，《复旦学报》（社会科学版），2004年第3期。

杨煜达、满志敏、郑景云：《1711—1911年昆明雨季降水的分级重建与初步研究》，《地理研究》，2006年第6期。

杨煜达：《清代档案中气象资料的系统偏差及检验方法研究——以云南为中心》，《历史地理》第22辑，上海人民出版社，2007年。

杨煜达、郑微微：《1849年长江中下游大水灾的时空分布及天气气候特征》，《古地理学报》，2008年第6期。

杨煜达、王美苏、满志敏：《近三十年来中国历史气候研究方法的进展——以文献资料为中心》，《中国历史地理论丛》，2009年第2期。

姚学祥、王秀文、李月安：《非典型梅雨与典型梅雨对比分析》，《气象》，2004年第11期。

游修龄：《〈沈氏农书〉和〈乌青志〉》，《中国科技史料》，1989年第1期。

于希贤：《苍山雪与历史气候冷暖变迁研究》，《中国历史地理论丛》，1996年第2期。

曾雄生：《北宋熙宁七年的天人之际——社会生态史的一个案例》，《南开学报》（哲学社会科学版），2008年第2期。

曾雄生：《中国古代雨量器的发明和发展》，《人文与科学》，2008年第2期。

曾雄生：《〈告乡里文〉：一则新发现的徐光启遗文及其解读》，《自然科学史研究》，2010年第1期。

张德二、朱淑兰：《近五百年我国南部冬季温度状况的初步分析》，《全国气候变化学术讨论会文集：一九七八年》，科学出版社，1981年。

张德二、王宝贯：《18世纪长江下游梅雨活动的复原研究》，《中国科学》（B辑），1990年第12期。

张德二、刘传志：《〈中国近500年旱涝图集〉续补（1980—1992年）》，《气象》，1993年第11期。

张德二：《我国"中世纪温暖期"气候的初步推断》，《第四纪研究》，1993年第1期。

张德二：《相对温暖气候背景下的历史旱灾——1784—1787典型灾例》，《地理学报》，2000年增刊。

张德二、刘月巍：《北京清代"晴雨录"降水记录的在研究——应用多因子回归方法重建北京（1724—1904年）降水序列》，《第四纪研究》，2002年第3期。

张德二、李小泉、梁有叶：《〈中国近500年旱涝图集〉的再续补（1993—2000年）》，《应用气象学报》，2003年第3期。

张德二、梁有叶：《历史极端寒冬事件研究——1892/93年中国的寒冬》，《第四纪研究》，2014年第6期。

张德二、梁有叶：《历史寒冬极端气候事件的复原研究——1670/1671年冬季严寒事件》，《气候变化研究进展》，2017年第1期。

张德二、G. Demaree：《1743年华北夏季极端高温：相对温暖气候背景下的历史炎夏事件研究》,《科学通报》,2004 年第 21 期。

张德二、李红春、顾德隆等:《从降水的时空特征检验季风与中国朝代更替之关联》,《科学通报》,2010 年第 1 期。

张德二、刘月巍、梁有叶等:《18 世纪南京、苏州和杭州年、季降水量序列的复原研究》,《第四纪研究》,2005 年第 2 期。

张德二、陆龙骅:《历史极端雨涝事件研究——1823 年我国东部大范围雨涝》,《第四纪研究》,2011 年第 1 期。

章典、詹志勇、林初升等:《气候变化与中国的战争、社会动乱和朝代变迁》,《科学通报》,2004 年第 23 期。

张健、满志敏、宋进喜等:《1765—2010 年黄河中游 5—10 月面降雨序列重建与特征分析》,《地理学报》,2015 年第 7 期。

张芳:《耿桔和〈常熟县水利全书〉》,《中国农史》,1985 年第 3 期。

张福春、龚高法、张丕远等:《近 500 年来柑桔冻死南界及河流封冻南界》,中央气象局研究所编《气候变迁和超长期预报文集》,科学出版社,1977 年。

张瑾瑢:《清代档案中的气象资料》,《历史档案》,1982 年第 2 期。

张力田:《柑桔耐寒品种、品系及砧木的选择》,《中国柑桔冻害研究》,农业出版社,1983 年。

张丕远、龚高法:《十六世纪以来中国气候变化的若干特征》,《地理学报》,1979 年第 3 期。

张丕远:《历史时期气候变化对农业影响的讨论》,《竺可桢逝世十周年纪念会论文报告集》,科学出版社,1985 年。

张时煌、张丕远:《北京 1724 年以来降水量的恢复》,施雅风等著《中国气候与海平面变化研究进展(一)》,海洋出版社,1990 年。

张学珍、方修琦、齐晓波:《〈翁同龢日记〉中的冷暖感知记录及其对气候冷暖变化的指示意义》,《古地理学报》,2007 年第 4 期。

赵会霞、郑景云、葛全胜:《1755、1849 年苏皖地区重大洪涝事件复原分析》,《气象科学》,2004 年第 4 期。

赵园:《废园与芜城:祁彪佳与他的寓园及其它》,《中国文化》,2008 年第 2 期。

郑景云、刘洋、葛全胜等:《华中地区历史物候记录与 1850—2008 年的气温变化重建》,《地理学报》,2015 年第 5 期。

郑景云、张丕远、周玉孚:《利用旱涝县次建立历史时期旱涝指数序列的试验》,《地理研究》,1991 年第 3 期。

郑景云、郑斯中:《山东历史时期冷暖旱涝分析》,《地理学报》,1993 年第 4 期。

郑景云、葛全胜、郝志新:《气候增暖对我国近 40 年植物物候变化的影响》,《科学通报》,2002 年第 20 期。

郑景云、葛全胜、郝志新等:《1736—1999 年西安与汉中地区年冬季平均气温序列重建》,《地理研究》,2003 年第 3 期。

郑景云、葛全胜、方修琦等:《基于历史文献重建的近 2 000 年中国温度变化比较研究》,

《气象学报》,2007 年第 3 期。

　　郑景云、葛全胜、郝志新等:《过去 150 年长三角地区的春季物候变化》,《地理学报》,2012
年第 1 期。

　　郑景云、葛全胜、郝志新等:《历史文献中的气象记录与气候变化定量重建方法》,《第四纪
研究》,2014 年第 6 期。

　　郑景云、郝志新、葛全胜:《山东 1736 年以来诸季降水重建及其初步分析》,《气候与环境
研究》,2004 年第 4 期。

　　郑景云、郝志新、葛全胜:《黄河中下游地区过去 300 年降水量变化》,《中国科学》(D 辑),
2005 年第 8 期。

　　郑景云、满志敏等:《魏晋南北朝时期的中国东部温度变化》,《第四纪研究》,2005 年第
2 期。

　　郑景云、赵会霞:《清代中后期江苏四季降水变化与极端降水异常事件》,《地理研究》,
2005 年第 5 期。

　　郑斯中等:《我国东南地区近 2 000 年来气候湿润状况的变化》,《气候变迁与超长期预报
文集》,科学出版社,1977 年。

　　中央气象局研究所:《北京 250 年降水》,1975 年。

　　周清波、张丕远、王铮:《合肥地区 1736—1991 年年冬季平均气温序列的重建》,《地理学
报》,1994 年第 4 期。

　　周书灿:《20 世纪中国历史气候研究述论》,《史学理论研究》,2007 年第 4 期。

　　竺可桢:《中国近五千年以来气候变迁的初步研究》,《考古学报》,1972 年第 1 期。

　　竺可桢:《中国过去在气象学上的成就》,《竺可桢文集》,科学出版社,1979 年。

　　朱金甫:《清代奏折制度考源及其他》,《故宫博物院院刊》,1986 年第 2 期。

　　朱琳:《回顾与思考:清代粮价问题研究综述》,《农业考古》,2013 年第 4 期。

　　朱晓禧:《清代〈畏斋日记〉中天气气候信息的初步分析》,《古地理学报》,2004 年第 1 期。

　　邹逸麟、张修桂:《关于历史气候文献资料的收集和辨析问题》,《历史自然地理研究》,
1995 年第 2 辑。

　　邹逸麟:《明清时期我国北部农牧过渡带的推移和气候寒暖变化》,《复旦学报》(社会科学
版),1995 年第 1 期。

　2. 著作类

　　岸本美绪著,刘迪瑞译,胡连成审校:《清代中国的物价与经济波动》,社会科学文献出版
社,2010 年。

　　安作璋:《中国古代史史料学》,福建人民出版社,1994 年。

　　巴兆祥:《方志学新论》,学林出版社,2004 年。

　　北京农业大学农业气象专业编:《农业气象学》,科学出版社,1991 年。

　　北京农业机械化学院主编:《农学基础》,农业出版社,1980 年。

　　陈宝良:《明代社会生活史》,中国社会科学出版社,2004 年。

　　陈碧莲、张志尧、吴钰坤:《浙江梅雨——梅雨气候及其长期预报》,浙江省气象局梅雨会

战组,1983 年。

陈铁民、侯忠义校注:《岑参集校注》,上海古籍出版社,2004 年。

陈忠平、唐力行主编:《江南区域史论著目录》,北京图书馆出版社,2007 年。

陈垣:《二十史朔闰表》,中华书局,1997 年。

陈春生:《市场机制与社会变迁——18 世纪广东米价分析》(附录一),中山大学出版社,1992 年。

陈左高:《中国日记史略》,上海翻译出版社,1990 年。

陈左高:《历代日记丛谈》,上海画报出版社,2004 年。

褚绍唐:《上海历史地理》,华东师范大学出版社,1996 年。

蔡琳等著:《中国江河冰凌》,黄河水利出版社,2008 年。

曹淑娟:《流变中的书写:祁彪佳与寓山园林论述》,台北里仁书局,2006 年。

萨安编撰,徐莉翻译:《365 个趣味试验》,二十一世纪出版社,2004 年。

《第三次气候变化国家评估报告》编写委员会编著:《第三次气候变化国家评估报告》,科学出版社,2015 年。

丁一汇、任国玉:《中国气候变化科学概论》,气象出版社,2008 年。

冯佩芝、李翠金、李小泉等:《中国主要气象灾害分析(1951—1980)》,气象出版社,1985 年。

复旦大学文史研究所、汉喃研究院合编:《越南汉文燕行文献集成》,复旦大学出版社,2010 年。

葛全胜等:《中国历朝气候变化》,科学出版社,2011 年。

龚高法、张丕远、吴祥定等:《历史时期气候变化研究方法》,科学出版社,1983 年。

《河津县志》编纂委员会编纂:《河津县志》,山西人民出版社,1989 年。

弘华文主编:《燕行录全编》,广西师范大学出版社,2010 年。

黄普基:《明清时期辽宁、冀东地区历史地理研究——以〈燕行录〉资料为中心》,复旦大学出版社,2014 年。

黄苇、巴兆祥、孙平等:《方志学》,复旦大学出版社,1993 年。

柯愈春编著:《清人诗文集总目提要》,北京古籍出版社,2002 年。

《稷山县志》编纂委员会编纂:《稷山县志》,新华出版社,1994 年。

嘉兴气象局编:《嘉兴气象资料(1953—1975)》(内部发行)。

建设委员会调查浙江经济编:《杭州市经济调查》,台北传记文学出版社,1971 年。

蒋德隆主编:《长江中下游气候》,气象出版社,1991 年。

李景汉:《定县社会概况调查》,中国人民大学出版社,1986 年。

李灵年、杨忠主编:《清人别集总目》,安徽教育出版社,2008 年。

李世奎等:《中国农业气候资源和农业气候区划》,科学出版社,1988 年。

李文治、江太新:《清代漕运》,中华书局,1995 年。

李兆元、刘芳:《气象科学技术报告:秦岭太白山秋季的小气候特点》,油印本,1981 年。

林基中:《燕行录全集》,首尔东国大学校出版部,2001 年。

刘开扬:《岑参诗集编年笺注》,巴蜀书社,1995 年。

刘子扬:《清代地方官制考》,紫禁城出版社,1988 年,陆人骥编：《中国历代灾害性海潮史料》，海洋出版社，1984年。

骆玉明：《纵放悲歌》，中华书局，2004年。

马树庆、李锋、王琪等：《寒潮和霜冻》，气象出版社，2009年。

满志敏：《中国历史时期气候变化研究》，山东教育出版社，2009年。

南京农学院、江苏农学院主编：《作物栽培学（南方本）》（上册），上海科学技术出版社，1979年。

农业出版社编辑部：《中国农谚》（上册），农业出版社，1980年。

穆崟臣：《制度、粮价与决策：清代山东"雨雪粮价"研究》，吉林大学出版社，2012年。

牟重行：《中国五千年气候变迁的再考证》，气象出版社，1996年。

《气候变化国家评估报告》编写委员会编著：《气候变化国家评估报告》，科学出版社，2007年。

瞿同祖著，范忠信、何鹏、晏锋译：《清代地方政府》，法律出版社，2011年。

上海市农业区划办公室：《上海农业气候》，学林出版社，1985年。

上海铁路分局杨浦站冷藏组：《冰盐制冷及冰保车的运用》，人民铁道出版社，1979年。

沈兆敏主编：《中国柑桔区划与柑桔良种》，中国农业科技出版社，1988年。

施雅风等著：《中国气候与海平面变化研究进展（一）》，海洋出版社，1990年。

束家鑫主编：《上海气象志》，上海社会科学院出版社，1997年。

全汉昇：《中国经济史论丛》第2册，香港新亚研究所，1972年。

《通安镇志》编纂委员会编：《通安镇志》，上海辞书出版社，2007年。

《许昌县志》编纂委员会编纂：《许昌县志》，南开大学出版社，1993年。

宛敏渭、刘秀珍：《中国物候观测方法》，科学出版社，1979年。

宛敏渭、刘秀珍：《中国动植物物候图集》，气象出版社，1986年。

宛敏渭主编：《中国自然历选编》，科学出版社，1986年。

宛敏渭主编：《中国自然历续编》，科学出版社，1987年。

王社教：《苏皖浙赣地区明代农业地理研究》，陕西师范大学出版社，1999年。

王毓瑚：《中国农学书录》，中华书局，2006年。

魏凤英：《现代气候统计诊断预测技术》，气象出版社，2007年。

文焕然：《秦汉时代黄河中下游气候研究》，商务印书馆，1959年。

文焕然、文榕生：《中国历史时期植物与动物变迁研究》，重庆出版社，1995年。

文焕然、文榕生：《中国历史时期冬半年气候冷暖研究》，科学出版社，1996年。

吴枫：《中国古典文献学》，齐鲁书社，1982年。

杨煜达：《清代云南季风气候与天气灾害研究》，复旦大学出版社，2006年。

叶笃正、黄荣辉：《长江黄河流域旱涝规律和成因研究》，山东科技出版社，1996年。

俞冰：《历代日记丛钞提要》，学苑出版社，2006年。

于运全：《海洋天灾——中国历史时期的海洋灾害与沿海社会经济》，江西高校出版社，2005年。

詹锳：《李白诗文系年》，人民文学出版社，1984年。

张德二主编：《中国三千年气象总集》，凤凰出版社，2004年。

张福春、王德辉、丘宝剑:《中国农业物候图集》,科学出版社,1987年。

张方俭:《我国的海冰》,海洋出版社,1986年。

张家诚:《气候变迁及其原因》,科学出版社,1976年。

张家诚、林之光:《中国气候》,上海科学技术出版社,1985年。

张家诚:《中国气象洪涝海洋灾害》,湖南人民出版社,1998年。

张我德、杨若荷、裴燕生编著:《清代文书》,中国人民大学出版社,1996年。

章文才、江爱良等编:《中国柑桔冻害研究》,农业出版社,1983年。

《中国海洋志》编纂委员会编著:《中国海洋志》,大象出版社,2003年。

中国科学院资源科学与技术局、国际地圈-生物圈计划全国委员会编:《过去2 000年中国环境变化综合研究预研究报告》,1999年。

中国农业百科全书编辑部:《中国农业百科全书·农作物卷》(上,下),农业出版社,1991年。

中国农业百科全书编辑部:《中国农业百科全书·农业历史卷》,农业出版社,1995年。

中国农业科学院、南京农业大学中国农业遗产研究室:《太湖地区农业史稿》,农业出版社,1990年。

中国科学院《中国自然地理》编委会:《中国自然地理·地表水》,科学出版社,1984年。

中国科学院《中国自然地理》编委会:《中国自然地理·历史地理》,科学出版社,1984年。

中国科学院《自然地理》编辑委员会:《中国自然地理——气候》,科学出版社,1984年。

中央气象局研究所编:《气候变迁和超长期预报文集》,科学出版社,1977年。

中央气象局气象科学院主编:《中国近五百年旱涝分布图集》,地图出版社,1981年。

周开隆、叶荫民主编:《中国果树志·柑橘卷》,中国林业出版社,2010年。

周曾奎:《江淮梅雨》,科学出版社,1996年。

竺可桢、宛敏渭:《物候学》,科学出版社,1980年。

竺可桢逝世十周年纪念会筹备组编:《竺可桢逝世十周年纪念会论文报告集》,科学出版社,1985年。

朱金城:《白居易集笺校》,上海古籍出版社,2003年。

3. 博士论文

费杰:《过去两千年全球三次大规模火山喷发对中国的可能气候效应》,中国科学院研究生院博士学位论文,2008年。

李杰:《李日华的文艺思想研究》,复旦大学博士学位论文,2006年。

王洪兵:《清代顺天府与京畿社会治理研究》,南开大学博士学位论文,2009年。

杨雨蕾:《十六至十九世纪初中韩文化交流研究——以朝鲜赴京使臣为中心》,复旦大学博士学位论文,2005年。

郑微微:《清后期以来梅雨雨带南缘变化和降水事件研究》,复旦大学博士学位论文,2011年。

三、外文文献

Aono Y, Kazui K. Phenological data series of cherry tree flowering in Kyoto, Japan, and its application to reconstruction of springtime temperatures since the 9th century. *International Journal of Climatology*，2008，28：905—914.

Aono Y，Saito S. Clarifying springtime temperature reconstructions of the medieval period by gap-filling the cherry blossom phenological data series at Kyoto，Japan. *International Journal of Biometeorology*，2010，54：211—219.

Chuine I，Yiou P，Viovy N et al. Grape ripening as a past climate indicator. *Nature*，2004，432：289—290.

Ge Q S，Hao Z X，Zheng J Y et al. Rates of temperature change in China during the past 2000 years. *China Earth Sciences*，2011，54(11)：1627—1634.

Endymion Wilkinson. The Nature of Chinese Grain Price Quotation 1600—1900. *Transactions of the International Conference of Orientalists in Japan*，NoXIV，1969.

Han-sheng Chuan，Richard A. Kraus. *Mid-Ch'ing Rice Markets and Trade：An Essay in Price History*，Harvard University，1975.

IPCC. *Climate change 2007：the physical science basis.* New York：Cambridge University Press，2007，996.

Možný M，Brázdil R，Dobrovolný P et al. Cereal harvest dates in the Czech Republic between 1501 and 2008 as a proxy for March-June temperature reconstruction. *Climatic Change*，2011. doi：10.1007/s10584-011-0075-z.

Pfister C，Wanner H. Editorial：Documentary data. *Pages News*，2002，10(3)：2.

Xiao L B，Fang X Q，Zang Y J. Climatic impacts on rise and decline of "Mulan Qiuxian" and "Chengde Bishu" in North China，1683—1820. *Journal of Historical Geography*，2013，39：19—28.

Wang，Y. C. "Food Supply And Grain Price In the Yangtze Delta In The Eighteenth Century"，in The Second Conference on Modern Chinese Economic History，Institute of Economics，Academia Sinica，1989.

Wang，Y. C. "Secular Trends of Rice Prices in the Yangzi Delta，1638—1935"，in Thomas G. Rawski and Lillian M. Li eds.，*Chinese History Economic Perspective*，University of California press，1992，35—68.

Yancheva G，Nowaczyk N R，Mingram J，et al. Influence of the intertropical convergence zone on the East-Asian monsoon. *Nature*，2007，445：74—77.

Yancheva G，Nowaczyk N R，Mingram J，et al. Replying to De'er Zhang & Longhua Lu. *Nature*，2007，450：E8—E9.

Zhang D E，Lu L H. Anti-correlation of summer and winter monsoons? *Nature*，2007，450：E7—E8.

Zhang P Z，Cheng H，Edwards R L，et al. A test of climate，sun and culture relationships from an 1810-year Chinese cave record. *Science.* 2008，322：940—94.

后　　记

从 2008 年选定历史气候变化作为博士论文题目起,到 2018 年国家社科基金结项书稿完成,时间如仓驹过隙,不觉十年,而这十年的学习研究成果,包括一项上海市哲学社会科学规划项目(2018ZJX002)的部分研究成果,基本都集中在本书中了。因此,本书是对我这十年学术生涯的一个庄重交代。

作为文科生,选择历史气候变化作为研究方向,并不是一个轻松的决定,所以在 2008 年我考入复旦大学历史地理研究中心师从满志敏教授攻读博士学位时,倍感压力。在与满老师谈论毕业论文选题时,满老师提及明代的气候变化研究还有很多模糊之处,无论是在资料累积还是温度重建方面都有很大探究空间,建议我做明代长江中下游地区的气候变化。相较于我自己漫无头绪的摸索,满老师的点拨无疑是二两拨千斤。面对从历史人文地理到历史自然地理的巨大转向,我不禁心存疑虑,并向满老师如实禀告。满老师笑着对我说:"这个不要紧,我们做历史气候变化主要从文献资料出发,对资料的理解和把握是最重要的,理论和方法可以慢慢学。"并特意补充道:"你可以做的!"满老师是国内著名的历史气候研究专家,他的鼓励给了我在学术之路上前进的莫大勇气。考虑到我当时已经有 3 篇用稿通知,毕业前发表论文的压力不大,于是欣从满老师的建议,着手明代长江中下游地区的气候变化研究。随后,满老师在办公室选了《气候变迁和超长期预报文集》《中国气候与海平面变化研究进展》《历史时期气候变化研究方法》《中国历史气候变化》等几本书给我打底。当时恰逢满老师的专著《中国历史时期气候变化研究》出校样,满老师就将校样稿交由我校对,给了我很好的学习机会,因为此书是满老师多年历史气候变化研究成果的积淀与系统整理,助推了我迅速进入历史气候变化研究领域,并在资料、理论和方法上给我很多启发。此后，我边查、边学、边问、边写，遇到问题或略有想法时都会找满老师求教，而满老师每一次的解答都会让我疑云顿消、豁然开朗，而我也顺利完成了博士论文的写作。我在复旦的求学过程中，满老师倾注了大量心血。毕业后我留在上海工作，每次拜见满老师时我都会向他汇报自己的研究进展，而满老师总是微笑着勉励我，一如往昔。本书出版之际，首先要感谢的便是满老师长久以来对我的栽培和鼓励！

我要感谢把我引入学术研究之门的陕西师范大学王社教研究员。王老师是我的硕士导师，他治学严谨，工作勤勉，很大程度上影响了我的学术追求方向。从一开始王老师就要求我们多读多写，叮嘱我们要时刻关注最新研究成果，并让我们每周到他办公室汇报学习进展。在王老师的督促下，我开始尝试学术论文写作，并及时呈交王老师审阅，从文献资料到遣词造句，王老师都会不厌其烦地修改，帮助我掌握学术论文的写作规范和技巧。基于王老师严格的学术要求，我在硕士阶段就有文章在较有影响力的期刊上发表；而我的硕士论文，从选题、写作到完稿，都离不开王老师的悉心指导。在得知我有读博打算时，王老师更是鼓励、支持和帮助我考取更能开阔自己学术视野的学校，助推我的成长。

一路求学就业，有师有友。在我刚涉足历史气候变化研究时，复旦历史地理研究中心杨煜达老师正在德国，他通过邮件引我入门，赐教良多。直到现在，遇有问题时我还会向杨老师求教，并总能得到杨老师的热诚反馈。与杨老师相处的点滴，我都铭记在心。复旦大学王建革教授、张伟然教授、张晓虹教授组成了我的博士论文指导小组，从开题报告到中期考核再到预答辩、答辩，三位老师提出了许多建议，使我论文的框架结构和细节处理都更合理和完善；感谢博士论文评审专家陕西师范大学侯甬坚教授和北京师范大学方修琦教授给予的肯定和批评，也感谢匿名评审专家们的宝贵意见。读硕读博阶段，母校侯甬坚教授、李令福教授、张萍教授、唐亦功教授、刘景纯教授、葛剑雄教授、周振鹤教授、姚大力教授、吴松弟教授、张伟然教授、杨伟兵教授等诸位老师的授课，不仅促进了我学识上的积累与拓展，更是启发了我对很多问题的思考；而各位尊师的风采，也常常让我有如沐春风之感。博士同班的张永帅、吴启琳、武强、单丽、李碧妍、周晴、马雷等，硕士同班的程森、张伟波、徐小亮、赵天福、吴孟显等，以及张青瑶、吴俊范、孙涛、王晗、潘威、郑微微、王一帆、牟振宇等诸位师兄师姐，还有张鑫敏、陈熙、张健、江伟涛、车群、岳云霄、穆俊等诸位师弟师妹，求学枯燥，但幸有诸位相伴。

就业立身,略有波折,因此特别感谢上海电机学院何小刚教授,如果没有何老师的赏识和帮助,我不可能取得现在的一切。同时感谢澳大利亚昆士兰大学黎志刚教授,他的邀请与帮助让我的访澳之旅圆满成行,他宽厚的为人态度也给我很多触动。

感谢博士班同学、中西书局的李碧妍,以及书局王宇海编辑,他们对书稿不厌其烦地校对,使本书细节上更臻于完善。

一路走来,家人是我坚实的后盾。我的父母都是农民,文化程度有限,但他们给了我和谐宽松的家庭环境。在他们的朴素认知里,对孩子的爱,就是默默地奉献!感谢我的妻子单丽,我们是博士同学,有幸结为夫妻,让我体会到悲欢相通的喜悦与共同成长的幸福。结婚近十年,我们不仅有了两个可爱的女儿,也依然有聊不完的话题。谨把此书送给我的爱人和亲人。

2019 年 8 月 26 日

于澳大利亚昆士兰大学

补记

2020 年 2 月 28 日凌晨惊闻满老师去世,很长时间处于恍惚状态。近些年满老师身体欠佳,但精神状态一直不错,我不敢也不愿相信这一噩耗。记得 2019 年 9 月满老师把本书序言发给我时,我特意电话满老师问安,他十分关心我在澳大利亚的学习、生活情况,竟畅谈半晌。2020 年春节我又电话满老师拜年,约定回国后与师兄师姐一同前往看望,他在电话中满口说好……不成想 2 月初访学回来正好赶上新冠疫情,结果不及看望恩师,竟成永别!想起这些年满老师的谆谆教诲,不禁泪目。

谨以此书向业师致敬!

2020 年 3 月 2 日

于上海临港